Lastkraftwagenverkehr und Rationalisierung
in der Weimarer Republik

Europäische Hochschulschriften
Publications Universitaires Européennes
European University Studies

Reihe V
Volks- und Betriebswirtschaft

Série V Series V
Sciences économiques, gestion d'entreprise
Economics and Management

Bd./Vol. 2412

PETER LANG
Frankfurt am Main · Berlin · Bern · New York · Paris · Wien

Frank Lippert

Lastkraftwagenverkehr und Rationalisierung in der Weimarer Republik

Technische und ökonomische Aspekte fertigungsstruktureller und logistischer Wandlungen in den 1920er Jahren

PETER LANG
Europäischer Verlag der Wissenschaften

Die Deutsche Bibliothek - CIP-Einheitsaufnahme

Lippert, Frank:

Lastkraftwagenverkehr und Rationalisierung in der Weimarer Republik : technische und ökonomische Aspekte fertigungsstruktureller und logistischer Wandlungen in den 1920er Jahren / Frank Lippert. - Frankfurt am Main ; Berlin ; Bern ; New York ; Paris ; Wien : Lang, 1999
(Europäische Hochschulschriften : Reihe 5, Volks- und Betriebswirtschaft ; Bd. 2412)
Zugl.: Marburg, Univ., Diss., 1997
ISBN 3-631-34515-1

D 4
ISSN 0531-7339
ISBN 3-631-34515-1

Vorwort

Die vorliegende Arbeit ist das Resultat und der vorläufige Abschluß einer mehrjährigen intensiven Auseinandersetzung mit den vielfältigen Facetten industrieller Rationalisierungsprozesse. Innerhalb dieser Zeitspanne hatte ich Gelegenheit, dieses für moderne Industriegesellschaften westlicher Prägung nach wie vor zentrale Phänomen einerseits aus der Perspektive des gleichzeitig Handelnden und Betroffenen in den Unternehmensbereichen Materialwirtschaft, Logistik und Produktion wahrnehmen und andererseits aus der wissenschaftlichen Perspektive analysieren zu können. Inwieweit diese Sichtwechsel der Qualität der Untersuchung zuträglich waren, bleibt der Beurteilung des Lesers vorbehalten.

Bereits die Zeitdauer der Beschäftigung mit dem Thema veranschaulicht die Bedeutung, die der Unterstützung durch Freunde, Bekannte und Kollegen während des 'Herstellungsprozesses' zukam. Ohne diese Unterstützung wäre eine erfolgreiche Beendigung der Arbeit zwar möglich, aber kaum wahrscheinlich gewesen. Ich danke deshalb zunächst Herrn Dr. Dirk Hoffmann und Frau Sylvia Hoffmann-Mosolf, die nicht nur zu einem frühen Zeitpunkt mein Interesse an sozialhistorischen Fragestellungen weckten, sondern durch Ihren Zuspruch in einer kritischen Phase den weiteren Fortgang meiner Forschungen förderten. In diesem Kontext danke ich ebenso Herrn Dr. Andreas Stork. Von den mit ihm oft kontrovers geführten, aber immer anregenden Diskussionen ökonomischer Fragestellungen hat darüber hinaus auch die vorliegende Arbeit profitiert. Herrn Carsten Buzmann danke ich für die zeitintensive Unterstützung bei der layouttechnischen Gestaltung, die insbesondere in der Endphase einen termingerechten Abschluß des Projektes ermöglichte.

Frau Angelika Lilge und Frau Anja Hauer verdanke ich nicht nur eine im täglichen Alltag funktionierende Logistik. Sie hatten maßgeblichen Anteil an der Schaffung eines positiven Arbeitsklimas am Lehrstuhl für Wirtschafts- und Sozialgeschichte der Philipps-Universität Marburg. Dem dortigen Lehrstuhlinhaber, Herrn Prof. Dr. Peter Borscheid, danke ich für die Einräumung des Freiraums, der für die zügige Fertigstellung der Untersuchung sorgte. Herrn Prof. Dr. Bernd Schiemenz danke ich für die Übernahme des Zweitgutachtens.

Meine heutige Ehefrau, Gudula Buzmann-Lippert, wurde nahezu zwangsläufig mit allen Facetten dieser Arbeit in allen Phasen ihrer Entstehung konfrontiert. Ihrer Zuversicht, ihrer Diskussionsbereitschaft, ihrer Kritikfreude - und nicht zuletzt auch ihrer stilistischen Sicherheit - verdanken ich und das Ergebnis dementsprechend viel. Gedankt sei auch meiner Mutter, Frau Christa Lippert, und Herrn Herbert Huxold, deren Vorstellungen von einem pflegeleichten Sohn ich seinerzeit oftmals nicht entsprechen konnte.

Gewidmet ist die Arbeit meiner Großmutter, Frau Auguste Spielmann. Geboren in Schlesien im Jahr 1899 und gestorben in Niedersachsen im Jahr 1996, erlebte sie als Gewerkschaftlerin, Sozialdemokratin und Arbeiterin vor Ort vieles von dem, womit sich Wirtschafts- und Sozialhistoriker am Schreibtisch beschäftigen. Die daraus resultierenden Schilderungen legten den Grundstein für mein Interesse an einer anderen als der klassischen Historiographie - wenngleich sie selbst den Sinn der hier betriebenen Art von Geschichtsschreibung wahrscheinlich stark bezweifelt hätte.

Marnheim, im November 1998 Frank Lippert

Inhaltsverzeichnis

Verzeichnis der Tabellen

Verzeichnis der Abbildungen

Abkürzungsverzeichnis

AfE	= Archiv für Eisenbahnwesen
AfS	= Archiv für Sozialgeschichte
AR	= Automobil Rundschau. Zeitschrift des Mitteleuropäischen Motorwagen Vereins e.V.
ATZ	= Automobiltechnische Zeitschrift
AuW	= Archiv und Wirtschaft
BW	= Die Betriebswirtschaft. Zeitschrift für Handelswissenschaft und Handelspraxis
DIHT	= Deutscher Industrie- und Handelstag
DINTA	= Deutsches Institut für technische Arbeitsschulung
DMV	= Deutscher Metallarbeiter-Verband
DRG	= Deutsche Reichsbahngesellschaft
DVW	= Der Deutsche Volkswirt
DWZ	= Deutsche Wirtschaftszeitung
GEDEKRA	= Gemeinschaft deutscher Kraftwagen-Spediteure
GTB	= Glastechnische Berichte
GuG	= Geschichte und Gesellschaft. Zeitschrift für Historische Sozialwissenschaft
HdSW	= Handwörterbuch der Sozialwissenschaften
HdWW	= Handwörterbuch der Wirtschaftswissenschaft
HWA	= Hessisches Wirtschaftsarchiv
HZ	= Historische Zeitschrift
IHK	= Industrie- und Handelskammer
JEH	= The Jounal of Economic History
JfNST	= Jahrbücher für Nationalökonomie und Statistik
JfW	= Jahrbuch für Wirtschaftsgeschichte
KuL	= Kraftomnibus und Lastkraftwagen
KWH	= Der Kraftzug in Wirtschaft und Heer. Fachschrift für das gesamte Kraftfahrwesen
LA	= Das Last-Auto. Wirtschaftszeitung für den gesamten motorischen Lastwagenbetrieb
Lkw	= Lastkraftwagen
MAN	= Maschinenfabrik Augsburg-Nürnberg

MG	= Militärgeschichte
MTW	= Der Motorwagen. Zeitschrift für Automobil-Industrie und Motorenbau
NAG	= Neue Automobilgesellschaft
NDI	= Normenausschuß der Deutschen Industrie
RABA	= Reichsautobahnen-Ausschuß
RDA	= Reichsverband der Automobilindustrie e. V.
RDN	= Reichsverband für Nutzfahrzeuge e. V.
REFA	= Reichsausschuß für Arbeitszeitermittlung
RKW	= Reichskuratorium für Wirtschaftlichkeit
RWWA	= Rheinisch-Westfälisches Wirtschaftsarchiv
SPS	= Sprechsaal für Keramik, Glas und verwandte Industrien
SSZ	= Speditions- und Schiffahrts-Zeitung
STA	= Die Strasse
STR	= Die Straße. Zeitschrift für den gesamten Straßen- und Wegebau
TG	= Technikgeschichte
TZUG	= Tradition. Zeitschrift für Firmengeschichte und Unternehmerbiographie
VDMA	= Verein Deutscher Maschinenbau-Anstalten
VfSW	= Vierteljahresschrift für Sozial- und Wirtschaftsgeschichte
VT	= Verkehrstechnik. Zentralblatt für den gesamten Landverkehr und Straßenbau
VtW	= Verkehrstechnische Woche. Zeitschrift für das gesamte Verkehrswesen
WD	= Wirtschaftsdienst. Weltwirtschaftliche Nachrichten
WWA	= Westfälisches Wirtschaftsarchiv
ZfB	= Zeitschrift für Betriebswirtschaft
ZfHF	= Zeitschrift für Handelswissenschaftliche Forschung
ZfHH	= Zeitschrift für Handelswissenschaft und Handelspraxis
ZfV	= Zeitschrift für Verkehrswissenschaft
ZUG	= Zeitschrift für Unternehmensgeschichte
ZVDI	= Zeitschrift des Vereines Deutscher Ingenieure

I Die Entwicklung eines neuen Verkehrsträgers im Kontext wirtschaftlicher Rationalisierung. Zielsetzungen und Grundlagen der Untersuchung

Die Geschichte der Republik von Weimar war von mannigfaltigen Diskontinuitäten und Zäsuren geprägt, die nicht nur die Politik, sondern vor allem auch die Gesellschaft und Wirtschaft betrafen. Obgleich die Anfänge und Ursachen vieler dieser Entwicklungen im Kaiserreich zu suchen sind, bleibt deren Wahrnehmung innerhalb des forcierten gesellschaftlichen Wandels der Republik für den betrachteten Zeitraum dennoch realitätsprägend. Die Nachwirkungen der Kaiserzeit, angefangen bei den politischen Instabilitäten bis hin zur Inflation der Nachkriegszeit oder den zunehmenden Konzentrations- und Kartellierungstendenzen innerhalb der deutschen Industrie der 1920er Jahre, können vielfach nur vom historischen Abstand aus erkannt werden.[1] In diesem Kontext ist die 'Rationalisierungsbewegung' in der Wirtschaft von Weimar ebenfalls als beschleunigte Fortentwicklung bereits begonnener Tendenzen zu sehen.[2] Ins Blickfeld öffentlicher Diskussion trat sie jedoch erst im gewandelten republikanischen Umfeld.

1 Rationalisierung, Logistik und Lkw-Verkehr in der Weimarer Republik. Forschungsstand, Fragestellung und Aufbau der Untersuchung

Im ausgehenden Kaiserreich hatte sich die Taylorismusdebatte, die später insbesondere in Verbindung mit ihrer technisch geprägten Variante, dem sogenannten 'Fordismus', die Basis für die Rationalisierungsdiskussion bildete, noch auf interessierte Fach- sowie betroffene Arbeiterkreise beschränkt.[3] Die 'Rationalisierungswelle' der 1920er Jahre war nicht deshalb eine neuartige Entwicklung, weil hier etwa erstmalig die Bedeutung effizienz- und rentabilitätssteigernder Maßnahmen für Unternehmen hervorgehoben wurde, die im marktwirtschaftlichen Umfeld agierten und deshalb zwangsläufig mehr oder minder starkem Wettbewerbsdruck ausgesetzt waren. In dieser Hinsicht war Rationalisie-

---

[1] Zur Kontinuität der angesprochenen wirtschaftlichen Aspekte vgl. Holtfrerich, Inflation, 1980, insbesondere S. 104 ff.; Feldmann, Kapitalismus, 1974, S. 150 ff.; Wehler, Aufstieg, 1974, S. 36 ff. Wenn auch den letztgenannten Untersuchungen die auf Hilferding zurückgehende und nach heute herrschender Meinung nicht zutreffende These vom 'Organisierten Kapitalismus' zugrunde liegt, veranschaulichen sie den hier relevanten Sachverhalt dennoch gut.

[2] Vgl. Kleinschmidt, Eisen- und Stahlindustrie, 1993, S. 13 ff. und S. 36 ff. sowie die Zusammenfassung verschiedener Einzelaspekte bei Lippert, Flaschenglasindustrie, 1994, S. 168 ff.

[3] Vgl. Homburg, Anfänge, 1978, S. 173 ff.; Burchardt, Wandel, 1977, S. 70 ff. Das klassische Beispiel für die Reaktion der Arbeiterschaft auf die betriebliche Umsetzung des Taylorismus vor dem Ersten Weltkrieg ist der Streik bei Bosch im Jahre 1913. Vgl. hierzu Prinzing, Streik, 1989, insbesondere S. 46 ff.

rung tatsächlich die 'recht alte Sache', als die der Volkswirt und 'Altmeister der Rationalisierungstheorie' v. Gottl-Ottlilienfeld sie 1929 bezeichnete.[4] Neu war die Intensität, mit der sie propagiert und diskutiert wurde sowie ihre umfassende Verankerung im Bewußtsein einer breiten Öffentlichkeit. Nicht nur Produktions- und Konsumtionsprozesse, sondern auch Architektur, Kunst oder Literatur standen vielerorts im Zeichen der 'Neuen Sachlichkeit'. Was bis dato für die kontinuierliche Verbesserung von Fertigungsprozessen in Industriebetrieben als sinnvoll galt, sollte nunmehr kennzeichnend für Lebenswelt und Lebensgefühl der Weimarer Industriegesellschaft werden.[5]

Die wirtschaftlichen Ausgangsdaten und Hypotheken verschärften vielfach die dem Modernisierungsprozeß der Zwischenkriegszeit inhärenten Konflikte. Wenn D. Peukert in einer neueren Gesamtdarstellung die „Weimarer Republik als eine Krisenzeit der klassischen Moderne"[6] charakterisiert, sind damit ebenfalls diverse Spannungsfelder des damaligen wirtschaftlichen Strukturwandels angesprochen. Dieser Strukturwandel fand in dem Schlagwort der 'Rationalisierung' seinen Ausdruck. Seine langfristige und kontinuierliche Fortsetzung wird heute im Rahmen der Debatte um 'schlanke' Fertigungsorganisationen zuweilen heftig kritisiert: die Umgestaltung relativ flexibler, auf heterogene Einzel- oder Serienfertigung ausgelegter Produktionsapparate in möglichst ebenso flexible, aber dennoch auf homogene Massenfertigung ausgelegte Einheiten.[7] Eine erschöpfende oder gar befriedigende Klärung der Frage, was unter industrieller Rationalisierung im Einzelfall konkret zu verstehen sei, erwies sich bereits in der Weimarer Zeit als unmöglich. Man konnte darunter „planmäßiges Handeln zur Erreichung eines Zweckes "[8] oder eine „Steigerung des Nutzeffektes ..., Wahl des richtigen Weges, den Fertigungs- und Güterverteilprozeß zu vereinfachen, ... Zusammenfassung wirtschaftlicher Kräfte in Kartellen, Trusts, Konzernen ..., Ersparung menschlicher Arbeitskräfte, ... Preissenkungen, ... im wesentlichen

---

[4] In RKW (Hg.), Handbuch, 1930, S. 2. Die Charakterisierung v. Gottl-Ottlilienfelds nahm C. F. von Siemens in dem von ihm verfaßten Vorwort zu dessen 1929 erschienenem Buch 'Vom Sinn der Rationalisierung' vor.

[5] So auch Radkau, Technik, 1989, S. 274 ff.; zu den angesprochenen kulturellen Aspekten, die nicht Gegenstand dieser Untersuchung sein werden, vgl. Hermand/Trommler, Kultur der Weimarer Republik, insbesondere S. 49 ff.

[6] Peukert, Republik, 1987, S. 11. Ähnliche Wertung speziell für den industriellen Sektor bei Feldmann, Modernization, 1986, S. 10 ff.

[7] Kritische Sichtweise des entsprechenden Intentionen u.a. bei Piore/Sabel, Massenproduktion, 1989, S. 28 ff.; zur zuweilen umstrittenen Einordnung der Weimarer Rationalisierungsbewegung in den Kontext langfristiger struktureller Änderungen im Fertigungsbereich, die heute vor allem in der industriellen Praxis unter dem nicht minder schlagwortartig gebrauchten Stichwort der 'Lean Production' propagiert und praktiziert werden, vgl. Warnecke, Fraktale Fabrik, 1996, S. 28 ff.

[8] Petzold, Wesen, 1933, S. 110.

Qualitätsverbesserungen"[9] verstehen, letztlich galt: „Alle diese Erklärungen lassen sich vertreten, sie erfassen aber immer nur einen Teil ihres Wesens und ihrer Zielsetzung"[10] oder aber: „Rationalisierung ... heißt: sparsam wirtschaften durch schnellere Produktion, durch schnelleres Erledigen, durch vorteilhaftere Organisation ... ."[11] Deshalb wird hier auf eine umfassende und damit möglicherweise nichtssagende Definition verzichtetet und Rationalisierung im weiteren Sinne als geplante und systematisierte Steuerung ökonomischer Prozesse durch organisatorische und/oder technische Maßnahmen verstanden mit dem Ziel, diese Prozesse vorhersehbar, effizient, kostenoptimal und mit ständig steigender Produktivität zu gestalten.[12] Andere Aspekte der Rationalisierung von Lebensprozessen, beispielsweise deren kulturelle oder wissenssoziologische Implikationen, sind nicht Gegenstand dieser Untersuchung.[13]

Die Widersprüchlichkeiten des heutigen Forschungsstandes zu jenem Thema hängen nicht zuletzt mit den zeitgenössischen Ungenauigkeiten zusammen. Die Weimarer Rationalisierungsbewegung ist bislang nur teilweise erforscht. Während einerseits der Begriff der „Rationalisierungswelle ..., [die z]um Teil ... als Reorganisationsmaßnahme in der Industrie begriffen [wurde], zum Teil ... technologischen Überlegungen [entsprang]"[14], bereits in wirtschaftshistorische Handbücher Eingang gefunden hat, besteht andererseits weitgehende Übereinstimmung, daß das Ausmaß der in den Betrieben tatsächlich vorgenommenen Rationalisierung eher gering war und sich zudem im wesentlichen auf organisatorische Maßnahmen beschränkte. Die technische Rationalisierung fand nach dieser Sichtweise vor allem in der sie beschreibenden und propagierenden Literatur

---

[9] Hinnenthal, Rationalisierungsbewegung, 1927, S. 5 f.

[10] Ebenda.

[11] Lange, Maschinenbau, 1928, S. 318.

[12] In Anlehnung an die Definition von König; Konsumgesellschaft, 1993, S. 12; van der Loo/ van Reijen, Modernisierung, 1992, S. 31. Aus dieser Definition ergibt sich, daß die in der Literatur über die Weimarer Rationalisierungsperiode häufige Trennung zwischen 'Taylorismus' als primär organisatorisch und 'Fordismus' als primär technologisch orientierte Rationalisierung - so beispielsweise bei Bönig, Technik, 1980, S. 390 ff. oder Braun, Ausbau technischer Systeme, 1992, S. 52 ff. - hier nicht vorgenommen wird. Sicherlich stand im Mittelpunkt der Überlegungen Taylors die Optimierung der Arbeitsleistung des einzelnen Arbeiters, während Fords Zielsetzung in der effizienten Koordination maschineller und menschlicher Arbeit innerhalb eines optimierten Produktionsprozesses bestand. Dennoch ist es nach hier vertretener Ansicht sinnvoller, das Gemeinsame beider Konzepte, die Fokussierung auf eine beschleunigte, kostenoptimierte Fertigung mit maximalen Ausbringungsmengen, zu betonen. Unter 'Fordismus' ist dann die Anwendung und Fortführung des 'Taylorismus' unter weitestgehender Hinzuziehung technischer Hilfsmittel zu verstehen.

[13] Vgl. hierzu weiterführend van der Loo/ van Reijen, Modernisierung, 1992, S. 118 ff.

[14] Hardach, Deutschland 1914-1970, 1986, S. 57.

statt[15], während eine schlüssige Auseinandersetzung mit der in zeitgenössischen Schriften zuweilen geäußerten Kritik an einer angeblichen 'Fehlrationalisierung'[16] entweder verbleibt oder sich auf die Feststellung beschränkt: „Eine der entscheidenden Ursachen der Massenarbeitslosigkeit war, einer schon zu Beginn der dreißiger Jahre weitverbreiteten Auffassung zufolge, die übertriebene und darum verfehlte Rationalisierung der deutschen Wirtschaft."[17] An dieser Stelle soll nicht bestritten werden, daß auch organisatorische undarbeitsintensivierende Rationalisierungsverfahren ursächlich für ein bestimmtes Maß von Arbeitslosigkeit und betrieblichen Überkapazitäten sein können. Problematisch erscheint indes der Versuch, bei Negation technischer Rationalisierungsmaßnahmen dieKapazitätsauslastungs- und die Absatzprobleme der deutschen Industrie bereits vor der Depression damit zu erklären. Zugespitzt formuliert: Wenn, wie der derzeitige Forschungsstand nahelegt, keine umfassende Rationalisierung in den Betrieben stattfand, weshalb zeitigte dann die Rationalisierung derart negative Folgen? Und andererseits: Weshalb wurden, obwohl sich Techniker, Kaufleute und Unternehmer in der zeitgenössischen Publizistik äußerst positiv gegenüber derartigen Maßnahmen aussprachen, tatsächlich oder vermeintlich vorhandene Rationalisierungspotentiale nicht konsequenter ausgeschöpft?

Diese Ambivalenz der bisherigen Forschungsergebnisse ist zumindest teilweise auf Divergenzen in den jeweiligen Erkenntniszielen zurückzuführen, da zwei unterschiedliche Zugangsweisen das Feld der Rationalisierungsforschung dominieren. Technikgeschichtlich orientierte Arbeiten betonen primär den Charakter der Rationalisierung als einer 'Teilmodernisierung', bei der allenfalls zweitbeste Lösungen vorhandener maschinen- und fertigungstechnischer Potentiale in die Betriebspraxis umgesetzt wurden.[18] Sozialhistorisch orientierte Arbeiten weisen dagegen auf die volkswirtschaftliche Unsinnigkeit übermäßig gesteigerter Produktionseffizienz hin und stellen primär den Aspektrationalisierungsinduzierter Dequalifizierung und Arbeitslosigkeit in den Vordergrund, der nach dieser Sichtweise spätestens in der Depression offen zutage trat.[19] Die wenigen mikroökonomisch orientierten Arbeiten zur Rationalisierung beschränken sich überwiegend auf die Vorgänge in einzelnen Unternehmen und Branchen oder untersuchen umfassender einzelne Teilaspekte, wobei sich die Automobil-

---

[15] Vgl. Stollberg, Rationalisierungsdebatte, 1981, S. 49 ff.; Radkau, Technik, 1989, S. 269 ff.; Freyberg, Rationalisierung, 1989, S. 23 ff.; Peukert, Republik, 1987, S. 116 ff. und S. 288, FN 9.

[16] Vgl. etwa Bauer, Fehlrationalisierung, 1931; Ledermann, Fehlrationalisierung, 1933.

[17] Winkler, Katastrophe, 1987, S. 87.

[18] Vgl. exemplarisch Braun, Flugzeugbau, 1990, S. 112 f.; ders., Ausbau technischer Systeme, 1992, S. 57 ff.; Radkau, Technik, 1989, S. 275 f.

[19] Vgl. exemplarisch Bönig, Technik, 1980, S. 396 ff.; Klönne, Arbeiterbewegung, 1989, S. 223 ff.; Winkler, Katastrophe, 1987, S. 87 ff.

industrie und das Problem der 'Fließfertigung' besonderer Aufmerksamkeit erfreuen.[20] Bemerkenswerterweise relativieren diese mikroökonomischen Studien zumeist das Bild der 'nicht durchgeführten' Rationalisierung der 1920er Jahre. Im Maschinenbau, in der Elektroindustrie, im Ruhrbergbau und in der Eisen- und Stahlindustrie des Ruhrgebietes, in der Tafel- sowie der Flaschenglasindustrie wurden zum Teil umfangreiche technisch-organisatorische Rationalisierungsmaßnahmen ergriffen, allerdings mit unterschiedlichem Erfolg und angepaßt sowohl an die jeweiligen Branchenspezifika als auch an die fertigungstechnischen und marktökonomischen Notwendigkeiten der deutschen Wirtschaft in der Zwischenkriegszeit. Dabei wurde zuweilen deutlich, daß eine technische 'Teilmodernisierung' betriebswirtschaftlich gesehen zur 'Fehlrationalisierung' werden konnte.[21]

Ein vertieftes Verständnis vom Ablauf der industriellen Rationalisierung in der Weimarer Republik sowie der ihr inhärenten Zwangsläufigkeiten, Möglichkeiten und Grenzen erfordert eine stärkere Gewichtung der mikroökonomischen Betrachtungsweise. Die Auswirkungen und Ergebnisse von durchgeführten oder unterlassenenen Rationalisierungmaßnahmen wurden zuerst auf betrieblicher Ebene im Zusammenspiel mit den gesamtwirtschaftlichen Rahmenbedingungen deutlich, die Entscheidungen über die Anwendung von Rationalisierungsmaßnahmen wurden hier getroffen. Um den Schwierigkeiten zu begegnen, die für die derzeitige Unternehmensgeschichtsschreibung kennzeichnend sind - genannt seien hier die zuweilen mangelhafte theoretisch-methodische Fundierung und Integration sowie die Übertragbarkeitsproblematik der am Einzelbeispiel herausgearbeiteten Ergebnisse, die zudem aufgrund der Quellenlage oftmals singuläre Erfolgsgeschichten wiedergeben - wird es bei einem derartigen Ansatz darauf ankommen, daß „im Mittelpunkt dieses Feldes nicht die Geschichte einzelner Unternehmen [steht], sondern Probleme der Wirtschafts- und Sozialgeschichte, die über Unternehmen ablaufen und in und von Unternehmen entschieden werden ... . Das sind Probleme, die ohne mikroökonomische Angaben kaum anzugehen, aber auch allein mit Daten von Einzelunternehmen nicht zu bewältigen sind.'[22] Unternehmens- und branchenübergreifende mikroökonomische Aspekte der Rationalisierung, die in einzelwirtschaftlicher Betrachtungsweise im wesentlichen betriebswirtschaftlich und technisch geprägt war, können dabei

---

[20] Beispiele sind, neben den bereits genannten Arbeiten, Blaich, Automobilindustrie, 1973; Kugler, Werkstatt, 1987; Stahlmann, Management, 1992; ders., Autoindustrie, 1993; Homburg, Siemens-Konzern, 1991; Bönig, Bandarbeit, 1989; ders., Fließarbeit, 1993.

[21] Vgl. die Ergebnisse der Studien von Freyberg, Rationalisierung, 1989, S. 389 ff.; Burghardt, Ursachen, 1990, S. 27 ff.; Kleinschmidt, Eisen- und Stahlindustrie, 1993, S. 359 ff.; Spoerer, Tafelglasindustrie, 1993, S. 85 ff.; Lippert, Flaschenglasindustrie, 1994, S. 191 f.; ders., Rationalisierungsstrategien, 1995, S. 108 f.

[22] Tilly, Probleme, 1985, S. 12. Zu den methodischen Problemen der Unternehmensgeschichtsschreibung vgl. zusammenfassend Plumpe, Unternehmen, 1996, S. 47 ff.

grundsätzlich aus zwei miteinander zusammenhängenden Perspektiven analysiert werden. Versteht man 'Wirtschaft' als 'sozialen Interaktionsprozeß', den wesentlich Strukturen, Werthaltungen und Normen der beteiligten Gruppen bestimmen, wäre es eine denkbare Vorgehensweise, die unterschiedlichen Mentalitäten und Zielsetzungen von Kaufleuten und Technikern herauszuarbeiten.[23] Im Anschluß daran wären deren Auswirkungen im Rationalisierungsprozeß zu hinterfragen.[24] Ein anderer möglicher Zugang bestände darin, die konkreten technisch-betriebswirtschaftlichen Potentiale einzelner übergreifender Rationalisierungsinstrumente im historischen Umfeld zu untersuchen.[25] Da die Beurteilung von 'Mentalitäten' und ihren 'Folgen' im hier relevanten Kontext zwar reizvoll, aber unter dem Kriterium der Objektivität kaum verifizierbar erscheint, wird dieser Bereich nur am Rand gestreift und die letztgenannte Vorgehensweise gewählt. Wichtige Impulse für diesen betriebswirtschaftlich-technisch orientierten Ansatz gehen dabei von der bis heute kontrovers diskutierten 'Fixkostentheorie' von Eugen Schmalenbach aus.[26] Schmalenbach, ein ausgewiesener Kenner der

---

[23] So Wehler, Ökonomie, 1973, S. 46 ff.

[24] Mit diesen simplifizierenden Schlagworten soll nicht der Eindruck erweckt werden, als handele es sich beim kaufmännischen und technischen Betriebsbereich um in sich homogene Gruppen. Sie dienen lediglich der Veranschaulichung des Sachverhaltes, daß der betriebswirtschaftlich und der ingenieurswissenschaftlich geschulte Mitarbeiterstab in Unternehmen über spezifische und oftmals abweichende Werthaltungen und Denkmuster verfügt, die unter anderem auf unterschiedliche Prägungen in den jeweiligen Ausbildungsgängen und Arbeitsumfeldern zurückzuführen sind. Wirtschaftshistorische Untersuchungen zu diesem Problemfeld fehlen m. W. bislang, während die Thematisierung in der neueren betriebswirtschaftlichen Forschung noch am Anfang steht und nicht unmodifiziert auf die Weimarer Verhältnisse übertragen werden kann. Vgl. für die angesprochenen betriebswirtschaftlichen Ansätze Mertens, Ingenieur-Denken, 1991.

[25] Diese Vorgehensweise bietet sich ebenso für eine mikroökonomisch orientierte Untersuchung der Rationalisierung in einzelnen Branchen an. Vgl. hierzu Lippert, Flaschenglasindustrie, 1994, S. 176 ff.; ders., Rationalisierungsstrategien, 1995, S. 98 ff.

[26] Lindenlaub, Anpassung der Kosten, 1981, S. 273 ff. zeigt auf Basis einer exemplarischen Untersuchung der Maschinenbauunternehmen Humbold-Deutz AG und MAN AG in der Weltwirtschaftskrise, daß die These von Schmalenbach in ihrer Zuspitzung auf die durch Fixkostendruck bei Unterauslastung hervorgerufene Alternative zwischen 'Kartell oder Konkurs' keine Allgemeingültigkeit beanspruchen kann. Bestimmte Fixkostenanteile, insbesondere Gemeinkostenlöhne und Instandhaltungskosten, konnten, wenn auch „selbst in energisch geführten Unternehmen verhältnismäßig spät ..." (ebenda, S. 302) durch Lohnkürzungen und Entlassungen an Beschäftigungsrückgänge angepaßt werden. Kritisch anzumerken ist hierbei allerdings, daß der Erfolg einer derartigen Strategie eine relativ arbeitskostenintensive Kostenstruktur und eine ausreichende Kapitaldecke voraussetzte. Die Zuordnung von Gemeinkostenlöhnen zu den Fixkosten, also den beschäftigungsunabhängigen Kosten eines Betriebes, erscheint in einer kurzfristig orientierten Analyse gerechtfertigt. Mittel- bis langfristig sind derartige Kostenbestandteile, wie nicht zuletzt der Zeithorizont von Lindenlaubs Studie belegt, variabel. Eine kapitalkostenintensive, durch

Rationalisierungsproblematik, konstatierte bereits 1928 in seinem bekannten Aufsatz über 'Die Betriebswirtschaftslehre an der Schwelle der neuen Wirtschaftsverfassung' folgenden Zusammenhang:

„Nicht Menschen, sondern s t a r k e w i r t s c h a f t l i c h e K r ä f t e sind es, die uns in die neue wirtschaftliche Epoche hineintreiben. ... Die wichtigste Frage, die wir uns zu stellen haben, ist die: Welches sind die inneren Gründe, die uns zwingen, von der alten freien Wirtschaft trotz ihrer außerordentlichen Leistungsfähigkeit zu scheiden und in eine neue Wirtschaft mit gebundener Form hineinzumarschieren, von deren Leistungsfähigkeit wir noch wenig wissen. ... Und wenn wir diesen Dingen nachgehen, so bemerken wir, daß es fast ausschließlich eine e i n z i g e E r s c h e i n u n g ist, die uns die alte Wirtschaftsform verlassen und in eine neue hineinsteuern läßt; ... Diese Erscheinung, die in ihrer Auswirkung so stark ist, daß sie das ganze große Gebäude der Wirtschaft umzubauen zwingt, ist die Verschiebung der Produktionskosten innerhalb des Betriebes. Und zwar handelt es sich darum, um uns der fachwissenschaftlichen Ausdrücke zu bedienen, daß der Anteil der proportionalen Kosten am Produktionprozeß kleiner und der Anteil der fixen Kosten immer größer geworden ist, und zwar so sehr, daß schließlich der Anteil der fixen Kosten für die Produktionsgestaltung bestimmend wurde. ... Und so ist die moderne Wirtschaft mit ihren hohen fixen Kosten d e s H e i l m i t t e l s b e r a u b t, das selbsttätig Produktion und Konsumtion in Einklang bringt und so das wirtschaftliche Gleichgewicht herstellt. Weil die proportionalen Kosten in so großem Umfange fix geworden sind, fehlt der Wirtschaft die Fähigkeit der Anpassung der Produktion an die Konsumtion ... Die Folge davon ist, daß eine Kalkulation, d. h. eine wirtschaftliche Überlegung darüber, ob Aufnahmefähigkeit des Marktes und Vermehrung der Anlagen bzw. der Kapazität im Einklang stehen, überhaupt nicht stattfindet."[27]

Für eine derartige Untersuchung bietet sich die Entwicklung des Lastkraftwagenverkehrs in der Weimarer Zeit, das heißt der Rationalisierung von Transport und Logistik, aus verschiedenen Gründen an. Zunächst bietet sich hier die Mög-

---

'klassische' Fixkosten bedingte Kostenstruktur, vor allem aber die in Betrieben kleiner und mittlerer Größe vielfach anzutreffenden Liquiditäts- und Finanzierungsengpässe, hätten die Erfolgschancen der beschriebenen Anpassungsstrategie von vornherein eng begrenzt. Schmalenbachs Analyse zielte nach hier vertretener Ansicht primär auf eine derartige Kostenstruktur: „Unzertrennlich von dieser Entwicklung ist die fortgesetzt wachsende Steigerung der Kapitalintensität. ... Was dieser große Automat an Arbeitslöhnen frißt, das ist nichts. Aber was er an Zinsen und Abschreibungen frißt, das ist eine ganze Menge. Und diese Zinsen und Abschreibungen sind fixer Natur"; Schmalenbach, Betriebswirtschaft, 1928, S. 244. Zur Diskussion und Kritik der 'Fixkostentheorie' vgl. Lindenlaub, Anpassung der Kosten, 1981, S. 276 ff.

[27] Schmalenbach, Betriebswirtschaftslehre, 1928, S. 242, 243, 245 und 247; Hervorhebungen im Original; vgl. auch ders., Selbstkostenrechnung, 1934, S. 29 ff. Im hier relevanten Kontext sind dabei weniger Schmalenbachs weitreichende ordnungstheoretische Schlußfolgerungen in bezug auf die zu erwartende Entwicklung der 'ehemals freien Wirtschaftsordnung' als vielmehr deren betriebswirtschaftliche Implikationen von Interesse. Selbst wenn bei Wahl eines genügend großen Zeithorizontes letztlich alle Kosten variabel werden, bleibt dennoch die Frage von Bedeutung, welche Auswirkungen mit der Änderung innerbetrieblicher Kostenstrukturen bei der praktischen Umsetzung technischer Neuerungen verbunden sind.

lichkeit, die wirtschaftliche Nutzbarmachung eines relativ neuen Verkehrsträgers in ihren Anfängen zu verfolgen. Vor dem Ersten Weltkrieg waren Lastkraftwagen aufgrund technischer und ökonomischer Unzulänglichkeiten und der daraus resultierenden Skepsis bezüglich ihrer praktischen Verwendungsfähigkeit faktisch ohne Bedeutung für das deutsche Verkehrswesen geblieben. Sie kamen nur gelegentlich innerhalb der Städte als Lieferwagen zur Anwendung. Während des Krieges spielten sie mit fortschreitender technischer Verbesserung eine zwar wachsende, aber insgesamt dennoch untergeordnete logistische Rolle. Am Anfang der Umstrukturierungsprozesse stand die zunehmende Entdeckung potentieller Verwendungsfelder für Lkw während des Krieges sowie die Gewißheit, daß nach seiner Beendigung die umfangreichen Heeresbestände zur Disposition stünden und sukzessive in das zivile Wirtschaftsleben überführt werden könnten.

Diese Umstrukturierungen in der Verkehrswirtschaft begannen in der Weimarer Republik und beschleunigten sich nach 1932 allmählich.[28] Zu diesem Zeitpunkt hatte sich der vormals relevante ordnungspolitische Kontext jedoch gewandelt. Mit Erlaß der dritten Notverordnung vom 6. Oktober 1931, die unter anderem einen Konzessionszwang für entgeldliche Frachttransporte jenseits des auf 50 km begrenzten Nahverkehrsbereiches vorsah und damit stark reglementierend in den Überlandverkehr mittels Lkw eingriff, wurde die Ära des 'freien' Wettbewerbs verschiedener Verkehrsträger offiziell durch einen politisch regulierten Wettbewerb ersetzt. Wenn auch ein den Grundsätzen liberaler Wirtschaftssysteme entsprechender Wettbewerb zwischen 'Straße' und 'Schiene' im eigendlichen Sinne bereits vorher nicht existierte, da der Betrieb vonÜberland-Linienverkehren schon in der Weimarer Republik genehmigungspflichtig war, stellte diese Verordnung dennoch eine deutlicheordnungspolitische Zäsur dar.[29] Des weiteren hatte bis dahin die technische Entwicklung und die Akzeptanz der ökonomischen Potentiale des Lkw ihr Anfangsstadium überwunden. Die Zukunft des Lkw als neuem Verkehrsträger stand außer Frage, zumal sich dieser immer neue Einsatzfelder eroberte. Er wurde zunehmend auchfür Ferntransporte eingesetzt, eine Verwendungsform, die in der Weimarer Zeit eher eine untergeordnete Rolle gespielt hatte. Die hier gewählte Eingrenzung des Untersuchungszeitraumes auf die Spanne von 1918-1932 wird damit nahelegt. Für die Wahl des Untersuchungsgegenstandes sprechen daneben weitere Faktoren:

1. Der Lkw entwickelte sich als Verkehrsträger mit wirtschaftlicher Relevanz im Kontext der Rationalisierungsbewegung. Seine Bedeutung als Instrument zur

[28] Vgl. Vogt, Verkehr II/1, 1965, S. 448 ff.; Heimes, Transportindustrie, 1978, S. 55 ff.; zeitgenössische Darstellungen u.a. bei Pflug, Kraftfahrzeugverkehr, 1928, S. 252 f.; Merkert, Lastkraftwagenverkehr, 1926, S. 1 ff.

[29] Wenngleich die Genehmigungen im Regelfall problemlos erteilt wurden, spricht dies nicht unbedingt für einen ungeregelten Wettbewerb. Vgl. Heimes, Transportindustrie, 1978, S. 88 ff.

Rationalisierung von Transportprozessen wurde bereits von Zeitgenossen betont, die als Vorzüge des Lkw primär seine Flexibilität, seine Schnelligkeit sowie seine Kostengünstigkeit nannten und ihm auf diese Weise jene Eigenschaften zusprachen, die nach damaliger Diktion als besonders 'rationell' anzusehen waren.[30] Mit dieser Einschätzung korrespondiert die bis 1932 und darüber hinaus dominierende Verwendungsform von Lkw einerseits im Werkverkehr, das heißt zum Transport von Gütern und Materialien für unternehmenseigene Zwecke, primär zur Anlieferung von Roh-, Hilfs- und Betriebsstoffen sowie zur Auslieferung von Halb- oder Fertigwaren, aber auch zum innerbetrieblichen Verarbeitungs- und Veredelungstransport beziehungsweise zum Zweck der gewerbsmäßigen Vermietung, andererseits im Nahverkehr, das heißt in einem Umkreis von bis zu 50 Kilometern Luftlinie um den Mittelpunkt eines zentralen Standortes des Kraftfahrzeuges. In diesen Einsatzfeldern sollten die angesprochenen Rationalisierungspotentiale sinnvoll umgesetzt werden.[31] Am Beispiel des Lkw läßt sich deshalb die Konsistenz des Zielsystems aller Rationalisierungsbemühungen, welches schlagwortartig durch die Begriffe Flexibilitätssteigerung, Beschleunigung und vor allem Kostenoptimierung vonLeistungserstellungsprozessen definiert wurde, exemplarisch überprüfen.

2. Ein beschleunigter Kapitalumschlag sowie die Ausweitung bekannter oder die Erschließung neuer Absatzmärkte waren wichtige Ziele, aber auch Voraussetzungen für den Erfolg von Rationalisierungsmaßnahmen.[32] Zur dazu nötigen Flexibilisierung von Beschaffung, innerbetrieblichem Transport und Vertrieb in räumlicher und zeitlicher Hinsicht sollten Lkw aufgrund ihrer bereits erwähnten Eigenschaften und aufgrund ihrer dominierenden Verwendungsform wichtige Beiträge leisten. Dieser Zusammenhang von Rationalisierung undFlexibilisierung des Güterverkehrs wird dadurch verdeutlicht, daß die Transportelastizität in

---

[30] Stellvertretend für die umfangreichen gleichgerichteten Einschätzungen in der zeitgenössischen Literatur zum Thema Merkert, Lastkraftwagenverkehr, 1926, S. 4: „Nicht der technischen Ausgestaltung verdankt der Lastkraftwagenverkehr seinen unvergleichlichen Aufschwung, sondern der praktischen Ausnützung der ... technisch-wirtschaftlichen Vorzüge, wie seine Anpassungsfähigkeit, seine Schnelligkeit und Billigkeit auf Nahentfernungen."

[31] Vgl. Ihde, Transport, 1991, S. 76 ff., der an dieser Stelle aber bereits auf die Schwierigkeit hinweist, im unternehmenseigenen Einsatz aufgrund häufiger Leerfahrten Flexibilität und Schnelligkeit mit Kostengünstigkeit zu vereinbaren. Diese heute üblichen und in § 2 und § 48 Güterkraftverkehrsgesetz kodifizierten Definitionen von Werk- und Nahverkehr wurden zwar erst aufgrund der in Weimar gemachten verkehrspolitischen und verkehrswirtschaftlichen Erfahrungen Anfang der 1930er Jahre verbindlich festgehalten, entsprechen aber inhaltlich genau den vorher zu konstatierenden Sachverhalten und sind deshalb auf diese Phase der Verkehrsgeschichte übertragbar; vgl. auch Abschnitt III, Teil 1 dieser Arbeit.

[32] Vgl. Peukert, Republik, 1987, S. 122 ff. sowie die Branchenstudien von Kleinschmidt, Eisen und Stahlindustrie, 1993, S. 347 ff. und Lippert, Flaschenglasindustrie, 1994, S. 184 ff.

Deutschland im Zeitraum von 1925 bis 1937 bereits ohne Berücksichtigung des Straßengüternahverkehrs bei nahezu 1,5 lag und diesen Wert vor 1929 sogar noch überschritt. Die Zunahme des Transportaufkommens übertraf damit bei weitem die Zunahme des Bruttosozialprodukts.[33] Diese Kennzahl unterstreicht außerdem die Relevanz, die der Zusammenhang von Rationalisierung und Steigerung der volkswirtschaftlichen Arbeitsteilung nebst den daraus resultierenden Umformungsprozessen in der Wirtschaftsstruktur und im Güterverkehrsaufkommen, insbesondere die tendenzielle Zunahme von Stückguttransporten zu Lasten von Massenguttransporten, für die Weimarer Periode besaß. Berücksichtigt man zudem, daß entwickelte Volkswirtschaften gemeinhin eine Transportelastizität von weniger als 1 aufweisen, wird der 'Übergangscharakter' dieses Zeitraums der deutschen Wirtschaftsgeschichte besonders deutlich.[34]

3. In methodischer Hinsicht bietet sich der Vorteil, daß der Lkw ein relativ isoliert zu betrachtendes mikroökonomisches Rationalisierungsinstrument darstellt, das sowohl unternehmens- als auch branchenübergreifend Verwendung fand. Das Zusammenspiel von Einsatzfeldern, technischer Entwicklung und ökonomischer Vorteilhaftigkeit jenes Instrumentes im Kontext der Rationalisierung ist deshalb an diesem Beispiel gut zu veranschaulichen, ohne sich von vornherein auf einzelne Unternehmen oder Wirtschaftszweige beschränken zu müssen. Das Problem der Übertragbarkeit, das bei jeder derartigen Einzeluntersuchung zwangsläufig auftritt, wird so zumindest teilweise umgangen.

4. Damit verbunden ist die Möglichkeit, das relevantemakroökonomische und gesellschaftlich-politische Umfeld, relativ genau abgrenzen zu können. Die staatliche Verkehrs- und Infrastrukturpolitik sowie gesellschaftliche Diskurse zum Thema sind in diesem Zusammenhang ebenso zu nennen wie die Wettbewerbslagen, innerhalb derer sich der Lkw-Verkehr entwickelte, im untersuchten Zeitraum also vor allem der Konflikt zwischen 'Straße' und 'Schiene'. Die Komplexität einzelwirtschaftlicher Rationalisierungsprozesse in ihrer Wechselwirkung mit dem gesamtwirtschaftlichen Kontext wird auf diese Weise gleichzeitig verdeutlicht und sinnvoll reduziert.

Gleichzeitig veranschaulichen und begrenzen die beiden letztgenannten Aspekte das Spannungsverhätnis, welches den hier gewählten Ansatz, der zwi-

---

[33] Der exakte Wert beträgt nach den Berechnungen von E. Gleißner 1,434. Die Transportelastizität n ist definiert als Quotient der relativen Veränderung des Transportaufkommens zu der relativen Veränderung der Bruttosozialproduktes einer Volkswirtschaft. Bei Werten von $n > 1$ steigt das Transportaufkommen im betrachteten Zeitraum also stärker, bei Werten von $n = 1$ gleichstark, bei Werten von $n < 1$ geringer als das Bruttosozialprodukt. Vgl. Gleißner, Transportelastizität, 1967, S. 45 ff. sowie Ihde, Transport, 1991, S. 122 f.

[34] Zum angesprochenen Zusammenhang von wirtschaftlicher Entwicklung und den daraus resultierenden logistischen Konsequenzen vgl. weiterführend Ihde, Transport, 1991, S. 122 ff.; Pfohl, Logistiksysteme, 1990, S. 234 ff.

schen Wirtschaftswissenschaften, allgemeiner Geschichte sowie Wirtschafts- und Technikgeschichte liegt, notwendigerweise prägt.[35] Das Verhältnis dieser Einzeldisziplinen zueinander ist äußerst zwiespältig. So wird der Faktor 'Technik' in wirtschaftswissenschaftlicher Sichtweise meist im Bereich der sogenannten 'exogenen Variablen' angesiedelt, während die Lage der Technikgeschichte innerhalb der Geschichtswissenschaft zwar nicht mehr so 'trostlos' ist, wie U. Troitzsch noch 1976 konstatierte, sich aber dennoch durch eine gewisse Isolation auszeichnet.[36] Auch die von der Soziologie unter dem Schlagwort der 'Technikgenese' angebotenen und an konkreten historischen Technikentwicklungen veranschaulichten Deutungsmuster, Technik als sozial determinierten Prozeß zu verstehen und entsprechend zu bewerten, konnten bislang kaum überzeugen.[37] Technikhistoriker warfen entsprechend orientierten Untersuchungen zuweilen sogar „technischen Voluntarismus und ökonomische Blindheit"[38] vor. Daneben finden die methodischen Divergenzen zwischen den Wirtschaftswissenschaften, die im Regelfall möglichst einfach zu handhabende Beziehungen zwischen einer Ursache und ihrer Wirkung aufzeigen wollen, und den Geschichtswissenschaften, die oftmals möglichst weitverzweigte Beziehungsgeflechte beschreiben, ihren Widerhall in der Verkehrsgeschichtsschreibung.[39]

---

[35] Diese Interdisziplinarität ergibt sich auch aus der untergeordneten Stellung, die die Verkehrsgeschichte bisher innerhalb der Geschichtswissenschaften einnimmt. Die 'Hilfsfunktion' dieser Teildisziplin wurde von Kirchberg/Schmädicke bereits anläßlich des ersten verkehrshistorischen Workshops vom Oktober 1991 in Münster konstatiert und kritisiert: „ Merkwürdigerweise ist dabei [gemeint ist die Spezialisierung in Teildisziplinen innerhalb der Geschichtswissenschaft; F. L.] die Verkehrsgeschichte arg kurz gekommen. Man findet sie sehr selten und als selbständige Disziplin so gut wie nicht aufgeführt. ... [W]as als Sachverhalt in der historischen Wissenschaft durchaus typisch ist: Verkehrsgeschichte wird im allgemeinen unter der Sozial-, Wirtschafts-, Technik- und Regionalgeschichte subsumiert; sie dient dort gewissermaßen als 'Hilfswissenschaft' bei der Ermittlung entsprechend determinierter Zusammenhänge. Freilich wird bei einer solchen Integration der Verkehrsgeschichte ein Aschenputteldasein zugewiesen." Kirchberg/Schmädike, Verkehrsgeschichte, 1992, S. 43. Diese Aussage hat, wie bereits Niemann, Einführung, 1994, S. 262 f. anläßlich des zweiten Werkstattgespräches des Arbeitskreises Verkehrsgeschichte der DVWG vom Februar 1994 in Köln feststellte, weiterhin Geltung.

[36] Vgl. Bress, Verhältnis, 1976, S. 137 ff.; Troitzsch, Funktion, 1976, S. 96 f.; Radkau, Technik, 1989, S. 24 ff.; Knie/Hard, De-Konstruktionsübungen, 1993, S. 224 ff.

[37] Vgl. weiterführend zu diesem hier nicht weiter verfolgten Ansatz Rammert, Technikgenese, 1988, sowie die Aufsatzsammlung von Weingart (Hg.), Technik, 1989, hier insbesondere ders., Einleitung, 1989; Rammert, Technisierung, 1989.

[38] König, Markt, 1993, S. 252 in seiner Kritik an der Studie von Knie, Diesel, 1991 über die Entwicklung des Dieselmotors. Vgl. zum Gesamtzusammenhang auch Braun, Entscheidungszwänge und Handlungsspielräume, 1993, S. 181 ff.; Knie/Hard, De-Konstruktionsübungen, 1993, S. 228 ff.

[39] Vgl. Tilly, Bemerkungen, 1994, S. 136 ff.

Ökonomisch ausgerichtete und auf quantitativen Modellen basierende Studien kommen beispielsweise, ausgehend von der Erkenntnis, „that the dynamics of technological and economic systems are best viewed as portraying the features of self-organising systems“[40] zu dem Schluß: der 'Niedergang' der Eisenbahn in Deutschland begann „by 1930 ... Thus, the process of decline was initiated at a much earlier date, and is *not* the result of post World War II transport policy, as frequently argued.“[41] Wirtschaftshistoriker datieren denselben Vorgang im Kontext volkswirtschaftlicher, politischer und gesellschaftlicher Entwicklungen eher auf die Zeit nach 1945.[42]

Bei dem hier gewählten interdisziplinären Ansatz wird es also darauf ankommen, einen Kompromiß zwischen verschiedenen Zugangsweisen zu finden, die nicht nur in ihren Prämissen, sondern vor allem auch in ihren Ergebnissen oftmals stark voneinander abweichen. Dieser Sachverhalt liegt unter anderem darin begründet, daß die angesprochenen Teildisziplinen jeweils grundsätzlich andere Anforderungen bezüglich des benötigten Spezialwissens sowie der notwendigen Arbeitsweisen und Denkschemata erfordern. So sollten Technik- und Wirtschaftshistoriker idealerweise über eine ingenieurs-, eine wirtschafts- und eine geschichtswissenschaftliche Ausbildung verfügen.[43] Wenngleich dieser 'Idealtyp' aus praktischen Gründen kaum als 'Realtyp' existiert, erscheinen Integrationsversuche dennoch sachdienlich, da sie eine relativ umfassende Untersuchung ohne übermäßige Ausblendung relevanter Teilaspekte erlauben. Die damit verbundenen Schwierigkeiten werden allerdings durch den derzeitigen Forschungsstand zur Verkehrsgeschichte der Weimarer Republik, insbesondere zur Entwicklung des Lkw-Verkehrs, noch vergrößert.

Der Lkw-Verkehr beziehungsweise die durch Lkw erbrachten Verkehrsleistungen der Weimarer Jahre, hier verstanden als Transport von Wirtschaftsgütern zwischen zwei Orten, mit dem neben deren räumlicher Veränderung weitere komplexe Leistungsbestandteile, insbesondere zeitlicher, bedarfssynchron an individuelle Nachfragewünsche angepaßter Natur, zusammenhingen, war bislang nicht Gegenstand umfangreicher wirtschaftshistorischer Untersuchungen.[44] Ab-

---

[40] Grübler, Infrastruktures, 1990, S. 68.

[41] Ebenda, S. 110; Hervorhebung im Original.

[42] Ergebnis der Studie von Klenke, Verkehrspolitik, 1993, S. 346 ff.

[43] Vgl. auch Troitzsch, Funktion, 1976; Tilly, Bemerkungen, 1994.

[44] Definition von Verkehr in Anlehnung an Suntum, Verkehrspolitik, 1986, S. 1. Ebenso Thomson, Grundlagen, 1978, S. 18; Predöhl, Verkehrspolitik, 1958, S. 9; Hamm, Verkehr; 1980, S. 224. Üblicherweise wird unter Verkehr neben der Ortsveränderung von Gütern auch die von Personen und Nachrichten verstanden. Diese sind im hier relevanten Kontext lediglich von untergeordneter Bedeutung. Die Definition der von Lkw erbrachten Verkehrsleistungen folgt in Diktion und Inhalt Ihde, Transport, 1991, S. 1 ff. Hiernach können die in einer Volkswirtschaft infolge von Arbeitsteiligkeit, Dislozierung und zeitlichem

gesehen von einigen Überblicksdarstellungen, die im allgemeinen auf die Verhältnisse im Verkehrswesen vor 1932 unter besonderer Berücksichtigung des Eisenbahnwesens eingehen[45], existieren vor allem technikhistorisch orientierte Untersuchungen, die relevante Teilbereiche im Kontext von Gesamt- oder Detailstudien betrachten.[46] Charakteristisch für den Stand der Forschung bleibt

Auseinanderfallen von Produktion und Konsumtion anfallenden Überbrückungserforderniss in drei aufeinander aufbauenden Stufen befriedigt werden. Die Transportleistung als erste Stufe ist demnach durch Ortsveränderung von Gütern gekennzeichnet, während Verkehrsleistung als zweite Stufe einen Prozeß darstellt, der „neben der bloßen Ortsveränderung von Gütern weitere Leistungskomponenten umfaßt. Diese basieren auf Prozeßvariationen und verwandeln die vergleichsweise anonyme und austauschbare Transportleistung in eine komplexe, häufig unverwechselbare, weil individuellen Nachfragerwünschen angepaßte Verkehrsleistung . ... Dabei ist die räumliche und zeitliche Einbettung in den arbeitsteiligen Wirtschaftsprozeß von besonderer Bedeutung. Dies um so mehr, als zunehmend bedarfssynchrone ... Güterbereitstellungen gefordert werden. “ (ebenda, S. 8 f.) Logistische Leistungen als dritte Stufe sind umfassende Problemlösungsansätze für wechselseitig abhängige güterwirtschaftliche Prozesse. Die Übergänge von einer Stufe zur nächsten erfolgen in Abhängigkeit von volkswirtschaftlichem Wachstum und strukturellen Veränderungen von Produktion und Konsumtion einer Wirtschaft. Sofern im Kontext dieser Untersuchung der Begriff ‘Logistik’ verwendet wird, ist damit deshalb nicht eine umfassende logistische Problemlösung im Sinne von Ihde gemeint, sondern lediglich die durch Lkw wahrgenommene Funktion der unternehmensinternen und -externen Güterflußsteuerung in räumlicher und zeitlicher Hinsicht, vor allem der zwischenbetriebliche Transport sowie die Anbindung an relevante Beschaffungs- und Absatzmärkte.

45 Grundlegend immer noch Voigt, Verkehr II/1, 1965, insbesondere S. 441 ff.; Heimes, Transportindustrie, 1978, insbesondere S. 55 ff.; Pohl, Entwicklung, 1988, insbesondere S. 7 ff.; Hentschel, Staat, 1988, insbesondere S. 58 ff. Zum Problem des Forschungsstandes vgl. Teuteberg, Verkehrsgeschichte, 1994, insbesondere S. 187 ff. (kaum veränderte Neuveröffentlichung einer bereits 1992 erschienenen Arbeit: ders., Bedeutung und Methodik, 1992, S. 31 ff.); Kirchberg/ Schmädike, Verkehrsgeschichte, 1992, S. 44 ff.; Niemann, Einführung, 1994, S. 262 f.; Treue, Verkehrsmittel, 1989, S. 347 f. mit der weiterhin gültigen Feststellung: „In der ... Automobil-Literatur ist der LKW vernachlässigt worden. ... Der LKW (und Omnibus) ist überhaupt in der Güterverkehrsgeschichtsschreibung unter dem Gewicht der Eisenbahngeschichte zu kurz gekommen.“

46 Beispiele sind Radkau, Technik, 1989, S. 299 ff.; Eckermann, Dampfwagen, S. 97 ff.; Knie, Diesel, 1991, S. 232 ff.; Sass, Geschichte, 1962, S. 521 ff. Braun, Ausbau technischer Systeme, 1992, S. 97 ff. erwähnt den Lastkraftwagenverkehr lediglich am Rand: „Trotz des rasch zunehmenden Aufkommens an Lastkraftwagen blieb die Eisenbahn noch immer das Rückgrat des Verkehrs.“ ebenda, S. 101. Überwiegend handelt es sich in diesem Zusammenhang jedoch um populärwissenschaftliche, meist als Festschriften zu Firmenjubiläen erschienene, Überblicksdarstellungen wie beispielsweise Gebhardt, Geschichte, 1994, insbesondere Band 2a/b; Mercedes-Benz AG (Hg.), Motorisierung, 1961; dies., Nutzfahrzeug-Entwicklung, 1971, insbesondere S. 79 ff.; MAN AG (Hg.), Leistung und Weg, 1991; vgl. auch Haase, Verkehrsentwicklung, 1992, S. 167 f. sowie Kirchberg/Schmädicke, Verkehrsgeschichte, 1992, S. 47: „Am meisten verbreitet findet sich Verkehrsgeschichte in der Enthusiastenliteratur, deren Titel an Zahl Legion und kaum noch übersehbar sind.“

weiterhin die Feststellung: „Während das 19. Jh. und die wenigen Jahre des 20. Jh. bis zum Ersten Weltkrieg von der Ausweitung des Verkehrssystems durch den Eisenbahnbau, den Chausseebau, ferner durch die Verbesserung der Schifffahrt ... gekennzeichnet waren, gab es von 1914 bis 1945 keine entsprechenden spektakulären Veränderungen im Verkehrsbereich.“[47] Das neuerwachende Interesse an der Verkehrsgeschichte beschränkt sich bisher im wesentlichen auf die Zeit nach 1945.[48] Aus diesem Grund stützen sich die folgenden Ausführungen überwiegend auf Primärquellen, während Darstellungen nur vereinzelt und ergänzend herangezogen werden können. In ihrer Konzeption muß die Untersuchung dabei breit angelegt sein, was im Einzelfall die Vernachlässigung interessanter, im hier relevanten Kontext aber vernachlässigbarer, Details oder Randgebiete beinhaltet.

Der Aufbau der Arbeit ergibt sich aus den bisherigen Überlegungen. Zunächst wird in Teil II eine kurze Darstellung wichtiger Gestaltungsmerkmale der Rationalisierung in der Weimarer Republik mit dem Ziel vorgenommen, grundlegende Problemfelder, die sich bei einer mikroökonomische orientierten Sichtweise im gesamtwirtschaftlichen Umfeld ergeben, aufzuzeigen. Der allgemeine Rationalisierungsverlauf wird dabei in Grundzügen unter dem spezifischen Blickwinkel der Kapazitäts-, Kosten- und Absatzproblematik sowie der daraus resultierenden Flexibilisierungsbedürfnisse untersucht. Die anschließende Analyse der Rationalisierung von Transport und Logistik durch den Lkw erfolgt in zwei Stufen. Zunächst werden die makroökonomischen Rahmenbedingungen des Lkw-Verkehrs, insbesondere infrastrukturelle Aspekte sowie relevante Wettbewerbslagen, vor allem der Wettbewerb mit Fuhrwerken und schienengebundenen Fahrzeugen im Nah- und beginnenden Fernverkehr, untersucht. Im Teil III folgt die mikroökonomische Analyse von Einsatzfeldern, technischer Entwicklung und betriebswirtschaftlicher Beurteilung, letztlich also von Potentialen, Möglichkeiten und Grenzen des Lkw als Rationalisierungsinstrument. Von grundsätzlichem Interesse erscheint dabei die Frage, inwieweit die primär tech-

---

[47] Henning, Deutschland, 1987, S. 434; ebenso Radkau, Technik, 1989, S. 299: „Dennoch läßt die Flut der Motorisierung im 20. Jahrhundert bisher keine historische Gestalt erkennen; anders als der Siegeszug der Eisenbahn im 19. Jahrhundert wirkt sie wie ein geschichtsloser Naturprozeß, bei dem es keine Akteure, Entscheidungen und Epochenscheiden gibt.“ Hamm, Verkehr, 1980, S. 234 beschränkt sich auf die Bemerkung: „Während des Ersten Weltkriegs nahm die Motorisierung einen starken Aufschwung. Der Lastkraftwagen trat jetzt seinen Siegeszug an, und seine Verwendung wurde noch während der Weltwirtschaftsdepression begünstigt, weil man mit den kleinen Transportbehältern des Kraftwagens leichter und billiger disponieren konnte als mit Eisenbahnwaggonladungen.“ Vgl. auch Henning., Deutschland 1914 bis 1986, 1988, S. 110 ff.; Hardach, Deutschland 1914-1970, S. 51 ff., der die Verkehrsgeschichte der Zwischenkriegszeit ebenfalls nicht explizit behandelt.

[48] Beispiele sind Klenke, Verkehrspolitik, 1993; Südbeck, Motorisierung, 1994.

nisch determinierten Potentiale innerhalb des ökonomisch determinierten Einsatzbereiches sinnvoll Anwendung finden konnten und inwiefern die technischen Entwicklungen von und die ökonomischen Anforderungen an Lkw in wechselseitiger Abhängigkeit standen. Die Schwierigkeiten, mit denen Zeitgenossen technischer Basisinnovationen bei der Bestimmung ihrer ökonomisch sinnvollen Anwendungsprofile häufig konfrontiert waren, können so am Beispiel des Lkw verdeutlicht werden.[49] Es ist zu prüfen, ob die Rationalisierung des Transportwesens in der Weimarer Republik den Charakter eines krisenhaften Strukturwandels annahm, bei dem „modernisierende Evolution nicht mehr ... als Wachstumsprozeß mit Gleichgewichts- und nur gelegentlichen Ungleichgewichtslagen, sondern ... als Strukturwandel mit inhärenten Krisen, Konflikten, Disparitäten, mit Wachstum, aber auch mit Involution verstanden"[50] werden kann.

---

[49] Vgl. Braun, Innovationen, 1995, S. 283. Zu klären ist in diesem Zusammenhang, ob auch für den Lkw im Anfangsstadium seiner Entwicklung die ebenda getroffene Feststellung galt: „Basisinnovationen werden also häufig in den alten, erprobten Systemkontext einbezogen und dienen dann der Ergänzung und/oder Effizienzsteigerung. Zudem sind sie in ihrem frühen Stadium oft wenig leistungsfähig. Es bedarf eines längeren Zeitraums, bevor sie effizient, anwenderfreundlich und preislich erschwinglich sind."

[50] Wehler, Modernisierungstheorie, 1975, S. 41.

2 Zur Quellenlage

Die Quellenlage für eine derartige Untersuchung ist ambivalent. Für die Entwicklung des Lastkraftwagenverkehrs in den 1920er Jahren gilt das für die Weimarer Rationalisierungsbewegung allgemein zutreffende Postulat einer außergewöhnlich umfassenden zeitgenössischen Publikationstätigkeit, wenngleich in abgeschwächter Form. Die Auseinandersetzung mit dem Lkw als rationellem, zeitgemäßem Transportmittel fand ihren Niederschlag in der Unterhaltungsliteratur, besonders aber in wissenschaftlichen oder populärwissenschaftlichen Publikationen, in denen eine kaum überschaubare Anzahl von Einzelaspekten behandelt wurde. Bei der Verwendung dieser Materialfülle muß aber das aus der Rationalisierungsforschung bekannte Phänomen, nämlich die Diskrepanz zwischen der theoretischen Darstellung von ökonomischen und technischen Vorzügen des Lkw und ihrer praktische Relevanz, berücksichtigt werden. Auch Lkw wurden zuweilen mehr beschrieben als benutzt.

Gleiches gilt für die Schwierigkeit, aus den primär qualitativen Darstellungen Rückschlüsse auf die tatsächliche betriebliche Verwendung vorhandener Fuhrparks zu ziehen. Jenseits der aus der Steuerstatistik verfügbaren Daten über die absolute Anzahl der Fahrzeuge und ihre Aufteilung auf verschiedenen Gewichtsklassen und Regionen, die lediglich ein stetiges Anwachsen des Lkw-Verkehrs belegen, sind differenzierte Quantifizierungen seines tatsächlichen Ausmaßes, insbesondere hinsichtlich der Entwicklung von auf der Straße beförderten Transportvolumina, kaum möglich.[1] Die betriebliche Investition in einen oder mehrere Lkw mußte nicht zwangsläufig dessen Einsatz als Transportmittel nach sich ziehen. Im Gegenteil: Wie im Folgenden zu zeigen sein wird, stiegen die Transportraten im Verhältnis zur Bestandszunahme der Fahrzeuge unterproportional.

Die Bedeutung, die dem neuartigen Verkehrsträger Lkw in Weimar, ganz im Gegensatz zur Vorkriegszeit, beigemessen wurde, spiegelt sich zunächst in den diesbezüglichen staats- und wirtschaftswissenschaftlichen Dissertationen, in den entsprechenden Publikationen in wirtschafts-, technik- und verkehrswissenschaftlichen Periodika, vor allem aber in Handbüchern, Monographien und Zeitschriften zum Thema wider. Auffällig ist besonders die Vielzahl der Fachzeitschriften, die im Zuge der konjunkturellen Erholung nach der Inflationszeit neu aufgelegt wurden und die zum Teil über längere Zeiträume erschienen. Blätter

[1] Diese für die Entwicklung des Lkw-Transportverkehrs ebenso wie für das Ausmaß und die Auswirkungen verschiedener Rationalisierungsmaßnahmen gültige Quantifizierungsproblematik gilt nicht in Bezug auf die Darstellung straßenbaulicher Maßnahmen in der Weimarer Republik, die im hier relevanten Kontext als Rahmenbedingungen zumindest von sekundärer Bedeutung sind. Sie wurden 1934 vom Statistischen Reichsamt umfassend in einer Einzelschrift zur Statistik des Deutschen Reiches dokumentiert. Vgl. Statisches Reichsamt (Hg.), Straßen- und Wegewesen, 1934.

wie 'Das Last-Auto' (seit 1924), 'Kraftomnibus und Lastkraftwagen' (seit 1926) oder 'Der Kraftzug in Wirtschaft und Heer' (seit 1926) befriedigten offensichtlich den anhaltenden Informationsbedarf einer ständig wachsenden Anzahl von Nutzfahrzeugbesitzern. Neben ihrer Funktion als Werbungsinstrument - der Herausgeber des 'Last-Auto' war nicht von ungefähr der Reichsverband der Nutzfahrzeugindustrie - erfüllten diese wochen- oder monatsweise erscheinenden Schriften ebenso wie entsprechende technische Handbücher vor allem die Aufgabe, den mehr oder weniger versierten Besitzern der neuartigen und ständig weiterentwickelten 'Benzinkutschen' Hilfestellung bei technischen oder ökonomischen Problemen zu bieten, die im praktischen Betrieb auftraten. Demgegenüber beleuchteten die in Dissertationen oder in fachwissenschaftlichen Periodika wie der 'Zeitschrift für Handelswissenschaft und Handelspraxis', der 'Zeitschrift für handelswissenschaftliche Forschung' oder der 'Zeitschrift des Vereins Deutscher Ingenieure' publizierten Analysen die gleichen oder ähnliche Fragestellungen aus einem eher theoretischen Blickwinkel.

Die Fragestellung dieser Arbeit impliziert deshalb die primäre Verwendung dieses Quellenmaterials. Insbesondere anhand der genannten Fachzeitschriften und Periodika kann aufgrund ihrer jeweils spezifischen Zielrichtung untersucht werden, inwieweit praktisch auftretende Beschränkungen die Realisation theoretisch vorhandener Rationalisierungspotentiale des Lkw be- oder verhinderten beziehungsweise welche betriebswirtschaftlichen Rückwirkungen die technische Weiterentwicklung des Lkw im wirtschaftshistorischen Kontext hatte.[2] Ein weiterer bedeutender Vorteil dieser Quellen ist darin zu sehen, daß sie, nach Detailuntersuchungen einzelner Unternehmen, die wegen der Übertragbarkeitsproblematik nicht Gegenstand dieser Untersuchung sein werden, die betriebliche Praxis am besten wiedergeben. Deshalb sind sie für eine mikroökonomisch orientierte Analyse, die nicht reine Unternehmensgeschichte sein soll, besonders geeignet.

Aus demselben Grund erscheint der Rückgriff auf Archivalia, die primär Rückschlüsse auf verkehrspolitische Weichenstellungen zulassen und zudem kaum Material über die Entwicklung des Lkw-Verkehrs in den 1920er Jahren bieten, wenig hilfreich. Lediglich anhand der Bestände verschiedener Industrie- und Handelskammern, hier vor allem der IHK Dortmund, konnten ergänzende Aussagen zu den im Rahmen dieser Arbeit relevanten ökonomischen Problem-

[2] Um das Literaturverzeichnis nicht unnötig auszuweiten und die Übersichtlichkeit der Untersuchung zu gewährleisten wurde folgende Zitierweise gewählt: Zeitgenössische Zeitschriftenartikel und Fachaufsätze werden grundsätzlich bei erstmaliger Nennung in einem Abschnitt in Vollzitierweise angeführt und nicht in das Literaturverzeichnis übernommen, sofern sie nicht von grundlegender Bedeutung für die Arbeit sind. Ist dies der Fall, erfolgt, ebenso wie bei zeitgenössischen Monographien, der Beleg im Text als Kurzzitat und die Aufnahme ins Literaturverzeichnis. Der Verweis auf neuere Darstellungen wird in jedem Fall in Kurzzitierweise vorgenommen.

stellungen gemacht werden.[3] Besonders technikhistorische Aspekte sind anhand der Fachpublikationen gut nachvollziehen, während dem Archivmaterial in dieser Hinsicht nahezu keinerlei Bedeutung beigemessen werden kann.[4] Um die Anschaulichkeit der Darstellung zu erhöhen, die verschiedenen Aspekte zu verdeutlichen und die Argumentation zu untermauern, aber auch um Anregungen für weitere Forschungsarbeit in Teilbereichen zu geben, die hier nur vergleichsweise kurz behandelt werden mußten, wurden die Quellen in ausführlicher Form zitiert.

---

[3] Die Überlieferungssituation der in den Wirtschaftsarchiven verwahrten IHK-Bestände verbessert sich in bezug auf die Erforschung des Lkw-Verkehrs erst für den Zeitraum nach 1933. Im Kontext dieser Arbeit wurde im einzelnen Material beispielhaft wir folgt zitiert: Westfälisches Wirtschaftsarchiv Dortmund, Bestand K 1 (IHK Dortmund), Signatur 909 als WWA Dortmund, K 1, Nr. 909; Hessisches Wirtschaftsarchiv Darmstadt, Abteilung 6 (IHK Gießen), Signatur 1985 als HWA Darmstadt; Abt. 6, Nr. 1985; Rheinisch-Westfälisches Wirtschaftsarchiv zu Köln e.V., Abteilung 20 (IHK Duisburg), Signatur 454-3 als RWWA 20-454-3.

[4] Die nachrangige Bedeutung von Archivalia für viele technikhistorische Fragestellungen betont bereits Stahlschmidt, Erforschung technischer Entwicklung, 1991, S. 10 ff.

II Industrielle Rationalisierung und Logistik in der Weimarer Republik. Teilmodernisierung oder beschleunigter Strukturwandel in der Fertigungs- und Transportorganisation?

Die Ursachen der Weltwirtschaftskrise sind nach wie vor Gegenstand kontroverser wissenschaftlicher Diskussionen. Deren praktische Relevanz resultiert vor allem aus der Frage, ob es sich bei dieser Zäsur um ein Ereignis handelte, dessen Ursachen in den spezifischen sozioökonomischen Rahmenbedingungen der Restrukturierungsphase Deutschlands in der Dekade nach den Ende des Ersten Weltkrieges oder aber in eigendynamischen strukturellen Wandlungen auf der Mikro- und Makroebene des Wirtschaftssystems lagen. Aus einer mikroökonomisch orientierten Perspektive kann die These vertreten werden, daß die Krise auch aus der inhärenten Instabilität von Volkswirtschaften resultierte, die zunehmend durch rationalisierte und auf homogene Massenproduktion spezialisierte Unternehmen geprägt wurden. Innerhalb dieser Unternehmen hatten kostenstrukturelle Verschiebungen von anpassungsfähigen variablen Kosten zu starren fixen Kosten stattgefunden, deren kapazitätserhöhenden Effekte eine Planbarkeit von Absatzverlauf und -steigerung voraussetzten, die im Kontext der welt- und binnenwirtschaftlichen Umstrukturierungen der Zwischenkriegszeit nicht gegeben waren.[1]

Die Weimarer Rationalisierungsphase endete mit nicht auszulastenden Kapazitäten, Absatzproblemen und kostenstrukturellen Verschiebungen insbesondere in umfassend mechanisierten Betrieben, denen durch Flexibilisierungsstrategien in der Produktion entgegengewirkt werden sollte.[2] Diese fertigungsstrukturellen Wandlungen fanden in einem logistischen System statt, dessen Rückgrat die Eisenbahn, ein schienengebundener Transportträger mit einer relativ starren und begrenzten Raumerschließungsfunktion, bildete. Die Flexibilisierung dieses Systems, die Vernetzung und Erweiterung von relevanten Beschaffungs- und Absatzmärkten durch Verwendung straßengebundener Lkw stand zu Beginn der 1920er Jahre noch am Anfang, zeigte aber in der Folgezeit deutliche Entwicklungstendenzen.

1 Taylorismus und Fordismus in Inflation, Stagnation und Depression. Die Rationalisierungsbewegung im wirtschaftshistorischen Kontext

Die arbeits- und produktionsorganisatorischen Konzepte Frederick Winslow Taylors und Henry Fords waren die Fixpunkte, an denen sich die Handlungsträger der Weimarer Rationalisierungsbewegung orientierten. Wenngleich die Leistungssteigerung des einzelnen Arbeiters im Mittelpunkt von Taylors Überle-

---

[1] Vgl. Piore/Sabel, Massenproduktion, 1989, S. 63 ff. und S. 88 ff.

[2] Vgl. Braun, Ausbau technischer Systeme, 1992, S. 48 ff.; Peukert, Republik, 1989, S. 124 ff.; Radkau, Technik, 1989, S. 275 ff.

gungen stand und Ford die Optimierung des gesamten Produktionsprozesses betrieb, war die Zielsetzung beider Konzepte gleich: Beschleunigung der Produktion, Erhöhung von Ausbringungsmenge und Absatz, Senkung der Betriebskosten.[3] Taylor versuchte diese Ziele durch Etablierung eines Leistungslohnsystems zu erreichen, welches einerseits die gerechte Entlohnung des einzelnen Arbeiters nach seiner individuellen Stückleistung, andererseits die Senkung der Betriebskosten durch größere Produktivität und Fixkostendegression bei erhöhtem Ausstoß garantieren sollte. Der Kern des Systems bestand in einer auf Zeit- und Ablaufstudien basierenden Optimierung der Arbeitsabläufe, aber auch in einer konsequenten Trennung von planender, kontrollierender und ausführender Tätigkeit. In der dabei entstehenden Expansion der Verwaltung sah Taylor weniger ein Problem als ein Kennzeichen effizient arbeitender Betriebe:

> „Es ist eine bei Werksleitern allgemein verbreitete Ansicht, daß eine Fabrik um so wirtschaftlicher arbeitet, je geringer die Zahl der unproduktiven Arbeiter und Beamten im Verhältnis zu den produktiv arbeitenden Facharbeitern ist. Eine Prüfung der am günstigsten arbeitenden Fabrik ergibt jedoch, daß das Gegenteil richtig ist."[4]

Fords Hauptinteresse galt produktionsorganisatorischen und produktionstechnischen Fragen. Entscheidende Effizienzkriterien waren für ihn kontinuierliche Kostensenkungen durch ständige Erhöhung von Ausbringung und Produktionsgeschwindigkeit in einem aus synchronisierten Teilarbeitsgängen bestehenden Fertigungsprozeß. In dem 1913 errichteten Werk 'Highland Park', dessen Be-

---

[3] Weder Taylors noch Fords Ideen waren zum Zeitpunkt ihrer Veröffentlichung oder Anwendung neu. Sie standen vielmehr am Ende langandauernder theoretischer Überlegungen und praktischer arbeitsorganisatorischer Entwicklungen. 'Tayloristische' und 'fordistische' Denkweisen reihten sich in die Tradition naturwissenschaftlich-technischer Argumentationen ein, die im Verlauf der Industrialisierung zunehmend an Einfluß auf Gesellschaft und Wirtschaft gewannen. Ihre Bedeutung lag vielmehr darin, zum 'richtigen' Zeitpunkt ein relativ geordnetes, zusammenhängendes System entwickelt zu haben, das nach Anlaufschwierigkeiten auf breite praktische Resonanz stieß. Vgl. etwa Bauer, Neuzeit, 1988, S. 357 ff.; Giedion, Mechanisierung, 1982, S. 100 ff.

[4] Taylor, Betriebsleitung, 1914, S. 58. Taylors in seinen beiden Hauptwerken, 'Die Grundsätze wissenschaftlicher Betriebsführung' (Scientific Managemet, 1911, dt. 1913) und 'Die Betriebsführung insbesondere der Werkstätten' (Shop Management, 1903, dt. 1909) dargestelltes Konzept wurde im nachhinein in unzähligen Aufsätzen und Monographien erweitert, ergänzt, verbreitet und dargestellt, aber nie vollständig oder unmodifiziert angewandt. Im hier relevanten Kontext kann deshalb auf eine extensive Beschreibung verzichtet werden. Im übrigen stammen große Teile der 'Grundsätze' nicht von Taylor, sondern basieren auf einem nicht veröffentlichten Manuskript von M. L. Cooke, einem Mitarbeiter Taylors bei der Bethlehem Iron Company. Auch die berühmte Geschichte des Arbeiters Schmidt, dessen Vorbild Henry Noll tatsächlich existierte und der angeblich durch 'arbeitswissenschaftliche' Anleitung sein Tagespensum bei Verladearbeiten von 12,5 Tonnen auf 47 Tonnen Erz steigerte, dürfte weitgehend der Imagination Taylors entstammen. Vgl. Staehle, Management, 1991, S. 22 ff.

such in den 1920er Jahren zum Höhepunkt vieler Amerikareisen deutscher Ingenieure avancierte und welches häufig den Mittelpunkt euphemistischer Beschreibungen der amerikanischen Arbeits- und Lebensbedingungen bildete, wurden deshalb die Einzelteile mit Hilfe eines abgestimmten, mechanisierten Transportsystems fortlaufend zu den Arbeitsplätzen befördert.[5] Diese waren von der Rohstoffbearbeitung bis zur Endmontage in der Reihenfolge der auszuführenden Tätigkeiten angeordnet. Soweit möglich, verrichteten modifizierte Einzweckmaschinen die Arbeitsgänge, die sich, bedingt durch die vorherige Analyse und Atomisierung der Gesamtverrichtungen, meist auf wenige Handgriffe oder Maschinenbewegungen reduzierten. Kontinuierliche Verbesserungsarbeiten zur weiteren Verkürzung von Lager- und Durchlaufzeiten, aber auch eine weitgehende vertikale Integration der Fertigung zur Gewährleistung zeitsynchroner, kostengünstiger und qualitätsgerechter Zulieferungen waren weitere Kennzeichen der Fordschen Automobilproduktion. Dazu konnten eigene Fabriken zur Flachglasproduktion für Autofenster ebenso dienen wie selbstentwickelte Produktionsmaschinen. Die Kapitalintensität und die Zwangsläufigkeit dieses Herstellungsprozesses machten es notwendig, daß am Ende die Sortenproduktion eines selten modifizierten Artikels in einer Standardausstattung und einer Farbe erfolgte. Die Aufnahmefähigkeit der Märkte für diese Produkte galt für Ford als nahezu unbeschränkt, sofern für eine ausreichende Binnennachfrage durch Zahlung hoher Löhne gesorgt wurde: „Ein ‘gesättigter’ Markt ist stets einer, dessen Preise über dem Niveau der Kaufkraft liegen“.[6]

---

[5] Die begeisterten Reisebeschreibungen deutscher Ingenieure und Kaufleute, die das vorbildhafte Amerika gewöhnlich als Land des Wohlstandes und des sozialen Friedens und den ‘Fordismus’ als ‘weißen Sozialismus’ darstellten, hatten wesentlichen Anteil an der Rationalisierungseuphorie in Weimar. Zur positiven zeitgenössischen Aufnahme vgl. die bekannten Schriften von Lüddeke, Bedrohung, 1925; Köttgen, Amerika, 1925, das nach Freyberg, Rationalisierung, 1989, S. 300 sogar ein ‘wichtiger, aktueller Anstoß zur Wiederbelebung des RKW war’ oder Rieppel, Ford-Betriebe, 1925. Eine neuere Darstellung dieses Phänomens bei Kleinschmidt/Welskopp, Reiseeindrücke deutscher Ingenieure, 1994, S. 73 ff.; zur populärliterarischen Reichweite fordistischer Rationalisierungsideen vgl. Lackner, Thema, 1992, S. 241 ff.; Niemann, Beurteilung, 1979, S. 311 ff.; Schütz, Romane, 1986, S. 70 ff.; Best/Schmidt, Sachlichkeit, 1974, S. 32 ff.

[6] Ford, Leben, 1923, S. 165. Ford propagierte seine Produktions- und Denkweisen über die unter seinem Namen veröffentlichten Schriften. Die Lektüre der Autobiographie ‘Mein Leben und Werk’ (dt. 1923), die später durch ‘Das große Heute - Das größere Morgen’ (dt. 1927) ergänzt wurde, erfreute sich in Weimar großer Beliebtheit und einer Auflagenstärke von mehr als 200.000 Exemplaren. Die fach- und populärwissenschaftliche Literatur über den ‘Fordismus’ nahm bereits in den 1920er Jahren unüberschaubare Ausmaße an. Seine ideengeschichtliche Bedeutung für die deutsche Rationalisierungsbewegung ist deshalb kaum zu überschätzen. Vgl. Hughes, Erfindung Amerikas, 1991, S. 290 ff.; Hermand/Trommler, Kultur der Weimarer Republik, 1988, S. 52 ff.

Der Optimierung innerbetrieblicher Transportprozesse kam innerhalb des Konzeptes grundlegende Bedeutung zu. Nicht umsonst avancierte das Fließband zum Sinnbild dieser Produktionsweise. Der Zusammenhang zwischen stetem Materialfluß und erhöhter Kapitalumschlagshäufigkeit beeindruckte deutsche Betriebswissenschaftler besonders. Georg Schlesinger, seit 1904 erster Professor für Werkzeugmaschinen und Fabrikbetriebe an der TH Berlin-Charlottenburg, bemerkte nach seiner Studienreise in die USA Mitte der 1920er Jahre:

„Wie ungeheuer die Kette [zum gleichzeitigen Transport bestimmter Teile oberhalb der Fließbänder; F. L.] die Arbeiten beschleunigt, zeigt sich daran, daß bei Ford ein früh ankommendes Rohstück am nächsten Mittag fertig bearbeitet im Kraftwagen eingebaut die Fabrik verläßt. Ford setzt also sein Kapital in zwei Tagen einmal oder 150 mal im Jahr um. Was das für die Rentabilität eines Unternehmens bedeutet, zeigt der Vergleich mit dem Werkzeugmaschinenbau, der zufrieden ist, wenn sein Jahresumschlag das 1,5- bis 2fache Kapital erreicht.“[7]

Um die gewünschten ökonomischen Ergebnisse auch zu realisieren war eine Erweiterung dieser internen Maßnahmen auf das Betriebsumfelderforderlich, da umfangreiche Vorratsläger an Roh-, Hilfs- und Betriebsstoffen oder die Verzögerung von Zulieferungen ebenso wie großzügig dimensionierte Fertigwarenläger oder Absatzstockungen die positiven Effekte zügiger Produktion zunichte machen konnten. In Fords Überlegungen spielten die transporttechnischen Verbindungen zu Beschaffungs- und Absatzmärkten und deren weitestgehende Synchronisation mit dem Betriebsablauf deshalb eine wichtige Rolle, was bereits in dem Streben nach vertikaler Integration und umfassender Kontrolle der Lieferungen, aber auch in seinem Bemühen, die Automobilhändler auf zügige Abnahme der Endprodukte zu verpflichten, deutlich wird.[8] Damit verbunden war die Vorstellung einer ‘just in time’ funktionierenden Logistik und ihrer Vorteile, die aber wegen der Unflexibilität des zeitgenössischen Verkehrssystems noch nicht in die Praxis umgesetzt werden konnte:

„Unsere Erfahrungen beim Materialeinkauf ergaben, daß es sich nicht lohnt, sich über den augenblicklichen Bedarf hinaus einzudecken. Wir kaufen daher nur so viel, als wir für unseren Produktionsplan unter Berücksichtigung der herrschenden Transportverhältnisse brauchen. Wäre das Transportwesen vollständig durchorganisiert, so daß eine gleichmäßige Materialzufuhr gesichert erschiene, dann wäre es überhaupt unnötig, sich mit einem Lager zu belasten. Die Waggons mit Rohmaterial würden planmäßig in der bestellten Reihenfolge und Anzahl eintreffen und der Inhalt direkt von der Station der Produktion zugeführt werden. Dadurch ließe sich viel Geld ersparen, da es einen außerordentlich raschen Absatz ermöglichen und das in Materialbeständen festgelegte Geld verringern würde. Nur infolge der schlechten Transportverhältnisse ist man gezwungen, sich ein größeres Lager anzulegen.“[9]

---

[7] Schlesinger, Neue Wege zum Fabrikationserfolg. In: ZVDI 69 (1925), S. 270.

[8] Ford verlangte von den Händlern schließlich, die Automobile ‘direkt von den Fließbändern’ zu übernehmen. Vgl. Hughes, Erfindung Amerikas, 1991, S. 210.

[9] Ford, Leben, 1923, S. 167 f.

1.1 Taylorismus und Fordismus in der Weimarer Republik. Zur Problematik der differenzierten Übertragung eines erfolgreichen Produktionskonzeptes

Die Anwendung tayloristischer und fordistischer Ideen in der Weimarer Rationalisierungsphase war in vieler Hinsicht die Übertragung eines Konzeptes, das für die spezifischen Anforderungen einer wachsenden Wirtschaft mit Arbeitskräftemangel, einem großen Angebot an ungelernten Arbeitskräften und aufnahmefähigen Absatzmärkten entwickelt worden war, auf eine stagnierende, starken konjunkturellen Schwankungen ausgesetzte Volkswirtschaft, für die Arbeitslosigkeit, eine tendenziell schrumpfende Binnennachfrage und ein gut ausgebildeter Facharbeiterstamm kennzeichnend waren. Seit der zweiten Hälfte des 19. Jahrhunderts befand sich die amerikanische Wirtschaft in einer lang anhaltenden Aufschwungphase, in der Taylor seine Lehre von der wissenschaftlichen Betriebsführung veröffentlichte. Dieser Konjunkturverlauf erklärt zum Teil die positive Aufnahme seiner Ideen, hinter der deren selektive praktische Umsetzung in US-amerikanischen Betrieben allerdings zurückblieb. Auch Taylor wurde von Rückschlägen bei von ihm geleiteten betrieblichen Umstrukturierungsmaßnahmen nicht verschont.[10] Die Arbeitslosigkeit betrug in der ersten Dekade des 20. Jahrhunderts in den USA knapp 4 Prozent, womit nahezu Vollbeschäftigungsverhältnisse realisiert waren.[11] Impliziert durch die Zunahme der Einwanderungszahl, die Erhöhung des inländischen Bedarfs, vor allem des expandierenden primären Wirtschaftssektors, und begünstigt durch ausländische, überwiegend britische Investitionen, entstanden Nachfrageüberhänge auf den Absatzmärkten für industrielle Güter. Diese Entwicklung ging mit Monopol-, Kartell- und Trustbildungen im industriellen Sektor einher, mit deren Entflechtung sich auch die sogenannte Antitrust-Bewegung der Ära Roosevelt schwer tat. In diesem wirtschaftshistorischen Kontext entwickelte sich der Fordismus in der expandierenden Automobilbranche, indem er innovative Fertigungstechnik zur Herstellung eines innovativen Produktes mit einem auf Preissenkungen ausgerichteten Markterschließungskonzept verband.[12]

Die wirtschaftliche Rationalisierung der Weimarer Zeit fand unter diametralen Vorzeichen statt. Die forcierte Wiederaufnahme entsprechender Bemühungen um 1925 war mit den Hypotheken der Inflationszeit belastet, als der Wertverfall der Währung zwar eine Massenarbeitslosigkeit nach Kriegsende verhindert und Produktionskostenerhöhungen aufgrund von Arbeitszeitverkürzungen ausgegli-

---

[10] Vgl. Braun, Ausbau technischer Systeme, 1992, S. 52; Hughes, Erfindung Amerikas, 1991, S. 201 ff.

[11] Vgl. Adams, Amerika, 1977, S. 168.

[12] Vgl. Adams, Amerika, 1977, S. 154 ff.; Hughes, Erfindung Amerikas, 1992, S. 209 ff.; König, Konsumgesellschaft, 1993, S. 14 ff.

chen hatte, gleichzeitig aber auch die Aufschiebung von Neu- und Ersatzinvestitionen und den Aufbau mehr oder weniger willkürlich geplanter Unternehmenskonglomerate begünstigt hatte. Statt Rationalisierung hatten Fehlallokationen, Konzentration und Konzernumbau die Entwicklung beherrscht.[13] Der Erhöhung der gesamtwirtschaftlichen Leistungsfähigkeit hatte dies keinen Abbruch getan. Bereits 1922 war die industrielle Produktion von 37 Prozent (1919) auf 80 Prozent des Vorkriegsstandes angestiegen.[14]

Auch nach erfolgreicher Währungsumstellung und der vorläufigen Klärung der Reparationsfrage durch den Dawesplan konnte kaum von einer Stabilisierung der deutschen Volkswirtschaft gesprochen werden. Eine anhaltend hohe Arbeitslosigkeit von meist über 5 Prozent, die Tatsache, daß das Wohlstandsniveau von 1913 lediglich 1928/29, nach einem konjunkturellen Einbruch 1926/27, geringfügig überschritten wurde, die fortschreitenden Konzentrations- und Monopolisierungsprozesse sowie die Notwendigkeit, Modernisierungsinvestitionen zum großen Teil durch ausländische Kredite zu finanzieren, beleuchteten schlagartig die strukturellen Defizite der 'kranken Wirtschaft' von Weimar.[15] Die positive Wahrnehmung dieser 'goldenen Jahre' durch Zeitgenossen dürfte wesentlich durch die staatliche Sozialpolitik beeinflußt gewesen sein, die soziale Härten zwar abfederte, deren Unfinanzierbarkeit aber bereits vor der Depression offenbar wurde und die die politische Wendung gegen den 'Gewerkschaftsstaat' mitverursachte.[16]

Der Rationalisierungsschub dieser Phase spiegelt sich in den nominalen Investitionen des Jahrfünfts 1924-1928 wider, die im Schnitt die Vergleichswerte

---

[13] Vgl. etwa Hennig, Deutschland, 1991, S. 56 f.; Hardach, Weimarer Zeit, 1986, S. 53 ff.; Blaich, Freitag, 1990, S. 45 ff.

[14] Vgl. Blaich, Freitag, 1990, S. 51.

[15] Vgl. Petzina, Zwischenkriegszeit, 1977, S.16 f; Hardach, Weimarer Zeit, 1986, S. 56 f.; Peukert, Republik, 1987, S. 122 ff. Die Kreditierung durch ausländische Geldmittel, die sich mit deren Abzug in der Weltwirtschaftskrise als fatal erweisen sollte, wurde durch das geringe inländische Kreditangebot notwendig. Die private Sparquote fiel von durchschnittlich 15,5 Prozent (1899-1913) auf 8,5 Prozent (1925-1929). Dieser Rückgang hing auch mit den psychologischen Auswirkungen der Inflation auf das Spar- und Kreditverhalten zusammen und relativierte das oft postulierte Vertrauen in die Rentenmark. Vgl. Balderston, Origins, 1982, S. 488 ff.

[16] Weiterführend zum Problem der Sozialpolitik etwa Peukert, Republik, 1987, S. 132 ff.; Kolb, Republik, 1988, S. 86 ff. Feldmann, Modernisation, 1986, S. 19 charakterisiert diesen Aspekt der Rationalisierungsproblematik folgendermaßen: „In reality, the modernisation of the Weimar industrial plant ... was based on an unstable statement in which industry was given a free hand to rationalize on basis of short term loans while the working class was compensated for the favor shown to the industry by social legislation and favorable arbitration decisions." Diesem letztlich faulen Kompromiß entzogen Weltwirtschaftskrise und Sozialabbau den Boden.

des Vorkriegsjahrfünfts übertrafen. Gleichzeitig stieg die Produktion in Industrie und Handwerk bis 1929 im Vergleich zu 1913 real um ungefähr 20 Prozent.[17] Die durchschnittliche Nettoinvestitionsquote der Jahre 1925-1929 bliebmit 10,5 Prozent jedoch um 5,5 Prozent unter der der letzten Vorkriegsjahre, und auch die Neigung deutscher Industrieller zur Investition in traditionelle Bereiche, die im Gegensatz zu innovativen Projekten scheinbar sichere Renditen versprachen, erwies sich als problematisch. Die Verbindung innovativer Fertigungstechnik zur Produktion neuartiger Güter war eher dazu geeignet, neue Märkte zu erschließen als der Einsatz innovativer Fertigungstechnik zur Steigerung der Produktion bereits eingeführter Produkte. Der Rückgang der Fertigwarenexporte, die 1929/30 ihren höchsten Stand erreichten, aber immer noch um 5 Prozent unter den Vergleichswerten von 1913 lagen, verdeutlicht die große Abhängigkeit vom Inlandsmarkt. Nur wenige Branchen wie der Maschinenbau erhöhten ihre Exportquoten. Im Gegensatz zur Produktionsausweitung blieb aber im Inland die Kaufkraftentwicklung im Konsumbereich aufgrund der Lohnentwicklungen ungenügend. Das Lohnniveau erreichte lediglich 1928 vorübergehend dasjenige des Jahres 1913.[18]

Nicht von ungefähr führte in Deutschland noch vor der Weltwirtschaftskrise die Binnenmarktentwicklung zu einer Rezession. Überkapazitäten im Konsumgüterbereich traten durch die seit 1928 festzustellende Stagnation der privaten und staatlichen Nachfrage zutage. Daraus resultierten Produktionseinschränkungen, verbunden mit Personalabbau und dem Verzicht auf Ersatz- und Rationalisierungsinvestitionen, die mit gewisser Verzögerung Rückwirkungen auf den Investitionsgüterbereich zeitigten.[19] Die Schrumpfungsprozesse wurden nunmehr durch die Kartellierung im Bereich der Vorlieferanten verstärkt, deren unelastische Preispolitik im konsumnäheren Investitionsgüterbereich nicht nachvollzo-

---

[17] Statistische Daten nach Hoffmann, Wachstum, 1965, S. 246 und S. 393.

[18] Vgl. Perkert, Republik, 1987, S. 127 ff.; Hardach, Wirtschaftsgeschichte Deutschlands, 1976, S. 43; Schröter, Auslandsinvestitionen, 1990, S. 2; Stollberg, Rationalisierungsdebatte, 1981, S. 62. Die kontroverse Diskussion der These von Borchardt, nach der die Handlungsspielräume staatlicher Wirtschaftspolitik in der Depression unter anderem aufgrund des gegenüber dem Produktivitätswachstum überproportionalen Lohnwachstums eingeschränkt waren, kann an dieser Stelle nicht aufgenommen werden. Interessant erscheint aber die Frage, ob sich die Rationalisierungsproblematik unter anderem daraus ergab, daß mit Exportschwäche einhergehende modernisierungsbedingte Kapazitätserweiterungen einerseits die Ausweitung der inländischen Massenkaufkraft erfordert hätten, diese aber andererseits vor dem Hintergrund umfangreicher Investitionen unter Berücksichtigung betriebswirtschaftlicher Rentabilitätserhöhungen nicht erlaubten. Zur Borchardt-These vgl. ders., Zwangslagen, 1985, insbesondere S. 326 ff.; Ritschel, Löhne, 1990, S. 375 ff; kontrovers Holtferich, Löhne, 1984, S. 122 ff.; Maier, Modelle, 1985, S. 275 ff.; Kruedener, Sozialstaat, 1985, S. 358 ff. sowie ausführlich Meister, Depression, 1991.

[19] Die Kürzung der Nettoanlageinvestitionen 1929 um 60 Prozent gegenüber dem Vorjahr ist drastischer Ausdruck dieser Tatsache; vgl. Hardach, Wirtschaftsgeschichte Deutschlands, 1976, S. 51 f.

gen werden konnte. Daraus folgte eine Spirale von Produktionsdrosselung anstelle von Preisanpassung, die Arbeitslosigkeit und Konsumnachfrageausfall zusätzlich verschärfte.[20]

Der entscheidende Engpaß der deutschen Rationalisierung war mithin die ungenügende Absatzentwicklung, bedingt durch den Aufbau von Überkapazitäten, den Abbau von Beschäftigung und die mangelnde Anpassungfähigkeit der Produktion an konjunkturelle Absatzschwankungen. Das amerikanische Konzept war in einer Aufschwungphase etabliert worden, in der Nachfrageüberhänge sowohl auf Arbeitsmärkten als auch auf Gütermärkten existierten. Fords sinnfälliges Postulat, zunächst den Binnenmarkt zu konsolidieren und dann zu exportieren, konnte deshalb befolgt werden. In Weimar zwang die geschwächte Binnennachfrage zur Exportorientierung.[21] Ein gravierendes Problem war dabei die Notwendigkeit, Rationalisierungsinvestitionen in Deutschland in großem Maße mit Krediten zu finanzieren. Fords Bemerkung, „kein fremdes Kapital“[22] belaste seinen Betrieb, war sicher übertrieben und in dieser Konsequenz auch betriebswirtschaftlich unsinnig. Eine hohe Eigenkapitalquote stärkte aber die Resistenz eines Betriebes gegen Konjunkturschwankungen und minderte den besonders auf Fremdkapital lastenden Rentabilitätsdruck. Diese Andersartigkeit der deutschen Verhältnisse und die Notwendigkeit, deshalb differenzierte Rationalisierungsstrategien zu verfolgen, war zeitgenössischen Handlungsträgern nicht nur theoretisch bekannt. Wie praktische Rationalisierungmaßnahmen bewiesen, sollte der Forderung, „die großen Errungenschaften Amerikas zu verfolgen und zu versuchen, sie unter voller Erkenntnis der bei uns anders gearteten Grundlagen auch für uns auszuwerten“[23], durchaus Beachtung geschenkt werden.

Daraus resultierte das Bemühen, ein flexibilisiertes, auf die Erfordernisse des relativ engen und heterogen strukturierten Inlandsmarktes zugeschnittenes Produktionskonzept als ‘deutsche’ Variante der Rationalisierung zu etablieren, ohne die Kostenvorteile homogenisierter Massenfertigung nach US-amerikanischem Muster preiszugeben. Um diesen Kompromiß in der Fertigung umzusetzten, positionierte etwa der deutsche Werkzeugmaschinenbau seine Produktpalette in der Zwischenkriegszeit im Bereich spezialisierter Einzweck- und Universalmaschinen, die zunehmend mit elektrischen Einzelantrieben statt mit transmissionsübertragenen Gruppenantrieben ausgestattet waren. Der Markt für Elektromotoren, die seit den späten 1890er Jahren von den Herstellern als rationelle Antriebsquellen für verschiedenste Arbeitsmaschinen propagiert, anfangs aber aufgrund diverser technischer und infrastruktureller Unzulänglichkeiten von den

[20] Vgl. Blaich, Freitag, 1990, S. 76 ff.; Hennig, Deutschland, 1991, S. 107.

[21] Vgl. Peukert, Republik, 1987, S. 126 f.; Hentschel, Zahlen, 1986, S. 96 ff.

[22] Ford, Leben, 1923, S. 74.

[23] Birnbaum, Organisation, 1927, S. 89.

potentiellen Kunden nur sehr zögerlich verwendet wurden, erlebte im Kontext der Rationalisierung in den 1920er Jahren einen Aufschwung.[24] Die verstärkten Flexibilisierungsbemühungen der industriellen Anwender fanden hierin ihren Niederschlag.[25] Maschinentechnische Entwicklungslinien in anderen Branchen zeigten deutliche Parallelen. So wurden in der deutschen und europäischen Flaschenglasindustrie seit der zweiten Dekade dieses Jahrhunderts Fertigungsmaschinen entwickelt, erprobt und eingesetzt, die im Gegensatz zu ihren US-amerikanischen Vorbildern eine größere Flexibilität aufwiesen, ein geringeres Investitionsvolumen erforderten und die rentable Produktion kleiner Losgrößen gestatteten. Während in der Weimarer Zeit vor allem in die erstgenannten, auf homogenisierte Massenfertigung ausgelegten Typen investiert wurde, erfolgte seit der Weltwirtschaftskrise ein Richtungswechsel auf die flexibleren Automaten der letztgenannten Art, die insbesondere kleineren Betrieben den sukzessiven Übergang von Handarbeit auf Maschinenarbeit erlaubten.[26]

Aber auch diese Flexibilisierungsstrategie war mit spezifischen Problemen behaftet. Je mehr die einzelnen Produktionsstufen aufgrund verarbeitungstechnischer Zwangsläufigkeiten aufeinander aufbauten, desto unmöglicher wurde die betriebliche Realisation des von Rationalisierungsbefürwortern propagierten Postulates eines langsamen, bruchlosen Überganges von der Reihen- oder Gruppenfertigung zur modernen Produktionsform. Die zunehmende Verkettung von rationalisierten Fertigungsprozessen gestattete es entgegen den zugrundeliegenden Intentionen nicht, durch „allerlei kleine Einrichtungen ... mit billigen Mitteln erhebliche Vereinfachung und Beschleunigung der Arbeit"[27] zu erzielen. Kapazitätserweiterungen auf einer Produktionsstufe mußten entsprechende Investitionen auf nachfolgenden Stufen nach sich ziehen, um nicht unwirksam und unwirtschaftlich zu werden. Einer flexiblen Anpassung der Produktionstechnik an die Erfordernisse des deutschen Binnenmarktes waren damit Grenzen gesetzt.

---

[24] Die Flexibilisierungsstrategie als Kennzeichen der deutschen Rationalisierungsbewegung hat Freyberg am Beispiel der maschinentechnischen Entwicklungen im Werkzeugmaschinenbau, dem als Produktionsmittellieferanten für andere Industrien eine Schlüsselfunktion zukam, überzeugend herausgearbeitet. Vgl. Freyberg, Rationalisierung, 1989, S. 385 ff.; Freyberg/Siegel, Industrielle Rationalisierung, 1991, S. 28: „Diese Anforderungen an die technisch-konstruktive Gestaltung der Werkzeugmaschinen war Ausdruck des in der deutschen Metallverarbeitung, inbesondere im deutschen Maschinenbau, so dringlichen Problems, wie die zeit- und produktionsökonomischen Imperative moderner Fertigungsmethoden mit den marktökonomischen Imperativen von hoher Flexibilität und Anpassungsfähigkeit gegenüber engen und schwankenden Absatzmärkten ausbalanciert werden könnten."

[25] Vgl. Homburg, Siemens-Konzern, 1991, S. 432 ff.

[26] Vgl. Lippert, Rationalisierungsstrategien, 1995, S. 100 ff.

[27] Schmidt, Fließarbeit, 1927, S. 407 f.

1.2 Industrielle Rationalisierung 1918-1932. Entwicklung, Tendenzen und Auswirkungen

Das Auftreten einer 'Rationalisierungswelle' in der Weimarer Wirtschaft zwischen 1924/25 und 1929/30, die forcierte betriebliche Durchsetzung rentabilitäts- und effizienzsteigernder Maßnahmen, die gewöhnlich im Rahmen unternehmensstrategischer Entscheidungen kontinuierlich in längeren Zeitintervallen durchgeführt wurden, in einem eng begrenzten Zeitabschnitt, ist inzwischen zum allgemeinen Konsens wirtschaftshistorischer Forschung geworden. 'Rationalisierung' als Wirtschafts- und Sozialphilosophie wurde dabei von der Nachkriegszeit bis zur Weltwirtschaftskrise von den verschiedensten gesellschaftlichen Gruppen zunehmend ideologisiert. Sie galt schließlich als universelle Heilsbotschaft, von der man sich die Lösung nahezu aller gesellschaftlichen und sozialen Probleme und Gegensätze versprach, bevor ihre negativen Konsequenzen im Zuge der Depression ebenso emphatisch und übertrieben verteufelt wurden. Sie war, wie auf der II. Weltkonferenz 1930 in Berlin festgehalten wurde, „diese neue Religion, die bei uns den Namen Rationalisierung erhalten hat“[28], bevor v. Gottl-Ottlilienfeld 1937 konstatierte:

> „Ist das nicht eine dunkle Angelegenheit, die viel Unheil über unser Volk gebracht hat? In der Tat, heute scheut man sich beinahe, von Rationalisierung auch nur zu reden ... so um das Jahr 1925 herum, da sprach man begeistert davon, ... Rationalisierung galt damals als etwas Neues, von dem man Rettung und Heil des Wirtschaftslebens erhoffte. Heute sieht man darin eine schwere Verwirrung ...“[29]

In der historischen Entwicklung war die Rationalisierungsbewegung in der Zwischenkriegszeit weniger eine Phase umwälzender technischer Neuerungen als vielmehr eine beschleunigte Weiterführung von Entwicklungen, die spätestens in der zweiten Hälfte des 19. Jahrhunderts einsetzten, durch die Zäsur des Ersten Weltkrieges und der Inflationszeit teils verzögert, teils in ihrer Richtung gelenkt und auch nach dem Ende der Weimarer Republik kontinuierlich oder sogar mit gesteigerter Intensität fortgeführt wurden.[30] Nicht nur in bezug auf die

---

[28] Klebs, Neue Formen der Rationalisierung. In: ZVDI 74 (1930), S. 997.

[29] Gottl-Ottlilienfeld, Rationalisierung, 1937, S. 45.

[30] So bereits Landes, Prometheus, 1973, S. 390. Vgl. auch Bechthold et al. (Hg.), Produktivkräfte 1917/18 bis 1945, 1988, S. 31 ff.; Kleinschmidt, Eisen- und Stahlindustrie, 1993, S. 11 ff. Zur Kontinuität von Rationalisierungsprozessen im 'Dritten Reich' vgl. Hachtmann, Industriearbeit, 1989, S. 71 ff.; ders., Produktionsstrukturen, 1996, S. 44 ff.; Freyberg/Siegel, Industrielle Rationalisierung, 1991, insbesondere S. 164 ff. Es erscheint deshalb wenig hilfreich, wie Freyberg, Rationalisierung, 1989, S. 300 ff. die zeitgenössische Diktion zu übernehmen und das Jahr 1925 als 'Geburtsjahr der Rationalisierungsbewegung in Deutschland' zu bezeichnen. Das Neuartige an der Weimarer Rationalisierungsbewegung ist allenfalls die Geschwindigkeit, mit der relevante Maßnahmen betrieben wurden, und ihre Öffentlichkeitswirksamkeit, weniger der Prozeß als solcher.

transporttechnische Basisinnovation des LKW, der bereits seit der Jahrhundertwende zu einem, wenngleich noch eingeschränkt, verwendungsfähigen Verkehrsträger weiterentwickelt wurde, war die Weimarer Zeit geprägt durch die praktische Umsetzung, Verwertung, Anpassung, Weiterentwicklung und Nutzbarmachung technischer und betriebswirtschaftlicher Fortschritte. Dieser Prozeß erwies sich zum Teil als äußerst langwierig.[31] So fanden Normungsbestrebungen im Eisenbahnwesen bereits vor 1850 statt, und innerbetriebliche Normalien nach Werknormen wurden nicht nur in den Fordwerken, sondern auch in verschiedenen deutschen Industriebetrieben bereits vor der Jahrhundertwende eingeführt.[32] Sie dienten dem 'Normenausschuß der deutschen Industrie', aus dessen Arbeit dann bis 1931 mehr als 3400 Normblätter hervorgingen, nach 1917 als Arbeitsgrundlage.[33] *(Abbildung 1)* Ein frühes Beispiel für Typisierungsbestrebungen im deutschen Werkzeugmaschinenbau war die Ludwig Loewe & Co. A.-G., die bereits 1898 ihre Fertigungsbreite aus absatztechnischen Gründen von 35 auf 20 Maschinen, also um mehr als 40 Prozent, reduzierte.[34]

Die etwa mit der Jahrhundertwende einsetzende Diskussion über Nutzen und Schaden weitgehender überbetrieblicher Normungsbestrebungen prägte auch die Weimarer Zeit. Bis 1914 hatte die unsynchronisierte Entwicklung verschiedener Werknormen zu einem Nebeneinander unterschiedlicher Systeme geführt. An einheitlichen Grundsätzen orientierte, betriebsübergreifende Normenvereinbarungen existierten ebensowenig wie eine hierfür zuständige Zentralstelle eingerichtet war. Die daraus resultierenden volkswirtschaftlichen Ineffizienzen wurden bei der Umstellung auf Kriegswirtschaft schnell deutlich. Probleme bei der

---

[31] Den daraus resultierenden 'experimentellen Charakter als hervorstechendes Merkmal der Rationalisierungsanstrengungen' und die damit zusammenhängenden betriebsinternen Abstimmungsprobleme, die rentabilitätsfördernde Effekte entsprechender Einzelmaßnahmen oftmals kompensierten, betont bereits Homburg am Beispiel der produktionsorganisatorischen Umstellungen bei der Elektromotorenfertigung von Siemens. Vgl. dies, Siemens-Konzern, 1991, S. 449 ff. sowie S. 525 ff. Ähnliche Ergebnisse bei Schmidt, Massenhafte Produktion, 1993, S. 80 ff.

[32] Zur Entwicklung der Normung vor 1917 vgl. Wölker, Entwicklung und Entstehung, 1992, S. 21 und S. 27 ff.; RKW (Hg.), Handbuch, 1930, S. 117 ff. sowie für den Eisenbahnsektor, Mende, Einzelfertigung, 1989, S. 223 ff.

[33] Vgl. RKW (Hg.), Handbuch, 1932, S. 141.

[34] Schlesinger, früherer Leiter des Konstruktionsbüros dieses Betriebes und in den 1920er Jahren führender Normungspropagandist, faßte das Ergebnis dieser Maßnahmen 1918 zweckdienlich, aber falsch, wie folgt zusammen: „Die Fabrik ist sehr gut dabei gefahren und hat dann noch weitere Beschränkungen durchgeführt." (Schlesinger, Praktische Ergebnisse der Normalisierung. In: ZVDI 62 (1918), S. 939) Nur zwei Jahre später benutzte Garbotz , Vereinheitlichung, 1920, S. 215 f. dasselbe Beispiel zur Warnung vor übertriebener Typisierung: „Wie schwer eine Vereinheitlichung sich durchzusetzen vermag, sei am Beispiel der Ludwig Loewe & Co. A.-G. erläutert. Die Firma hatte 1898 ... zwecks Vereinheitlichung ... die Maschinen fortlassen wollen. Heute baut sie auch diese wieder."

Beschaffung von Zuliefer- und Ersatzteilen für die Herstellung des ständig wachsenden Bedarfs an Rüstungsgütern und ihre Instandhaltung führten zu Versorgungsenpässen an der Front und förderten entsprechende Vereinheitlichungsbestrebungen.

Abbildung 1: Angenommene DIN- und Fachnormen im Zeitraum 1918-1930

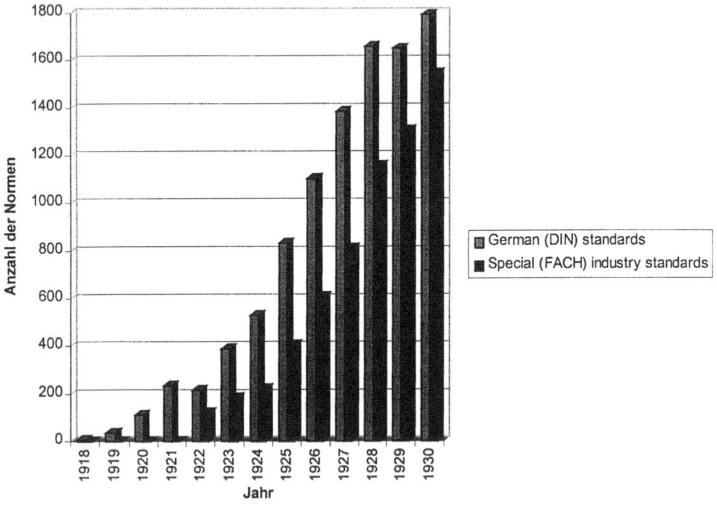

Quelle: nach Zahlenangaben in Brady, Movement, 1933, S. 428.

Ein Resultat dieser Bemühungen war die Einrichtung des 'Könglichen Fabrikationsbüros' in Spandau, einer Vorläuferinstitution des 'Deutschen Normenausschusses', im Dezember 1916.[35] Nachdem aber mit dem Kriegsende und der Umstellung auf Friedensproduktion wichtige Druckmittel der Normungsbefürworter im Kreis um Georg Schlesinger weggefallen waren, verschafften sich Kritiker wieder deutlicher Gehör mit ihrer Meinung: „Massenfabrikation, Spezialisierung, Normalisierung und Typisierung sind gewissermaßen Arzneimittel, die auf die Produktion anregend wirken sollen, wie ein Gläschen Wein zur rechten Zeit. Zu viel davon ist Gift. Wir leben heute im Normalisierungsrausch."[36] Die praktischen Auswirkungen der auf dem Papier beeindruckenden Ergebnisse, etwa der Gewindenormung, die die 1918 existierenden zehn Systeme mit mehr als zweihundert Gewindesorten auf zwei Systeme mit siebzig Gewindesorten re-

[35] Vgl. Wölker, Entstehung und Entwicklung, 1992, S. 37 ff.

[36] Baumann, Zur Normalisierungsfrage. In: ZVDI 63 (1919), S. 582.

duzieren sollte, dürfen deshalb nicht überschätzt werden. Noch bis weit in die 1930er Jahre hinein wurden DIN-Normen von Industrieunternehmen vielfach ignoriert und werkseigene Normalien bevorzugt.[37] Die Automobilindustrie und insbesondere der LKW-Bau, in dem Großhersteller wie Daimler-Benz oder Büssing nahezu alle Baugruppen nach werkseigenen Standards in Eigenregie fertigten, bildete keine Ausnahme.[38]

Die technischen Voraussetzungen für normgerechte Serienproduktion wurden ebenfalls um die Jahrhundertwende geschaffen. Fortschritte im Werkzeugmaschinenbau ermöglichten die Realisation der nötigenMaßgenauigkeit von Teilen und Passungen. Während vorher das volle Material lediglich maschinell geschruppt werden konnte und die notwendige Endbearbeitung durch Handarbeit entscheidenden Erhöhungen der Fertigungsmenge Grenzen setzte, wurde nun das manuelle Fertigschleifen eingeschränkt und zunehmend automatisiert.[39] Taylors Innovation des Schnellschnittstahls, dessen höhere Hitzebeständigkeit nahezu eine Verdopplung der Schnittgeschwindigkeit von Bearbeitungswerkzeugen im Vergleich zum vorher verwendeten Werkzeuggußstahl ermöglichte, diente ebenfalls der Verringerung der Hauptarbeitszeiten. Wenngleich einige Werkzeugmaschinenhersteller wie die Firma Loewe bereits nach der Jahrundertwende mit der Anpassung ihrer Produkte an die daraus folgenden Belastun-

[37] Vgl. Radkau, Technik, 1989, S. 274; Wölker, Entstehung und Entwicklung, 1992, S. 182 ff.; Garbotz, Vereinheitlichung, 1920, S. 156 ff; Söllheim, System, 1922, S. 190 ff. Eine Ursache der langsamen Akzeptanz von Normen mag darin liegen, daß nationale Alleingänge in diesem Bereich zu Schwierigkeiten auf Exportmärkten für betroffene deutsche Anbieter führen konnten. Auch die englische Industrie versuchte, zur Marktsicherung nationalen Normen internationale Geltung zu verschaffen. Ob beispielsweise die deutsche Gewindenormung mit dem Ziel, das zöllige Whithworth-Gewinde durch das konkurrierende metrische System zu ersetzten, unter ökonomischen Gesichtspunkten so rational war, wie Schlesinger behauptete, kann zumindest angezweifelt werden. Vor 1914 benutzten nach einer Umfrage bei deutschen Firmen ungefähr 70 Prozent das zöllige System, welches sich auch in Amerika und England durchzusetzten begann. Folgerichtig gelang die zunächst angestrebte Vereinheitlichung auf eine Gewindenorm in den 1920er Jahren nicht. Neben dem 'deutschen' SI-Gewinde hielt sich das 'englische' Withworth-Gewinde am Markt. Eine Beschränkung auf die letztgenannte Variante wurde dennoch nicht thematisiert, da es nach Schlesingers Ansicht „schließlich, auch wenn das vielleicht noch lange dauern kann, doch zum metrischen System kommen wird“ (a.a.O., S. 890). In bestimmten Maschinenbaubranchen, beispielsweise bei Glasfertigungsmaschinen, haben sich zöllige Maße bis heute gehalten. Vgl. etwa Garbotz, Vereinheitlichung, 1920, S. 16 ff.; Schlesinger, Praktische Ergebnisse der Normalisierung. In: ZVDI 62 (1918), S. 887 ff., S. 915 ff., S. 938 ff.; ders., Die Durchführung der Gewindenormung in Deutschland. In: ZVDI 67 (1923), S. 749 ff.

[38] Vgl. Bönig, Fließarbeit, 1993, S. 524 ff.; Scholz, Rationalisierung in der Lastwagenindustrie. In: VT 10 (1930), S. 70 ff.

[39] Vgl. Benad-Wagenhoff, Umbruch, 1989, S. 208 ff..

gen, etwa durch verbesserte Lagerungen und Zahnräder oder stabilere Rahmenkonstruktionen, begannen, dauerte dieser Prozeß bis in die Mitte der 1930er Jahre.[40] Ähnlich lange Zeiträume nahm das Bestreben in Anspruch, die Fertigungs- oder Werkstattfreundlichkeit entsprechender Konstruktionen zu erhöhen. Die Rationalisierung kann in diesem Bereich als Versuch charakterisiert werden, die Ineffizienz praxisferner Konstruktionen, die aus der zunehmenden Trennung von Konstruktions- und Fertigungsabteilung seit der Mitte des 19. Jahrhunderts resultierten, abzubauen. Die 'Erziehung zur werkstattgerechten Konstruktion', die den Konstrukteur zur Wahl der wirtschaftlich sinnvollsten statt der technisch elegantesten Lösung anhalten sollte, stand 1919 ebenso wie 1929 auf der Tagesordnung des VDI.[41]

Im kaufmännisch-betriebswirtschaftlichen Bereich sind Tendenzen, das Rechnungswesen als Kontrollinstanz auszugestalten und straffe betriebliche Organisationsformen einzuführen, spätestens seit der sogenannten 'Großen Depression' nach 1873 festzustellen. Die Übertragung von Kalkulationsaufgaben und Akkordfestsetzungen vom Werkstattmeister zum Betriebsingenieur, also die Einführung von Instanzen, die mit Taylor später als 'Arbeitsbureau' bezeichnet wurden, fällt ebenso in diesen Zeitraum wie der Beginn des Übergangs vom Eigentümerunternehmer zum angestellten Manager an der Spitze der Unternehmen. Spätestens seit dieser Zeit wurde deutlich, daß mit der Einführung formalisierter Leitungsstrukturen und zunehmendem vertikalen und horizontalen Größenwachstum der Betriebe die Notwendigkeit entstand, den daraus resultierenden organisatorischen Unübersichtlichkeiten und informellen Kommunikationsstrukturen gegenzusteuern.[42] Fragen der Betriebsorganisation blieben im Zeichen des Taylorismus der 1920er Jahre ebenso auf der Tagesordnung wie Probleme der Kostenrechnung, mit denen sich Eugen Schmalenbach bereits in seiner Habilitationsschrift von 1903 über Verrechnungspreise in Großbetrieben auseinandergesetzt hatte. Sie prägten nicht nur sein weiteres Werk, sondern auch die betriebswirtschaftliche und praktische Diskussion der Rationalisierungsbewegung.[43] Die

---

[40] Vgl. ders., Entstehung, 1991, S. 288 ff.; Mommertz, Bohren, 1981, S. 141 ff.; Wittmann, Drehbank, 1960, S. 191 ff.; Ruby, Massenfertigung, 1995, S. 148 ff.; ders., Drehmaschine, 1991, S. 307 ff.

[41] Vgl. Schmerse, Anforderungen der Werkstatt an das Konstruktionsbureau. In: ZVDI 63 (1919), S. 397 ff., S. 431 ff., S. 460 ff.; Laudien, Erziehung zum werkstattgerechten Konstruieren. In: ZVDI 73 (1929), S. 757 ff. sowie zusammenfassend König, Konstruieren, 1989, S. 189 ff.

[42] Vgl. Kocka, Konzeptionen, 1969, S. 337 ff.; ders., Aufstieg, 1981, S. 39 ff.; ders., Legitimationsprobleme, 1983, S. 14 ff.; Siegrist, Familienbetrieb, 1981, S. 75 ff., Stollberg, Rationalisierungsdebatte, 1981, S. 32 ff.; Paulinyi, Massenproduktion, 1989, S. 173 ff.; Pohl, Leitung, 1981, S. 154 ff.

[43] Der ursprüngliche Titel der Habilitationsschrift lautete: 'Die buchhaltungstechnische Darstellung der Betriebsgebarung'. Sie wurde aber selbst von Schmalenbach, der sich mit die-

Notwendigkeit, für effektive Rationalisierungsbestrebungen eine aussagefähige Kostenrechnung zu entwickeln, die vor allem eine verursachungsgerechte Zuordnung der durch die wachsenden Fixkostenblöcke verursachten Gemeinkosten und damit die Identifikation rentabler und unrentabler Produkte ermöglichen sollte, fand hierin ihren Niederschlag.

Je komplizierter dabei die Kostenrechnungsverfahren wurden, desto geringer war ihre Praxisrelevanz. Das zur Anwendung theoretisch möglicher Verfahren nötige Datenmaterial war in den Unternehmen entweder nicht oder nur unter unverhältnismäßig hohem Aufwand zu beschaffen. Selbst Großunternehmen wie Siemens, die nach Kriegsende unverzüglich mit der Umstellung ihres Rechnungswesens begannen, taten sich hiermit schwer. Bis 1918 hatte sich das Elektrounternehmen primär auf die Aussagefähigkeit von Vorkalkulationen verlassen und Nachkalkulationen nur sporadisch durchgeführt.[44] Die Unzulänglichkeit dieser Methode wurde früh erkannt, und fehlende Unterstützung durch die Unternehmensleitung stellte kein Hindernis bei der Einführung der notwendigen Änderungen dar. Für die angestrebte Umstellung des internen Rechnungswesens auf ein System, das analog zur fließenden Produktionsorganisation eine möglichst zeitsynchrone Kostenerfassung gewährleisten sollte, setzten sichC. F. von Siemens und der Vorstandsvorsitzende Carl Köttgen ein. Die Erfassung der relevanten Zahlen war jedoch zeitraubend und kostspielig. Nach Anschaffung von leistungsfähigen Lochkartenmaschinen wurde erst 1926 die Lohn-, 1928 dann die Material- und Auftragsabrechnung auf Lochkarten umgestellt und eine zentrale Rechenstelle für Lohnbüros, Lager und Fakturenbüros eingerichtet. Vom zweiten Schritt auf dem Weg zu einer aussagefähigen Kostenrechnung, der Isolation verschiedener Kostenfaktoren und ihrer verursachungsgerechten Zuordnung, war Siemens aufgrund der im Kontext der Rationalisierung von Produktion und Verwaltung zunehmenden Gemeinkostenanteile auch danach noch weit

ser Schrift als erster in der neu entstehenden Disziplin der Betriebswirtschaftslehre habilitierte, als Arbeit über 'Verrechnungspreise im Betriebe' zitiert. Dieser Sachverhalt und die vehement geführte Kontroverse zwischen Ingenieuren und Betriebswirten in der Weimarer Republik über die Frage, in wessen Zuständigkeitsbereich die Kostenrechnung falle, verdeutlicht die außerordentliche Relevanz der Problematik. Vgl. Kruk/Potthoff/Sieben, Eugen Schmalenbach, 1984, S. 25 f.; Hundt, Theoriegeschichte, 1977, S. 47 f.; Zachmann, Wirkungsgrad, 1995, S. 108 ff. Probleme der Kostenrechnung, die primär der laufenden Wirtschaflichkeitkontrolle diente, wurden von allen relevanten betriebswirtschaftlichen Fachzeitschriften der 1920er Jahre wie der ZfHH unter der Herausgeberschaft von Nicklisch und Obst oder der ZfHF, herausgegeben von Schmalenbach, aber auch in der ZVDI ausführlich diskutiert. Fragen der Investitionsrechnung und Investitionstheorie, deren Erkenntnisinteresse in der mittel- oder langfristigen Beurteilung der Wirtschaftlichkeit noch zu tätigender Mittelverwendungen lag, und denen deshalb im Rahmen der Beurteilung von Rationalisierungsmaßnahmen mindestens gleichgroße Bedeutung zukommen mußte, wurden dagegen selten behandelt.

[44] Vgl. Feldenkirchen, Siemens, 1995, S. 230 f.

entfernt. Der dritte Schritt, die Budgetierung einzelner Bereiche nebst der Vorabberechnung von Kostenveränderungen bei Beschäftigungsschwankungen, wurde erst in der Depression in Angriff genommen.[45] Die Erfolgsaussichten entsprechender Bemühungen waren zu diesem Zeitpunkt von vornherein beschränkt, gehörte doch das Problem schwankender Beschäftigungsgrade zu den Fragestellungen, die „eine Weile die wissenschaftliche Diskussion beherrschen, um dann, ohne allseitige Klärung, wieder der Nichtbeachtung anheimzufallen ... [während] ... eine praktisch brauchbare Lösung heute ebensowenig vorhanden [ist] wie vordem."[46] In der Betriebspraxis der Weimarer Rationalisierungsphase blieb deshalb die Anwendung einer summarischen Zuschlagskalkulation auf Basis der Lohnkosten die Regel, was angesichts von „Unkosten ... [,die] derart stark sind, daß sie so lange fast als unabänderlich bezeichnet werden können, als ... die Betriebe in Gang gehalten werden"[47], kaum befriedigen konnte.

Wenngleich die angesprochenen Aspekte, vor allem die technischen Neuerungen, in ihren Anfängen von breiter Anwendung noch weit entfernt waren, belegen sie dennoch die Kontinuität des Rationalisierungsdiskurses und der praktischen Rationalisierungsbestrebungen. Dies findet seinen Ausdruck auch darin, daß die Rezeption des Taylorsystems vor 1914 in Deutschland von Ingenieuren und Kaufleuten verhalten erfolgte und sich auf Teilaspekte wie Zeitstudien, Lohnanreizsysteme und technisch-organisatorische Fragen beschränkte. Planungsunsicherheit, aber auch die Unbeliebtheit derartiger Maßnahmen, ließ eine raschere Gangart in diesem Zeitraum kaum zu, was der Streik bei Bosch von 1913, der auch eine Reaktion auf die Einführung arbeitsintensivierender 'tayloristischer' Maßnahmen war, nachhaltig verdeutlichte. Dies änderte sich, nachdem Krieg und Hyperinflation die wirtschaftlichen Rahmenbedingungen in Deutschland umgestaltet hatten.[48] Die Importabhängigkeit von Rohstoffen, der Verschleiß, die Veralterung und der Reorganisierungsbedarf industrieller Produkti-

---

[45] Vgl. ebenda, S. 232 f.; Homburg, Siemens-Konzern, 1991, S. 518 f. Siemens befand sich damit auf dem Stand der wirtschaftswissenschaftlichen Diskussion, die im Zuge der Depression die Möglichkeiten einer Kontrolle des Investitionsverhaltens einzelner Betriebsbereiche durch Einrichtung fester Budgets nach amerikanischem Vorbild zunehmend in den Mittelpunkt ihrer Betrachtung stellte. Vgl. etwa Hasenack, Ein Budget in der amerikanischen Maschinenindustrie. In: ZfHH 22 (1929), S. 229 ff; Nicklisch, Budgetierung und Rechnungswesen. In: ZfHH 22 (1929), S. 50 ff.; Schröer, Die kaufmännische Budgetrechnung. In: ZfhF 24 (1930), S. 299 ff.

[46] Falter, Beschäftigungsgrad und Kosten. In: ZfHH 22 (1929), S. 178 f.; vgl. auch ders., Kostentheorie und Betriebskontrolle. In: BW 23 (1930), S. 225 ff.

[47] Arzet, Industrielle Budgetkontrolle. In: BW 23 (1930), S. 263. Die Aussage bezieht sich in diesem Fall auf die chemische Industrie.

[48] Vgl. Homburg, Anfänge, 1978, S. 173 ff. sowie Prinzing, Streik, 1989, S. 46 ff.; Burchardt, Wandel, 1977, S. 70 ff.; Radkau, Technik, 1989, S. 274 f.; Schmidt, Massenhafte Produktion, 1993, S. 294 ff.

onsapparate, aber auch das Unterlassen und Hinausschieben von effizienz- und rentabilitätssteigernden Maßnahmen in der Nachkriegszeit, als die galoppierende Inflation Kostensteigerungen auf Beschaffungs- und Preisverfall auf Absatzmärkten überkompensierte, schufen volks- und betriebswirtschaftliche Handlungszwänge.[49] Im 'Handbuch der Rationalisierung' des Reichskuratoriums für Wirtschaftlichkeit (RKW) wurde der daraus resultierende Prozeß nunmehr charakterisiert als „jener Schrei nach Hebung der Rentabilität, der unserer deutschen Wirtschaft abgepreßt wurde vornehmlich durch ihre schwierige Lage nach der Stabilisierung der Mark ...“[50].

V. Gottl-Ottlilienfeld, der Autor dieser Zeilen, unterschied gemäß dem offiziellen Sprachgebrauch des RKW zwischen technischer und kommerzieller Rationalisierung auf der Mikroebene, aus deren Zusammenwirken über eine Erhöhung der Produktionsmengen und Senkung der Fertigungskosten sowie Optimierungsverfahren verschiedener Art volkswirtschaftliche Rationalisierung, „der dauernde Einklang von Bedarf und Deckung“[51], auf der Makroebene entstehen mußte. Hier sollten zentrale Instanzen darüber wachen, daß der Wirtschaftskreislauf „planvoll, d. h. in wohldurchdachter Ordnung, von ganz bestimmten Stellen aus,“[52] gesteuert wurde. Als probate Mittel galten nicht zuletzt wettbewerbsbeschränkende und -ausschaltende Maßnahmen wie die Einrichtung von Kartellen oder Monopolunternehmen.[53] Deren umfassende Institutionalisierung in der Volkswirtschaft Weimars gelang zwar, dennoch fiel der Zielerreichungsgrad hinsichtlich der angestrebten Synchronisation von Angebot und Nachfrage geringer aus. Das hing nicht zuletzt damit zusammen, daß der volkswirtschaftliche Verzicht auf wettbewerbliche Elemente gleichzeitig den Verzicht auf wettbewerbliche Regulative bedingte. Mit dieser partiellen Einrichtung planwirtschaftlicher Elemente wurden marktwirtschaftsimmanente Steuerungsmechanismen außer Kraft gesetzt - mit durchaus negativen Auswirkungen auf die volkswirtschaftlichen Ergebnisse einzelwirtschaftlicher Rationalisierungsbemühungen.[54]

---

[49] So bereits Brady, Movement, 1933, S. 4 ff., der an dieser Stelle außerdem auf die wachsende Bedeutung wissenschaflich-technologischer Innovationen zur Wachstumsimplikation in weiterentwickelten Industrieländern verweist. Vgl. auch Welskopp, Hüttenwerk, 1994, S. 442 f.

[50] RKW (Hg.), Handbuch, 1930, S. 2.

[51] ebenda, S. 4.

[52] Harnisch, Deutschlands Errettung aus wirtschaftlicher Not. In: ZfHH 13 (1920/21), S. 123.

[53] Vgl. Hardach, Wirtschaftsgeschichte Deutschlands, 1976, S. 43.

[54] Dieses planwirtschaftliche Element in der deutschen Rationalisierungsbewegung war für außenstehende, insbesondere amerikanische Beobachter offensichtlich. Nicht umsonst lautete der Titel der ersten, von R. A. Brady verfaßten und 1933 erschienen Studie über die Bewegung: „The Rationalisation Movement in German Industry. A Study in the Evolution

Das Streben nach einer planvollen Rationalisierung spiegelt sich in der kaum überschaubaren Anzahl von Institutionen wieder, die unter dem Dach des 1921 gegründeten 'Reichskuratoriums für Wirtschaftlichkeit in Industrie und Handwerk', 1925 umbenannt in 'Reichskuratorium für Wirtschaftlichkeit' (RKW), Teilaufgaben wahrnahmen. Der 'Normenausschuß der Deutschen Industrie (NDI), 1917 gegründet und seit 1926 als 'Deutscher Normenausschuß' firmierend, der 'Ausschuß für wirtschaftliche Fertigung' (AWF), 1918 gegründet, der 'Reichsausschuß für Arbeitszeitermittlung' (REFA), 1924 gegründet, oder das Deutsche Institut für technische Arbeitsschulung (DINTA), 1925 gegründet, waren nur einige relevante Einrichtungen, die sich mit der Förderung, Koordination, Durchführung und Bündelung von vereinzelten Rationalisierungsbestrebungen befaßten.[55]

Für den Endverbraucher wesentlich greifbarer waren die Auswirkungen der umfassenden Kartellierung und Konzentration, die aus der deutschen Rationalisierung, ganz im Gegensatz zu Henry Fords Maximen, die 'Kunst, Kosten zu senken und Preise zu erhöhen', machte. Bekannte Beispiele sind das gescheiterte Firmenkonglomerat des Stinnes-Konzerns, der 1924 über 1600 rechtlich selbständige Unternehmen aus den verschiedensten Produktionsbereichen und -stufen umfaßte, ferner die Fusion von sechs Chemieunternehmen zur IG-Farben mit mehr als 200.000 Beschäftigten oder die Gründung der Vereinigten Stahlwerke, jener 'Rationalisierungsgemeinschaft', die Zeitgenossen als 'Ausdruck eines fortschrittlichen Organisationsprinzips in der deutschen Eisenindustrie'

---

of Economic Planning", wobei „the notorious German Pendant for order, system, and arrangemet" (ebenda, S. 6) nach Ansicht des Autors eine Ursache der Rationalisierung war. Ihren extremsten Ausdruck fanden derartige Intentionen in den fehlgeschlagenen Versuchen, die deutsche Wirtschaft in der Nachkriegszeit zu sozialisieren. Über den seit Mitte des Krieges insbesondere von Wichardt v. Moellendorf und Walther Rathenau propagierten Gemeinwirtschaftsgedanken fanden sie in abgeschwächter Form Eingang in wirtschaftspolitische Überlegungen der Nachkriegszeit. Für die Rationalisierungsbewegung von Bedeutung waren beispielsweise die Ergebnisse der technisch-wissenschaftlichen Gemeinschaftsarbeit im Bereich der Normung, aber auch das vom RKW geforderte „Bestreben, über die kommerzielle Rationalisierung hinaus ganze Industriezweige zu rationalisieren"; (RKW (Hg.), Handbuch, 1930, S. 5). Die Reichweite planwirtschaftlicher Intentionen von seiten der technischen Intelligenz veranschaulichte die sogenannte Technokratiebewegung der frühen 1930er Jahre, die das Ziel hatten, eine ingenieurswissenschaftlich geschulte Expertenherrschaft zur Optimierung gesellschaftlicher und wirtschaftlicher Prozesse nach rationellen Kriterien zu errichten. Vgl. weiterführend Wulf, Vorstellungen, 1987, S. 27 ff.; Burchardt, Wandel, 1977, S. 80 ff; Zunkel, Bedeutung des Gemeinwirtschaftsgedankens, 1979, S. 218 ff.; Willeke, Technokratiebewegung, 1995, S. 223 ff.; Peukert, Republik, 1987, S. 118 f.

[55] Die Liste der 'an Rationalisierungsarbeiten beteiligten privaten und öffentlichen Stellen' im RKW Handbuch weist mehr als 700 Nennungen auf. Umfassende Aufzählung der relevanten Institutionen bei RKW (Hg.), Handbuch, 1930, S. 8 ff. und S. 107 ff.; Brady, Movement, 1933, S. 422 ff.; vgl. auch Bönig, Fließarbeit, 1993, S. 94 ff.

galt. Insgesamt erhöhte sich der Anteil von Kartellen am Bruttoproduktionswert verschiedener Industriezweige in der Weimarer Republik erheblich, wenngleich die Zahl bekannter Kartelle zwischen 1925 und 1930 geringfügig von 1539 auf 1471 sank. Im einzelnen nahm beispielsweise die Kartellierung in der Eisen- und Stahlerzeugung von 73 auf 108, in der Chemischen Industrie von 127 auf 200, in der Elektro- und feinmechanischen Industrie von 56 auf 63 und in der Glasindustrie von 20 auf 40 zu, während sie in den zu Beginn der 1920er Jahre bereits stark kartellierten Branchen des Maschinen- und Apparatebaus von 195 auf 115, in der Eisen- und Stahlwarenindustrie von 234 auf 167, in der Nahrungsmittelindustrie von 170 auf 130 und der Metallwarenindustrie von 78 auf 36 sank.[56] Die Preisabsprachen und Kontingentierungen derartiger Kartelle begünstigten in einzelnen Mitgliedsbetrieben die Tendenz, zu große Kapazitäten durch übermäßige Technisierung der Produktion aufzubauen. Aus ökonomischer Sicht waren die Auswirkungen dieser Art von volkswirtschaftlicher Rationalisierung deshalb nur rational, sofern es gelang, das Aufnahmevolumen in- und ausländischer Absatzmärkte zu erhöhen und an die Kapazitätsentwicklung anzupassen.

Konsequenterweise bekam die Absatzfunktion ab etwa 1925, parallel zum Aufschwung der Rationalsierungsmaßnahmen, theoretisch und praktisch zunehmendes Gewicht. Diese Focussierung auf absatzorientiertes Denken in der Wirtschaft fand ihren Ausdruck einerseits in einer intensivierten absatzwissenschaftlichen und verbrauchsorientierten Forschung, andererseits in der umfassenden betrieblichen Institutionalisierung von Werbeabteilungen, vor allem im Handel, in der Schwerindustrie und in der Markenartikelindustrie. In der zweiten Hälfte der 1920er Jahre etablierten sich Werbeberater und Werbeagenturen in der Praxis, und auch der erste deutsche Lehrstuhl für Werbewissenschaft wurde gegründet. Die Rationalisierung verband sich zunehmend mit der wissenschaftlichen Erforschung und praktischen Anwendung suggestiver Werbemaßnahmen, auch wenn diese vordergründig vielfach in informativ-sachlicher Form gestaltet waren.[57] Ausgehend von dem Postulat, daß es gesättigte Märkte nicht gebe, sollte die Werbewissenschaft den latenten Bedarf wecken, wobei galt, „daß sich hier wie an anderen Stellen der Betriebswirtschaft irrationale Tatsachen auswirken, deren Auswirkungen auch rational erfaßbar sind".[58] Als Mittel zur Erfassung dieses irrationalen Konsumentenverhaltens dienten Psychotechnik oder

[56] Statistische Angaben nach Fischer, Bergbau, Industrie und Handwerk, 1976, S. 810 f. Aufgrund der hohen Anzahl nicht erfaßbarer Kartelle oder Preisabsprachen können die angegebenen Zahlen keinen Absolutheitsanspruch erheben. Zum Teil abweichende Quantifizierungen der Kartelle bei Pohl, Konzentration, 1978, insbesondere S. 26 ff.; vgl. auch Hardach, Wirtschaftsgeschichte Deutschlands, 1976, S. 43 f.; Kleinschmidt, Eisen- und Stahlindustrie, 1993, S. 135 ff. und S. 220 ff.

[57] Vgl. Reinhardt, Reklame, 1993, S. 441 ff.

[58] Lisowsky, Werbung und Betrieb. In: ZfHH 19 (1926), S. 182. Vgl. auch ders., Produzent und Konsument. In: ZfHH 22 (1929), S. 12 ff.

Seelenkunde, Beobachtungen, statistische Verfahren und Experimente, die eine realitätsgetreue Wiedergabe des Konsumentenverhaltens und valide Ergebnisse über die Wirkung von Werbemaßnahmen ermöglichen sollten.[59] Es muß jedoch bezweifelt werden, ob dadurch „aus der früheren Reklame der Zufallstreffer ... eine Reklame der zielbewußten Treffsicherheit geworden [war]".[60] In langfristiger Perspektive erschien die Öffnung neuer Absatzbereiche und Konsumentenschichten durchaus möglich. Vor dem Hintergrund der deutschen und der internationalen Wirtschaftsentwicklung der Weimarer Jahre gelangen derartige Markterschließungen auch durch gezielten Werbeeinsatz nicht.[61] Zumindest auf nationaler Ebene spielte dabei die langsame Entwicklung des Lkw-Verkehrs eine Rolle. Der Lkw, seiner Funktion nach als flexibles und schnelles Zu- und Auslieferungsfahrzeug konzipiert und eingesetzt, konnte entsprechend seiner technischen und ökonomischen Entwicklung nur sukzessive neue Beschaffungs- und Absatzräume erschließen.

Auf mikroökonomischer Ebene waren die Anwendungen von Rationalisierungsmaßnahmen in verschiedenen Branchen ebenso unterschiedlich wie die Ergebnisse der Versuche, ihre Auswirkungen pauschal zu erfassen. Das Spektrum reicht von Produktivitätssteigerungen von 20 bis 30 Prozent pro Arbeitskraft bei gleichzeitigen Arbeitszeitverkürzungen von durchschnittlich sechsundfünfzig bis sechzig Stunden pro Woche (Stand 1913) auf real achtundvierzig bis vierundfünfzig Stunden pro Woche (Stand 1928)[62], Steigerungen der Arbeitsintensität in ausgewählten Berufen zwischen 10 und 83 Prozent[63], Leistungssteigerungen von 16 bis 100 Prozent je nach Industriezweig[64] oder Steigerungen der Arbeitsproduktivität zwischen 1925 und 1929 im Automobilbau um 100 Prozent, im Maschinenbau um 25 Prozent, bei der Reichsbahn um 24 Prozent, im Braunkohleabbau um 34 Prozent, bei der Steinkohle um 26 Prozent[65], um nur einige Beispiele zu nennen. *(Tabelle 1)* Die Bewertung wird zusätzlich durch den Sachverhalt erschwert, daß, ebenso wie die exakte Trennung von konjunktureller und rationalisierungsbedingter Arbeitslosigkeit auf volkswirtschaftlicher Ebene nicht möglich ist, ein Zusammenhang zwischen Rationalisierungsmaßnahmen

---

[59] Vgl. etwa Lysinsky, Die Methoden der Werbewissenschaft. In: ZfHH 15 (1922/23), S. 17 ff.; Seyffert, Wissenschaft und Praxis in neueren Arbeiten über Reklame. In: ZfHH 12 (1919/20), S. 107 ff.

[60] Eichler, Die Psychologie in der Verkaufspraxis. In: Der Kaufmann und das Leben. Beiheft zur ZfHH, 19 (1926), S. 61.

[61] Vgl. Hardach, Deutschland 1914-1970, 1986, S. 56 ff.

[62] Ergebnis der Untersuchung von Bönig, Arbeitszeit, 1980, S. 304 ff.

[63] Vgl. Kammer für Arbeiter und Angestellte Wien (Hg.), Arbeiterschutz, 1928, S. 7.

[64] Vgl. Freyberg, Rationalisierung, 1989, S. 27.

[65] Vgl. Stollberg, Rationalisierungsdebatte, 1981, S. 53 f.

Tabelle 1: Produktionsindices einzelner Industriegruppen 1926-1930/31

	Produktion je Arbeitsstunde von Wertschwankungen[1] bereinigt (1926 = 100%)									
	1926	%	1927	%	1928	%	1929	%	1930/31	%
Bergbau	2,35	100,0	2,45	104,3	2,62	111,5	2,80	119,1	2,77	117,9
Großeisen- und Metallhüttenindustrie	6,06	100,0	6,76	111,6	6,67	110,1	6,95	114,7	6,91	114,0
Eisen-, Stahl- und Metallwarenindustrie	2,12	100,0	2,41	113,7	2,57	121,2	2,63	124,1	2,65	125,0
Maschienen-, Apparate-, Fahrzeugbau	2,48	100,0	2,54	102,4	2,91	117,3	3,09	124,6	3,10	125,0
Elektrotechnische Industrie	3,38	100,0	3,33	98,5	3,47	102,7	3,59	106,2	3,58	106,0
Industrie der Steine und Erden	1,67	100,0	1,76	105,4	1,79	107,2	1,82	109,0	1,84	110,0
Chemische Industrie	6,85	100,0	7,00	102,2	7,36	107,5	7,72	112,7	7,74	113,0
Textilindustrie	3,28	100,0	3,52	107,3	3,23	98,5	3,30	100,6	3,57	108,8
Papierindustrie	3,12	100,0	3,18	101,9	3,30	105,8	3,41	109,3	3,43	110,0
Lederindustrie	3,88	100,0	3,93	101,3	3,58	92,3	3,74	96,4	4,03	103,9
Kautschuckindustrie	4,63	100,0	5,15	111,2	6,17	133,3	7,19	155,3	7,42	160,0
Holz- und Schnitzstoffgewerbe	1,66	100,0	1,81	109,0	1,91	115,1	1,93	116,3	1,93	116,0
Musikinstrum.- und Spielwarenindustrie	2,37	100,0	2,66	112,2	2,80	118,1	2,97	125,3	2,97	125,0
Nahrungs- und Genußmittelgewerbe	9,54	100,0	9,72	101,9	9,97	104,5	10,21	107,0	10,49	110,0
Bekleidungsindustrie	2,84	100,0	2,96	104,2	3,08	108,5	3,22	113,4	3,12	110,0
Baugewerbe	1,86	100,0	1,88	101,1	2,02	108,6	2,13	114,5	2,14	115,0

1 d.h. je Arbeitsstunde

Quelle: ZfhF 26 (1932), S. 547/548.

und Produktivitäts-, Arbeitsintensitäts- oder Produktionssteigerungen zwar besteht, der Grad der Korrelation aber nur schwer bestimmt werden kann. Zusätzliche Einflußgrößen, beispielsweise Lernkurven, können ebenfalls eine Rolle spielen. Die Ambivalenz der Bewertung von Investitionen als Rationalisierungsmaßnahmen wird durch die bekannte Erhebung des Deutschen Metallarbeiter-Verbandes von 1933 deutlich. Über 60 Prozent der befragten Betriebe gaben die Modernisierung des Maschinenparkes als Rationalisierungsmaßnahme an.[66] Es bleibt fraglich, ob es sich dabei um notwendige Ersatzinvestitionen in technisch aktuelle Maschinen oder Neuinvestitionen aus Rationalisierungsgründen handelte. Bedenkt man den Zustand des Produktionsapparates nach der Inflationsphase, so dürfte primär erstere Vermutung zutreffen. Als 'Rationalisierung' wurde auch der wenig spektakuläre Ersatz verschlissener Maschinen bezeichnet.

Diese Ungenauigkeiten hingen nicht zuletzt damit zusammen, daß die Spezifika jeder Branche die Einsatz- und Erfolgsmöglichkeiten verschiedener Rationalisierungsmaßnahmen unterschiedlich determinierten. Wenn Zeitgenossen gegen Ende der Aufschwungphase zu der Überzeugung gelangten, daß die „technische Rationalisierung der deutschen Industrie ... als im wesentlichen durchgeführt angesehen werden [kann]"[67], so ist dies zum Teil auf die Technikgläubigkeit und -faszination der 1920er Jahre zurückzuführen. Nach heutiger Meinung ist diese Einschätzung zu relativieren. Vom Standpunkt des Ingenieurs betrachtet handelte es sich bei der Rationalisierung oftmals um eine Teilmodernisierung, bei der die realisierten Lösungen die vorhandenen technischen Potentiale kaum ausschöpften, bei der sich „der Ingenieur ... und der Unternehmer ... wartend gegenüber[standen,] ... bis die umstrittenen Anlagen gewissermaßen eines natürlichen Todes sterben, d. h. infolge des Verschleißes durch neue ersetzt werden müssen."[68] Dennoch ist es unzutreffend, das Signum der deutschen Rationalisierung in ihrer Betonung organisatorischer Maßnahmen zu sehen. Weitergehende Modernisierungsmaßnahmen scheiterten zum einen oft an der Beschränkung einzelbetrieblicher Investitionsvolumina, an den Gegebenheiten auf den Absatzmärkten oder an Detailproblemen bei der praktischen Umsetzung fertigungstechnischer Innovationen. Andererseits konnte die Einbindung realisierter Projekte in vorhandene Produktionsapparate unter den volkswirtschaftlichen Gegebenheiten der Weimarer Zeit aus einer technischen Teilmodernisierung bereits eine betriebswirtschaftliche Übermodernisierung machen. Im Berliner Werk von

---

[66] Vgl. DMV (Hg.), Metallindustrie, 1933, S. 162.

[67] Hall, Grundsätzliches zur Normung der industriellen Buchführung. Eine Stellungnahme zur Einheitsbuchführung über mittlere Maschinenfabriken. In: ZfHH 22 (1929), S. 325.

[68] Maurach, Bericht über die Tätigkeit der Wärmetechnischen Beratungsstelle der deutschen Glasindustrie (WBG), Frankfurt (Main), im Geschäftsjahr 1929/30. In: GTB 9 (1931), S. 379 f.

Siemens wurde bereits vor 1914 deutlich, daß die Integration von leistungsfähigen Einzweckmaschinen in den Produktionsablauf mit Folgekosten verbunden sein konnte, die die ursprünglichen Anschaffungspreise weit übertrafen. Unter diesen Umständen waren die ökonomischen Auswirkungen derartiger Investitionen äußerst ungewiß.[69]

Auch in der deutschen Eisen- und Stahlindustrie wurde spätestens Mitte der 1920er Jahre erkennbar, daß kapazitätserhöhende Maßnahmen, die auf die Vollmechanisierung und Elektrifizierung eines Betriebes abzielten, umfangreiche Folgeinvestitionen in vor- und nachgelagerten Bereichen nach sich ziehen mußten, wenn diese Bereiche nicht zu Engpässen werden sollten, die den Produktionsfluß empfindlich störten und so die mit den Anfangsinvestitionen verfolgten Ziele konterkarrierten. Diese Erkenntnis hatte oftmals eine schubweise Umstellung der Produktionsorganisation einzelner Betrieb durch Um- oder Neubauten zur Folge, was zu einem temporären Nebeneinander 'veralteter' und 'moderner' Fertigungsweisen und den damit zwangläufig verbundenen praktischen Abstimmungsproblemen führte. Vor allem aber bewirkte die mit diesen Maßnahmen verfolgte Strategie der Kostenführerschaft, die der Absatzproblematik gegensteuern sollte, ständige Käpazitätserhöhungen und Steigerungen der Kapitalintensität der Fertigung bei permanent nicht ausgelasteten Kapazitäten.[70]

Die insbesondere von Ingenieuren der Weimarer Zeit erhobene Forderung nach weitergehender Technisierung mußte aus betriebswirtschaftlichem Blickwinkel nicht nur unwirtschaftlich, sondern auch unrealistischerscheinen.[71] Wenn etwa die Fließfertigung, teilweise unter Verwendung einfachster technischer Hilfsmittel, nebst der damit verbundenen Betriebsorganisation nach Fertigungs-

[69] Vgl. Schmidt, Massenhafte Produktion, 1993, S. 82 ff.

[70] Vgl. Welskopp, Hüttenwerk, 1994, S. 444 ff.

[71] So auch Radkau, Technik, 1989, S. 276 ff.; Kleinschmidt, Eisen- und Stahlindustrie, 1993, S. 330 ff.; Lippert, Flaschenglasindustrie, 1994, S. 184 ff. Die ältere Forschung, etwa Bönig, Technik, 1980, S. 392 ff. oder Stollberg, Rationalisierungsdebatte, 1981, S. 47 f., neigt zur Überbetonung des organisatorischen Aspektes der Rationalisierung. Zumindest in den genannten Branchenstudien wurden relativ umfangreiche technische Rationalisierungsmaßnahmen nachgewiesen. Auch die neuerding von Bönig, Fließarbeit, 1993, S. 96 ff. wieder vertretene Trennung einer dominanten 'tayloristischen', also organisatorisch geprägten, und einer 'fordistischen', also technisch geprägten, Phase ist für die wirtschaftshistorische Beurteilung der Weimarer Rationalisierungsbewegung wenig hilfreich. Die relevanten Fragen: Welche Handlungsspielräume boten sich den Akteuren? Wo lagen strukturelle Defizite und Möglichkeiten? Welche Rolle spielten unterlassene oder durchgeführte Rationalisierungsmaßnahmen im Kontext der deutschen Wirtschaftkrise? lassen sich nur durch die branchenbezogene Gegenüberstellung der technischen Entwicklungen und ihrer ökonomischen Auswirkungen beantworten. Die Kenntnis der tatsächlichen Verbreitung einzelner Rationalisierungsmaßnahmen wie etwa der Fließfertigung läßt noch keine Aussagen über deren ökonomische Rationalität in verschiedenen Branchen zu.

stellen auch in der Großindustrie weitaus verbreiteter war als die Fließbandarbeit, die technisch unterstützte Unterform dieses Prinzips, konnte dies markt- und arbeitsökonomische Ursachen haben. Viele Fertigungsverfahren konnten trotz gegenteiliger betriebswissenschaftlicher Bestrebungen aufgrund ökonomischer Erwägungen auch in den 1920er Jahren nur unvollständig auf Fließarbeit umgestellt werden.[72] Neben Erfordernissen des deutschen Binnenmarktes, dessen Aufnahmekapazitäten für eine ausgeprägte fließbandunterstützte Massenproduktion nicht ausreichte und der flexiblerer Produktionskonzepte bedurfte, wirkten außerdem die in der Einführungszeit dieser neuen Produktionsform nötigen betrieblichen Anpassungsprozesse beschränkend. Die Arbeiterschaft war zwar industrielle Produktionsformen, nicht jedoch getaktete Arbeitszeiten gewohnt, und die vollständige oder teilweise Umstellung ganzer Produktionsapparate auf eine neuartige Fertigungsorganisation erforderte Investitionen, die, insbesondere unter Berücksichtigung der Gegebenheiten auf den nationalen und internationalen Kapitalmärkten vor der Weltwirtschaftskrise, auch von größeren Betrieben nicht immer realisiert werden konnten.[73]

An der Automobilindustrie, der, obwohl ihre volkswirtschaftliche Relevanz als Schlüsselindustrie in Deutschland erst ab den 1930er Jahren konkretere Formen annahm, unter dem Eindruck des Vorbilds der Fordwerke gleichwohl bereits in den 1920er Jahren eine Beispielfunktion für andere Branchen beigemessen wurde, wird deutlich, daß ein Verzicht auf weitgehende technische Modernisierungsmaßnahmen nach US-amerikanischem Vorbild ökonomisch durchaus

[72] Vgl. für das bereits erwähnte Siemens-Beispiel etwa Wupper-Tewes, Normalisierung, 1995, S. 210 ff.

[73] Zur Verbreitung der Fließarbeit vgl. Bönig, Bandarbeit, 1989, S. 238 ff.; ders., Fließarbeit, 1993, S. 689 ff. Duvigneau, Verbreitung der Fließarbeit, 1932, S. 67 schätzte, daß nur etwa 2 bis 3 Prozent aller deutschen Betriebe in fließender Fertigung produzierten. Er hatte selbst als Betriebs- und Organisationsingenier in der Nähmaschinenbranche gearbeitet und führte diese geringe Verbreitung unter anderem auf 'Erfahrungen der inneren Betriebsorganisation' zurück: „Wir sind jederzeit in der Lage, einen Fließgang mit allen Vorberechnungen direkt zusammenzustellen, und für ihn die relativ günstigste Form zu wählen. Wir werden jedoch in der deutschen Industrie sehr selten einen Betrieb mit Fließproduktion in dieser geradezu idealen Weise einrichten können, sondern meist gezwungen sein, allmählich zu organisieren. Ein solche allmähliche Umstellung fordert nicht die Riesensumme eines Neuaufbaus ... . Vielfach jedoch haben uns auch die augenblicklichen Verhältnisse gezwungen, zu improvisieren oder mit geringsten Mitteln fast aus dem Nichts heraus aufzubauen ... . Die Fließarbeit ist weder technisch noch wissenschaftlich oder sozialpolitisch heute ein ungelöstes Problem. Alle theoretischen und praktischen Schwierigkeiten sind beseitigt oder können überwunden werden, sobald die Absatzfrage in einem die Rentabilität der Produktion befriedigenden Sinne gelöst ist." (ebenda, S. 78, 80, 83) Die Finanzierung von Modernisierungsinvestitionen in der deutschen Industrie durch Hochzinsanleihen von zehn und mehr Prozent wurde bereits von Zeitgenossen kritisiert. Vgl. Hardach, Weimarer Jahre, 1986, S. 57 f.

rational war. Ein großer Binnenmarkt für Automobile entwickelte sich im Deutschland der Zwischenkriegszeit nur langsam, und das relativ gut ausgebaute Eisenbahnsystem reichte zur Bedienung der Nachfrage im Individualverkehr innerhalb der existierenden Siedlungsstruktur aus. Während der Rationalisierungsphase sanken die Pkw-Preise um ungefähr 40 Prozent, und von 53 Automobilfirmen hatten 35 die Fließarbeit, davon 15 die Bandarbeit eingeführt.[74] Die Produktionsorganisation der Branche wurde durch ein flexibles Wechselfließfertigungssystem und die Verwendung von Universalmaschinen geprägt, war jedoch keineswegs homogen. An einem Ende der Skala von Variationsmöglichkeiten stand die Adam Opel AG, die 1923 als erstes deutsches Automobilunternehmen ein Fließband in Betrieb genommen hatte und sich stark an Fords Konzept homogener Massenfertigung orientierte, am anderen Ende die Daimler-Benz AG, die Kraftwagen als Luxusprodukte in einer Gruppenfertigung mit wenig zergliederten Arbeitsprozessen herstellte. Im Gegensatz zur reinen Werkstattorganisation wurden hier Facharbeiter und Universalwerkzeugmaschinen zur Fertigung einzelner Fahrzeugkomponenten räumlich zusammengefaßt, wodurch Transportwege bereits deutlich verkürzt wurden, aber noch kein zwangsläufiger Produktionsablauf institutionalisiert war.[75] Während Daimler-Benz entsprechend kleine Losgrößen auflegte, verzehnfachte die Firma Opel ihre Tagesproduktionskapazität zwischen 1924 und 1927 von 10 auf 100 Automobile und stellte 1928 bis zu 150 Fahrzeuge pro Tag her.[76] Die Produktivität entwickelte sich bei Opel über-, bei Daimler-Benz unterdurchschnittlich. Lag der Branchendurchschnitt Mitte der 1920er Jahre bei 0,8 Fahrzeugen pro Beschäftigtem im Jahr, realisierte Opel

---

[74] Vgl. Blaich, Automobilindustrie, 1973, S. 19 ff.; Kugler, Werkstatt, 1987, S. 338 f.; Stahlmann, Arbeitspolitik, 1995, S. 198.

[75] Die Gruppenorganisation baute damit auf dem Werkstattprinzip auf. Die Übergänge zwischen diesen Organisationsformen waren in der Praxis fließend. Weitere Vertreter der erstgenannten, 'fortschrittlicheren' Fertigungsweise waren neben der Adam-Opel AG die Automobilfabrikanten Adler, Dürkopp, Brennabor und Wanderer, Vertreter der letztgenannten, 'werkstattorientierten' Fertigungsweise die Eisenacher Motorenfabrik, Stoever-Automobile und Horch. Vgl. Kugler, Werkstatt, 1987, S. 329 ff; Stahlmann, Autoindustrie, 1993, S. 61 ff. und S. 134 ff.; ders., Werkstatt, 1994, S. 225 ff.; ders., Management, 1992, S. 148 ff.; Braun, Ausbau technischer Systeme, 1992, S. 103 ff.; ders., Automobilfertigung, 1991, S. 195 ff.; ders., Automobilfertigung in Deutschland, 1995, S. 62 ff. Auch die Fertigungsorganisation im deutschen Flugzeugbau folgte dem gruppenorganisierten Modell. In den 1920er Jahren wurden Flugzeuge im Reihenbau durch Facharbeitergruppen montiert, die an jeweils festen Bauplätzen wechselweise die erforderlichen Arbeitsgänge durchführten. Vgl. Braun, Flugzeugbau, 1990, S. 112 f.

[76] Auch Opel erreichte damit nie die von Ford vorgegebenen Verhältnisse. Dieser produzierte täglich bis zu 7000 Exemplare des Model T. Vgl. Kugler, Produktionstechnologie, 1987, S. 37; dies., Werkstatt, 1987, S. 338; Ledermann, Fehlrationalisierung, 1933, S. 77 ff. Zu den Auswirkungen des US-amerikanischen Produktivitätsvorsprungs in der Automobilindustrie auf europäische Märkte vgl. auch Foreman-Peck, Challenge, 1982, S. 868 ff.

Werte von 1,03 (1925) und 4,17 (1928), Daimler-Benz in den Werken Gaggenau, Mannheim und Untertürkheim Werte von 0,48 (1928) und 1,50 (1938) Fahrzeugen.[77] Wie viele andere Hersteller konnte Opel aber seine Kapazitäten nicht auslasten und wurde 1928 von General Motors übernommen. Die erwünschten rationalisierungsbedingten Produktivitätserhöhungen gingen in der Automobilbranche einher mit der weniger erwünschten Notwendigkeit, Kapazitäten durch Selbstbeschränkungen, Fusionen oder Konkurse abzubauen.[78] *(Tabellen 2 und 3)*

Tabelle 2: Produktionskapazität und Auslastung verschiedener Automobilhersteller im Jahr 1928

	Produktionskapazität pro Tag	Arbeitstage pro Jahr	Jährliche Produktionskapazität	Prozentanteil am Gesamtansatz	Effektive Produktion im Jahr 1928	Ausnutzungsgrad in Proz. der Kapazität
Opel	250	300	75.000	20,7	45.543	60,72
Brennabor	250	300	75.000	2,9	6.781	9,04
Adler			24.000	8,9	7.233	30,14
BMW			15.000	7,1	9.000	60,0
Summe			189.000	39,6	68.557	36,27

Quelle: Ledermann, Fehlrationalisierung, 1933, S. 82.

Die konkrete Anwendung verschiedener Rationalisierungsmaßnahmen und ihre Auswirkungen auf Kapazitäten und Fertigungsorganisation wird deshalb sinnvollerweise anhand einiger Beispiele verdeutlicht, die aufgrund ihrer Verschiedenartigkeit und ihrer Affinität zum Lkw-Transport ausgewählt wurden. Lkw wurden in der Weimarer Zeit primär in Nahrungs-, Genußmittel- und Konsumgüterindustrien und den diesen nachgelagerten Handelsbereichen, hier besonders zum Transport von Bier, Zigaretten, Schokolade und leicht verderblichen Lebensmitteln, eingesetzt. Des weiteren wurden Baustoffe, Kohle, Eisen

[77] Statistische Angaben nach Stahlmann, Arbeitspolitik, 1995, S. 212; DMV (Hg.), Autoindustrie, 1928, S. 8. Stahlmann relativiert ebenda, S. 218, die hier vertretene und Braun folgende These, nach der die 'Wechselfertigung' unter den ökonomischen Bedingungen der Zwischenkriegszeit durchaus rational war. Seiner Ansicht nach beschränkten die Firmen sich damit auf den deutschen Binnenmarkt und erreichten keine internationale Wettbewerbsfähigkeit. Aus unternehmensstrategischen Überlegungen erwies sich dies in einer mittelfristigen Perspektive als problematisch. Der Vergleich der beiden untersuchten Beispielfirmen belegt, daß eine auf mittel- bis langfristigen Erhalt der wirtschaftlichen Selbständigkeit oder des Unternehmesbestandes ausgerichtete Unternehmenspolitik in den 1920er Jahren besser beraten war, derartige Überlegungen kurzfristig zurückzustellen, um sie langfristig unter Umständen noch berücksichtigen zu können.

[78] Vgl. Ledermann, Fehlrationalisierung, 1933, S. 109 ff.

und Stahl, Glas- und Keramikwaren sowie, mit langsamem Ansteigen des Fernverkehrs seit Beginn der 1930er Jahre, auch Maschinen, Maschinenteile und Elektroartikel transportiert.[79] Diese Produktpalette determinierte die Wahl der Beispielsektoren Bergbau, Maschinenbau, Glas- sowie Nahrungs- und Genußmittelindustrien, hier besonders die Brau- und Zigarettenindustrie. Abgesehen von der Quantifizierungsproblematik beweisen dabei die Absatz- und Auslastungsprobleme bereits vor der Rezessions- und Depressionsphase den effektiven Aufbau von Überkapazitäten in der Weimarer Wirtschaft.[80] Die Steuerungsinstanzen der volkswirtschaftlichen Rationalisierung konnten Verdrängungswettbewerb auf den Absatzmärkten oder Suboptima in den Produktionsmittelapparaten nicht vermeiden. Da die meisten Betriebe darauf in ähnlicher Form reagierten, „rationalisier[t]en sich diese Industriezweige automatisch in eine übergroße Kapazität hinein, die von der Nachfrage nie oder nur selten erreicht [wurde].“[81] Entsprechende Ergebnisse zeitigte der Rationalisierungsverlauf in der Eisen- und Stahlindustrie des Ruhrgebiets: „Die sich bereits vor dem Ersten Weltkrieg abzeichnende Kapazitätsspirale wurde unter dem Eindruck eines kurzfristigen Konjunkturaufschwungs zwischen 1927 und 1929 noch weiter vorangetrieben, indem die Produktionsanlagen nicht nur modernisiert, sondern auch erheblich vergrößert wurden. Expansive Rationalisierungsmaßnahmen waren nicht die Ursache, wohl aber ein Mitverursacher der sich ständig reproduzierenden Überkapazitäten.“[82] Dieser Umstand hätte im Verlauf der Depression auch ohne den Abzug des zur Finanzierung der Modernisierung benötigten ausländischen Kapitals im Zuge der Weltwirtschaftskrise zur Einstellung weiterer Rationalisierungsmaßnahmen ausgereicht.

1. Der Bergbau galt bereits Zeitgenossen als ein Sektor, in dem technische Rationalisierungsmaßnahmen und, gegen Ende der 1920er Jahre, unausgelastete Produktionskapazitäten vorherrschten.[83] Die breite Anwendung von Abbauhämmern und Transportbändern gestaltete den Arbeitsprozeß vollständig um: Vor dem Ersten Weltkrieg wurden kaum 2 Prozent der Kohle, 1929 etwa 80 Pro-

---

[79] Vgl. Abschnitt III, Kapitel 1 dieser Untersuchung.

[80] Vgl. Balderston, German Economic Crisis, 1993, S. 366 ff.

[81] Schmalenbach, Betriebswirtschaftslehre, 1928, S. 245.

[82] Ergebnis der Studie von Kleinschmidt, Eisen- und Stahlindustrie, 1993, S. 362 f.

[83] Überkapazitäten im Kohlebergbau waren in diesem Zeitraum ein Problem aller europäischen Erzeugerstaaten; vgl. Balderston, German Economic Crisis, 1993, S. 368. Zur zeitgenössischen Diskussion vgl. etwa Kiesewetter, Die Lage der deutschen Braunkohlenindustrie. In: WD 18 (1933), S. 452 ff.; ders., Probleme der deutschen Braukohlenindustrie. In: WD 16 (1931), S. 721: „Es zeigen sich deutlich die Schattenseiten einer zu weit gehenden Rationalisierung. ... Die Kapitallast je Fördereinheit erzwingt eine gewisse Normalhöhe des Absatzes.“

zent mit Hilfe dieser mechanischen Hilfsmitteln gefördert.[84] Gleichzeitig stieg die Jahresförderleistung eines Beschäftigten von gut 150 Tonnen im Jahr 1925 auf gut 380 Tonnen im Jahr 1932.[85] Im Ruhrgebiet, wo Krieg und Inflation seit der Jahrhundertwende eingeleitete Mechanisierungsmaßnahmen, wie etwa die Einführung von Schüttelrutschen, unterbrochen hatten, verdoppelte sich die Mann/Schicht Leistung zwischen 1925 und 1933 von 1200 kg auf 2400 kg Kohle. Während noch 1922 nur etwa 25 Prozent der Förderleistung durch Einsatz von Abbauhämmern und Schrämmaschinen erbracht wurden, betrug der entsprechende Wert bereits 1926 ungefähr 75 Prozent, 1928 nahezu 90 Prozent. Die Optimierung von grubeninternen Förder- und Transportprozessen gewann dabei immer mehr an Bedeutung. So wurde die Kohle in der zweiten Hälfte der 1920er Jahre zunehmend mit Hilfe von Gummiförderbändern auf der Sohle transportiert und mittels Kippkübeln in der sogenannten Skipförderung an die Erdoberfläche befördert.[86]

Nachdem im Ruhrgebietsbergbau in der Inflationszeit zunächst Konzentrationstendenzen und, infolge der relativen Verbilligung der Produktionsfaktors Arbeit, Steigerungen der Belegschaftszahlen sowie extensive Anlagennutzung zu verzeichnen waren, gingen diese Rationalisierungsmaßnahmen in der Stabilisierungsphase mit Belegschaftsabbau, Zechenschließungen und Zusammenlegung von Betriebsstätten einher. Dementsprechend nahm die Bedeutung einer planmäßigen Überwachung und Optimierung des Betriebsablaufes zu. Diesem Zweck dienten auch kapazitätsauslastende Maßnahmen und eine genaue kostenrechnerische Überwachung der Anlagenkosten, die zwischen 1913 und 1926 etwa doppelt so schnell stiegen wie die variablen Lohnkosten.[87] Trotz vielfältiger

---

[84] Vgl. Brady, Movement, 1933, S. 74 f.

[85] Vgl. Peukert, Republik, 1987, S. 120.

[86] Vgl. Burghardt, Ursachen, 1990, S. 16 ff.; ders., Mechanisierung des Ruhrbergbaus, 1995, S. 289 ff.; Reichert, Kohlenbergbau, 1928, S. 210 ff. Steinisch/Tenfelde schätzen, daß die Arbeitsleistung eines Beschäftigen im Ruhrgebiet zur Basis 1913 bis 1929 um 23 Prozent, bis 1937 um 68 Prozent stieg, während die Anzahl der Beschäftigten um 11,8 Prozent beziehungsweise um 33,4 Prozent sank. Die Rationalisierung ging also, entgegen den propagierten Zielen, kaum mit Arbeitsentlastung, sondern mit Arbeitsintensivierung einher; vgl., auch zu den sozialen Auswirkungen, Steinisch/Tenfelde, Anpassung, 1988, S. 40 ff. Betonung der Arbeitsintensivierung und arbeitsorganisatorischer Maßnahmen auch bei Zollitsch, Arbeiter, 1980, S. 31 ff.; Lange, Maschinenbau, 1928, S. 324 ging davon aus, daß die Förderleistung pro Mann und Schicht im Kohlenbergbau von 1913 bis 1926 um 13 Prozent anstieg. Gleichzeitig verzweihundertfachte sich die Anwendung von Abbauhämmern, versiebzigfachte sich die Anwendung von Drehbohrmaschinen, verfünfundvierzigfachte sich die Anwendung von Großschrämmaschinen.

[87] Vgl. Burghardt, Ursachen, 1990, S. 22 ff.; ders., Mechanisierung des Ruhrbergbaus, 1995, S. 285 ff. und S. 304 ff.; Nach den ebenda, S. 307 gemachten Angaben lagen die laufenden Betriebsmittelkosten 1926 um 48 Prozent, die Maschinenausrüstungskosten um 44 Prozent,

Bemühungen gelang es jedoch nicht, die Entwicklung der Betriebsmittel- und Kapitalkosten beziehungsweise der gesamten Förderkosten präzise zu quantifizieren.[88]

Tabelle 3: Firmenzusammenbrüche und Fusionen in der deutschen Automobilindustrie 1924-1930

Jahr	Konkurse	Liquidationen	Fusionen	amtl. Löschungen	insgesamt
1924	11	-	-	-	11
1925	8	2	2	3	15
1926	1	1	4	-	6
1927	-	-	1	-	1
1928	1	3	1	-	5
1929	1	3	1	1	6
1930	2	2	-	1	5
insgesamt	24	11	9	5	49

Quelle: Ledermann, Fehlrationalisierung, 1933, S. 43.

2. Der Maschinenbau, eine Schlüsselindustrie mit maßgeblicher Bedeutung für die Rationalisierung der Produktionsausstattung in anderen Branchen, bot aufgrund seiner außerordentlich aufgefächerten Betriebs- und Produktionsstruktur schlechte Voraussetzungen für umfassende interne Rationalisierungsmaßnahmen. Die Heterogenität der Nachfrage verhinderte hier die Einführung von Fließarbeitsformen und zwang die meist in kleiner und mittlerer Betriebsgröße produzierenden Maschinenbauer entweder dazu, die Einzelfertigung der Vorkriegszeit beizubehalten, oder ließ allenfalls einen Übergang zur Reihen- oder Gruppenfertigung zu.[89] Um auf die variierenden Anwenderbedürfnisse einzugehen entwickelte beispielsweise der Werkzeugmaschinenbau sowohl spezialisierte Einzweckmaschinen als auch flexibel einsetzbare Universalmaschinen, und auch der in den 1920er Jahren beginnende Übergang vom Gruppenantrieb mehrerer Maschinen über Transmissionen zum Einzelantrieb über individuell regulierbare Elektromotoren kann als Reaktion auf den Flexibilisierungsbedarf der Werkzeugmaschinenanwender verstanden werden.[90] Die Auswirkungen dieser Markterfordernisse auf die Produktionsorganisation verdeutlichte eine Umfrage des Deutschen Metallarbeiter-Verbandes von 1932. Lediglich 12,5 Prozent

---

die Lohnkosten um 23 Prozent und die Holzkosten um 21 Prozent über dem Niveau von 1913.

[88] Vgl. ebenda, S. 283.

[89] Vgl. etwa Freyberg, Rationalisierung, 1989, S. 144 ff.; Bönig, Fließarbeit, 1993, S. 386.

[90] Ausführliche Beschreibung der maschinentechnischen Entwicklungen bei Freyberg, Rationalisierung, 1989, S. 79 ff.

der Betriebe im Maschinen-, Kessel-, Apparate- und Eisenbau hatten Fließarbeit eingeführt. Der Durchschnitt der Metallbranche lag bei 16 Prozent. Als bei weitem vorherrschende Rationalisierungsmaßnahme wurde die Modernisierung des Maschinenparks angegeben, während ein Übergang zur Serienfabrikation nur im geringem Umfang gelungen war. Im Bearbeitungs- und Werkzeugmaschinenbau etwa meldeten weniger als 1 Prozent der befragten Betriebe eine Verringerung der Typenzahl als Rationalisierungsmaßnahme.[91] *(Abbildung 2)* Eine Betonung markt- oder produktionsökonomischer Gesichtspunkte bei der Unternehmensführung im Werkzeugmaschinenbau war mit jeweils spezifischen Risiken verbunden:

> „Aber gerade durch den Bau von Sondermaschinen oder Neukonstruktionen wird der finanzielle Erfolg des Werkzeugmaschinenbaues in erheblichem Maße erschwert, denn durch den Bau von Sondermaschinen, ... deren Absatzmöglichkeiten ... außerordentlich beschränkt sind, tritt naturgemäß eine Verteuerung der normalen Maschine ein, die in der Regel in möglichst großen Reihen aufgelegt wird, um den Preis für die einzelne Maschine zu senken. ... Hinzu kommt noch, daß durch das unerwartete Auftauchen von Neuerungen auf dem Markt häufig große Restbestände von im Reihenbau hergestellten Maschinen nahezu unverkäuflich werden und veralten und dadurch dem Werk große Verluste bringen.“[92]

Dies galt um so mehr, als mit Einführung der Reihenfertigung in den betreffenden Betrieben kostenstrukturelle Verschiebungen einhergingen. Laut Erhebungen des Vereins Deutscher Maschinenbau-Anstalten (VDMA) betrugen die gesamten ‘Unkosten’ bei Einzelfertigung 320 Prozent der Produktivlöhne, bei Reihenfertigung lediglich 260 Prozent. Der Anteil der Gehälter lag bei Einzelfertigung bei 110 Prozent, bei Reihenfertigung bei 55 Prozent.[93] Die variablen Gehaltskosten hatten damit beim Übergang zur moderneren Produktionsform zu Lasten der fixen Kosten abgenommen. Schulze-Mehrin, der Leiter der betriebswirtschaftlichen Abteilung des VDMA, folgerte deshalb auf Basis empirischer Betriebsvergleiche von Maschinenbauunternehmen während der Depression, daß

---

[91] Das Ergebnis der Umfrage beruht auf einer Auswertung der Angaben von 1687 Betrieben der Metallindustrie mit jeweils mehr als hundert Beschäftigten. Vgl. DMV (Hg.), Metallindustrie, 1933, S. 9 f., S. 86 und S. 88.

[92] Kupczyk, Entwicklung und Lage des Werkzeugmaschinenbaus. In: WD 16 (1931), S. 591.

[93] Vgl. Lange, Maschinenbau, 1928, S. 327. Größere Maschinenbaufabriken wie die Gasmotorenfabrik Deutz gaben an, durch Einführung von Fließarbeit bedeutende Produktivitätsvorteile erzielt zu haben. Vor der Umstellung sollen 650 Belegschaftsmitglieder bei einem Motorengewicht von 45 kg 900 Tonnen, danach 343 Mann bei einem Motorengewicht von 24,5 kg 950 Tonnen produziert haben. „Trotz Steigerung der Materialkosten um zirka zehn Prozent, Erhöhung des Stundenlohnes um zirka achtundzwanzig Prozent, ergab sich eine Gesamtersparnis von fünfzehn Prozent“; ebenda, S. 329. Diese Werte galten allerdings als ‘Spitzenleistungen’.

ein Rückgang des Beschäftigungsgrades von 70 auf 30 Prozent zwischen 1927 und 1929 mit einem Anstieg der Stückkosten um 30 Prozent einherging.[94]

Abbildung 2: Rationalisierungsmaßnahmen in der Metallindustrie 1933 [1]

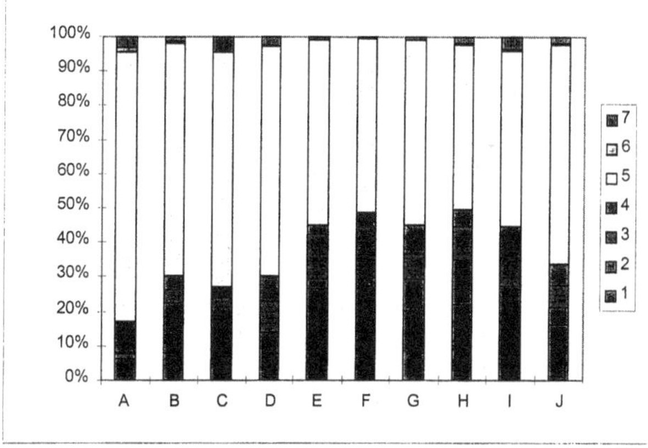

Sektoren:

A= Schwerindustrie
B= Eisen- und Stahlwarenindustrie
C= Metallwarenindustrie
D= Maschinen-, Kessel-, Apparate- und Eisenbau
E= Landmaschinenindustrie
F= Büro- und Nähmaschinenindustrie
G= Auto- und Fahrradbau
H= Elektrotechnische Industrie
I= Feinmechanik und Optik
J= Gesamte Metallindustrie

Rationalisierungsmaßnahmen:

1= Einführung von Fließarbeit
2= Einführung von Bandarbeit
3= Einführung von Serienfabrikation
4= Zusammenlegung von Betriebsabteilungen
5= Modernisierung des Maschinenparks
6= Verringerung der Typenzahl
7= sonstige Maßnahmen

[1] Erhebungsart: Auswertung der Angaben von 1687 Betrieben der deutschen Metallindustrie mit jeweils über hundert Mitarbeitern.

Quelle: nach Zahlenangaben in DMV (Hg.), Metallindustrie, 1933, S. 48, 78, 80, 86, 99, 107, 117, 138, 156, 162.

Die Anpassung einer derartigen Kostenstruktur an sinkende Auslastungsgrade konnte, wie die Beispiele der Humbold-Deutzmotoren AG und der MAN bele-

[94] Vgl. Lindenlaub, Anpassung der Kosten, 1981, S. 278 f. Lange ging 1928 davon aus, „daß die Unkosten einer Maschinenfabrik bei sechzig Prozent Beschäftigung nur wenig größer sind als bei voller Beschäftigung, so daß die Selbstkosten je Stück durch Steigerung der Beschäftigung von sechzig auf hundert Prozent um zwanzig Prozent fallen können"; Lange, Maschinenbau, 1928, S. 334.

gen, allenfalls mittelfristig und unter in Kaufnahme hoher Verluste erfolgen. Zwar gelang es diesem Großunternehmen, den Rückgang der Beschäftigung auf 30 bis 40 Prozent in der Depression durch verschiedene Maßnahmen wie Kürzungen von Leistungszulagen und von Arbeitszeit, Personalabbau im Angestelltenbereich um bis zu 50 Prozent oder Variation der Abschreibungssätze und Aussetzung von Investitionen aufzufangen. Für die Zeitdauer der Anpassungmaßnahmen mußten aber erhebliche Gemeinkostenunterdeckungen in Kauf genommen werden. Beim Werk Augsburg der MAN lagen diese von Mitte 1930 bis Mitte 1932 zwischen gut 10 und knapp 25 Prozent, beim Werk Nürnberg zwischen gut 35 und knapp 55 Prozent.[95] Es erscheint fraglich, ob die kleinen und mittleren Betriebe, die innerhalb des Maschinenbaus vorherrschten, über die notwendige Kapital- und Liquiditätsausstattung für derartige Anpassungsprozesse verfügten.

Überbetriebliche Normierungs- und Typisierungsbestrebungen prägten die Rationalisierungsbemühungen in dieser Branche, auch aufgrund des Interesses der Abnehmer ihrer Endprodukte, in gleichem Maße. Die praktische Relevanz der umfassenden Bemühungen dürfte, bedingt durch fehlende empirische Beweise von Normungsvorteilen, eingefahrene Konstruktionswege vieler Hersteller, aber auch durch das Bestreben, Ersatzteillieferungen für den jeweiligen Hersteller ungenormter Einzelteile und Baugruppen zu sichern oder Kosten durch Aufgabe werksinterner Normalien zu vermeiden, in den 1920er Jahre nur sehr langsam zugenommen haben. Eine weitere Ursache lag in dem notwendigen, aber zeitaufwendigen Bestreben, vor Einführung einer Norm einen allgemeinen Konsens möglichst aller davon Betroffenen herzustellen. Eine Beschleunigung der Normungsverfahren gelang, gegen die begründeten Einwände maßgeblicher Entscheidungsträger des Deutschen Normenausschusses wie Garbotz und Hellmich, erst mit dem Übergang zur ihrer befehlsmäßigen Durchsetzung im totalitären Wirtschaftssystem des Nationalsozialismus.[96] So äußerten sich die Ergebnisse der Rationalisierung im Maschinenbau weniger in einer Straffung des Fertigungsprogramms als in Kapazitätsausweitungen und Erhöhungen der Arbeitsintensität. Zwischen 1925 und 1927 stieg der Versand je Belegschaftsmitglied um nahezu 50 Prozent, aber auch der Anteil ungenutzter Kapazitäten von knapp 28 auf gut 36 Prozent.[97] *(Tabelle 4)*

Die Verteilung dieser Überkapazitäten innerhalb der heterogen strukturierten Branche war unterschiedlich, abhängig von der Konjunktur der belieferten In-

---

[95] Vgl. Lindenlaub, Anpassung der Kosten, 1981, S. 291 ff. Die statistischen Angaben für die Werke Augsburg und Nürnberg finden sich ebenda, S. 300, FN 81.

[96] Vgl. Brady, Movement, 1933, S. 152 ff.; Bolenz, Normung, 1987, S. 19 ff.; Hellmich, Zehn Jahre deutscher Normung. In: ZVDI 71 (1927), S. 1525 ff.; Wölker, Entstehung und Entwicklung, 1992, S. 182 ff.; ders, Ingenieure, 1994, S. 241 ff.

[97] Vgl. Lange, Maschinenbau, 1928, S. 338; Brady, Movement, 1933, S. 154 f.

dustrien und im Einzelfall kaum zu bestimmen. Waren etwa die Lieferanten von Maschinen für die Papierindustrie tendenziell gut und die der Kohlen- und Stahlindustrie zumindest zeitweise gut ausgelastet, blieb die Beschäftigungslage der Textilmaschinenbauer auch in den 'goldenen Jahren' allenfalls mittelmäßig und die der Lokomotiv- und Waggonbauer durchgängig schlecht.[98] Im Maschinenbau blieben die Ausweitung des Absatzes und die Flexibilisierung der Produktion Anforderungen an eine erfolgreiche Rationalisierung, denen in der Weimarer Republik nur ungenügend entsprochen werden konnte.

Tabelle 4: Produktionskapazität und Auslastung im deutschen Maschinenbau 1925-1929

	1925	1926	1927	1928	1929
Produktion	1.933	2.500	3.400	4.000	4.200
Kapazität	3.359	4.940	5.350	5.500	5.650
Kapazitätsauslastung	72,4	50,6	63,5	73,0	74,0
überschüssige Kapazität	27,6	49,4	36,5	27,0	26,0

Quelle: Brady, Movement, 1933, S. 139.

3. Die konsumnahe Flaschenglasindustrie ist ein Produktionsbereich, der sich aufgrund seiner relativ unelastischen und konjunkturabhängigen Nachfragestruktur und den bereits vor der Jahrhundertwende realisierten und sukzessive in die Praxis eingeführten fertigungstechnischen Innovationen gut zur Veranschaulichung der kapazitätserweiternden Auswirkung technischer Rationalisierungsmaßnahmen und der daraus folgenden kostenstrukturellen und absatztechnischen Probleme eignet.[99] Die Grundlagen für weitergehende Produktionsautomatisierungen wurden durch Einführung von Regenerativ-Wannenöfen der Brüder Siemens, die im Gegensatz zu den bis dahin üblichen Hafenöfen einen kontinuierlich fortlaufenden und wärmetechnisch optimierten Schmelzprozeß erlaubten, bereits vor der Jahrhundertwende gelegt. Bei einer stündlichen Produktionsleistung eines Glasbläsers von etwa 30 Flaschen gingen mit dieser Innovation Kapazitätserweiterungen im nunmehr möglichen 24-stündigen Betrieb auf etwa 700 Flaschen/Tag einher.[100] *(Tabelle 5)*

---

[98] Vgl. Balderston, German Economic Crisis, 1993, S. 369 f.

[99] Vgl. Lippert, Flaschenglasindustrie, 1994, S. 176 ff.; ders., Rationalisierungsstrategien, 1995, S. 100 ff. Die im folgenden dargestellten Entwicklungen in diesem Industriezweig basieren, sofern nicht anders angegeben, auf diesen Arbeiten des Verfassers und der dort genannten Literatur.

[100] Vgl. weiterführend Gleitsmann, Interdependenz, 1980, S. 234 ff.; Dietz, Friedrich Siemens, 1920, S. 57 ff.

Tabelle 5: Kapazität der deutschen Flaschenindustrie 1929: in Betrieb befindliche Maschinen

Maschinentyp	Anzahl	Kapazität je Maschine in 24 Stunden (Flaschen)	Kapazität je Maschine in 300 Tagen (1000 Flaschen)	Gesamtkapazität der Maschinen im Jahr (Mio. Flaschen)
Owens, sechsarmig	24	25.140	7.542	181,0
Owens, zehnarmig	5	44.475	13.342	66,7
Lynch Roirant O'Neill	35	7.300	2.190	76,5
Handmaschinen (Wolff, Schiller, Severin)	147	3.900	1.170	172,0
Kapazität aller Maschinen				496,2
Kapazität der Handarbeiter (1915 Glasmacher mit einer Kapazität von je 250 Flaschen pro Tag)				143,6
Gesamtkapazität der Flaschenindustrie				639,8

Quelle: Enquete-Ausschuß, Glasindustrie, 1931, S. 161 (modifizierte Darstellung).

Seit dieser Zeit wurden zur Verarbeitung der gesteigerten Schmelzkapazitäten Halb- und Vollautomaten entwickelt und an den Schmelzwannen positioniert. Mit Halbautomaten deutscher Herkunft, meist Schillermaschinen, konnte die Tagesproduktion bereits auf etwa 4000 Flaschen versechsfacht werden, bevor die Einrichtung von Vollautomaten amerikanischer Herkunft, sogenannten Owensmaschinen, Tagesleistungen zwischen 25.000 und 50.000 Flaschen erlaubte. Das entsprach, je nach Ausführung der in den 1920er Jahren in Deutschland üblichen Typen, der vierzig- bis siebzigfachen Produktionsmenge. Die Inbetriebnahme derartiger Maschinen erforderte umfangreiche Investitionen. Nicht nur der Anschaffungspreis, sondern auch die zum Betrieb erforderliche Installation modifizierter Drehwannen, mußten finanziert werden. Damit waren hohe Betriebs- und Betriebsausfallkosten verbunden. Bei Störungen aufgrund von konstruktionstechnischen Besonderheiten mußte in jedem Fall die gesamte Produktionseinheit 'aus dem Glas' gefahren werden. Das Ausmaß der in der

Praxis realisierten Kapazitätserweiterungen wird dadurch deutlich, daß sich am (vorläufigen) Ende der Rationalisierungsbewegung 1929 insgesamt 43 Owensmaschinen in deutschen Glashütten befanden, von denen nur 29 liefen. Deren Kapazität blieb damit knapp über derjenigen der gleichzeitig produzierenden Glasbläser und der Halbautomaten vom Typ Wolf, Schiller und Severin.[101] Die theoretisch mögliche Vollautomation der Fertigung war damit technisch realisiert, in der Praxis herrschte aber dennoch eine Halbautomation vor. *(Tabelle 6)*

Tabelle 6: Entwicklung der Owens-Produktion in Deutschland 1913-1929

Jahr	Bezogene Maschinen	Maximale Owens-Produktion (Mill. Flaschen[1])	Effektive Owens-Produktion (Mill. Flaschen)	Effektive Owens-Produktion in % der max. Prod	in % der eff. Ges. Prod.	in % der eff. Prod. Der 7 Owens-Firmen	Mögliche Owens-Prod. in % der eff. Ges.Prod.[2]
1913	24	163	106	65,0	18,2	23,2	29,0
1926	39	320	163,7	51,2	47,5	53,0	96,8
1927	41	336	189,0	56,2	53,0	58,2	98,6
1928	41	336	212,0	63,1	56,0	60,3	93,1
1929	43	353	208,5	59,1	56,7	61,5	100,7

1 Bei einer Kapazität je Maschine von 6,8 Mill. Flaschen vor und 8,2 Mill. Flaschen nach dem Krieg
2 Ohne Großglas

Quelle: Enquete-Ausschuß, Glasindustrie, 1931, S. 159.

Ursächlich für diese Unterauslastungen waren stagnierende Verkaufszahlen auf in- und ausländischen Absatzmärkten. *(Tabelle 7)* Die mit der Automation einhergehenden hohen Anlagenfixkosten und die weitgehende Kartellierung der Glasindustrie sorgten dafür, daß sich die erwarteten Erfolge der Rationalisierung umkehrten. Nicht Preissenkungen, sondern ein steigendes inländisches Preisniveau war die Folge. Bier-, Wein- und Mineralwasserflaschen kosteten schließlich gut 70 Prozent mehr als noch 1913.[102] Die Konjunkturabhängigkeit vor allem großer Betriebseinheiten hatte sich deutlich erhöht:

„Die Untersuchung der Widerstandskraft der verschiedenen Betriebsformen bestätigt ..., daß der kleine und mittlere Betrieb sehr zäh und in der Preisstellung oft elastischer ist als der Großbetrieb. ... Der Großbetrieb hat in den letzten Jahren stark rationalisiert und trägt jetzt, da er die erhöhte Leistungsfähigkeit bei weitem nicht ausnutzen kann, die hohen festen Kosten der Verzinsung und Abschreibung sehr schwer. Der vielleicht zur Hälfte ausgenutzte Betrieb

[101] Vgl. Hillmann, Die deutsche Flaschenindustrie seit 1900. In: SPS 56 (1923), S. 57 f.; Dralle/Keppeler (Hg.), Glasfabrikation, 1931, S. 1138; Enquete-Ausschuß, Glasindustrie, 1931, S. 158 f.

[102] Vgl. Enquete-Ausschuß, Glasindustrie, 1931, S. 186 f.

muß heute die schon für einen vollbeschäftigten Betrieb hohen festen Kosten tragen; kein Wunder, daß gerade die großen Werke die heutigen Verkaufspreise unzureichend finden müssen."[103]

Tabelle 7: Produktion und Absatz der deutschen Flaschenproduktion[1)] 1904-1913 und 1925-1929 in Flascheneinheiten[2)]

Jahr	Gesamt-produktion 1000 Flaschen	Versand in 1000 Flaschen			Ausfuhr nach amtlicher Statistik[3)]
		Inland	Ausland	insgesamt	(in Mill. M/RM)
1904/12	504.725	364.879	138.614	503.493	-
1913	581.982	366.765	174.066	540.831	20,8
1925	428.174	335.880	59.736	395.616	10,2
1926	343.365	263.507	85.724	349.231	12,6
1927	357.182	304.350	74.379	378.729	11,3
1928	378.980	319.014	54.296	373.310	8,5
1929	368.100	326.323	45.121	371.444	7,1

1 Erfaßt 1913 über 95%, 1929 etwa 90% der gesamten deutschen Flaschenproduktion.
2 Die Gefäße von 2 bis 3 l Inhalt sind umgerechnet zu 6 Flascheneinheiten, die über 3 l zu 13 Flascheneinheiten.
3 Die Statistik umfaßt naturfarbige Flaschen und deckt sich nur zum größten Teil mit der Ausfuhrstatistik des Verbandes.

Quelle: Enquete-Ausschuß, Glasindustrie, 1931, S. 154.

Bereits 1928 waren die meisten Betriebe nur zu gut 50 Prozent ausgelastet. Bis 1931 sank der Absatz nochmals auf etwa 100 Millionen Flaschen und die Auslastung diverser Hütten auf 20 Prozent, bevor sie sich bis 1936 wieder auf knapp 50 Prozent erhöhte.[104] Die Flexibilisierung der Fertigung, die Steigerung der Nachfrage, die Erschließung von neuen Absatzräumen und von Kostenreduktionsmöglichkeiten außerhalb des Produktion, beispielsweise im Transportwesen, erwiesen sich als die Engpässe einer erfolgreichen Rationalisierung in der Flaschenglasindustrie.[105]

[103] Stetter, Zur Lage der deutschen Hohl- und Preßglas-Industrie. In: SPS 64 (1931), S. 11.

[104] Vgl. Strohmayer, Entwicklung und Lage der deutschen Glasindustrie. In: WD 18 (1933), S. 1305; ders., Die deutsche Glasindustrie. In: WD 16 (1931), S. 159; Mazzarovich, Strukturwandlungen in der deutschen Glasindustrie. In: GTB 23 (1950), S. W1.

[105] Einen ähnlichen Verlauf zeigte die Rationalisierung in der Tafelglasindustrie. Durch Einführung mechanischer Ziehverfahren nach den Patenten von Libbey-Owens und vor allem von Fourcault wurde das Mundblasverfahren bis 1930 weitgehend aus den deutschen Flachglashütten verdrängt. Damit verbunden waren umfangreiche, durch die Absatz-

4. Rationalisierungsprozesse in den Nahrungs- und Genußmittelindustrien waren in der Weimarer Zeit bereits relativ weit fortgeschritten, wenngleich sie weitaus geringere Beachtung fanden als die Maßnahmen anderer Industrien. Gemessen an der Leistungsfähigkeit der in der Ernährungsindustrie installierten Dampfmaschinen fand ein signifikanter Rationalisierungsschub insbesondere in Großbetrieben bereits im letzten Viertel des 19. Jahrhunderts statt. In der Zucker-, Brauerei- und Mühlenindustrie verzehnfachte sich zwischen 1875 und 1907 die durchschnittliche PS-Leistung eingesetzter Dampfmaschinen pro 100 Mitarbeiter, und die maschinelle Ausstattung anderer Teilindustrien wuchs ebenfalls in beachtlichem Ausmaß.[106] Eine kontinuierlich fortlaufende Produktionsorganisation konnte in verschiedenen Zweigen dieser heterogenen Branche in den 1920er Jahren auf eine längere Tradition zurückblicken. Die ersten Fließbänder wurden in Deutschland nicht zur Herstellung von Automobilen, sondern zur Erzeugung von Keksen verwendet. Die Bahlsen-Keksfabrik in Hannover setzte bereits 1902 eine endloses Textilband ein, mit dessen Hilfe die ausgestochenen Teigteile auf Backbleche transportiert wurden, um anschließend manuell auf die Transportketten der zur Produktionsanlage gehörenden Wanderöfen befördert zu werden. Bis spätestens 1905 hatte sich aus diesen Anfängen die erste Fließförderanlage Deutschlands entwickelt, und gegen Ende der 1920er Jahre war eine umfassende Mechanisierung der Produktion und Ausschaltung der Handarbeit in Großbetrieben realisiert, was aufgrund der großen Anzahl kleiner Produzenten mit unzureichender Kapitalausstattung jedoch nicht allgemeiner Standard der Branche war.[107] In der Gemüse- und Konservenindustrie wurden bei stagnierendem Absatz umfassende Rationalisierungs-

situation kaum gerechtfertigte, Kapazitätserweiterungen und Konzentrationstendenzen innerhalb der Branche. Vgl. Spoerer, Tafelglasindustrie, 1993, insbesondere S. 83 ff.; Balderston, German Economic Crisis, 1993, S. 372.

[106] Vgl. Ellerbrock, Nahrungs- und Genußmittelindustrie, 1993, S. 262, der diese Entwicklung als Beleg für die von Benad-Wagenhoff vertretene These einer ‘Rationalisierung vor der Rationalisierung’ wertet. Da industrielle Rationalisierungsprozesse weniger phasenweise als vielmehr kontinuierlich ablaufen, erscheint diese Einschätzung zwar in der Wortwahl unglücklich, in der Sache jedoch zutreffend.

[107] Vgl. Radkau, Technik, 1989, S. 277; Bönig, Fließarbeit, 1993, S. 618 ff. Die Kontinuität dieser Produktionsorganisation in der Keksfabrikation reichte in ihrer unmechanisierten Form bis zum Anfang des 19. Jahrhunderts zurück. In einer Bäckerei der englischen Marine in Deptford ist spätestens seit 1804 die Existenz eines, aufgrund seiner Außergewöhnlichkeit vielbeachteten, ‘menschlichen Fließbandes’ aus fünf Bäckern belegt, auf die die Teilaufgaben des Formens, Stempelns, Zerschneidens und Backofenbeschickens verteilt wurden und die auf diese Weise 70 Schiffszwiebäcke pro Minute produziert haben sollen. Auch in der Zerlegeabteilung der Chicagoer Schlachthöfe waren bereits vor 1900 Deckenlaufschienen zum Weitertransport von Schweinehälften installiert. Der Produktionsablauf begann in den oberen Stockwerken und machte sich so das Eigengewicht der Tiere zum Weitertransport zunutze. Vgl. Giedion, Herrschaft, 1982, S. 112 ff.

maßnahmen mit kapazitätserweiternden Effekten durchgeführt. Bis 1932 hatte „die Mechanisierung und Automatisierung des Betriebes in den letzten Jahren bereits derartige Fortschritte gemacht, daß vom Zeitpunkt der Ernte auf dem Felde an bis zur Lagerung der fertigen Konservendosen menschliche Arbeit nahezu nur zum Bedienen der Maschinen benötigt wird ... [während gleichzeitig] die schlechte wirtschaftliche Lage der Konservenfabriken ... zweifellos zum größten Teil auf die zu große Produktionskapazität zurückgeführt werden [muß], die natürlich in Krisenzeiten besonders scharf in Erscheinung tritt.“[108]

Der Rationalisierungsprozeß in der Zigarettenindustrie, die zu Beginn der 1930er Jahre durch die Unternehmen Reemtsma, Neuerburg und Garbaty beherrscht wurde, war im Verlauf und Ergebnis ähnlich. Umfassenden Produktionssteigerungen, an deren Anfang die Handarbeitsleistung eines Arbeiters von etwa 3000 Zigaretten in der Woche und an deren Ende der Einsatz von vollautomatischen Stopfmaschinen stand, die in demselben Zeitraum zwischen 0,5 und 1,8 Millionen Stück bei verringerter Arbeitszeit produzierten, stand insbesondere in der Depression eine unzureichende Massenkaufkraft gegenüber.[109] Die Verantwortlichen der Reemtsma A.G. Altona-Bahrenfeld etwa, die schließlich als Beispiel eines 'Musterbetriebes der deutschen Cigarettenindustrie' diente, hatten umfassende Mechanisierungmaßnahmen und produktionsorganisatorische Umgestaltungen von der Tabaklöserei bis zur Endverpackung vornehmen lassen. In der Tabaklöserei saßen die Arbeiterinnen Ende der 1920er Jahre an Fließbändern, die die verschiedenen Rohtabakblätter den Mischmaschinen mit einem Fassungsvermögen von bis zu 1000 Kilogramm im jeweils erforderlichen Verhältnis zuführten. Die fertigen Chargen wurden anschließend in Schneidemaschinen weiterverarbeitet und in sogenannten Konditionierungsanlagen aromatisch verfeinert. Den eigentlichen Fertigungsprozeß übernahmen Maschinen mit Stundenleistungen von bis zu 40.000 Zigartetten. Lediglich die Endverpackung in verkaufsfertige Schachteln mußte mangels Alternativen manuell geschehen, bevor die Ware per Bahnwaggon oder Lkw zu den über das Land verteilten Vertriebszentralen befördert werden konnte.[110]

Auf diese Weise realisierte allein Reemtsma Steigerungen der Jahresproduktion von 90 Millionen (1919) auf 3293 Millionen Zigaretten (1927), die mit Belegschaftssteigerungen von 175 Arbeitern und Angestellten (1920) auf 4600 (1928) einhergingen.[111] *(Abbildung 3)* Dieser imposanten Produktionsbeschleu-

---

[108] Kupczyk, Deutschlands Gemüse- und Konserven-Industrie. In: WD 17 (1932), S. 81.

[109] Vgl. Bönig, Fließarbeit, 1993, S. 637 ff; Groß, Probleme der deutschen Tabakwirtschaft. In: WD 16 (1931), S. 1936 ff.; ders., Entwicklung und Lage der deutschen Zigarettenindustrie. In: WD 18 (1933), S. 1022 ff.

[110] Vgl. Voigt, Cigaretten-Werke der Reemtsma A.G., 1928, S. 29 ff.

[111] Ebenda, Abbildung 35.

nigung korrespondierte eine Kapazitätsausweitung, deren kostenstrukturelle Auswirkungen zu sinkender Flexibilität gegenüber Absatzschwankungen führte:

„Damit bietet die Zigarettenindustrie zugleich ein lehrreiches Beispiel für die veränderten Wettbewerbs- und Lebensbedingungen, denen ein in der Hochkonjunktur aufgebauter kapitalintensiver und mit umfangreichen Vorräten ausgerüsteter, auf bestimmte Leistungen und Preislagen ausgerichteter Apparat in der Depression ausgesetzt ist. ... Die großen Konzerne, die ... [auf] Preislagen von 5 und 6 Rpf. ihre Rohtabakbeschaffung ausgerichtet hatten, waren zunächst nicht in der Lage, der Verringerung der Massenkaufkraft durch Preissenkungen [auf das durch Nischenanbieter in der Depression realisierte Preisniveau von 2,5 bis 4 Rpf.; F. L.] ohne große Verluste wirksam zu folgen."[112]

Abbildung 3: Produktionsentwicklung der Reemtsma A.-G. 1919 - 1927

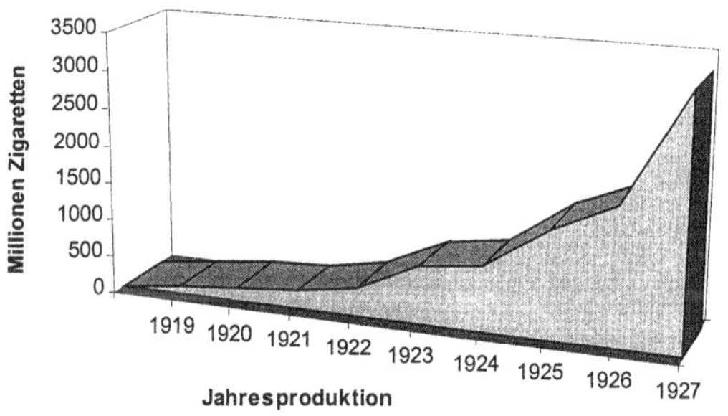

Quelle: nach Zahlenangaben in Voigt, Cigaretten-Werke der Reemtsma A.-G., 1928, S. 70.

Der Brauindustrie kam vor und nach dem Ersten Weltkrieg eine Schrittmacherfunktion beim Einsatz von Lkw zu, die als Auslieferungsfahrzeuge einer primär in Großbetrieben umfassend mechanisierten Produktion möglichst große Absatzräume erschließen sollten.[113] Die erforderlichen Investitionen in Fuhrparks, aber auch in die innerbetriebliche Maschinenausstattung verdeutlichen nicht zuletzt die Verläufe der Bilanzposition 'Einrichtungen, Fastagen und Fuhrpark' und 'Abschreibungen', die beide in der zweiten Hälfte der 1920er Jahre anwuchsen. *(Abbildung 4)* Diese Zahlen bilden die Installation der automatischen Faß- und Flaschenreinigungs-, Flaschenabfüll- und Etikettiermaschinen buchführungsmäßig ab, die im Kontext der Konzentrationsbewegung in der Brauindustrie kennzeichnend für die modernen Produktionsformen primär

[112] Groß, Entwicklung und Lage, 1933, S. 1024.

[113] Vgl. etwa Andorfer, Rationalisierung der Brauindustrie, 1928, S. 73 ff.

großer Aktiengesellschaften, partiell aber auch klein- und mittelgroßer Provinzbrauereien wurden.[114]

Die Bierherstellung von der Mälzerei bis zum Lagerkeller war bereits seit der zweiten Hälfte des 19. Jahrhunderts kontinuierlich mechanisiert und rationalisiert worden. Die dazu erforderlichen maschinentechnischen Investitionen erfolgten zunächst primär in die von Karl Linde entwickelten Kältemaschinen, die die Betriebe von der saisonalen Natureisgewinnung unabhängig machten. Im Jahr 1890 waren 513 der in Deutschland bis dato installierten 625 Anlagen in Brauereien installiert.[115] Automatische Gerstenwasch- und -sortieranlagen, pneumatische Trommel- und Kastenmälzanlagen und maschinelle Malzwender ersetzten die manuelle Bearbeitung der Rohstoffe, vor allem das bis dahin nötige permanente Umschaufeln des Malzes. Mitte der 1920er Jahre schätzten Brauereifachleute, daß die Arbeitsleistung in einer Mälzerei, für die vorher fünfzig Arbeiter benötigt wurden, nunmehr durch umfassenden Maschineneinsatz von vier Arbeitern erbracht werden konnte.

Im Sudhaus, der darauffolgenden Produktionsstufe, hielten mit automatischen Einwiegevorrichtungen versehene Schrotmühlen Einzug, die eine höhere Ausbeute an Malzschrot gewährleisteten. Mit ihrer Hilfe wurden in Bayern bereits 1891 knapp 95 Prozent des steuerpflichtigen Braumalzes geschrotet, und bis 1907 waren gut 40 Prozent der Brauereien mit Kühlmaschinen und Schrotmühlen ausgestattet. Mechanische Rührwerke in den Maischebottichen und Pumpen mit Minutenleistungen von 100 bis 60.000 Litern zur Förderung von Maische und Bierwürze vervollständigten die Umgestaltung der aufeinander aufbauenden Herstellungsstufen. Diese Maßnahmen bedingten einen drastischen Produktionsanstieg an verbrauchsfertigem Bier. Zwischen 1872 und dem Ersten Weltkrieg wuchs das Produktionsvolumen von 30 Millionen auf 70 Millionen Hektoliter. Der gleichzeitige Anstieg des inländischen Pro-Kopf-Verbrauchs von etwa 70 auf über 100 Liter konnte so befriedigt, die neugeschaffenen Kapazitäten tendenziell ausgelastet werden.[116]

Das Bier wurde entweder in Fässer oder in Flaschen abgefüllt. In beiden Fällen erfolgte nach dem Weltkrieg eine Mechanisierung der notwendigen Arbeitsgänge des Gefäßreinigens und -füllens. So befanden sich im Jahr 1926 be-

---

[114] Vgl. Bönig, Fließarbeit, 1993, S. 627 ff.; Frisch, Konzentration, 1934, S. 9 ff.; Andorfer, Rationalisierung der Brauindustrie, 1928, S. 27; Geis, Zur Lage der Brauindustrie. In: WD 14 (1929), S. 1020 ff.

[115] Vgl. Ellerbrock, Nahrungs- und Genußmittelindustrie, 1993, S. 263.

[116] Vgl. ebenda, S. 263 f. und S. 420. Darstellung der erwähnten technischen Maßnahmen bei Andorfer, Rationalisierung der Brauindustrie, 1927, S. 27 ff.; Lüers, Rationalisierung der Brauindustrie, 1930, S. 26 ff.; Ganzenmüller, Braugewerbe, 1930, S. 142 ff.; Lüers/Koch (Hg.), Angewandte Technik im Brauereigewerbe, 1926, S. 41 ff.

Abbildung 4: Verlauf der Bilanzposten 'Abschreibungen' und 'Einrichtungen, Fastagen, Fuhrpark' verschiedener Brauereien

a) Abschreibungen (in 1000 RM)

	1924/25	1925/26	1926/27	1927/28	1928/29	1929/30
Schultheiß-Patzenhofer	3.715	4.523	5.962	6.641	7.410	7.130
Engelhardbrauerei	1.156	1.349	1.407	1.961	1.860	1.810
Dortmunder Aktien-Brauerei	1.954	1.790	1.677	2.045	2.190	2.230
Holstenbrauerei	676	956	1.031	1.063	1.040	1.500
Berliner-Kindl Brauerei	1.610	1.872	1.331	1.688	2.543	2.780

b) Einrichtungen, Fasttagen, Fuhrpark (in 1000 RM)

	1924/25	1925/26	1926/27	1927/28	1928/29
Schultheiß-Patzenhofer	3.920	5.442	5.268	3.726	2.634
Engelhardbrauerei	1.607	1.933	2.077	1.548	1.334
Dortmunder Aktien-Brauerei	3.398	2.910	2.735	4.570	3.630
Holstenbrauerei	1.865	2.173	2.463	2.650	2.200
Berliner-Kindl Brauerei	257	350	350	300	-/-

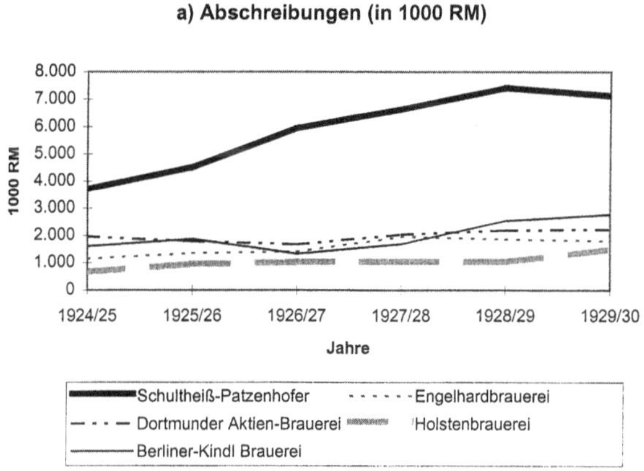

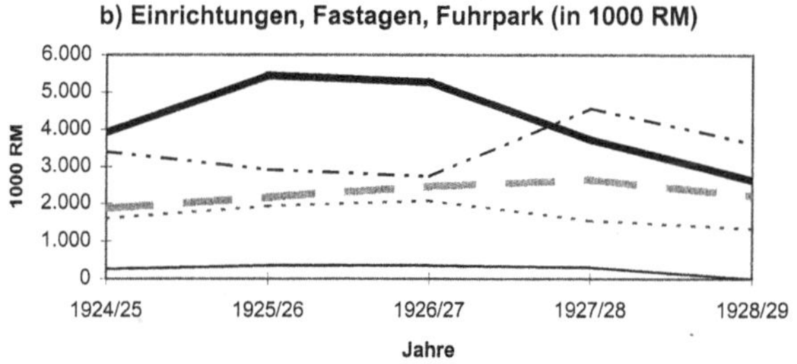

Quelle: WD 12(1927), S. 431; WD 13(1928), S. 262; WD 14(1929), S. 1022; WD 15(1930), S. 758; WD 16(1931), S. 1226. (eigene Darstellung)

reits 650 vollautomatische Faßreinigungsmaschinen, die allerdings noch manuell bestückt werden mußten, mit einer Stundenleistung von etwa 200 Fässern im Einsatz. Auch bei der Faßfüllung konnte sich die menschliche Arbeit auf die Betätigung der Abfüllmaschinen mit einer stündlichen Leistung von 30 und mehr Hektolitern beschränken.[117] Die Flaschenbierabfüllung, der aufgrund steigender Absatzanteile dieses Segments wachsende Bedeutung im Produktionsprozeß zukam, konnte seit etwa 1925 sukzessive von Handarbeit auf Halb- und Vollautomation umgestellt werden.[118] Bei manueller Reinigung und Befüllung der Flaschen beschränkte sich die Tagesleistung eines Arbeiters auf etwa 1000 Stück. Für diesen Arbeitsgang wurden dann primär Bürstenmaschinen verwendet, denen zur Erzielung einer ausreichenden Reinigungsleistung Weichapparate vor- und Ausspritzapparate nachgeordnet waren. Der Transport innerhalb dieses dreiteiligen Reinigungssystems erfolgte manuell, was die Leistungsfähigkeit der Typen auf etwa 3000 Flaschen/Stunde begrenzte. Deshalb hielten vor allem in den Flaschenkellern von Großbrauereien die seit Mitte der 1920er Jahre verfügbaren vollautomatischen bürstenlosen Trommel- oder Kettenmaschinen Einzug, die lediglich manuell über Zubringer beschickt werden mußten, ohne Weichapparate arbeiteten und je nach Ausführung zwischen 600 und 7000 bis 8000 Flaschen/Stunde reinigten. Ihre Amortisation war abhängig von einem hohem Flaschendurchsatz, der dieser Kapazitätsverdoppelung entsprach.[119]

---

[117] Vgl. Andorfer, Rationalisierung der Brauindustrie, S. 60 ff.; Lüers/Koch (Hg.), Angewandte Technik im Brauereigewerbe, 1926, S. 164 ff.

[118] Grundlegende Voraussetzungen für die Flaschenbierabfüllung waren mit der Einführung des Bügelverschlusses Mitte der 1880er Jahre und den bereits erwähnten technischen Verbesserungen in der Flaschenglaserzeugung geschaffen worden. Diese Produktvariante setzte sich aber zunächst nur langsam am Markt durch. Noch 1913/14 verfügten viele deutsche Brauereien nicht über die notwendigen produktionstechnischen Möglichkeiten für die Flaschenabfüllung. Nach der Währungsstabilisierung 1924/25 gewann dieses Marktsegment dann kontinuierlich an Bedeutung, was unter anderem auf geändertes Konsumentenverhalten, insbesondere die Bedeutungsabnahme von Gaststättenbesuchen gegenüber neuen Freizeitgestaltungsmöglichkeiten wie Kino oder Varieté, zurückzuführen war. Im Gegensatz zur Vorkriegszeit war die Flaschenbierabfüllung nunmehr fester Bestandteil des Produktionsprogrammes fast aller Brauereiern. Vgl. Launer, Strukturelle Wandlungen, 1953, S. 145 ff.

[119] Die Auswirkungen auf die Beschäftigungssituation der Brauereiarbeiterschaft sind unschwer nachzuvollziehen. Wenn etwa die Aktienbrauerei Löwenbräu in München eine tägliche Produktion von 60.000 Litern Bier realisierte und je zur Hälfte auf Fässer und Flaschen verteilte, waren bei manueller Arbeit allein 30 Arbeitskräfte zur Flaschenreinigung nötig. Deren Beschäftigung konnte von 4 Vollautomaten nebst Bedienungspersonal übernommen werden. Vgl. Andorfer, Rationalisierung der Brauindustrie, 1928, S. 64 ff.; Ruppaner, Flaschenbiergeschäft, 1935, S. 12 ff. und 42 ff.; Ganzenmüller, Braugewerbe, 1930, S. 145 f.; Lüers/Koch (Hg.), Angewandte Technik im Brauereigewerbe, 1926, S. 187 ff.

Tabelle 8: Entwicklung der Bierproduktion in Deutschland 1926/27 - 1929/30

	Biergewinnung nach Landesgebieten (in 1000 hl)				
Rechnungs-jahr	Gebiet der ehem. Braugemeinschaft.[1]	Bayern	Württemberg	Baden	Reichsgebiet
1913/14	40.974	19.088	4.058	3.283	69.200 [2]
1926/27	31.636	12.405	2.433	1.902	48.376
1927/28	32.512	14.290	2.577	2.229	51.608
1928/29	34.393	15.210	2.894	2.492	54.989
1929/30	36.948	15.764	2.895	2.456	58.063
[1] Nord- und Mitteldeutschland. [2] Einschl. Elsaß-Lothringen.					

Quelle: Kupczyk, Die deutsche Brauindustrie. In: WD 16 (1931), S. 1223.

Zur Bierabfüllung wurden entweder manuell beschickte halbautomatische Kolonnen- oder Revolverapparate mit bis zu 12 Füllstellen oder vollautomatische Maschinen mit bis zu 48 Füllstellen und einer Leistungsfähigkeit von 3000 bis 6000 Flaschen/Stunde verwendet, zu deren Bedienung in der Regel zwei Arbeitskräfte benötigt wurden. Diese Typen, bei denen die Flaschen automatisch gegen die Abfüllhähne eines auf einer drehbaren Mittelsäule positionierten Bierkessels gepreßt wurden, waren am Ende der Konzentrationsbewegung in der Brauindustrie vorherrschend. Ihr Einsatz zog üblicherweise die Verwendung vollautomatischer Etikettiermaschinen mit Stundenleistungen von etwa 4500 Flaschen nach sich.[120] Diese rationalisierungsbedingten Kapazitätsausweitungen im Produktionsbereich setzten die Rationalisierung des Fernabsatzes, etwa durch Einsatz von Kühlwagen bei der Reichsbahn, und des lokalen Absatzes durch den Lkw voraus:

„In der Folge erwuchs dem Brauwesen neben der Mechanisierung und Rationalisierung der Fabrikation des Bieres die Aufgabe, auch den Biertransport durch Vervollkommnung der Verkehrsmittel zu mechanisieren. ... Das Transportproblem des Lokalabsatzes im weitesten Umfang löste der Kraftwagen. Sein Eindringen und seine immer größere Verbreitung ist ganz im Sinne der Rationalisierung gelegen. Denn die Vorteile des Kraftwagens lassen sich auf die Grundelemente der Rationalisierung, Zeitersparnis und Kostenverminderung, zurückführen. ... Bei der Durchbildung des heutigen Kraftwagenverkehrs der Brauereien handelt es sich um eine systemhaft-bewußte Durchbildung und Umgestaltung der ganzen Absatzorganisation."[121]

---

[120] Vgl. Ruppaner, Flaschenbiergeschäft, 1935, S. 55 ff.; Andorfer, Rationalisierung in der Brauindustrie, 1928, S. 67 ff.. Die eingangs erwähnte Problematik produktionsorganisatorischer Veränderungen bei Umstellung von Halb- auf Vollautomation schrittweise vorzunehmen wird hier wiederum deutlich. Wurden am Anfang des Produktionsbereiches vollautomatische Reinigungsmaschinen mit hohen Kapazitäten installiert, bedingte die Verkettung der Produktionsprozesse im Verbund mit dem Zwang zur Kapazitätsauslastung die Anschaffung ähnlich leistungsfähiger Automaten für nachgeordnete Fertigungsstufen.

[121] Andorfer, Rationalisierung des Brauwesens, 1928, S. 72 ff.. Zur zunehmenden Konjunkturabhängigkeit des Braugewerbes infolge der Konzentrationsbewegung und den

Tabelle 9: Entwicklung des Bierverbrauchs in Deutschland 1926/27-1930/31

Bierverbrauch						
Rechnungsjahr (1.4. bis 31.3.)	1913/14	1926/27	1927/28	1928/29	1929/30	1930/31
Gesamtverbrauch, Mill. hl	68,44	47,96	51,17	54,56	57,61	48,08
l je Kopf der Bevölkerung	102,2	76,1	80,7	85,7	89,9	74,7
l je Vollverbraucher	132,1	93,3	98,8	104,7	109,3	91,1

Quelle: Strohmayer, Die Lage der Brauindustrie. In: WD 17 (1932), S. 745.

Die betriebswirtschaftlichen Auswirkungen dieser kapazitätserweiternden technischen Maßnahmen waren ähnlich ambivalent wie in anderen Branchen, zumal die steuerliche Belastung des Endproduktes durch die Reichsbiersteuer, die sich im Vergleich zur Vorkriegszeit bis Anfang der 1930er Jahre um das sechs- bis siebenfache erhöht hatte, die im Vergleich zur Vorkriegszeit rückläufige Tendenz von Bierverbrauch und Produktion förderte.[122] *(Tabellen 8 und 9)* Nach einem Gutachten der Landwirtschaftlichen Hochschule in München sanken bis 1932 die Personalaufwendungen um 0,75 RM/hl, die sonstigen Kosten um 0,56 RM/hl und die Rohstoffkosten um 0,62 RM/hl. Diese positiven Effekte wurden jedoch überkompensiert durch steigende Kosten von 0,40 RM/hl infolge einer erhöhten Umsatzsteuer und um 1,25 RM/hl durch zunehmende Debitorenverluste in der Depression, vor allem aber durch die zusätzliche Belastung jedes Hektoliters Bier mit anteiligen Fixkosten infolge des Absatzrückganges von 1,75 RM. Anstatt wie erwartet zu sinken, stiegen die Gestehungskosten nach der Rationalisierungsphase um knapp 1,50 RM/hl, die Bierpreise von etwa 18-20 RM/hl im Jahresdurchschnitt 1913 auf 31 RM/hl (1925), 33 RM/hl (1927/28), 37 RM/hl (1931). Selbst unter Annahme einer Konstanz von Rohstoffpreisen, Umsatzsteuer und Debitorenverlusten, deren spätere Entwicklungen bei der Entscheidung über die Durchführung von Rationalisierungsinvestitionen Mitte der 1920er Jahre allenfalls prognostiziert werden konnten, hätten die kostenstrukturellen Verschiebungen einen negativen Saldo von etwa 0,50 RM/hl bewirkt, der lediglich durch steigenden Absatz auszugleichen gewesen wäre. Die andernfalls entstehenden Gemeinkostenunterdeckungen trafen besonders kleine- und mittelgroße Betriebe, „denen es einmal an der Möglichkeit ausreichender finanzieller Konsolidierung und zum anderen an der betriebswirtschaftlichen Elastizität zur Anpassung an die veränderte Absatzlage mangelte."[123]

---

daraus resultierenden absatzstrategischen Anpassungsreaktionen vgl. auch Launer, Strukturelle Wandlungen, 1953, S. 82 f.

[122] Vgl. Kupczyk, Die deutsche Brauindustrie. In: WD 16 (1932), S. 1223 f.; Strohmayer, Die Lage der Brauindustrie. In: WD 17 (1932), S. 746.

[123] Statistische Angaben nach Strohmayer, Lage der Brauindustrie, 1932, S. 746 f. und S. 748.

1.3 Der Lkw als logistisches Subsystem im Kontext der Rationalisierungsproblematik

Wirtschaftliches Wachstum und strukturelle Wandlungen innerhalb von Produktions- und Konsumtionsprozessen stehen in Interdependenz mit Wandlungen in makro- und mikrologistischen Systemen. Die Weiterentwicklung von Volkswirtschaften geht auf makroökonomischer Ebene mit einer tendenziellen Steigerung der Anzahl von häufigeren und schnelleren Transporten, mit wachsender Spezialisierung der Betriebe aber auch mit einer gegenläufigen Entwicklung von Produktions- und Logistikkosten einher. Den im Zuge der 'economies of scale' sinkenden Herstellungskosten stehen im Regelfall steigende Aufwendungen für die Güterverteilung gegenüber.[123] Diesen Entwicklungen liegen auf mikroökonomischer Ebene fertigungstechnische Umstellungen nebst den damit in wechselseitiger Abhängigkeit stehenden logistischen Erfordernissen zugrunde. Wie von Verkehrswissenschaftlern bereits in der Weimarer Republik betont wurde, verläuft aber das Tempo des wirtschaftlichen und transporttechnischen Fortschrittes selten synchron. Diese Ungleichzeitigkeit erschwerte auch in den 1920er und 1930er Jahren Umstrukturierungsprozesse und führte zu ökonomischen Verwerfungen:

> „Der von uns als 'normal' angesehene Zustand, der vor dem Krieg in Deutschland (Westeuropa) bestand, bei dem also das Tempo der Verkehrs- und der wirtschaftlichen Entwicklung übereinstimmten, scheint aber nicht der normale Zustand zu sein; vielmehr werden sich - abgesehen von politischen Verwicklungen - Wirtschaft und Verkehr meistens verschieden schnell entwickeln, weil beide nicht nur gegenseitig voneinander, sondern außerdem in hohem Maße von der Entwicklung der Technik abhängen ... . In beiden Fällen [das heißt, wenn der technische Fortschritt in einem der beiden Sektoren hinterherhinkt; F. L.] sind die Folgen für die große Masse des Volkes, die Land- und Fabrikarbeiter, unheilvoll; im ersten Fall haben sie zwar ein 'sicheres Brot', aber harte (niedrige) Arbeit und niedrige Lebenshaltung, im anderen Fall eine schnell gesteigerte Lebenshaltung, die aber bald durch Arbeitslosigkeit abgelöst wird."[124]

Kennzeichnend für die Weimarer Rationalisierungsbewegung war das Bestreben, durch den Ersten Weltkrieg und die Inflationszeit verzögerte betriebwirtschaftliche und technische Entwicklungen beschleunigt nachzuholen. Die zu die-

---

[123] Vgl. Pfohl, Logistiksysteme, 1990, S. 13 ff. und S. 234 ff.

[124] Blum, Das Tempo in der Entwicklung des Verkehrs und der Wirtschaft. In: VtW 25 (1931), S. 502. Der Autor, der an der TH Hannover lehrte und sich durch eine betont eisenbahnfreundliche Grundeinstellung auszeichnete, kam für die 1920er Jahre, unter anderem aufgrund der mit der Einführung des Lkw in das Verkehrssystem verbundenen Verwerfungen, zu dem Schluß, „daß die Leistungsfähigkeit des Gesamtverkehrsapparates der 'alten Kulturländer' weit über dem Bedürfnis liegt. In erster Linie gilt dies von der quantitativen Leistungsfähigkeit ...; es gilt aber teilweise auch von der qualitativen Leistungsfähigkeit ... ." (ebenda, S. 503) Nach der im folgenden vertretenen These war insbesondere in bezug auf die qualitative Leistungsfähigkeit eher das Gegenteil der Fall.

sem Zweck realisierten produktionsorganisatorischen Maßnahmen waren abhängig von den Erfordernissen der jeweiligen Branche beziehungsweise den Handlungsspielräumen der einzelnen Unternehmen. Wie aber insbesondere die bisher vorliegenden mikroökonomischen Studien belegen, wurden in verschiedenen Industriezweigen durchaus bemerkenswerte Rationalisierungsmaßnahmen vorgenommen. Die in der älteren Forschung dominierende These, daß die Rationalisierung in der Weimarer Zeit mehr in der sie beschreibenden Literatur als in der Wirtschaftspraxis stattgefunden habe, scheint zu technikzentriert und ist in dieser umfassenden Form nicht haltbar. In den 1920er Jahren fanden strukturelle Veränderungen in der Produktion statt, deren Erfolg auch von der Umsetzbarkeit der logistischen Konsequenzen abhing, die diese nach sich ziehen mußten. Dies galt in gleichem Maße für diejenigen Branchen, in denen Lkw zunächst primär Verwendung fanden. Besonders das Beispiel der Brauindustrie verdeutlichte, daß Nutzfahrzeuge explizit als Mittel zur Rationalisierung des Transportwesens angesehen wurden.

Unabhängig von der im Einzelfall variierenden Intensität der entsprechenden Bemühungen strebten die Rationalisierungsbestrebungen grundsätzlich an, die Vorteile der Massenfertigung nach tayloristischen und fordistischen Prinzipien mit den Erfordernissen des relativ heterogen strukturierten deutschen Absatzmarktes in Einklang zu bringen. Die auf homogene Massenfertigung ausgelegte Produktion war jedoch eine Herstellungsform, die nur teilweise organisch auf davorliegenden Stufen aufbaute. Deshalb wuchs, je kapitalintensiver und unbeweglicher die Produktionsapparate wurden, der Bedarf an flankierenden Flexibilisierungsstrategien. Diese Problematik spiegelte sich einerseits in maschinentechnischen Entwicklungen, etwa der Bevorzugung von Universal- anstelle von Einzweckmaschinen durch deutsche Anwender, andererseits in der zunehmenden Wertschätzung der Vorzüge des frei disponierbaren Transportträgers Lkw gegenüber der an Schienen und Fahrpläne gebundenen Eisenbahn wieder.

Ob einzelwirtschaftliche Rationalisierungsmaßnahmen in der Weimarer Republik ökonomisch sinnvoll oder problematisch waren, entschied sich an verschiedenen neuralgischen Punkten. Die durchgeführten innerbetrieblichen Maßnahmen gingen zumeist mit Erweiterungen der Produktionskapazitäten einher, die die Aufnahmefähigkeit der jeweils relevanten Absatzmärkte übertrafen. Diese Problematik wurde durch die Notwendigkeit, die Kostenreduktionspotentiale einer durch Einsatz leistungsfähiger Fertigungsmaschinen zunehmend kapitalintensiveren Produktionsorganisation zu realisieren, verschärft. Da die entsprechenden Modernisierungsinvestitionen oftmals über knappe und damit teure Kreditmittel finanziert werden mußten, nahm gleichzeitig die Relevanz eines gesteigerten Kapitalumschlags für den Betriebserfolg zu.[125] Aus diesen Problem-

[125] Vgl. etwa Klingenberg, Probleme des Güterumschlagverkehrs, 1926, S. 5; Matschoß, Zweck und Ziel, 1926, S. 1.

feldern ergaben sich die Rationalisierungsfunktionen und die Verwendungsfelder des Lkw:

„Als Hauptaufgabe des Industriefuhrparks kann man, wie gesagt, die Beförderung der regelmäßig anfallenden Güter, also die Beschaffung der Rohmaterialien und Betriebsmittel, den Verkehr innerhalb des Betriebes zwischen den einzelnen Werkstätten und den Lieferdienst bezeichnen.“[126]

Lkw wurden bereits in den 1920er Jahren sowohl in der Distributions- als auch in der Beschaffungs- und Produktionslogistik eingesetzt. Sie übernahmen diejenigen Aufgaben, die sich aus der Querschnittsfunktion der Logistik, die alle sonstigen betrieblichen Grundfunktionen tangierte, ergaben.[127] Getreu der Devise, daß "[e]ine rationelle Gütererzeugung ... gleichzeitig auch ein Verkehrsproblem [sei], wie die bewundernswerten Fortschritte in Amerika zeig[t]en"[128], wurde der Lkw folgerichtig als Instrument zur Flexibilisierung, Beschleunigung und Verbilligung von Transportprozessen angesehen. Er sollte diesen Ansprüchen idealerweise durch weitestmögliche räumliche und zeitliche Synchronisation von Beschaffung, Produktion und Absatz gerecht werden.[129] An seinen Einsatz wurden dabei in der zwischenbetrieblichen Sphäre die Erwartungen geknüpft, die innerbetrieblich mit der Implementierung von Fließarbeitsformen verbunden waren. Diese wurden mit einem Band verglichen, das den Betrieb durchzog und ihn sowohl auf der Beschaffungsseite als auch auf der Absatzseite mit anderen Betrieben verknüpfte:

„Die Fließfertigung gibt die Reihe ihrer Erzeugnisse mit bestimmter Geschwindigkeit von sich; wir können sie mit einem Gummiband vergleichen, an dem der Besteller zieht, weil er gern mehr davon [gemeint ist eine beliebige Ware; F. L.] haben möchte ... sinkt der Auftragsbestand ... dann arbeitet der Fließbetrieb sozusagen auf 'Druck' [also auf Lager; F. L.]... .“[130]

---

[126] Haller, Kraftfahrzeuge im Industriebezirk. In: KuL 5 (1930), S. 147.

[127] Zur Logistik als Querschnittsfunktion vgl. Pfohl, Logistiksysteme, 1990, S. 34 f.

[128] Helm, Fragen des Umschlagverkehrs, 1926, S. 7.

[129] Insofern greift Peters, Unternehmerische Reaktionen, 1995, S. 38 zu kurz mit seinem Fazit: „Rationalisierung nach amerikanischem Muster bedeutete für die Kontrahenten etwas völlig unterschiedliches: Bei der Eisenbahn zielte sie zwangsläufig auf das Gesamtunternehmen respektive das Gesamtsystem. ... Dagegen bedeutete Rationalisierung im Bereich des Kraftfahrwesens anfangs im Grunde genommen lediglich die zunehmend massenhafte Herstellung von Kfz im Fließbandverfahren.“ Als Instrument zur Rationalisierung von Transportprozessen war das Transportsystem Lkw ebenso wie die Bahn vielfältigen Optimierungsmaßnahmen unterworfen. Dazu gehörten ebenso technische Verbesserungen zur Erhöhung der Wirtschaftlichkeit der Einzelfahrzeuge wie organisatorische Maßnahmen innerhalb des Transportgewerbes zur Steigerung von Auslastung und Effizienz der straßengebundenen Güterverfrachtung. Der Lkw war sowohl ein Objekt von als auch ein Instrument für Rationalisierungsmaßnahmen.

[130] Kienzle, Fließarbeit, eine neue Form der Betriebstechnik. In: ZVDI 71 (1927), S. 312.

Konsequent weitergedacht, sollte dieses imaginäre Band schließlich die gesamte Volkswirtschaft durchziehen, die Produktion beschleunigen, steuerbar machen und an Änderungen der Nachfrage anpassen. Zur Herstellung der Nahtstellen dieses Bandes zwischen den Betrieben beziehungsweise den produzierenden und konsumierenden Sektoren der Volkswirtschaft war eine Flexibilisierung und Beschleunigung des Transportsystems nötig. Mit der zentralen Bedeutung, die dem deutschen Binnenmarkt innerhalb der für den Erfolg von Rationalisierungsmaßnahmen entscheidenden Absatzproblematik zukam, korrespondierte dabei das primäre Einsatzfeld von Lkw, die zunächst schwerpunktmäßig in der Distributionslogistik als Auslieferungsfahrzeuge eingesetzt wurden. In dieser Funktion konnten sie nicht nur zur Verbesserung des Kundendienstes beitragen und als Werbeträger dienen, sondern auch zusätzliche Absatzgebiete für einzelne Unternehmen erschließen. Daneben nahmen Lkw, vor allem in der Konsumgüterindustrie und im Handelsbereich, zunehmend beschaffungslogistische Aufgaben wahr.

Neben die Ausführung dieser regulären Transportaufgaben trat besonders in der Produktionslogistik die Übernahme von Eiltransporten, für die der Lkw ebenfalls prädestiniert schien. Deren Bedeutung nahm mit steigender Verkettung der Fertigung zu, weil der Ausfall einer Maschine nunmehr gegebenenfalls den temporären Stillstand ganzer Anlagen zur Folge haben konnte. Im Alltagsgeschäft weitaus bedeutender erschien aber die Möglichkeit, die Schnelligkeit des neuen Transportmittels sowohl beschaffungs- als auch absatzseitig zu effizienter Lieferungsdisposition nebst der damit verbundenen Reduktion von Lagerhaltungs- und Kapitalbindungskosten zu verwenden. In der Weimarer Republik zeichnete sich der endgültige Übergang vom Bedarf an Transportdienstleistungen, deren wesentliches Kennzeichen die reine Ortsveränderung von Gütern war, zu räumlich und zeitlich optimierten sowie an individuelle Nachfragewünsche angepaßten Verkehrsleistungen durch Bahn und Lkw ab.[131] Dies erklärt die wachsende Bedeutung, die dem Faktor Geschwindigkeit im Transportwesen beigemessen wurde und die spätestens Mitte der 1930er Jahre die Bemerkung rechtfertigte, daß „Geschwindigkeitssteigerung ... mehr denn je zu einem wesentlichen Ziele aller Verkehrsmittel geworden [war].“[132] Der Faktor Zeit wurde zunehmend zu einem knappen wirtschaftlichen Gut. Dieser Sachverhalt förderte die Ausbreitung des Transportträgers Lkw, der sich im Vergleich zur Bahn zunächst durch seine größere Schnelligkeit auszeichnete:

„Der eilgutmäßige Charakter der Lastkraftwagenfahrt im Verein mit der Tatsache, daß man bei seiner Abfahrt fast auf die Stunde genau den Zeitpunkt der Ankunft bestimmen kann, läßt

[131] Zu Definition und Entwicklung der verschiedenen Stufen von Logistikkonzeptionen vgl. Ihde, Transport, 1991, S. 5 ff.

[132] Orlovius, Leistungen und Pläne des deutschen Luftverkehrs. In: ZfV 12 (1934), S. 18.

den Geschäftsmann oft auch in solchen Fällen den Lastkraftwagen wählen, wo er sich teurer stellt, als die Eisenbahn. Denn Zeit ist im Geschäftsleben Geld."[133]

In diesem Kontext war auch die Rolle von Relevanz, die der Lkw im Rahmen derjenigen Konzentrationsprozesse spielte, die nach zeitgenössischer Anschauung der volkswirtschaftlichen Rationalisierung dienten. Die Möglichkeit, Transporte zwischen Zweigwerken in eigener Regie disponieren zu können, dürfte insbesondere die betriebswirtschaftliche Effizienz vertikaler Konzentrationen gefördert haben. Mit der Einrichtung betriebseigener Fuhrparks nahm die Bedeutung der räumlichen Nähe aufeinander aufbauender Verarbeitungs- beziehungsweise Produktionsstufen verschiedener Güter ab. Die praktischen Folgen derartiger Überlegungen belegte nicht zuletzt der hohe Anteil werkseigener Fahrzeuge am Gesamtbestand.[134] Dennoch konnte diese Dominanz des Werkverkehrs auch kontraproduktive Auswirkungen auf den Erfolg von Rationalisierungsmaßnahmen haben, deren Hauptziel nicht nur im Transportwesen die Senkung relevanter Kosten war. Dieses Ziel war nur zu erreichen, sofern sich die zur Anschaffung und zum Unterhalt betriebseigener Fuhrparks notwendigen Investitionen durch entsprechende Auslastungen amortisieren. Um effizient zu wirtschaften, mußten Lkw die ihnen immanenten Vorteile im praktischen Betrieb umsetzen können:

„Auf dem Wegfall des Umschlages beim Kraftwagen beruht im wesentlichen auch seine größere Beförderungsgeschwindigkeit. Wie stark diese Tatsache ins Gewicht fällt, geht daraus hervor, daß diese Überlegenheit besteht, obwohl die reinen Beförderungskosten mit Kraftwagen ungefähr doppelt so hoch sind wie auf der glatten Schienenbahn. Die Eisenbahnen sind heute dem Kraftwagen gegenüber in der gleichen Lage, in der früher die Binnenschiffahrt den Eisenbahnen gegenüber gewesen ist. Denn die Umschlagkosten treffen in erster Linie das weniger anpassungsfähige Verkehrsmittel. ... Bei Mengen, die die Anlage eines Anschlußgleises rechtfertigen, bleibt dieser Vorteil der Eisenbahn im allgemeinen auch gegenüber dem Kraftwagen bestehen, nur bei kleineren Frachtmengen kommt die Überlegenheit des Kraftwagens zur Geltung."[135]

Inwieweit der Lkw die in ihn gesetzten Erwartungen erfüllen und den aus den produktionsorganisatorischen Umstrukturierungen resultierenden Bedarf decken konnte, hing von verschiedenen Faktoren ab. Zu Beginn der 1920er Jahre stand der straßengebundene motorisierte Güterverkehr am Anfang seiner Entwicklung. Die Fahrzeuge waren zu diesem Zeitpunkt weder in technischer noch in ökonomischer Hinsicht in der Lage, den ihnen aus einem eher theoretischen Blickwinkel beigemessenen Funktionen nachzukommen. Eine erfolgreiche Rationalisierung des Transportwesens durch den Lkw setzte vor allem voraus, daß die Beschleunigung der zugrunde liegenden Leistungserstellung zur Senkung und nicht

---

[133] O. V., Kraftwagen gegen Eisenbahn. In: SSZ 30 (1922), S. 823.

[134] Vgl. auch Borscheid, Lkw kontra Bahn, 1995, S. 29.

[135] Helm, Fragen des Umschlagverkehrs, 1926, S. 9.

zur Erhöhung der relevanten betriebswirtschaftlichen Kosten führte. Zu diesem Zweck waren die erforderlichen technischen Verbesserungen an den Fahrzeugen mit den ökonomischen Erfordernissen abzustimmen, die sich aus ihrem Verwendungszweck ergaben. Insofern galten die Anforderungen, die an alle Rationalisierungsmaßnahmen gestellt werden mußten, auch für das Rationalisierungsinstrument des Lkw. Darüber hinaus war das Verkehrswesen ein Bereich, der in besonderem Maße staatlicher Einflußnahme ausgesetzt war.[136] Den von der Rationalisierungsbewegung ausgehenden Impulsen, die der Ausbreitung des Lkw-Verkehrs durchaus förderlich waren, standen eine Infrastrukturentwicklung, die mit dem Tempo der Motorisierung des Straßenverkehrs nicht Schritt hielt und eine eisenbahnfreundliche Verkehrspolitik, die den neu entstandenen Wettbewerb in steigendem Maße behinderte, entgegen. Der Eintritt des Lkw in das Verkehrssystem der Weimarer Republik fand unter keineswegs idealen Rahmenbedingungen statt.

---

[136] Vgl. Ihde, Transport, 1991, S. 156 ff.

2 Der Lkw-Verkehr in der Weimarer Republik. Entwicklung und Rahmenbedingungen

Die gesellschaftliche Akzeptanz amerikanischer Lebens- und Wirtschaftsformen war in Weimar deutlich höher als noch im ausgehenden Kaiserreich. Unabhängig von der bildungsbürgerlichen Kritik an den kulturellen Implikationen des 'Amerikanismus' nahmen nicht nur Unternehmer, sondern vor allem auch Arbeiter und Angestellte Fords Konzepte, von denen sie sich je nach Standpunkt Produktivitätszuwächse oder Massenkonsum und Arbeitszeitverkürzungen versprachen, äußerst positiv auf.[1] Jenseits dieser Ansprüche und Wunschvorstellungen war die Umsetzung der industriellen Rationalisierung mit vielfältigen Schwierigkeiten konfrontiert. Von Relevanz waren dabei insbesondere der mit einer zunehmend kapitalintensiveren Produktion verknüpfte Fixkostendruck, fehlende Absatzmärkte, aber auch die praktischen produktionsorganisatorischen Probleme bei der Installation von möglichst flexiblen, gleichzeitig aber mit den Vorteilen homogener Massenproduktion versehenen Fertigungsapparaten. Die Beschleunigung und Kostenoptimierung der industriellen Leistungserstellung war offensichtlich nur schwer in Einklang zu bringen mit dem dritten Bestandteil des Zielsystems der Rationalisierung, nämlich der Steigerung betrieblicher Flexibilität.

Der Lkw war gemäß seiner Grundkonzeption ein anpassungsfähiges und frei disponierbares Transportmittel, mit dessen Hilfe Absatz- und Beschaffungsräume erweitert und Produktionsprozesse flexibilisiert werden konnten. Seine Rationalisierungsfunktionen setzten damit an den neuralgischen Punkten der Weimarer Rationalisierungsbestrebungen an. Nicht zuletzt wegen diverser technischer und ökonomischer Unzulänglichkeiten zollten mögliche kommerzielle Nutzer den seinerzeit verfügbaren Fahrzeugen vor dem Ersten Weltkrieg nur wenig Aufmerksamkeit. Eine merkliche Steigerung des Güterverkehrs auf Lkw fand, wie bereits an der Zulassungsstatistik abzulesen ist, erst in den 1920er Jahren statt. Nachdem bis 1921 eine kriegsbedingte Verdreifachung der Fahrzeuge stattgefunden hatte, erhöhten sich die Bestände im Kontext der konjunkturellen Entwicklung zwischen 1924 und 1929 um nahezu 140 Prozent. *(Abbildung 5)* Vor der Analyse dieses Prozesses und seiner Rahmenbedingungen soll die Entwicklung des Lkw-Verkehrs bis zum Ende der Weimarer Republik in ihren Grundzügen nachgezeichnet werden.

---

[1] Vgl. Peukert, Republik, 1987, S. 175 ff.; Hermand/Trommler, Kultur der Weimarer Republik, 1988, S. 49 ff.; zur Kritik am 'Amerikanismus' vgl. insbesondere Saldern, Amerikanisierung der deutschen Kultur, 1996, S. 214 ff.

Abbildung 5: Die Entwicklung des LKW-Bestandes in Deutschland 1907-1914 und 1921-1933

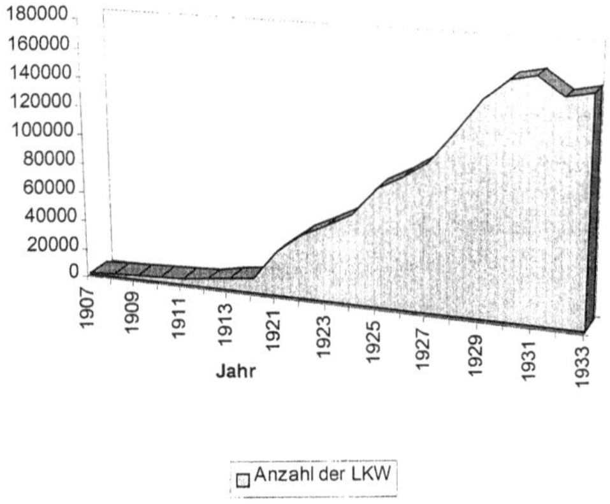

Quelle: Statistisches Reichsamt (Hg.), Vierteljahresschriften zur Statistik des Deutschen Reiches 16 (1907) bis 42 (1933).

2.1 Die Entwicklung des Lkw-Verkehrs bis 1932

Im Laufe des ausgehenden 18. und des 19. Jahrhunderts wurden vielfältige und im Rahmen der technischen Möglichkeiten zum Teil erfolgreiche Versuche vorgenommen, durch kleine Dampfmaschinen angetriebene straßentaugliche Nutzfahrzeuge zu entwickeln und in Betrieb zu nehmen. Schlechte Straßenverhältnisse sowie die technischen Charakteristika der primären Antriebsquelle dieser 'Dampfkraftwagen' schränkten deren Verwendungsfähigkeit von vornherein ein. Die Installation von Kesselanlagen und das Mitführen der dazugehörigen großen Mengen von Befeuerungsmaterial begrenzten deren Reichweite und Betriebsicherheit nachhaltig, und die Belästigung von Passanten durch Rauch und Lärm erschien bei einem Straßenfahrzeug weit weniger tolerierbar als bei Eisenbahnen.[2] Diese Entwicklungen dokumentierten aber das Interesse und den Bedarf an Verkehrsträgern, mittels derer anstelle der wenig leistungsfähigen Pferdefuhrwerke der Transport von Gütern jenseits der Schienenwege durchgeführt werden konnte.

Die Einführung von Lkw mit Explosionsmotoren in das Verkehrssystem begann gleichwohl relativ schleppend. Gottlieb Daimlers Versuch von 1892, das preußische Heeresministerium von den Vorteilen seines 'Lastwagens mit Motor-

[2] Vgl. Ostermann, Benzinlastkraftwagen, 1927, S. 5 ff.; Voigt, Verkehr II, 1965, S. 443 ff.

antrieb' zu überzeugen, führte zunächst zu einem abschlägigen Bescheid. Auch das Interesse an einer kommerziellen Nutzung der Fahrzeuge, die ab 1896 von Daimler und Benz sowie seit der Jahrhundertwende von diversen weiteren Herstellern wie etwa Büssig angeboten wurden, blieb in Deutschland gering. Nicht nur der erste Daimler-Lkw wurde nach England verkauft, auch bei der Rheinischen Gasmotorenfabrik Mannheim übertraf der Export anfangs den Inlandsabsatz. Im Jahr 1901 wies die Produktionsstatistik nur 39 Nutzkraftwagen aus, und noch 1910 wurden kaum mehr als 1000 Lkw hergestellt. Obwohl sich bereits die noch junge deutsche Lkw-Industrie durch eine Sortimentspolitik auszeichnete, die an individuellen Kundenwünschen und Spezifika der verschiedenen potentiellen Absatzmärkte ausgerichtet war und eine entsprechend breite Angebotspalette bereithielt, gelang es ihr in diesem Zeitraum lediglich, die allgemeine technische Betriebsfähigkeit der Fahrzeuge zu beweisen.[3] Diese implizierte jedoch keineswegs die ökonomische Vorteilhaftigkeit des Lkw-Betriebes, die für privatwirtschaftliche Anwender letztlich das entscheidende Investitionskriterium war:

> „Die Weiterentwicklung der Personen- und Güterbeförderung mit schweren Motorwagen ... hat, wie groß noch immer die Schwierigkeiten in der Hauptsache wirtschaftlicher Art sein mögen, bis jetzt wenigstens eines unzweifelhaft erwiesen, nämlich daß diese Fahrzeuge für den praktischen Betrieb durchaus verwendbar sind. ... Schließlich ist festzustellen, daß auch Motorlastwagen sowie die anderweitigen Anwendungsformen des schweren Motorwagens, die Motorfahrzeuge im Dienst der Heeres-, Städte- und Feuerwehrverwaltungen, Fortschritte gemacht haben, die, wenngleich sie der Bedeutung des Motorwagens lange noch nicht angemessen sind, zum wenigsten genügen, um die Zukunft des Motorwagenbaues schon jetzt außer Frage zu stellen."[4]

Wichtige Weichenstellungen für die Weiterentwicklung des Lkw gingen vor dem Ersten Weltkrieg von der preußischen Heeresleitung aus, die sich potentielle Vorteile des neuen Verkehrsträgers frühzeitig sichern wollte, ohne gleichzeitig das Risiko umfangreicher Investitionen in Fuhrparks einzugehen, deren Kriegstauglichkeit noch nicht erwiesen war. Sie entwickelte deshalb das Instrument der Subventionslastzüge. Die diesbezüglichen Lastenhefte aus dem Jahr 1908 sahen beispielsweise vor, daß die Fahrzeuge eine Nutzlast von mindestens 4 Tonnen bewältigen, eine Motorleistung von mindestens 30 PS und eine Spitzengeschwindigkeit von 16 km/h bei Vollgummi- beziehungsweise von 12 km/h bei Eisenbereifung erreichten mußten. Diese für die damalige Zeit anspruchsvollen technischen Standards führten zu hohen Herstellungskosten, so daß der private Ankauf und Unterhalt der Subventionslastwagen staatlicherseits durch eine einmalige Beschaffungsprämie von 4000 RM und eine auf vier Jahre befristete Betriebsprämie von 1000 RM materiell unterstützt wurde.

---

[3] Vgl. Bühler, Nutzfahrzeuggeschichte, 1987, S. 10 ff.

[4] Heller, Fortschritte im Bau von Motoromnibussen und schweren Motorlastwagen. In: ZVDI 52 (1908), S. 1951 f.

Im Gegenzug hatten die Besitzer die volle Funktionsfähigkeit der Fahrzeuge über einen Zeitraum von fünf Jahren zu garantieren und sie im Ernstfall der Armee zur Verfügung zu stellen. Dem System war jedoch in Deutschland kein durchschlagender Erfolg beschieden, was auch daran lag, daß die entsprechenden Lkw noch immer nicht den ökonomischen Anforderungen entsprachen, die privatwirtschaftliche Verwender an sie stellten. Nach dem Willen des Militärs sollten sie sich vielmehr, entsprechend ihrem potentiellen Verwendungszweck, durch Kriegstauglichkeit auszeichnen. Zu Beginn der Feindseligkeiten befanden sich lediglich 650 Subventionslastzüge unter den 1700 mobilisierten Lkw. Die daraus gebildeten Kraftwagenkolonnen konnten den in sie gesetzten Erwartungen im Fronteinsatz jedoch nicht gerecht werden. Ihre Transportleistungen blieben zum Teil weit hinter den Sollvorgaben zurück, während die verschleißbedingten und auf Feindeinwirkung zurückzuführenden Verluste die Planzahlen weit übertrafen. Im Feld konnte der Lkw das Pferdefuhrwerk deshalb im Ersten Weltkrieg noch nicht verdrängen.[5]

Stattdessen bewies der neue Transportträger seinen Wert im Hinterland an der 'Heimatfront'. Die Eisenbahnen bildeten weiterhin das Rückgrat der militärischen Logistik und wurden von der Heeresverwaltung bereits über Gebühr beansprucht. Sie konnten die kriegsbedingten Transportbedürfnisse, die durch Zwangsbewirtschaftung und die Unterbrechung internationaler Handelsverbindungen noch gesteigert wurden, nicht befriedigen. Allein das Transportvolumen von Speisekartoffeln stieg von 3 bis 3,8 Millionen Tonnen jährlich vor dem Krieg auf rund 7 Millionen Tonnen im Jahr 1917. Die Folgen dieser ständigen Überlastung der Bahn waren nicht nur die große Transportkrise vom Herbst 1916, bei der Lkw ihre Leistungsfähigkeit erstmals im größeren Rahmen unter Beweis stellten, sondern ständig wiederkehrende Transportengpässe. Diese wurden in zunehmendem Maße durch Einsatz von Lkw überbrückt, die nunmehr ihren Teil zur zeitgerechten Belieferung der Kriegsindustrie mit Gütern und Rohstoffen und zur Versorgung insbesondere der großstädtischen Zivilbevölkerung mit Lebensmitteln beitrugen. Die Fahrzeuge erwiesen sich dabei auch als geeignet zur Beförderung von Massengütern wie etwa Kohle für die rheinisch-westfälische Industrie.

Nach den Erfahrungen der Transportkrise von 1916 hatte die Heeresverwaltung begonnen, den Lkw-Verkehr neu zu organisieren. Zu diesem Zweck wurden die zu ihrer Verfügung stehenden Fahrzeuge in sogenannten immobilen Kraftwagenkolonnen zusammengefaßt, die unter Leitung der Kriegsministerien standen und in der erwähnten Form zur Beseitigung von Versorgungsengpässen Verwendung fanden. Die ersten 60 immobilen Kraftwagenkolonnen wurden im

---

[5] Vgl. Otto, Herausbildung des Kraftfahrwesens, 1989, S. 232 ff.; o. V., Militär, 1994, S. 171 ff.; Heimes, Transportindustrie, 1978, S. 56 ff.; Kirchberg, Geschichte des Kraftfahrzeugs, 1978, S. 110 f.

Juli 1917 gegründet, bis Kriegsende existierten 115 Einheiten.[6] Diese hatten sich bis dahin soweit bewährt, daß ihre gemeinsam mit den militärischen Kraftfahrformationen vorgenommene Überführung in 14 staatliche Kraftverkehrsämter, die damit über einen Bestand von etwa 2000 Fahrzeugen verfügten, sinnvoll erschien. In der Nachkriegszeit, in der die Leistungsfähigkeit der Reichsbahn aufgrund von Streiks, Brennstoffmangel, Kriegsverschleiß und Zwangsablieferungen bei den Siegermächten nochmals sank, setzten diese Ämter zunächst die zivilen Aufgaben der Kraftwagenkolonnen fort. Sie arbeiteten zwar erfolgreich und trugen damit nicht unerheblich dazu bei, das vor dem Krieg noch gering ausgeprägte Interesse an den Möglichkeiten von Lkw zu erhöhen. Rentabel wirtschafteten sie nicht.

Tabelle 10: Güterverkehr auf Kraftfahrlinien der 'Kraftverkehr Deutschland G.m.b.H' 1926-1932 im Überlandverkehr

Jahr	Streckenanzahl		Streckenlänge (in km)		Fahrleistungen (in Mio. km)		Beförd. Personen (in Mio.)	Beförd Güter (Mio.t)	Zahl der Wagen	
	Personen	Güter	Personen	Güter	Autobusse	Lastwagen			Autobusse	Last-wagen
1926	300	28	5.418	1.500	18,83	7,2	32,34	-*	748	801
1927	380	45	6.394	2.409	26,03	9,88	49,26	1,9	972	742
1928	511	40	8.592	4.105	35,57	8,98	74,17	1,629	1211	566
1929	755	38	12.260	3.284	53,89	10,36	104,42	2,044	1678	532
1930	752	41	13.923	3.739	48,25	5,67	90.61	0,890	1571	488
1931	693	32	12.778	3.569	48,48	4,67	77,11	0,724	1652	459
1932	632	20	11.966	1.966	41,02	3,58	58,37	0,426	1524	340

* nicht ermittelt

Quellen: Baumann, Verkehrsbuch, 1931, S. 402; Statistisches Reichsamt (Hg.), Vierteljahreshefte zur Statistik des Deutschen Reiches 42 (1933), Heft III, S. 79 .

Das Reichfinanzministerium wollte die aus dem Staatshaushalt zu alimentierenden Ämter deshalb möglichst auflösen, zumindest aber für alternative Haftungsverhältnisse sorgen. Diese Bestrebungen führten bis 1920 zur Gründung des 'Verbandes der Kraftverkehrsgesellschaften Deutschlands e. V.', unter dessen Schirmherrschaft nunmehr 16 nominell selbständig wirtschaftende Kraftverkehrsgesellschaften zusammengefaßt wurden, für deren Finanzierung das Reich, die Länder und die Kommunen zuständig waren. Als wesentliche Arbeitsgebiete waren die Vermietung von Lkw, die Reparatur und Wartung fremder Fahrzeuge, vor allem aber der Betrieb von Kraftfahrlinien im Güter- und Personenverkehr vorgesehen. Gemäß der 1919 erlassenen 'Verordnung betreffend Kraftfahrzeuglinien', die 1925 durch das 'Gesetz über Kraftfahrlinien' und 1928 vor allem auf Betreiben der Reichsbahn schließlich durch die 'Kraftfahrlinienverord-

[6] Vgl. Merkert, Lastkraftwagenverkehr, 1926, S. 1 ff. und S. 12 f.

nung' ersetzt wurde, war die letztgenannte Tätigkeit grundsätzlich konzessionspflichtig. Die Konzessionsvergabe seitens der hierfür zuständigen Landesregierungen erfolgte jedoch im Regelfall wenig restriktiv.[7] Die Anzahl der durch die Kraftverkehrsgesellschaften betriebenen Linien, von denen die meisten in Sachsen, Berlin und Hamburg zu finden waren, stieg kontinuierlich von knapp 330 (1926) auf knapp 800 (1929), um im Zuge der Wirtschaftkrise auf immer noch gut 650 (1932) zu sinken. Der Schwerpunkt der Geschäftstätigkeit war nicht der Güterverkehr, sondern der Transport von Personen.[8] *(Tabelle 10)* Betriebswirtschaftlich gesehen erwiesen sich die in der Rechtsform der A.G. oder G.m.b.H. firmierenden Gründungen mit Ausnahme von drei Gesellschaften, nämlich des Kraftverkehrs Sachsen, Bayern und Nordmark, dennoch als Fehlschläge.[9]

Daran änderte auch die Umfirmierung des Verbandes zur 'Kraftverkehr Deutschland G.m.b.H.' im Jahr 1924 und der Abschluß eines Betriebsvertrages mit der zu alter Geltung zurückfindenden Reichsbahn wenig. Ziel der Vereinbarung war die Angliederung des Lkw an den Eisenbahnverkehr. Die flächendekkende Organisation der Kraftverkehrsgesellschaften sollte dazu benutzt werden, den Zu- und Abrollverkehr zur und von der Schiene reichsweit zu optimieren. *(Abbildung 6)* Im Vorfeld des sich langsam anbahnenden Konfliktes zwischen 'Straße' und 'Schiene' strebte die Reichsbahn nicht nur danach, volkswirtschaftlich suboptimalen Parallelverkehr zu unterbinden.[10] Sie wollte vor allem die Vorzüge des Konkurrenten in ihr Leistungsangebot integrieren, um dem weit bedeutsameren und durch keine Konzessionierungspflicht behinderten Wettbewerb durch das Transportgewerbe und dem Werkverkehr entgegenzuwirken. Diese Bestrebungen deuteten darauf hin, daß der neuen Konkurrenz mehr Beachtung geschenkt wurde, als ihrem relativ unbedeutenden Güteraufkommen entsprochen hätte.[11] *(Abbildung 7)*

---

[7] Vgl. Boethke/Heger, Kraftverkehrsgesellschaften, 1925, S. 6 ff.; Heger, Kraftverkehrsgesellschaften, 1926, S. 203 ff.; Peters, Unternehmerische Reaktionen, 1995, S. 31 ff.

[8] Vgl. Baumann (Hg.), Verkehrsbuch, 1931, S. 401 ff.; Sußdorf, Die gemeinwirtschaftlichen Kraftverkehrsgesellschaften Deutschlands. In: Scholz/Valentin, Jahrbuch 1928, S. 327.

[9] Vgl. Merkert, Lastkraftwagenverkehr, 1926, S. 16 f.; Heimes, Transportindustrie, 1978, S. 58.

[10] Vgl. Teubner, Eisenbahnkraftwagenverkehr, 1926, S. 198 ff.; Preuß, Kraftverkehrsgesellschaften. Eisenbahn und Kraftzug. In: Allmers et al. (Hg.), Automobilwesen, 1928, S. 198 ff.; Pflug, Kraftfahrzeugverkehr, 1928, S. 258 ff. Auf den Konflikt zwischen Lkw und Bahn wird aufgrund seiner besonderen Relevanz an späterer Stelle ausführlich eingegangen.

[11] Die diesen Aussagen zugrunde liegenden Statistiken basieren auf den Berechnungen Hoffmanns, der im Rahmen der Quantifizierung des Wachstums der deutschen Wirtschaft seit dem 19. Jahrhundert auch Aussagen über die Entwicklung der Transportvolumina von Lkw machte. Die dabei erzielten Ergebnisse liegen nach hier vertretener Ansicht an der

Abbildung 6: Die regionalen Wirkungsbereiche der deutschen Kraftverkehrs-gesellschaften 1926

Quelle: Teubner, Der Eisenbahnkraftwagenverkehr. In: Güterumschlag, 1926, S. 198.

Wesentlich für die Unrentabilität der Kraftverkehrsgesellschaften im Güterverkehr war ihr verfehltes Leistungsangebot. Der Betrieb von Lkw im Linienverkehr verkannte die Charakteristik dieses Verkehrsträgers und orientierte sich am Vorbild der Bahn. Konkurrenzfähig wurde der Lkw erst durch Nutzung seiner spezifischen Vorteile zur Deckung des unregelmäßig auftretenden Bedarfs an Transportdienstleistungen. Die Aufgabe, diese Vorteile umzusetzten und wirtschaftlichen Nutzen daraus zu ziehen, wäre theoretisch zuerst gewerblichen Fuhrunternehmern zugefallen. Obwohl nach Kriegsende die nicht in staatliche Kraftverkehrsgesellschaften überführten Fahrzeuge zu günstigen Konditionen an privatwirtschaftliche Interessenten, zu denen auch Fuhrleute gehörten, verkauft wurden, verhielt sich diese Branche jedoch insgesamt sehr zurückhaltend bei der Anschaffung von Lkw. Im Jahr 1923 verfügte sie mit knapp 5000 Fahrzeugen über weniger als 10 Prozent des Gesamtbestandes. Bis 1930 hatte das Transport-

oberen Grenze der tatsächlich realisierten Mengen. Vgl. hierzu ausführlich Teil III, Kapitel 1 der vorliegenden Untersuchung.

gewerbe zwar die absolute Anzahl seiner Nutzkraftwagen verdoppelt, diese 10.000 Stück machten aber nur gut 5 Prozent des Gesamtbestandes von nunmehr knapp 160.000 Lkw aus.[12] Damit konnten die privaten Fuhrunternehmer im Stückgutverkehr gut drei Prozent, insgesamt aber kaum ein halbes Prozent des durch die Reichsbahn erreichten Transportvolumens realisieren.[13]

Abbildung 7: Das Gütertransportvolumen nach Verkehrsträgern 1923-1933

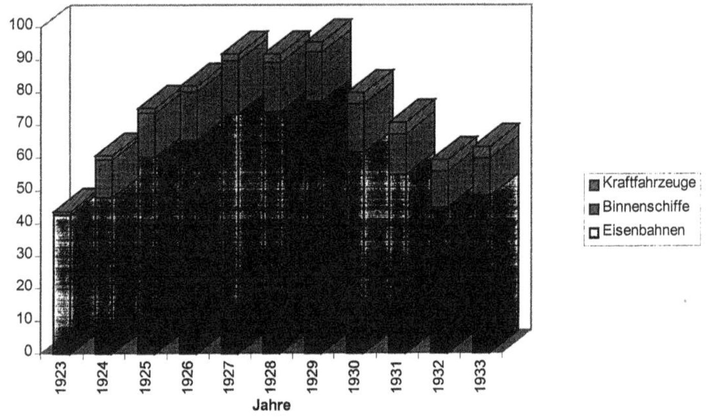

Quelle: Hoffmann, Wachstum, 1965, S. 417.

Diese Zahlen resultierten zum Teil aus der konservativen Grundhaltung vieler Transporteure, die lieber unter bekannten Bedingungen mit den althergebrachten Pferdegespannen arbeiteten als Fahrzeuge anzuschaffen, deren Reparaturanfälligkeit hoch war und über deren Wirtschaftlichkeit noch keine gesicherten Erkenntnisse vorlagen. Vor allem aber war die geringe Anschaffungsquote auf organisatorische Probleme zurückzuführen. Zur Amortisation der beim Kauf eines Lkw anfallenden Anschaffungsinvestitionen war es nötig, diesen während seiner Betriebszeit gut auszulasten. Vor allem bei Transporten über weitere Entfernungen stellte sich dabei das Problem der Rückfrachten, von dessen Lösung es maßgeblich abhing, ob mit Voll- oder Teilauslastung gefahren wurde. Zur Vermittlung von Rück- oder anderen Frachten waren aber entweder ein überregionales, gewachsenes Netz von Geschäftsverbindungen oder eine reichsweite Organisation nötig.

[12] Statistische Angaben nach Statistisches Reichsamt (Hg.), Vierteljahreshefte zur Statistik des Deutschen Reiches 32 (1923), Heft IV, S. 99 und 39 (1930), Heft III, S. 23.

[13] Vgl. Piepenhagen, Stellung des gewerblichen Kraftverkehrs, 1936, S. 43.

Beides existierte in Weimar noch nicht. Organisatorische Lösungen konnten weder vom 'Reichsverband des Fuhr- und Kraftwagengewerbes' noch von dem 1928 gegründeten 'Reichsverband deutscher Lastwagenbesitzer' oder dem 1926 gegründeten 'Reichsverband Deutscher Auto-Ferntransportunternehmer', der zu diesem Zweck die ersten Laderaumverteilungsstellen einrichtete, gewährleistet werden. Auch dem Speditionsgewerbe, das sich noch weitgehend auf die Vermittlung von Transportgeschäften beschränkte und kaum über eigene Fahrzeuge verfügte, gelang es trotz verschiedener Bemühungen nicht, hier Abhilfe zu schaffen und sich damit vom Angebot der Reichsbahn zu lösen. Erst mit dem Zusammenschluß der 'Gemeinschaft Deutscher Kraftwagenspediteure (Gedekra)' und dem 'Bund Deutscher Lastzugspediteure (Reichsverband)', die bis dato als Konkurrenten gegeneinander gearbeitet hatten, zur 'Gemeinschaft Deutscher Kraftwagenspediteure (Gedekra-Reichsverband)' im Jahr 1932 zeichnete sich eine Lösung ab.[14]

Die Konstituierung eines leistungsfähigen Kraftfahrgewerbes, für das in der Weimarer Republik die organisatorischen Voraussetzungen erst geschaffen werden mußten, war damit noch nicht vollzogen. Transportdurchführung und -vermittlung lagen weiterhin in getrennten Händen. Unter diesen Voraussetzungen scheint die Zurückhaltung des Transportgewerbes bei der Anschaffung von Lkw, die gegebenenfalls mit nicht unerheblichen finanziellen Belastungen einherging, verständlich. Die Hauptlast der mit der Einführung des Lkw in das Verkehrssystem verbundenen ökonomischen Risiken hatten damit aber diejenigen Unternehmen zu tragen, die auf seine Rationalisierungspotentiale entweder nicht verzichten wollten oder aus Wettbewerbsgründen nicht verzichten konnten. Der Hauptteil der Fahrzeuge lief deshalb im Werkverkehr in Industrie- und Handelsunternehmen. Auf die damit verbundenen Chancen und Risiken wird an späterer Stelle ausführlich einzugehen sein.

2.2 Makroökonomische Rahmenbedingungen des Lkw-Verkehrs

Die Einführung des Lkw in das Verkehrssystem geschah unter Ausgangs- und Rahmenbedingungen, aus denen sich spezifische Entwicklungschancen und Hypotheken ergaben. So waren auf der einen Seite die Stockungen im Bahnverkehr nach Kriegsende ebenso wie das grundsätzlich rationalisierungsfreundliche gesellschaftlich-ökonomische Umfeld der 1920er Jahre der Entwicklung des Lkw-Verkehrs förderlich. Auf der anderen Seite konnten ein eingeschränkter finanzpolitischer Spielraum der verschiedenen Reichsregierungen, die Knappheit inländischer Kreditmittel oder eine Verkehrspolitik des zuständigen Reichsverkehrsministeriums, die überkommenen Strukturen verhaftet blieb und die die

---

[14] Vgl. Heimes, Transportindustrie, 1978, S. 67 ff.; Precht, Organisationsproblem, 1936, S. 22 ff.

Bahn in den Mittelpunkt ihrer Überlegungen stellte, entgegengesetzte Auswirkungen haben. Von zentraler Bedeutung für die Frage nach den Handlungsspielräumen und Begrenzungen, die sich für die ökonomisch vorteilhafte Nutzung des neuen Verkehrsträgers Lkw im Kontext der Weimarer Republik ergaben, war der Ausbauzustand der Straßen, auf denen er sich bewegte, sowie die Marktanteile, die er dem Pferdefuhrwerk und der Reichsbahn abnehmen konnte. Diese infrastrukturellen und wettbewerbssituativen Aspekte sind deshalb zunächst zu behandeln.

2.2.1 Wettbewerbslagen: Von der Verdrängung des Pferdefuhrwerks zum Konflikt Straße-Schiene

Seit seiner Einführung in das Verkehrssystem des Deutschen Reiches zu Beginn des 20. Jahrhunderts war der Verkehrsträger Lkw zwischen denjenigen Marktsegmenten positioniert, deren relevante Nachfrage einerseits durch Pferdefuhrwerke und andererseits durch die Eisenbahn befriedigt wurde. Diese Transportmittel deckten bis 1913/14 ein Leistungsspektrum ab, welches im Gütertransport lediglich im Bereich geringer Nutzlasten zwischen 7 und 50 Tonnen und größerer Transportgeschwindigkeit von mehr als 50 km/h Bedarfslücken offenließ. In diesem Segment bewegte sich der Lkw, von hier aus begann er, den Wettbewerbern weitere Marktanteile abspenstig zu machen oder spezifischen, neuen Bedarf zu wecken.[15]

In bezug auf den Fuhrwerkstransport trat in der Weimarer Republik der ausgeprägte und durchschlagende Verdrängungswettbewerb ein, der sich in den letzten Jahren des Deutschen Kaiserreiches angekündigt hatte. Auf badischen Landstraßen etwa wurde bei Verkehrszählungen 1908 noch ein mittlerer täglicher Verkehr von 160 Zugtieren registriert. Seit diesem Zeitpunkt nahm die Zahl kontinuierlich auf 130 Stück im Jahr 1913 und schließlich 98 Stück im Jahr 1923 ab. In den gleichen Zeitabständen erhöhte sich die Anzahl der Lkw von 0,3 auf 2,6 und 18,9 Stück.[16] Diese Tendenzen setzten sich fort. Dokumentierten die reichsweiten Verkehrszählungen 1924/25 noch ein ungefähr ausgeglichenes Verhältnis von Fuhrwerks- und Kraftwagenverkehr, bestätigten sie 1928/29 die Dominanz des Lkw.[17] Das Fuhrpersonal, für das die Befähigung zum Kraftwagenführen immer wichtiger wurde, trug diesen Erfordernissen Rechnung. Von den 200.400 Fuhrleuten des Jahres 1908 verfügten nur 5.500 über die notwendigen Kenntnisse, während von den 314.000 Fuhrleuten des Jahres 1933 über

---

[15] Vgl. Kirchberg, Geschichte des Kraftfahrzeugs, 1978, S. 108 ff. und S. 335 ff.

[16] Vgl. Lepp, Straßenwesen, 1926, S. 72 ff.

[17] Die relevanten Ergebnisse der Verkehrszählungen werden ausführlich in Teil II, Kapitel 2.2.2.1 der vorliegenden Arbeit behandelt.

200.000 den Führerschein besaßen.[18] Gleichzeitig nahm der Pferdebestand in den Gebieten des Deutschen Reiches zwischen 1924 und 1932 um 12 Prozent ab. Die Zahl der außerhalb der Landwirtschaft eingesetzten Pferde sank sogar von rund 750.000 (1913) auf 400.000 (1925) und 181.000 (1933).[19] Die relativ geringe Abnahme des Gesamtbestandes war mithin darauf zurückzuführen, daß die Zuwachsraten in landwirtschaftlich geprägten Gebieten, in denen Pferde vielseitiger verwendbar waren als Lkw, bis Anfang der 1930er Jahre die Verluste in Ballungszentren teilweise kompensierten.[20] Da aber insbesondere die Agrarregionen seit 1925 ein überproportionales Anwachsen der Lkw Bestände verzeichneten, war die zunehmende Verdrängung des Fuhrwerkstransportes auch hier absehbar.[21]

Relativ eindeutige ökonomische Fakten waren ursächlich für diese Entwicklung. Der Lkw war bereits nach dem technischen Stand der Inflationsjahre, der bis nur Depression deutlich verbessert wurde, schneller und leistungsfähiger als das Fuhrwerk. Zeitgenössische Berechnungen gingen im schlechtesten Falle von acht, im besten Falle von zwanzig Einspännern aus, die ein Lastzug ersetzen konnte. Dadurch waren theoretisch Kostensenkungen von mehr als 40 Prozent pro Tonnenkilometer möglich, ein Argument, daß angesichts der zügigen Ausbreitung des Lkw offensichtlich viele Unternehmer überzeugte.[22] Angesichts der andersartigen Kostenstruktur des Lkw dürfte es aber vielfach nicht unproblematisch gewesen sein, diese Vorteile nach dem Ausrangieren der Fuhrwerke zu realisieren. Die Anschaffung von Lkw, die Mitte der 1920er Jahre etwa achtmal so teuer wie Zweispänner waren, führte zu einer wesentlich höheren Fixkostenbelastung der Betriebe, die sich dann negativ bemerkbar machte, wenn die höhere Leistungsfähigkeit der Fahrzeuge nicht vorteilhaft ausgenutzt werden konnte. Praktisch relevant wurde dies beispielweise im täglichen Lieferverkehr städtischer Brauereien. Die Arbeitsgeschwindigkeit von Fuhrwerken, die im Überlandverkehr nur gut 20 Prozent derjenigen des Lkw betrug, steigerte sich bei notwendigen Kundenaufenthalten im Abstand von 1000 Metern auf gut 70

---

[18] Vgl. Voigt, Verkehr II, 1965, S. 453.

[19] Vgl. Kirchberg, Geschichte des Kraftfahrzeugs, 1978, S. 336. Entsprechende Umstellungen waren beispielsweise in Aachen bereits 1925 erfolgt: „Große Unternehmen des Handels und der Industrie, welche vor dem Kriege 10-20 Pferde hielten, haben heute nur eins, oft gar keines mehr. Beispielsweise hatte eine Brauerei Stolbergs 1913 noch 16 Pferde, 1925 dagegen eins. Sie bedient ihre Kundschaft heute mittels fünf Lastautomobilen.“ Hamacher, Nahverkehr im Aachener Wirtschaftsgebiet, 1926, S. 86.

[20] So bereits Merkert, Lastkraftwagenverkehr, 1926, S. 7.

[21] Zur Entwicklung der Lkw Bestände in Industrie- und Agrarregionen vgl. Teil III, Kapitel 1 dieser Arbeit.

[22] Vgl. Merkert, Lastkraftwagenverkehr, 1926, S. 8 f.; Ostermann, Benzinlastkraftwagen, 1927, S. 16 ff.; Kes, Betrieb und Wirtschaftlichkeit von Kraftverkehrsunternehmen. In: ZfV 1 (1922), S. 16 ff.

Prozent, bei weiterer Verringerung der Haltepunkte auf 500 Meter auf 90 Prozent. Ein Radius von 10 Kilometern wurde deshalb als Grenze angenommen, bis zu der Fuhrwerke wirtschaftlicher waren als Lkw.[23] Die ökonomische Rationalität der Umstellungen hing wesentlich von den Realisationsmöglichkeiten der damit verbundenen Potentiale ab.

Die Machtverhältnisse im straßengebundenen Gütertransport waren relativ zügig geklärt. Wesentlich problematischer gestaltete sich das Verhältnis zwischen 'Straße' und 'Schiene', was nicht nur auf verkehrsmarktimmanente Besonderheiten als vielmehr auf verkehrs- und wirtschaftspolitische Erwägungen und die daraus resultierenden Weichenstellungen zurückzuführen war, die insgesamt dem Schutz der Vorrangstellung der Eisenbahn im deutschen Verkehrswesen dienten. Dies lag zunächst an der Ausrichtung des 1920 geschaffenen Reichsverkehrsministeriums, dessen primäre Aufgaben die Eisenbahn- und die Wasserstraßenverwaltung waren. Organisatorisch fand dies darin seinen Niederschlag, daß diese Bereiche in den zwei größten Fachabteilungen bearbeitet wurden, während die verbleibende dritte Abteilung sich neben Fragen des Luftverkehrs, des Kraftfahr- und des Straßenwesens noch mit solchen der allgemeinen Verwaltung beschäftigte.[24]

Mit Einrichtung dieser Behörde wurde die seit Bismarck kontrovers diskutierte Systemfrage nach der sinnvollsten Zuordnung der Trägerschaft von Verwaltung und Eigentum der Eisenbahnen, die entweder als Staatsbahnen oder als Privatbahngesellschaften unter staatlicher Aufsicht geführt werden konnten, für Deutschland positiv in bezug auf die erstgenannte Alternative entschieden und die Grundlage für eine reichseinheitliche Verkehrspolitik geschaffen. Gleichzeitig verband sich mit dieser Wahl die Option für eine am Prinzip der Gemeinwirtschaftlichkeit und gegen eine privatwirtschaftlich orientierte Gestaltung des Verkehrssystems. Diese verkehrspolitische Linie stand in Übereinstimmung mit

---

[23] Vgl. Hamacher, Nahverkehr im Aachener Wirtschaftsgebiet, 1926, S. 85 f. Schöpke, Das Transportproblem der Brauerei in der Großstadt. In: LA 6 (1929), Heft 22, S. 15; ders., Güter-Nahverkehr, 1935, S. 36 ff.

[24] Das Primat der Eisenbahn war nicht zuletzt eine Folge der Militärverwaltung von Verkehrseinrichtungen im Ersten Weltkrieg. Da die Bahn das Rügrat der Heereslogistik bildete, war dem Befehlshaber des Feldeisenbahnwesens die Verwaltung der Wasserstraßen unterstellt. Diese Rangfolge wurde in der Weimarer Republik grundsätzlich beibehalten. Die untergeordnete Bedeutung, die dem Kraftfahrwesen beigemessen wurde, ist vor dem Hintergrund der langsamen Entwicklung des Automobil- und insbesondere des Lkw-Verkehrs bis 1920, aus der zu diesem Zeitpunkt kaum auf die folgenden Motorisierungsfortschritte geschlossen werden konnte, erklärlich. Sie spiegelte sich auch in dem bereits erwähnten Verzicht des Reiches auf Wahrnehmung der laut Verfassung möglichen zentralen Kompetenzen im Straßen- und Wegewesen wieder. Vgl. Salzwedel, Aufgaben des Reichsverkehrsministeriums, 1985, S. 261 f.; Wernekke, Das Reichsverkehrsministerium. In: VT 2 (1921), S. 35 f.

der bereits erwähnten volkswirtschaftlichen Ausrichtung der deutschen Rationalisierungsbewegung, die zumindest theoretisch unter dem Leitbild der Gemeinwirtschaftlichkeit erfolgen sollte. Sie orientierte sich aber an den Gegebenheiten der Zeit vor dem Ersten Weltkrieg, als die Eisenbahn eine Monopolstellung im Transportwesen innehatte, die unter staatliche Kontrolle gestellt werden sollte, um negative Auswirkungen einer rein marktwirtschaftlichen Ausrichtung verschiedener Privatbahnen zu vermeiden.[25] Auch nach der Ausgliederung der Reichseisenbahnen aus dem Verkehrsministerium und Gründung des selbständig wirtschaftenden 'Unternehmens Deutsche Reichsbahn', welches noch 1924, im Jahr seiner Gründung, im Kontext des Dawes-Planes zur 'Deutschen Reichsbahngesellschaft (DRG)' wurde, diente dieses Prinzip als verkehrspolitischer Orientierungsrahmen. Eigentümer der Reichsbahn blieb rechtlich das Reich, so daß die DRG im wesentlichen als Betreibergesellschaft diente, die den Bahnbetrieb nach kaufmännischen Gesichtspunkten gewinnbringend organisieren sollte. Das Reich verfügte bei der Betriebsverwaltung über Mitwirkungsrechte, zu denen die durch den Reichsverkehrsminister wahrzunehmende Befugnis zur Genehmigung der Bahntarife gehörte.[26] Wenngleich das reine Staatsbahnprinzip damit aufgeweicht wurde, blieb dennoch ein zentrales wettbewerbsstrategisches Instrument des wichtigsten Marktteilnehmers unter staatlicher Kontrolle. Der für die deutsche Verkehrswirtschaft fortan kennzeichnende Dualismus nebst den damit verbundenen Problemen war bereits in Weimar institutionalisiert:

> "Für eine einheitliche Verkehrspolitik am schwierigsten und noch fast ganz der Lösung harrend sehen wir das Problem des Nebeneinanderbestehens der mit Monopolrechten bedachten Reichsbahn einerseits und der in privatwirtschaftlicher Betriebsweise geführten Verkehrsmittel wie Seeschiffahrt, Binnenschiffahrt, Kraftfahrzeuge und Luftfahrt u.a. auf der anderen Seite."[27]

Die Focussierung des Reichsverkehrsministeriums auf die Belange der Reichsbahn war keine bloße Folge einer rückwärtsgerichteten, an den Verhältnissen der Zeit vor dem Ersten Weltkrieg orientierten Denkweise.[28] Sie trug ebenso dem Sachverhalt Rechnung, daß Deutschland nach den Statuten des Dawes-Planes zur Tilgung eines Teils der Reparationsschuld auch Einnahmen aus dem Eisenbahngeschäft verwenden mußte, eine Maßnahme, die unter Berücksichtigung der tragenden Rolle, die die Einnahmen aus den jeweiligen

---

[25] Vgl. Seidenfus, Eisenbahnwesen, 1985, S. 273 ff.; Schmidt, Ein Jahrzehnt Reichsverkehrspolitik. In: VT 11 (1930), S. 269.

[26] Vgl. Salzwedel, Aufgaben des Reichsverkehrsministeriums, 1985, S. 265 ff.; Seidenfus, Eisenbahnwesen, 1985, S. 278 ff.

[27] Schmidt, Ein Jahrzehnt Reichsverkehrspolitik, S. 270.

[28] Diese ungenügende Beachtung der seit dem Ersten Weltkrieg von den neuen Verkehrsmitteln Kraftwagen und Flugzeug ausgehenden Veränderungstendenzen betont besonders Voigt, Verkehr II, 1965, S. 580.

Staatsbahnen für die einzelnen Länder vor 1914 spielten, keineswegs ungewöhnlich war. Für die Reichsbahngesellschaft bedeutete sie aber eine jährliche Mehrbelastung von zunächst 330 Millionen Reichsmark (RM), die mit Erreichen des fünften Geschäftjahres auf 660 Millionen RM aufgestockt wurde. Unter Berücksichtigung der ebenfalls abzudeckenden jährlichen Aufwendungen von290 Millionen RM aus der Verkehrssteuer erreichten die Zahlungen damit im Jahr 1928 den Höchststand von 950 Millionen RM. Dies waren Leistungen, deren Aufbringung zusätzlich durch die Zwangsübernahme der vormaligen Bahnbeamten und die damit verbundenen ungewöhnlich hohen Personalkosten sowie durch die mit dem Gemeinwirtschaftsprinzip verknüpften gesetzlichen Bindungen erschwert wurde. Im Gegensatz zum privatwirtschaftlich organisierten Kraftfahrgewerbe mußte die Geschäftspolitik der Reichsbahn unter anderem Betriebspflicht, Kontrahierungszwang und Tarifbindung ins Kalkül ziehen.[29]

Trotzdem gelang es der Reichsbahngesellschaft, nicht zuletzt durch Zurückstellung von Investitionsvorhaben, auch nach Abzug der Reparationsleistungen in den Jahren vor der Weltwirtschaftskrise jährliche Überschüsse von durchschnittlich 260 Millionen RM zu erwirtschaften. Die Bedeutung, die der Konkurrenz des Kraftwagens trotz seines relativ geringen Anteils am Gesamttransportvolumen beigemessen wurde, erklärt sich dabei zumindest zum Teil daraus, daß auf Basis des in den Bilanzen ausgewiesenen Gewinnes nur bedingt Aussagen über die die tatsächliche Ertragskraft der Bahn getätigt werden konnten.[30] Der Überschuß wurde nicht nur durch effiziente Leistungserstellung, sondern auch durch bilanzpolitische Maßnahmen ermöglicht und wäre zudem nach Ansicht der Reichsbahnverantwortlichen ohne Existenz des Lkw weitaus höher ausgefallen.[31] Der zuständige Sachverständigenausschuß veranschlagte, ausgehend von einer sehr umstrittenen Berechnungsgrundlage, bei einem Gesamtjahresumsatz von ungefähr 5 Milliarden RM allein im Güterverkehr abwanderungsbedingte Einnahmeausfälle von etwa 155 Millionen RM (1927), 200 Millionen RM (1928) und 220 Millionen RM (1929), bevor sich die Lage in der Krise nochmals deutlich verschlechterte. Diese Zahlen waren sicherlich zu hoch

---

[29] Vgl. Vogt, Eisenbahnwesen, 1928, S. 158 f.; Hennig, Deutschland 1914 bis 1986, 1988, S. 83; Voigt, Verkehr II, 1965, S. 525 f. und S. 581 ff.; DIHT, Eisenbahn und Kraftwagen, 1930, S. 19 ff.; Hammer, Eisenbahn- und Kraftfernverkehr, 1951, S.26 f.

[30] Vgl. Seidenfuss, Eisenbahnwesen, 1985, S. 294; Hennig, Deutschland 1914 bis 1986, 1988, S. 86.

[31] Bilanzpolitischer Spielraum ergab sich vor allem aus dem hohen Anteil des Anlagevermögens am Gesamtvermögen der Reichsbahn, deren Abschreibungspolitik nicht umsonst kontrovers diskutiert wurde. Zur Bilanzierungspraxis der Reichsbahngesellschaft vgl. Preitz, Die Bilanzen der Deutschen Reichsbahn-Gesellschaft. In: ZfB 6 (1929), S. 829 ff., hier insbesondere S. 840 ff.

gegriffen.[32] Doch auch die in der Gegenstudie der Automobilindustrie ausgewiesenen 100 bis 125 Millionen RM Einnahmeausfall, deren Basis ebenso angreifbar war und die sich bereits aus verbandspolitischen Erwägungen eher an der unteren Grenze der tatsächlich relevanten Werte bewegten, stellten eine aus Sicht der Reichsbahn keineswegs zu vernachlässigende Größe dar.[33]

Zur Beantwortung der Frage nach der tatsächlich relevanten Verkehrsabwanderung von der 'Schiene' auf die 'Straße' war neben technischen Aspekten der Berechnungsmodi, wie etwa den jeweils zugrundegelegten Auslastungsgraden oder tonnenkilometrischen Leistungen, vor allem zu klären, inwieweit sich der Verkehrsträger Lkw den für ihn relevanten Markt beziehungsweise eine spezifische, neuartige Nachfrage selbst schuf. Bereits die erstgenannten Probleme waren in den 1920er Jahren aufgrund mangelnder Empirie nicht zu lösen. Eine Quantifizierug des Sayschen Theorems in bezug auf die verkehrstechnische Basisinnovation des Lkw mußte deshalb aus unmittelbar einsichtigen Gründen scheitern.[34] Von der Beantwortung der oben genannten Frage hing aber die Klärung des umfassend diskutierten verkehrswirtschaftlichen Grundsatzproblems ab, ob der Lkw aus volkswirtschaftlicher Sicht für begrüßenswerten oder schädlichen Wettbewerb sorge. Die Befürworter des neuen Verkehrsträgers, in deren Reihen sich neben Interessenvertretern des privaten Fuhrgewerbes und der Automobilindustrie vor allem Betriebswirte und Ingenieure befanden, betonten dabei die wohlfahrtssteigernden Effekte, die mit erhöhtem Wettbewerb auf den Verkehrsmärkten einhergingen. Sie konnten zur Untermauerung ihrer Thesen insbesondere auf die geringeren Frachtkosten hinweisen, die sowohl im Straßen- als auch im Schienentransport infolge konkurrenzbedingter Tarifanpassungen realisiert werden konnten.[35] Die auf Einschränkung des Lkw-Verkehrs bedachten

---

[32] Vgl. Deutsche Reichsbahngesellschaft (Hg.), Reichsbahn und Kraftwagenverkehr, 1930, S. 7 ff.

[33] Vgl. DIHT, Eisenbahn und Kraftwagen, 1930, S. 11 ff.

[34] Mitarbeiter des Instituts für Konjunkturforschung schätzten, daß höchstens 5 Millionen Tonnen oder 10 Prozent der gesamten auf Lkw transportierten Gütermenge zwischen 1913 und 1925 neu entstanden. Die restlichen 90 Prozent resultierten aus Abwanderungsverlusten der Bahn. Beide Werte basierten allerdings auf wenig begründeten Schätzungen, da bereits das tatsächliche Ausmaß des Lkw-Verkehrs statistisch nicht erfaßt werden konnte. Vgl. Teubert, Güterverkehr, 1928, S. 43.

[35] Die im Einzelfall weitaus detaillierteren Argumentationsmuster zum Thema 'Eisenbahn und Kraftwagen' werden an dieser Stelle verkürzt wiedergegeben, da sie im hier relevanten Kontext von untergeordneter Bedeutung sind. Als weiterführende Beispiele für die genannte Kausalitätskette seien aus der Fülle der zeitgenössischen Diskussionsbeiträge genannt: Toepfer, Der Kraftwagen im Wettbewerb. In: KuL 4 (1929), S. 128 f.; Culemann, Reichsbahn und Lastkraftwagen. In: LA 6 (1929), Heft 20, S. 7; Wesemann, Eisenbahn und Kraftwagen. In: WD 15 (1930), S. 268 ff.; Winterhoff, Der Kampf der Schiene gegen den Autotransport. In: ATZ 34 (1931), S. 325 ff.; Allmers, Nationale Verkehrspolitik. In: WD 18 (1933), S. 1135 f.

Vertreter der Reichsbahn argumentierten demgegenüber, zumeist im Einklang mit Vertretern der als Teildisziplin der Volkswirtschaft angelegten Verkehrswissenschaft, daß diese Preissenkungen die Folge eines ruinösen Wettbewerbs zwischen Anbietern vergleichbarer Leistungen seien, die jeweils unter ihren tatsächlichen Selbstkosten anböten. Dies sei um so problematischer, weil der Lkw nicht wie die Bahn für die mit seiner Existenz verbundenen Infrastrukturkosten aufkäme und keine gemeinwirtschaftlichen Belange berücksichtigen müsse. Die betriebswirtschaftlichen Vorteile geringer Transportkosten, die den Nachfragern entsprechender Verkehrsdienstleistungen zugute kämen, würden also durch Externalisierung der Kosten auf die Volkswirtschaft übertragen.[36] Die Debatte gewann dabei in dem Maße an Schärfe, in dem die theoretische Wirtschaftlichkeitsgrenze des Straßentransportes durch technische und infrastrukturelle Optimierungsmaßnahmen hinausgeschoben wurde.

Hinter diesen Argumenten stand die mit Rationalisierungsfragen zwangsläufig verknüpfte Problematik der (angeblichen) volkswirtschaftlichen Irrationalität betriebswirtschaftlich rationalen Handelns. Ein Lösung des Rationalisierungsdilemmas war weniger von den in beiden Lagern mit wechselnden Ergebnissen vorgenommenen Analysen als vielmehr von einer wertenden Entscheidung für oder gegen eine primär liberale Wirtschaftsordnung im Verkehrswesen nebst den damit verknüpften Vorteilen und Härten zu erwarten. In der Weimarer Republik besaß die Reichsbahn genügend Marktmacht und politischen Einfluß, um wettbewerbsbeschränkende Maßnahmen zu ihren Gunsten durchzusetzen beziehungsweise die Marktkräfte partiell außer Kraft zu setzten. Entsprechend massiv waren die auf eine Eindämmung des Kraftwagenwettbewerbs gerichteten Bestrebungen. Wie sich in langfristiger Perspektive zeigen sollte, konnten die Marktkräfte aber nur vorübergehend außer Kraft gesetzt werden.

Zu Anfang der 1920er Jahre schien die Gefährdung der Bahn durch den Lkw, dessen Potentiale von Vertretern der Reichsbahn primär in seiner Ergänzungs- und Zulieferfunktion für den Schienenverkehr gesehen wurden, gering. Ein Kraftfahrgewerbe entstand nur langsam. Von einiger Relevanz waren lediglich die im 'Verband Deutscher Kraftverkehrsgesellschaften e.V.' organisierten ehemaligen Kraftwagenkolonnen, die Liniendienste im Güter- und Personenverkehr betrieben, Lkw vermieteten oder gelegentlich Massentransporte übernahmen.

Gesetzliche Regelungen und Kooperation waren die Wettbewerbsstrategien, die nach Ansicht der Reichsbahnführung zur Kontrolle dieser Geschäftstätigkeit ausreichen sollten. Sie verließe sich auf die normierende Wirkung der seit 1919

[36] Weiterführende Beispiele für dieses Argumentationsmuster sind etwa die Diskussionsbeiträge von: Kronheimer, Schnellgütertransport, 1927, S. 709 ff.; Hayl, Eisenbahn und Kraftwagen. In: DWZ 27 (1930), S. 272 ff.; Blum, Probleme, 1930, S. 528 f.; Schulz, Die Regulierung des Kraftwagenverkehrs. In: ZfV 9 (1931), S. 14 ff.; Vogt, Gefahren ungeregelten Wettbewerbs zwischen Eisenbahn und Kraftwagen. In: WD 18 (1933), S. 138 ff.

geltenden 'Verordnung betreffend Kraftfahrzeuglinien', die die Beförderung von Personen und Sachen gegen Entgelt im Linienverkehr genehmigungspflichtig machte und 1925 inhaltlich unverändert Gesetzescharakter bekam. Außerdem vereinbarte die Bahn mit der 1924 gegründeten Kraftverkehr Deutschland GmbH einen Betriebsvertrag, der die gemeinsame Entwicklung von Güterverkehrslinien, die Verbesserung des straßengebundenen Zu- und Abflußverkehrs zur Bahn sowie die Unterbindung von Parellelverkehr beider Verkehrsmittel zum Inhalt hatte und erwarb Sperrminoritäten an den einzelnen Mitgliedsgesellschaften der Kraftverkehr Deutschland GmbH. Beide Maßnahmen erwiesen sich in den 'Goldenen Jahren' im Zuge des kontinuierlichen Anstieges von Kraftfahrgewerbe und Werkverkehr als unzureichend. Der Hauptanteil der Transportleistungen des Lkw wurde in diesen Bereichen, die nicht durch das Kraftfahrliniengesetz erfaßt wurden, erbracht. Die Kraftverkehr Deutschland GmbH beförderte zwar im Jahr 1928 1,6 Millionen Tonnen Güter und machte einen Umsatz von 9 Millionen RM. Dennoch arbeiteten alle in diesem Dachverband organisierten Kraftverkehrsaktiengesellschaften mit Ausnahme der Kraftverkehr Freistaat Sachsen AG unrentabel, was außerdem zu nachhaltigen Wertverlusten der Bahnbeteiligungen und schließlich zur Kündigung der Betriebsvereinbarung im gleichen Jahr führte. Gleichzeitig zeigte sich, daß die hierfür zuständigen Landesregierungen unter Vernachlässigung der Interessen der im Reichsbesitz befindlichen DRG neue Konzessionen für Kraftverkehrslinien relativ großzügig vergaben.[37] Während das Beförderungsaufkommen der Bahn stagnierte, gewann der Lkw an Boden.

Deshalb veränderte die Reichsbahngesellschaft in der zweiten Hälfte der 1920er Jahre ihre Wettbewerbsstrategie und war bestrebt, ihre Leistungsfähigkeit in den Bereichen zu steigern, in denen der Lkw über Vorteile verfügte. Auch im Bahnbetrieb wurde nunmehr den Grundsätzen wissenschaftlicher Betriebsführung verstärkt Geltung verschafft. Er sollte den Anforderungen einer 'Eisenbahnbetriebswirtschaft' genügen, seine Qualität und Kostenstruktur waren durch umfassende Rationalisierungsmaßnahmen zu verbessern.[38] Von maßgeblicher Bedeutung war hierbei die Einführung der durchgehenden Kunze-Knorr Druckluftbremse, die eine Geschwindigkeitssteigerung von durchschnittlich 30 auf 45 km/h bei Güterzügen und eine Höchstgeschwindigkeit von mehr als 60 km/h bei Eilzügen erlaubte. In Verbindung mit Verbesserungen in der Rangiertechnik und organisatorischen Änderungen im Fahrbetrieb konnte so die Fahrzeit in Einzelfällen um die Hälfte, im Durchschnitt bei Eilgut um etwa 30 Prozent, bei Fracht-

[37] Vgl. Heimes, Transportindustrie, 1978, S. 62 ff.; Peters, Unternehmerische Reaktionen, 1995, S. 31 ff.; Borscheid, Lkw kontra Bahn, 1995, S. 27 f.

[38] Vgl. etwa Pirath, Neuzeitliche Betriebswirtschaft im Eisenbahnbetrieb. In: AfE 49 (1926), insbesondere S. 835 ff.; ders., Ziele und Wege der Eisenbahnbetriebswirtschaft. In: AfE 51 (1928), insbesondere S. 596 ff.

gut um etwa 20 Prozent gesenkt werden.[39] Von den ersten Versuchen mit dem Behälterverkehr und der Einführung des 'reichsbahneigenen Kraftverkehrs' gingen weitere qualitätssteigernde Wirkungen aus. Eine effizientere Organisation der bahneigenen Reparaturwerkstätten, Fortschritte in der Wärmewirtschaft, die Stillegung verschiedener Verschiebebahnhöfe, Personalabbau, Umstellungen in der Betriebskalkulation, Eilgüterzüge zur 'Über-Nacht-Lieferung' zwischen Wirtschaftszentren und diverse weitere Einzelmaßnahmen wurden ergriffen, um Leistungsangebote zu verbessern und Einsparungen zu realisieren. Diese konnten als Basis für die preispolitischen Maßnahmen im Tarifwettbewerb in der zweiten Hälfte der 1920er Jahre dienen.

Abbildung 8: Zusammensetzung der Einnahmen der Reichsbahn nach Tarifklassen im Jahr 1928

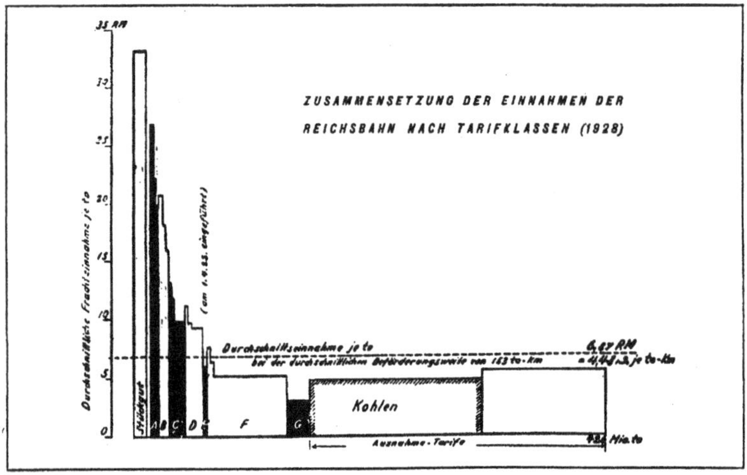

Quelle: DIHT, Eisenbahn und Kraftwagen, 1930, S. 49.

Der seit 1920 geltende Normal- oder Staffeltarif bot infolge seines Aufbaues dem Transportgewerbe Ansatzpunkte für einen erfolgreichen Preiswettbewerb.

[39] Vgl. Vogt, Eisenbahnwesen, 1928, S. 168. In langfristiger Perspektive so erscheinen die tatsächlich realisierten Geschwindigkeitssteigerungen der Schnellzüge weniger spektakulär. Die mittlere Fahrgeschwindigkeit stieg zunächst von 58,6 km/h (1900) auf 62,3 km/h (1914), um dann auf auf 58,1 km/h (1925) zu fallen, bevor sie mit 62,3 km/h (1928) und schließlich 63,5 km/h (1931) den Vorkriegswert erreichte beziehungsweise geringfügig übertraf. Vgl. Jezewski, Die Fahrgeschwindigkeit der deutschen Schnellzüge 1900-1925. In: AfE 50 (1927), S. 743 ff.; ders. Die Fahrgeschwindigkeit der deutschen Schnellzüge 1900 bis 1931. In: AfE 55 (1932), S. 1231 ff.

Ausgehend von einem 15 Tonnen fassenden Normalwagen unterschied die Bahn in diesem Tarif zwischen den Stückgutklassen I und II und zunächst fünf, seit 1923 sechs, Wagenladungsklassen A bis G, denen nach dem Prinzip ihrer wirtschaftlichen Tragfähigkeit die verschiedenen Güter zugeordnet waren. Nach der Logik dieses Systems stiegen die Beförderungspreise zwischen den Klassen mit steigendem Wert des Gutes, während sie bezogen auf die einzelne Transporteinheit innerhalb der Klassen mit steigendem Auslastungsgrad des Normalwagens und zunehmender Transportentfernung fielen. Innerhalb des nicht auf Selbstkostenbasis kalkulierten Tarifaufbaus fand also eine Subventionierung der in den niedrigen Klassen positionierten Massengüter durch die in die höchsten Klassen eingestuften Eil- und Frachtstückgüter statt. Für die betroffenen Waren stiegen die Transportkosten in diesen oberen Tarifklassen im Vergleich zur Vorkriegszeit um bis zu 100 Prozent.[40] *(Abbildung 8)*

Ein wesentlicher Grund für die Subventionierung von Massenguttransporten über weite Entfernungen war anfangs die Absicht der Bahn, ihren ältesten Konkurrenten, die Binnenschiffahrt, in dem Marktsegment zu unterbieten, in dem diese über kostenbedingte Wettbewerbsvorteile verfügte.[41] Begründet wurde dieser Tarifaufbau aber vor allem damit, daß es aus volkswirtschaftlichen Erwägungen notwendig sei, Massengüter wie Rohstoffe aufgrund ihrer grundlegenden Bedeutung für nachgelagerte Wirtschaftsstufen bevorzugt zu behandeln, die Gewinne auf höheren Veredelungsstufen abzuschöpfen und damit die gesamtwirtschaftlichen Transportkosten relativ gleichmäßig zu verteilen. Insofern war es verständlich, wenn die dieser Denkweise verhafteten Vertreter der Reichsbahn verhindern wollten, " ... daß 'gute', d. h. gewinnbringende Transporte von dem Wettbewerbs-Institut [gemeint ist der Lkw; F. L.] an sich gezogen und die große Masse der weniger lohnenden Transportgeschäfte für das allgemein verzweigte Verkehrsmittel übrigbleiben. Wenn einer auf diese Weise die Rosinen aus dem Kuchen picken will, so muß man durch gewandtes und schnelles Handeln diesem Rosinenpicker das Handwerk legen."[42] Dennoch war dieser Vorwurf nur halb berechtigt. Er berücksichtigte nicht, daß der Tarif und die daraus resultierenden neuralgischen Punkte der reichsbahnspezifischen Ertragsstruktur dem Lkw besonders in den Bereichen Angriffsspielraum boten, in denen er bei günstigen Betriebsbedingungen aufgrund seiner Leistungscharakteristik ohnehin

---

[40] Vgl. DIHT, Eisenbahn und Kraftwagen, 1930, S. 46 ff.; Vogt, Eisenbahnwesen, 1928, S. 179 ff.; Piepenhagen, Stellung des gewerblichen Kraftverkehrs, 1936, S. 11 ff.; Hellauer, Eisenbahn und Kraftwagen. In: ZfB 12 (1935), S. 411 f.; Peters, Unternehmerische Reaktionen, 1995, S. 37 f. sowie ausführlich zu den Rationalisierungsdefiziten und -bestrebungen der Reichsbahngesellschaft Görner, Die Wirtschaftlichkeit im Eisenbahnbetrieb. In: ZfB 5 (1928), S. 117 ff.; Dorpmüller, Reichsbahn, 1928, S. 266 ff.

[41] Vgl. Peters, Unternehmerische Reaktionen, 1995, S. 29 f.

[42] Adam, Gedanken zur Schnelligkeit der Güterbeförderung. In: ZfV 10 (1932), S. 55 f.

komparative Kostenvorteile genoß. Diese Tendenz wurde frühzeitig durch betriebswissenschaftliche Untersuchungen belegt. Uneinigkeit herrschte lediglich darüber, bis zu welcher Grenze der Lkw rentabler transportierte als die Reichsbahn.[43] *(Tabelle 11)*

Tabelle 11: Wettbewerbsgrenzen verschiedener LKW-Klassen gegenüber der Reichsbahn im Jahr 1926

Auf eine Entfernung	bei 50%-	bei Voll-	bei 2/3-	bei Voll-	u. 1 Anhänger bei 2/3-	u. 1 Anhänger bei Voll-	u. 2 Anhänger bei Voll-
Tarifklasse	Auslastung		Auslastung			Auslastung	
	1 t	2 t	3,3 t	5 t	6,6 t	10 t	15 t
von	km	km	km	km	km	km	km
I e	20	60	130	über 300	über 300	über 300	über 300
I	10	30	40	90	120	über 300	über 300
II	10	20	40	70	90	190	über 300
A 5	10	20	30	70	90	190	über 300
A 10	10	20	30	60	80	160	250
A	10	20	30	60	70	140	210
B 5	10	20	30	60	70	140	210
B 10	10	20	30	50	70	130	180
B	10	20	30	50	60	130	170
C 5	10	20	30	50	60	120	170
C 10	10	20	30	50	60	110	150
C	10	20	30	50	60	100	130
D 5	10	20	30	50	60	100	130
D 10	10	20	30	40	50	90	120
D	10	20	20	40	50	80	110
E 5	10	20	20	40	50	80	100
E 10	10	20	20	40	50	70	90
E	10	10	20	40	40	70	80
F 10	10	10	20	40	40	70	80
F	10	10	20	30	40	60	80

Quelle: Merkert, Lastkraftwagenverkehr, 1926, S. 66.

[43] So unterstellt Héder, Konkurrenzfähigkeit, 1931, S. 86 ff. Wettbewerbsgrenzen, die von den hier genannten stark abweichen und begründet dies ebenda, S. 87 richtig damit, „daß die kostenmäßige Wettbewerbsgrenze der Kraftwagenkonkurrenz stark verschwommen und lediglich eine Frage der jährlichen Kilometerleistung ist und gleichzeitig eine Frage der Organisation und Zusammenarbeit der sich im Überlandverkehr betätigenden Gesellschaften."

Nachdem die Gefahr lokalisiert und der Handlungsbedarf erkannt war, verschärfte die Reichsbahn im Zuge einer kleinen Tarifreform und Einführung von sogenannten K-Tarifen seit 1927 den Preiswettbewerb. Die Sondertarife unterboten die Konkurrenz vor allem in den besonders gefährdeten Tarifklassen. Der Regelungsbedarf war dabei, gemessen an der ständig zunehmenden Anzahl der K-Tarife, von denen 1930 schließlich mehr als 200 Stück existierten, offensichtlich immens.[44] Weniger groß war dagegen der Erfolg der Maßnahmen, so daß die K-Tarife nach Inkrafttreten der Kraftfahrlinienverordnung 1931 wieder abgeschafft wurden. In der Weltwirtschaftskrise folgte das Frachtaufkommen der Bahn dem Konjunkturverlauf und sank zwischen 1929 und 1932 um mehr als 40 Prozent unter das Niveau von 1913. Die damit verbundenen Verluste im Stückverkehr waren um so bedenklicher, weil im gleichen Zeitraum ein, wenngleich verlangsamtes, Wachstum der reichsweiten Lkw-Bestände zu verzeichnen war, welches vor dem Hintergrund der Wirtschaftlage auf ein Ansteigen des zugehörigen Transportaufkommens schließen ließ.[45]

Das Fehlschlagen der Reichsbahnpolitik war weniger eine Folge kurzfristiger konjunktureller Zyklen. Es stand vielmehr im Zusammenhang mit einem seit längerem feststellbaren Trend, der durch die Krise deutlich zum Ausdruck kam. Während sich in der zweiten Hälfte des 19. Jahrhunderts die Güterproduktion und der Eisenbahngüterverkehr weitgehend synchron steigerten, fand bereits zwischen 1913 und 1925 eine Entkoppelung der Entwicklung beiden Größen statt. In diesem Zeitraum nahm die Produktion repräsentativ ausgewählter Güter, die zusammen mehr als 65 Prozent des Verkehrsaufkommens ausmachten, um etwa 1 Prozent, der Bahnverkehr um knapp 15 Prozent ab.[46] *(Abbildung 9)* Konnten solche Statistiken noch mit Kriegswirtschaft, Inflation, Bevölkerungs- und Gebietsverlusten erklärt werden, ließen die Daten der folgenden Jahre auf strukturelle Wandlungen schließen. Auch in der Hochphase der Rationalisierung blieb das Wachstum des Güterverkehrs hinter den Steigerungsraten der Produktions- und Umsatzvolumina zurück.[47] *(Tabellen 12 und 13)* Dieser Trend war auf eine zunehmende Industrie- und Siedlungskonzentration nebst den damit verbundenen Veränderungen der relevanten Einkaufs- und Absatzgebiete, aber auch auf das Bestreben der Unternehmen zurückführen, Beschaffungs-, Lagerhaltungs- und Distributionskosten im Zuge ihrer Rationalisierungsbemühungen zu senken.[48]

---

[44] Vgl. Heimes, Transportindustrie, 1978, S. 63.

[45] Vgl. Borscheid, Lkw kontra Bahn, 1995, S. 29 f.; Peters, Unternehmerische Reaktionen, 1995, S. 31 f.

[46] Vgl. Teubert, Güterverkehr, 1928, S. 24 ff.

[47] Vgl. ders., Entwicklung und Aussichten, 1933, S. 23 f.

[48] Vgl. ders., Güterverkehr, 1928, S. 49 f.; ders., Entwicklung und Aussichten, 1933, S. 25; Hennig, Die Kraftwagen als Wettbewerber für die Eisenbahn. In: JNSt 134 (1931), S. 89.

Abbildung 9: **Entwicklung von Eisenbahngüterverkehr, Gütergewinnung, Einfuhr und Durchfuhr in Deutschland 1890-1913 und 1925.**

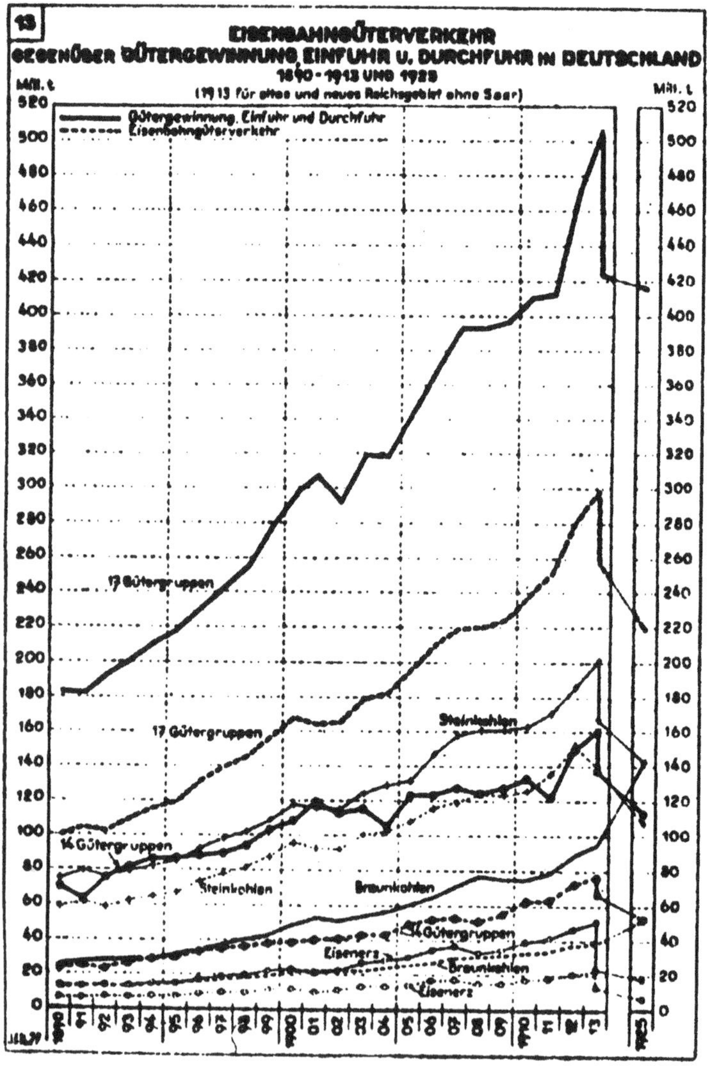

Quelle: Teubert, Güterverkehr, 1928, S. 25.

Beide Entwicklungen begünstigten die Ausbreitung des Lkw, der einerseits das effizientere Transportmittel innerhalb des Nahverkehrsbereiches der expandierenden Industrie- und Konsumzentren war und andererseits eine zeitgerechtere Warendisposition erlaubte als die an Fahrpläne und Schienen gebundene Eisenbahn.

Tabelle 12: Gesamtverkehr und Gesamtproduktion 1926/27-1930/31 zur Basis 1925=100

	1926/27	1927/28	1928/29	1929/30	1930/31
Gesamtverkehr	120	123	119	115	93
Gesamtproduktion	114	128	124	124	110
Verkehr in v.H. der Produktion	105	96	96	93	85

Quelle: Teubert, Entwicklung und Aussichten, 1933, S. 24.

Die drakonischen Maßnahmen, die die Reichsbahn mit staatlicher Unterstützung in der Krise gegen den unliebsamen Wettbewerber einleitete, waren deshalb Bollwerke gegen den Markttrend. Der mit der Deutschen Bahnspedition GmbH, einer Gründung des großen deutschen Speditionskonzerns Schenker & Co., abgeschossene Betriebsvertrag zielte nicht nur auf die Monopolisierung des Zu- und Ablaufverkehrs zur Bahn unter deren Aufsicht sowie eine Aufspaltung des Speditionsgewerbes in eine bahn- und eine kraftwagengebundene Fraktion, er gefährdete auch das wirtschaftliche Überleben kleiner und mittelständischer Spediteure. Nach dem für 1932 geplanten Inkrafttreten des sogenannten Schenker-Vertrages mußten die Verlader entweder auf die Dienste der Bahn verzichten oder den Zu- und Abtransport von Stückgütern und hochwertigen Ladungsgütern bei der Deutschen Bahnspeditions GmbH im Paket mit dem nachfolgenden Bahntransport einkaufen. Die Angebotspreise der letztgenannten Variante konnten im Bereich der Rollgelder wegen einer entsprechenden Subventionierung durch die Reichsbahn unter den Gestehungskosten kalkuliert und die Preise im Zubringerverkehr damit um 10 bis 80 Prozent gesenkt werden. Dadurch verbesserte sich die Marktstellung der Schenker Spedition außerordentlich, während ihr Vertragspartner die Subventionierung durch Erhöhung der eigenen Tarife ausglich. Dennoch gingen von diesem Vertrag auch positive Impulse für die weitere Verbreitung des Lkw aus. Die Benachteiligten, die nicht von ungefähr das „Ende des freien deutschen Speditionsgewerbes“[49] heraufziehen sahen, setzten mit heftigen Protesten unter Einschaltung von Reichskanzler und Parlament durch, daß der Schenker-Vertrag mit einer Öffnungsklausel für weitere Fuhrunternehmer in Kraft trat. Die nunmehr vorgewarnten Vertreter der Speditions-

---

[49] O. V., Die Schicksalsstunde des freien deutschen Speditionsgewerbes. In: SSZ 39 (1931), S. 107.

branche, die sich ohnehin mit Abwanderungsgedanken von der Bahn trugen, förderten den straßengebundenen Güterverkehr im Anschluß daran aber umso nachhaltiger.[50]

Der Schenker-Vertrag behinderte die Ausbreitung eines Kraftfahrgewerbes, konnte ein Ausweichen der Unternehmen auf das Instrument der Werkverkehrs aber ebensowenig verhindern wie die auf Betreiben der Reichsbahn erlassene Notverordnung vom 6. Oktober 1931. Diese schrieb einen Konzessionszwang für Lkw vor, die für die entgeldliche Beförderung von Gütern auf Entfernungen über 50 Kilometer vorgesehen waren, unabhängig davon, ob sie im Linienverkehr eingesetzt waren oder nicht. Der gleichzeitig eingeführte und an den Eisenbahn-Gütertarif gekoppelte Reichskraftwagentarif fixierte die Preise für diese Dienstleistung im Sinne der Bahn. Mit dieser Verordnung bezog die Reichsregierung den Lkw in das gemeinwirtschaftliche Verkehrssystem ein.[51]

Tabelle 13: Gesamtverkehr und Umsatzvolumen 1926-1930 zur Basis 1925=100

	1926/27	1927/28	1928/29	1929/30	1930/31
Gesamtverkehr	107	121	119	120	100
Umsatzvolumen	108	121	127	130	127
Verkehr in v.H. des Umsatzvolumens	99	99	94	92	79

Quelle: Teubert, Entwicklung und Aussichten, 1933, S. 24.

Vordergründig betrachtet nahm die Reichsbahn damit gegen Ende der Weimarer Republik eine ähnlich starke Stellung im deutschen Verkehrswesen ein wie zehn Jahre zuvor. Insbesondere die gesetzlichen Maßnahmen können aber auch als Rückzugsgefechte verstanden werden, die als Reaktion auf die entgegengesetzt wirkenden Kräfte des Marktes verlorenes Terrain im Nahverkehr preisgaben, um die Stellung im Fernverkehr zu behaupten.[52] Die aus der Gewißheit

---

[50] Vgl. Piepenhagen, Stellung des gewerblichen Kraftverkehrs, 1936, S. 23 ff.; Heimes, Transportindustrie, 1978, S. 64 f.; Peters, Unternehmerische Reaktionen, 1995, S. 35 f.; Borscheid, Lkw kontra Bahn, 1995, S. 32.

[51] Vgl. ebenda, S. 33; Hammer, Eisenbahn- und Kraftfernverkehr, 1951, S. 28 f.

[52] Deutlich sagte dies der Reichbahndirektor Vogt, Die Reichsbahn und die Neuordnung der deutschen Verkehrswirtschaft. In: WD 18 (1933), S. 1127: „Wesentlich schwieriger ist eine befriedigende Zusammenarbeit von Eisenbahn und Lastkraftwagen. Alle Versuche, den ungesunden, das heißt die Allgemeinheit schädigenden Wettbewerb zu beseitigen, sind bisher gescheitert. Dabei besteht zwischen allen Stellen, die sich mit dem Problem verantwortlich zu befassen haben, über die materielle Verkehrsteilung weitgehende Übereinstimmung. Der Fernverkehr muß die Domäne der Eisenbahnen bleiben, während der Nahverkehr zu einem erheblichen Teil dem Lastkraftwagen zufallen soll.“ Vgl. auch die Kritik an der Abschaffung der K-Tarife durch die Reichsbahn und die damit verbundene Rückkehr

staatlichen Schutzes einer verkehrswirtschaftlichen Monopolstellung resultierenden selbstbewußten Ausführungen des Reichsbahnoberrates Dr. Adam, der sich noch 1926 weitaus zurückhaltender zum Thema 'Eisenbahn und Kraftwagen' geäußert hatte, basierten auf einer trügerischen Sicherheit:

> „Wir befinden uns in einer Periode der Umwälzung auf vielen Gebieten wirtschaftlichen Geschehens, zugleich aber in einer Periode der Umstellung wirtschaftichen Denkens oder richtiger ausgedrückt, in einer Zeit des Zurückfindens in richtige, unverrückbare wirtschaftliche Gedankengänge. Wie wir eine Zeit der 'Scheinblüte' durchlebt haben, ... so dürfen wir auf dem Gebiete des Güteraustauschs ... wohl feststellen, daß wir einerseits auf falschen Wegen gewandelt, andererseits uns in falschen Vorstellungen bewegt haben. Auch ernste Kaufleute wandten sich den neu auftauchenden Verkehrsmitteln zu, nur wegen der Neuigkeit dieser Verkehrsmittel oder aus Überlegungen, die für den Sport Gültigkeit haben, aber nicht für rein wirtschaftliche Erwägungen ... . Bei weiten Entfernungen muß es der geschickten und vorausschauenden Disposition, die ein Haupterfordernis für einen tüchtigen und gewandten Kaufmann ist, in den meisten Fällen gelingen, daß auch Unterschiede größeren Ausmaßes in der Beförderungsdauer keine Rolle spielen ... . Der Standpunkt, daß unbedingt das Verkehrsmittel, das die kürzeste Beförderungsdauer anbietet, schon dieses Umstandes wegen den Vorzug verdient, wird immer mehr verlassen und macht wieder vernünftigen Überlegungen wirtschaftlicher Art Platz."[53]

2.2.2 Schleppende Infrastrukturentwicklung als begrenzender Faktor. Der Straßenbau in der Weimarer Republik zwischen Notwendigkeit und Finanzierbarkeit

Bereits vor Beginn des Ersten Weltkrieges wurden die Unzulänglichkeiten der vorhandenen Straßen, deren Linienführung und deren bautechnische Ausführung für den Gespannverkehr mehr als ausreichend, für den Automobilverkehr aber unzureichend waren, erkannt. Im frühen 19. Jahrhundert war die Entwicklung des Straßennetzes in Deutschland durch politische Zersplitterung und Finanzierungsprobleme lange Zeit gehemmt. Ansatzweise Verbesserungen erfolgten erst kurz vor Beginn des ‘Eisenbahnzeitalters’. Eine Reise von Berlin nach Königsberg etwa dauerte in den 1830er Jahren eine Woche, und größere Transporte auf Vier- bis Achtspännern mit einem Ladegewicht von 60 Zentnern rentierten sich wegen der damit verbundenen Kosten nur bei hochwertigen Gütern. Danach wurde dem Straßenbau in einer Zeit, in der die Bahn den Landverkehr revolutionierte und Stadt- sowie Landstraßen vorwiegend als Bahnzubringer und zum Nahtransport von Gütern auf Pferdefuhrwerken dienten, geringere Dringlichkeit beigemessen. In Preußen stieg die Gesamtlänge des Landstraßennetzes zwar von

---

zum Einheitsfrachtsatz bei Merkert, Theoretische Abhandlung über die Preisbildung im Verkehrswesen. In: AfE 54 (1931), S. 1394 ff.

[53] Adam, Gedanken zur Schnelligkeit der Güterbeförderung. In: ZfV 10 (1932), S. 53. Von geringerem Selbstbewußtsein geprägt waren die angesprochenen Ausführungen in ders., Eisenbahn und Kraftwagen. In: ZfV 4 (1926), S. 2 ff.

12.888 km (1837) auf 28.433 km (1862), 88.626 km (1890) und 97.512 km (1900). Die Trassierung und der Bauzustand der 'Kunststraßen' und Chausseen war aber auf die Anforderungen von Kutschen und Lastfuhrwerken zugeschnitten. Das Verkehrsaufkommen dieser Fahrzeuge, die beladen etwa 3 Kilometer in der Stunde zurücklegen konnten, nahm im Zuge der Industrialisierung zu. Gleichzeitig verlor die Infrastruktur jenseits der Schienenwege ihre Durchgangsstraßenfunktion für Ferntransporte, und wenig befahrene Strecken wurden entsprechend schlecht instand gehalten.[54] Mit dem Aufkommen des motorisierten Straßenverkehrs wurden die hieraus resultierenden Probleme schnell deutlich:

> „Daß ein Benzwagen mit 200 Pferdestärken auf der Rennbahn 228 km in der Stunde erreicht hat, kommt natürlich für den Landstraßenverkehr nicht in Betracht. Bei den für den Verkehr auf Landstraßen bestimmten Personenkraftwagen ist die erreichte höchste Geschwindigkeit bei weitem nicht so groß, wie bei den Rennwagen, erreicht aber bei schwächeren Wagen 50-60 km, bei stärkeren 70-80 km, bei einzelnen besonders starken Wagen über 100 km in der Stunde. In Wirklichkeit würde auf Landstraßen bei längeren Strecken mit solcher schnellzugsgleichen Geschwindigkeit nicht gefahren werden können, selbst wenn keine einschränkenden Vorschriften bestünden."[55]

Auf den ersten drei Tagungen des neugegründeten Internationalen Straßenbaukongresses 1908 in Paris, 1910 in Brüssel und 1913 in London wurde neben bautechnischen Erörterungen vor allem der 'Kampf gegen den Staub', der durch die neuartigen Motorfahrzeuge nicht nur im übertragenen Sinne aufgewirbelt wurde, ausführlich thematisiert. Die Kongreßvertreter empfahlen bereits 1908 eine Oberflächenbehandlung der betreffenden Strecken mit Teer- oder Asphaltbelägen zum Schutz und zur Bindung der darunterliegenden Sand- beziehungsweise Kiesschicht. Die praktische Umsetzung erfolgte in Deutschland äußerst zögerlich. Versuche in Württemberg im Jahr 1909 zeigten nicht den gewünschten Erfolg, und während des Krieges waren keine Geldmittel für Straßenbau oder -instandhaltung vorhanden.[56] Ebenso wie 1913 waren noch 1924 nahezu 90 Prozent der deutschen Staats- und Provinzialstraßen als Schotterstraßen angelegt.[57] Deren Bindemittel war weiterhin Sand, welcher beim Befahren durch Automobile gelöst wurde und sich in Staub verwandelte. Die kriegsbedingt stark angewachsenen eisen- und hartgummibereiften Lkw-Bestände, welche nunmehr pri-

---

[54] Vgl. Voigt, Verkehr II, 1965, S. 433 ff.; Fischer, Deutschland 1850-1914, 1985, S. 415; Kiesewetter, Revolution, 1989, S. 240 f.; Bechthold et al. (Hg.), Produktivkräfte 1917/18 bis 1945, 1988, S. 310; Elsen, Landstraße, 1929, S. 44 ff.

[55] Borght, Verkehrswesen, 1912, S. 153.

[56] Vgl. Birk, Die Straße, 1971, S. 431 ff.; Kirchbach, Entwicklung des Straßenbaus, 1995, S. 80; Brix, Die Straße der Zukunft. In: VT 5 (1924), S. 545 f. In der Rheinprovinz kamen Oberflächenbehandlungen bereits 1904 zur Anwendung. Vgl. Fritzen, Entwicklung der Provinzialstraßen, 1937, S. 11.

[57] Statistische Angaben nach Statistisches Reichsamt (Hg.), Straßen- und Wegewesen, 1934, S. 18.

vatwirtschaftlicher Verwendung zugeführt wurden, trafen deshalb auf ein Straßennetz, das sich in einem weitaus schlechteren Gesamtzustand als 1913 befand.[58] Sie führten den zuständigen Straßenbaubehörden den drohenden Verschleiß der überkommenen Infrastruktur deutlich vor Augen und sorgten dafür, daß aus dem Staubproblem der Vorkriegszeit zumindest für die Straßenanrainer eine regelrechte Staubplage wurde.[59] Je mehr sich die Erkenntnis durchsetzte, daß ein erwünschter oder unerwünschter Anstieg des Automobilverkehrs in Deutschland kaum zu vermeiden sein würde, desto dringlicher wurde die Lösung der infrastrukturellen Probleme. Hatten etwa die südrheinischen Bauämter in der relativ verkehrsarmen Gegend um Trier, Kochem, Koblenz und Kreuznach vor 1914 im jährlichen Durchschnitt nur ungefähr 45.000 cbm Kleinschlagsplit zur Straßeninstandhaltung benötigt, so mußten sie zur Erfüllung derselben Aufgabe 1919 gut 127.000 cbm aufwenden. Der Verbrauch des Düsseldorfer Bauamtes stieg von durchschnittlich 12.000 cbm (1904 bis 1914) auf 45.000 cbm (1920).[60] Diese Mehraufwendungen, die im Vergleich zu den Maßnahmen der Wegebaupflichtigen anderer deutscher Länder eher den Ausnahmefall darstellten, waren unter den damaligen Gegebenheiten allenfalls temporäre Zwischenlösung:

„Im Kriege hatten die rheinischen Straßen wegen Mangels an Material und Arbeitskräften gedarbt, wie wohl alle deutschen Straßen. Der Rückzug unserer Armee 1918 und die ihr nachfolgenden gegnerischen Truppenmassen mit dem Riesentroß von automobilen Kriegsfahrzeugen versetzte den geschwächten Straßendecken den Todesstoß. Als dann noch die Eisenbahnen versagten und die Industrie- und Hausbrandkohlen und andere Massengüter auf dem Landwege mit bei der Demobilmachung angekauften eisenbereiften Lastkraftwagen zur Verwendungsstelle geschafft werden mußten und dazu gleichzeitig die Anfuhr der dringend benötigten Straßenbaustoffe, wegen Eisenbahnwagenmangels, nur in beschränktem Umfange möglich war, war es um die früher guten Straßen vollends geschehen."[61]

---

[58] Die Vernachlässigung des Straßenwesens in der Kriegs- und Nachkriegszeit veranschaulicht der sinkende Verbrauch an Schotter zur Straßeninstandhaltung. In Baden beispielsweise wurde zwischen 1908 und 1913 im jährlichen Mittel 41,3 cbm Schotter pro Kilometer aufgewendet. 1918 war die Menge auf 12,5 cbm/km gesunken, bevor sie zwischen 1919 und 1923 wieder auf 22,1 bis 28,8 cbm/km oder gut die Hälfte des Vorkriegswertes stieg. Vgl. Lepp, Straßenwesen, 1926, S. 70 ff.

[59] Vgl. Voigt, Verkehr II, 1965, S. 448 f.; Kirchbach, Entwicklung des Straßenbaus, 1995, S. 80 f.; Müller, Technische Wirkungen gesteigerten Kraftfahrzeugverkehrs. In: ZVDI 68 (1924), S. 1293.

[60] Vgl. o.V., Die Anpassung der rheinischen Landstraßen an den Kraftwagenverkehr seit Kriegsende. In: Die Straße 18 (1928), S. 407.

[61] Ebenda.

2.2.2.1 Der Straßenbau in der Diskussion. Verwaltungsorganisation, Studiengesellschaften und Ausbaupläne

Empirische Erfahrungen über die Auswirkungen verschiedenartiger Belastungen auf unterschiedliche Straßendecken oder die Anlage bautechnisch neuartiger Straßenformen fehlten in Deutschland zu Beginn der 1920er Jahre weitgehend. Es gab in dieser Hinsicht, wie bereits ein Blick auf das Programm des vierten, ohne deutsche Beteiligung stattfindenden Straßenbaukongresses 1923 in Sevilla zeigte, umfangreiche Defizite gegenüber anderen Staaten. Englische oder amerikanische Kongreßabgeordnete etwa konnten bereits über die Vor- und Nachteile von betonierten, asphaltierten oder bitumierten Straßen berichten, während in Deutschland reichsweite Verkehrszählungen, die Rückschlüsse auf die tatsächliche Straßenbelastung zugelassen hätten, am Ende der Inflationszeit noch ausstanden.[62] Vor dem Weltkrieg hatten punktuelle Zählungen des Straßenverkehrs in verschiedenen deutschen Ländern, umfassende Verkehrsaufnahmen lediglich in Baden, Württemberg und Sachsen stattgefunden.[63] Deren Ergebnisse waren in der Zwischenzeit veraltet. Für Prognosen über die gegenwärtige und zukünftige Entwicklung des Kraftfahrzeugverkehrs, an denen sich eine langfristig orientierte Straßenbaupolitik orientieren konnte, fehlte deshalb jenseits der aus der Steuerstatistik verfügbaren Angaben über Zahl, Leistungsvermögen und potentielle Traglasten der Pkw- und Lkw-Bestände nahezu jegliche Grundlage.[64] Die Beantwortung der Fragen, welchen Anteil die verschiedenen Verkehrsträger am gesamten Aufkommen hatten, ob sich der zukünftige Lkw-Verkehr primär in die Richtung eines Schwerlastverkehrs auf kurze Entfernungen oder eines Schnellverkehrs mit relativ geringen Lasten auf weite Entfernungen entwickeln würde, ob er sich um Ballungszentren konzentrierte oder weiträumig ausdehnte, war für

[62] Vgl. Brix, Straße der Zukunft, 1924, S. 546.

[63] Die Zählungen in Sachsen hatten Vorbildcharakter für die reichsweiten Verkehrszählungen der 1920er Jahre. Dort wurde der Durchgangsverkehr auf repräsentativen Streckenabschnitten von den Straßenwärtern seit 1850 regelmäßig durch Auflistung der vorgespannten Zugtiere erfaßt. 1899, 1904 und 1909 wurden ganzjährige Zählungen auf allen Staatsstraßen durchgeführt, dazwischen erfolgten Teilzählungen. So wurde 1903 der Fahrradverkehr ermittelt, bevor 1906 Pkw und Lkw in die Statistik aufgenommen und 1912 zum Objekt einer Sonderzählung wurden. Auf den dort gewonnen Erfahrungen bauten die Verkehrszählungen der 1920er Jahre auf. Deren Durchführungs- und Auswertungsverfahren waren ähnlich, und der verantwortliche Leiter war nicht umsonst der Vorsitzende des sächsischen Straßenbauamtes, Ministerialrat Dr. Speck. Vgl. Cassione, Entwicklung des Straßenwesens, 1926, S. 67 ff.; Speck, Verkehrszählung auf den deutschen Staats- und Provinzialstraßen. In: STR 14 (1924), S. 145 ff.

[64] Vgl. Schmitz, Straßenverkehrsstatistik, S. 222; Neumann, Kraftwagen und Straßenwirtschaft. In: VtW 19 (1925), S. 99; Nessenius, Die Wirtschaftlichkeit des Lastkraftwagens und der Verfall der Landstraßen. In: Das Anschlußgleis. Sonderbeilage der VtW 18 (1924), S. 45 f.

die unter strengen Budgetrestriktionen arbeitenden Straßenplaner und Straßenbauingenieure von grundlegender Bedeutung.

Die Ausführung und damit auch die Kosten der jeweils geeigneten Straßendecken mußten jeweils unterschiedlich ausfallen. Die Lkw-Bestandsziffern des Jahres 1924 wiesen für Fahrzeuge unter 3.000 Kilogramm Eigengewicht lediglich gut 20.000 Stück, für solche über 3.000 Kilogramm Eigengewicht aber über 40.000 Stück aus, deuteten also auf eine Dominanz des Schwerlastverkehrs hin.[65] Ex post betrachtet belegten sie damit aber lediglich die Extrapolationsproblematik vorhandener statistischer Daten. Das Überwiegen schwerer Fahrzeuge war Resultat der Eingliederung von Heeresbeständen in die Privatwirtschaft, und in der Folgezeit entwickelte sich der Trend zunächst zu leichten Lkw. Nicht jede der seinerzeit aufgestellten Zukunftsprognosen erwies sich als so vorausschauend wie die 1925 von Professor Neumann von der TH Braunschweig unter Zugrundelegung der US-amerikanischen Erfahrungen aufgestellte:

> „Wir werden den schweren Kraftwagenstraßen eine größere Beachtung schenken müssen, wenn auch vermutlich der Schnellverkehr mit geringer Nutzlast mit der Zeit mehr aufkommen wird."[66]

Das Fehlen von verläßlichen Fakten gab der emphatisch und äußerst kontrovers geführten Diskussion zwischen denjenigen, die die Förderung des Straßenverkehrs durch Instandsetzung und Erweiterung des vorhandenen Straßennetzes für eine unbedingte volkswirtschafliche Notwendigkeit hielten, und denjenigen, die die vorhandene Infrastruktur als ausreichend ansahen, erhalten wollten und in weitergehenden Investitionen in den Straßenbau eine unnötige Verschwendung von Steuergeldern sahen, entsprechenden Auftrieb. Die Vorteile gut ausgebauter, widerstandsfähiger und möglichst gerade verlaufender Straßen lagen nicht nur für Lkw-Enthusiasten auf der Hand. Betriebs- und volkswirtschaftliche Transportkosten konnten aufgrund von Kostenersparnis durch geringen Brennstoffverbrauch, seltenere Reparaturen und leichtere Konstruktionen sowie Leistungssteigerungen durch Geschwindigkeits- und Nutzlasterhöhungen gesenkt werden. Einschlägige Untersuchungen bezifferten allein die Einsparungsmöglichkeiten aufgrund der geringeren Fahrzeugunterhaltungskosten auf gut ausgebauten Straßen auf 15 bis 25 Prozent der gesamten Betriebskosten. Die Schätzungen für Lkw bewegten sich dabei zumeist im oberen Bereich dieser Bandbreite.[67] So betrachtet, stellte sich der Sachverhalt folgendermaßen dar:

> „Nicht der Kraftwagen zerstört die Landstraße, sondern die Landstraße ist dem Kraftwagen nicht mehr gewachsen. ... In allen Wirtschaftsblättern findet man den Satz bestätigt, daß ein

---

[65] Vgl. Statistisches Reichsamt (Hg.), Vierteljahresschriften zur Statistik des deutschen Reiches 33 (1924), Heft IV, S. 52/53.

[66] Neumann, Kraftwagen und Straßenwirtschaft, 1925, S. 99.

[67] Vgl. Wiskott, Besteuerung der Kraftfahrzeuge, 1928, S. 71 ff.

gesundes, leistungsfähiges Transportwesen die Hauptstütze von Handel und Wandel ist. Der Verringerung der Frachtkosten, dem schnellen, reibungslosen Güterumlauf wird seit Jahren ein energisches Wort geredet, und nun, da die Industrie uns ein unabhängiges, betriebssicheres Transportmittel in der Gestalt des Vieltonner-Lastkraftwagen endlich beschert hat, erlebt man es, daß den brennenden Bedürfnissen unserer Wirtschaft in unseren Landstraßen zum Teil recht unangenehme Hemmungen entgegenstehen. ... Es wird der Tag kommen, an dem die glatte, geradlinige Automobilstraße vorhanden sein muß, wenn nicht die Hauptschlagader unserer Wirtschaft, der Verkehr, an Arterienverkalkung sanft entschlafen soll."[68]

Nicht nur die Reichsbahn, sondern auch Vertreter der Wegebaupflichtigen modifizierten diese Argumentation. Sie bezweifelten nicht die Existenz der beschriebenen betriebswirtschaftlichen Vorteile, stellten diesen aber die Kosten des Straßenbaus gegenüber und kamen zu dem Ergebnis, der Lkw verringere die volkswirtschaftlich relevanten Transportkosten im Vergleich zur Eisenbahn nicht in ausreichendem Maße, um entsprechende Investitionen zu rechtfertigen, zumal das bestehende Eisenbahnnetz zur Befriedigung der Transportnachfrage ausreiche. Die Schlußfolgerung dieser Argumentation lautete, daß beim Gütertransport per Lkw eine Verlagerung betrieblicher Kosten auf die Volkswirtschaft, vertreten durch Wegebaupflichtige und Steuerzahler, stattfinde. Um dies zu vermeiden, sollten die Lkw-Betreiber möglichst vollständig über die Kraftfahrzeugsteuer für die Wegebaukosten aufkommen:

„Auch der Laie wird ohne weiteres einsehen, daß ein solcher Lastzug [gemeint ist ein Lkw mit Anhänger, 10 Tonnen Gewicht und einer Fahrgeschwindigkeit von bis zu 45 km/h; F. L.] mit der vorher genannten Geschwindigkeit auf leichten Straßen verheerend wirkt. Es ist auch nicht einzusehen, weshalb Kaffee, Gefrierfleisch und andere von uns festgestellte Ladungen unbedingt mit Auto befördert werden müssen, es ist nur bequemer (keine Umladung) und vor allen Dingen billiger als die Eisenbahn, aber nur für den Verfrachter, nicht für die Volkswirt-

---

[68] Mulach, Schafft widerstandsfähige Straßen für den Transportverkehr! In: LA 4 (1927), Heft 4, S. 6 f. Ebenso Pohlert, Schafft Großverkehrsstraßen für Schnellverkehr! in: LA 3 (1926), Heft 11, S. 1: „Unsere Straßen für Schnellastverkehr sollten schnurgerade sein. Sie sollten ein schnelles Tempo gestatten, und wenn heute von einzelnen gar fürsorglichen Herren der Regierung wieder Beschränkungen der Fahrgeschwindigkeit beraten werden, so bedeutet dies nicht viel anderes, als etwa dem Flugzeug eine kleine Schnelligkeit von 150 und dergl. 'ententliche' (sic!) Beschränkung aufzuerlegen, die direkt lächerlich wirkt! Laßt doch um Gotteswillen jedem sein Tempo, das er fahren will oder kann! Die Menschen sind doch keine Kinder, die vom Staat in allem und jedem gehindert werden müssen! Wer um die Ecke geht, hat's sich ja doch selbst zuzuschreiben; wem das moderne Tempo zu schnell ist, soll eben nach Afrika wandern. Vielleicht findet er dort sein geruhsames Ideal. Es ist mehr als lächerlich, in dem einen Land gewissermaßen das Arbeitstempo zu beschränken, wenn im Nachbarstaate die Entwicklung des Schnellverkehrs ungehindert vor sich gehen kann. In Kürze ist dann dieses 'schnellere' Land auch im wirtschaftlichen Leben schneller." Weitere Beispiele dieses Argumentationsmusters bei Müller, Kraftwagen und Straße. In: MTW 30 (1927), S. 480 ff.; Schöpke, Was verlangt der Nutzfahrzeug-Verkehr vom Straßenbau. In: LA 6 (1929), Heft 16, S. 8 ff.; Micksch, Warum der Autolastzug den Pferdetransport nur allmählich zu verdrängen mag. In: LA 2 (1925), Heft 7, S. 1 ff.

schaft. Ohne ein Urteil über die Tarife der Eisenbahn abgeben zu wollen, kann man jedenfalls annehmen, daß sie die Unterhaltung und Erneuerung des Materials in Rechnung stellen. Die Leistungsfähigkeit der Eisenbahn ist dabei keineswegs voll ausgenutzt, sie könnte leicht den Lastautoverkehr mitbewältigen. Aber dieser ist ja, wie gesagt, weit billiger als die Eisenbahn, weil der Lastautoverkehr nur einen verschwindenden Beitrag zur Straßenunterhaltung leistet, dafür aber den wegebaupflichtigen Verbänden nicht mehr zu tragende Lasten aufbürdet."[69]

Diese Äußerung stammte aus gutem Grund von einem Landrat aus dem Kreis Fallingbostel, ein Kreis, der dem Durchgangsverkehr zwischen Hannover und den Hafenstädten Bremen und Hamburg besonders ausgesetzt war und für entsprechend große Instandhaltungskosten aufkommen mußte. Während in der Inflationszeit die drastische Verschlechterung der deutschen Straßen offenkundig wurde, erwies sich gleichzeitig, daß die historisch gewachsene, dezentralisierte politische Verantwortlichkeit für Bau- und Unterhaltslast im Straßenwesen einem abgestimmten Um- und Ausbau des deutschen Straßennetzes hinderlich war. Zwar gehörte zu den obersten Reichsbehörden, die 1919 auf Erlaß des Reichspräsidenten gegründet wurden, das Reichsverkehrsministerium. Damit war aber lediglich die Grundlage für eine Zentralisation der Verkehrspolitik gelegt. Dem Reich kam laut Artikel 7, Ziffer 19 der Verfassung formell die Gesetzgebungskompetenz für den Bau von Landstraßen zu, sofern es sich um allgemeine Verkehrsstraßen oder solche zum Zweck der Landesverteidigung handelte. In der Praxis wurde jedoch Artikel 12 der Verfassung relevant, der den Ländern für den Fall, daß das Reich von der Gesetzgebungskompetenz keinen Gebrauch machte, die entsprechenden Befugnisse zusprach. Von wenigen Ausnahmen abgesehen, verzichtete das Reich in den Weimarer Jahren auf eine einheitliche Regelung des Straßen- und Wegewesens. Dieses Gebiet blieb damit selbständige Verwaltungssache der einzelnen Länder und ihrer Selbstverwaltungskörperschaften.[70]

Die Länder, Provinzen, Kreise und Gemeinden blieben, wie bereits vor dem Weltkrieg, verantwortlich für den Bau und die Instandhaltung derStraßen. Entsprechend der jeweiligen Trägerschaft wurden Staats- oder Provinzialstraßen als Straßen erster Ordnung, Kreis- oder Bezirksstraßen als Straßen zweiter Ordnung und Gemeindestraßen als Straßen dritter Ordnung unterschieden. Noch im Jahr 1930 waren 34 Verwaltungen, die eine durchschnittliche Streckenlänge von 1800 km betreuten, für die erstgenannte, 678 Verwaltungen mit einer durch-

---

[69] Rotberg, Lastauto und Landstraße. In: STR 17 (1927), S. 447. Weitere Beispiele dieser Argumentation bei Neumann, Kraftwagen und Straßenwirtschaft. In: VtW 19 (1925), S. 97 ff.; Pirath, Die Verkehrsprobleme der Gegenwart. In: VtW 23 (1929), S. 461 ff.; Fischer, Zum Wunschzettel der Kraftfahrer. In: STR 17 (1927), S. 433 f.; Blum, Probleme, 1930, S. 528 ff.

[70] Vgl. Salzwedel, Aufgaben des Reichsverkehrsministeriums, 1985, S. 260 ff.; Wienecke, Entwicklungskritische Betrachtungen, 1956, S. 20; Statistisches Reichsamt (Hg.), Straßen- und Wegewesen, 1934, S. 13.

schnittlich zu betreuenden Streckenlänge von 165 km für die zweitgenannte und 60.000 Verwaltungen, die im Mittel eine Streckenlänge von 0,683 km betreuten, für die letztgenannte Klassifikationsstufe verantwortlich. Zusätzlich existierten 3385 Verwaltungen, die jeweils für durchschnittlich 1,8 km Stadtdurchgangsstraßen verantwortlich waren.[71] Nach einer Erhebung von 1933 betrug die Länge des Straßennetzes etwa 220.000 km, von denen gut 63.000 km Staats- und Provinzial-, aber gut 108.000 Kreis- oder Bezirksstraßen waren. Dazu kamen noch etwa 50.000 km befestigte Fahrbahnen, die in Gemeindeverwaltung standen.[72] Für die Bau- und Unterhaltslast dieser Infrastruktur galten in Weimar vielschichtige und wechselnde Kompetenz- und Zuständigkeitsverhältnisse. *(Tabelle 14)*

So gingen beispielsweise in Preußen durch die Dotationsgesetzgebung von 1873 und die zugehörigen Ausführungsgesetze von 1875 die Staatsstraßen zusammen mit einer finanziellen Ausstattung, den Dotationen, auf die Provinzen über, denen die Weiterübertragung von Rechten und Pflichten auf die Landkreise offenstand. Während in den westlichen Provinzen vor 1914 kaum von dieser Kompetenzverlagerungsmöglichkeit Gebrauch gemacht wurde, befanden sich in den östlichen Provinzen zu diesem Zeitpunkt nahezu alle Provinzialstraßen in Kreisverwaltung. An diesem Zustand änderte sich nach Krieg und Inflation nur wenig. In der westlichen Rheinprovinz fand 1924 eine Rückübertragung der Zuständigkeit für die Provinzialstraßen außerhalb des jeweiligen Ortsbereiches der bis dato verantwortlichen Gemeinden sowie häufig frequentierter Kreisstraßen auf die Provinz statt, im Osten blieb, mit Ausnahme von Brandenburg, die Provinzialstraßenverwaltung Angelegenheit der Kreistraßenverwaltungen. Im Freistaat Hessen gingen 1927 die Staatsstraßen aus der Obhut der Kreis- in die der Provinzialverwaltung über. In Baden überwog in den 1920er Jahren die Länge der Staatsstraßen mit gut 3000 km die der Kreisstraßen mit gut 1400 km, in Bayern galt mit gut 7000 km Staats- und knapp 20.000 km Kreisstraßen ein umgekehrtes Verhältnis. Die Zuständigkeiten verteilten sich entsprechend dieser Zahlen.[73] Wenngleich sich, zumeist begründet durch steigende Lasten und unzureichendes Steueraufkommen untergeordneter Körperschaften, eine Tendenz zur Kompetenzverlagerung auf höherrangige Verwaltungsbehörden abzeichnete, konnte unter diesen Umständen ein einheitlicher, an allgemeingültigen Richtlinien orientierter Um- und Ausbau des Straßennetzes kaum

---

[71] Vgl. Voss, Entwicklung der Kraftfahrzeugstraßen, 1946, S. 100; Statistisches Reichsamt (Hg.), Straßen- und Wegewesen, 1934, S. 13 ff.

[72] Ebenda, S. 16.

[73] Vgl. Voss, Entwicklung der Kraftfahrzeugstraßen, 1946, S. 100 ff.; Heymann, Verwaltung, 1928, S. 29 ff. Diese Quellen bieten eine relativ ausführliche Darstellung der Zuständigkeiten und Zuständigkeitsverschiebungen in den einzelnen deutschen Ländern.

Tabelle 14: Die Organisation des Straßen- und Wegewesens der deutschen Länder (Stand Januar 1934)

Land	Bezeichnung	Straßengruppe			
		Staatsstraßen	Provinzialstraßen	Kreisstraßen (Kreiswege)	Gemeindestraßen (Gemeindewege)
Preußen	Verwaltung	—	zentral: Provinzialstraßenverwaltungen unter Landeshauptmann, lokal: in den östlichen Provinzen (außer Grenzmark und Oberschlesien) Kreisstrassenverwaltungen (Kreisbaumeister) beauftragt (in Ostpreußen und Brandenburg auch eigene Landesbauämter); in den übrigen Gebieten (außer Grenzmark) eigene Landesbauämter	regelmäßig Kreisstraßenverwaltungen (Kreisbaumeister); in Sachsen z.T. unter technischer Leitung des Provinzialverbandes; in Hannover in Verbindung mit Provinzialorganen, in Hessen-Nassau und Hohenzollern nur Landesbauämter, die auch mit Kreisstraßenverwaltung beauftragt	Gemeindeverwaltung (in größeren Städten Tiefbauämter)
	Aufsicht	—	bei Chausseen: Chausseebaupolizeibehörde Regierungspräsident, Aufsichtsbehörde für Chausseebaupolizei Minister des Innern, für Wegebautechnik und Wegebaufinanzierung Minister für Wirtschaft und Arbeit bei übrigen Straßen und Wegen: Wegebaupolizeibehörde: in Landbezirken Amtsvorsteher oder Bürgermeister (in Hannover Landrat), in Städten Bürgermeister oder Polizeipräsident: Aufsichtsbehörde: über kreisangehörige Gemeinden Landrat, über Stadtkreise Regierungspräsident		
Bayern	Verwaltung	zentral: oberste Baubehörde beim Innenministerium, lokal: 24 Straßen- und Flußbauämter	—	Bezirksverwaltung (Bezirksbaumeister) für Bezirksstraßen	Gemeindeverwaltung
	Aufsicht	Kreisregierung	—	Kreisregierung	über bezirksangehörige Gemeinden Bezirksamt; über kreisunmittelbare Städte Kreisregierung
Sachsen	Verwaltung	zentral: Straßenbaudirektion beim Finanzministerium, lokal: 11 Straßen- und Wasserbauämter	—	—	Gemeindeverwaltung
	Aufsicht	Amtshauptmanschaft	—	—	Amtshauptmannschaft (in Städten der revidierten Stästeordnung nur für die nicht dem inneme Verkehr dienenden Wege), oberste Aufsicht Finanz- und Innenministerium
Württemberg	Verwaltung	zentral: Technisches Landesamt beim Innenministerium, lokal: 15 Straßen- und Wasserbauämter	—	Amtskörperschaftsverwaltungfür freiwillig übernommene Nachbarschaftsstraßen (Amtskörperschaftsstraßen)	Gemeindeverwaltung
	Aufsicht	Technisches Landesamt	—	Ministerialabteilung für Bezirks- und Körperschaftsverwaltung	über kleine Gemeinden: Oberamt, über mittlere und große Städte: Ministerialabteilung für Bezirks- und Körperschaftsverwaltung

Land	Bezeichnung	Straßengruppe			
		Staatsstraßen	Provinzialstraßen	Kreisstraßen (Kreiswege)	Gemeindestraßen (Gemeindewege)
Baden	Verwaltung	zentral: Wasser- und Straßenbauabteilung beim Finanz- und Wirtschaftsministerium, lokal: 17 Wasser- und Straßenbauämter	—	Verwaltung der Kreisstraßen und Kreisgemeindewege durch Beamte der staatlichen Wasser- und Straßenbauämter	Gemeindeverwaltung
	Aufsicht	Wasser- und Straßenbauabteilung	—	Wasser- und Straßenbauamt	Bezirksamt (Bezirksbaumeister) in Verbindung mit Wasser- und Straßenbauamt
Thüringen	Verwaltung	zentral: Ministerium des Innern, Abteilung C Straßenbau u. Arbeitsbeschaffung, lokal: 8 Kreisämter, Abteilung Bauverwaltung	—	Kreisverwaltung	Gemeindeverwaltung
	Aufsicht	Ministerium des Innern, Abteilung C Straßenbau und Arbeitsbeschaffung	—	Ministerium des Innern, Abt. C	über Stadtkreise und unmittelbare Gemeinden: Ministerium des Innern, über die übrigen Gemeinden: Kreisamt
Hessen	Verwaltung	—	Provinzialverwaltung	—	Gemeindeverwaltung
	Aufsicht	—	Ministerium des Innern	—	Kreisamt
Mecklenburg-Schwerin	Verwaltung	4 Straßenbauämter	—	Amtsverwaltung für Kunststraßen, soweit sie nicht Staatsstraßen sind	Gemeindeverwaltung
	Aufsicht	Ministerium des Innern	—	Ministerium des Innern	über amtsfreie Städte: Ministerium des Innern
Oldenburg	Verwaltung im Landesteil Oldenburg	5 Wege- und Wasserbauämter für Staatswege	—	Amtsverwaltung für Amtswege	Gemeindeverwaltung für Gemeindewege
	im Landesteil Lübeck	—	—	Wegebauamt Landeswege	Gemeindeverwaltung für Gemeindewege
	im Landesteil Birkenfeld	—	—	Bauamt für Landstraßen	Gemeindeverwaltung für Gemeindewege
	Aufsicht im Landesteil Oldenburg	Ministerium des Innern	—	Ministerium des Innern	über Städte I. Klasse: Ministerium des Innern, über Städte II. Klasse und Landgemeinden: Amtshauptmann
	im Landesteil Lübeck	—	—	Ministerium des Innern	Regierung
	im Landesteil Birkenfeld	—	—	Ministerium des Innern	über Stadtgemeinden: Regierung, über Landgemeinden: Bürgermeister
Braunschweig	Verwaltung	zentral: Baudirektion, lokal: 6 Straßen und Wasserbauämter	—	Wegebauamt für Kreisstraßen durch staatliche Baubeamte	Gemeindeverwaltung in Stästen und Flecken, Wegebauleitung durch staatliche Baubeamte in Dörfern
	Aufsicht	Finanzminister	—	Finanzminister	über Gemeindeverwaltungen Kreisdirektion, über staatliche Baubeamte Finanzminister

Land	Bezeichnung	Straßengruppe			
		Staatsstraßen	Provinzialstraßen	Kreisstraßen (Kreiswege)	Gemeindestraßen (Gemeindewege)
Anhalt	Verwaltung	—	—	Kreisverwaltung für Kreisstraßen (früher Staatsstraßen)	Gemeindeverwaltung
	Aufsicht	—	—	Staatsministerium, Ministerialabteilung für Finanzen	Staatsministerium, Ministerialabteilung für Finanzen
Lippe	Verwaltung	2 Landesbauämter für Landesstraßen	—	Kreisverwaltung	Gemeindeverwaltung
	Aufsicht	Landesregierung (Bauabteilung)	—	Landesbauamt	Landesbauamt
Mecklenburg-Strelitz	Verwaltung	Tiefbauamt für Landes-, Haupt- und Nebenchausseen	—	—	Gemeindeverwaltung für Privatnebenchausseen und Gemeindestraßen und -wege
	Aufsicht	Finanzministerium, Abteilung für Tiefbauten	—	—	im Landesteil Stargard: Wegebesichtigungsbehörde, im Landesteil Ratzeburg: Wegekommission
Schaumburg-Lippe	Verwaltung	Staatliche Bauverwaltung mit 4 Wegebauaufsichtsbezirken	—	Kreisverwaltung	Gemeindeverwaltung
	Aufsicht	Landesregierung	—	Staatliche Bauverwaltung	Staatliche Bauverwaltung
Hamburg	Verwaltung	Oberste Behörde: Baudeputation, Verwaltung in 5 Ingenieurabteilungen der Verwaltungsabteilung Ingenieurwesen	—	—	Gemeindeverwaltung
	Aufsicht	Senat	—	—	Landherrenschaft unter Mitwirkung des Landesausschusses, im Amt Ritzebüttel: Amtsverwalter; oberste Aufsicht: Senat
Bremen	Verwaltung	Oberste Behörde: Baudeputation, Verwaltung dur Straßen- und Brückenbauamt	—	Kreisverwaltung unter Zuordnung eines staatlichen Baubeamten	Gemeindeverwaltung
	Aufsicht	Senat	—	Senat	in Landgemeinden: Landherr, in Hafenstädten: Senatskommissar für die Hafenstädte; oberste Aufsicht: Senat
Lübeck	Verwaltung	Baubehörde, Tiefbauabteilung	—	—	Gemeindeverwaltung
	Aufsicht	Senat	—	—	Polizeiamt in Lübeck mit der Tiefbauabteilung als technischem Beirat; oberste Aufsicht: Senat

Quelle: Statistisches Reichsamt (Hg.), Straßen- und Wegewesen, 1934, S. 14/15.

stattfinden.[74] Die verwaltungsmäßige Organisation der Infrastrukturentwicklung hielt mit dem Tempo der Motorisierung des Straßenverkehrs nicht Schritt.

Eine umfangreiche wissenschaftlich-technische Forschungstätigkeit sollte helfen, die straßenplanerischen Diskussionen und Aktivitäten auf eine verläßliche Grundlage zu stellen und dem Manko fehlender theoretischer Erkenntnisse und empirischer Daten abhelfen. Zur Bündelung und Kanalisierung der Bestrebungen von Verwaltung, Wissenschaft, Praxis und Industrie auf dem Gebiet des Straßenwesens wurde im Oktober 1921 der Deutsche Straßenbauverband gegründet. Ihm gehörten vorwiegend technische Beamte der Provinzial- und Staatsstraßenbauverwaltungen an, zu seinen Versammlungen entsandte aber auch das Reichsverkehrsministerium regelmäßig Vertreter. Der Verband sollte vor allem technische und wirtschaftliche Fragen bezüglich Straßenbau, -unterhaltung und -bewirtschaftung einer Lösung zuführen und für eine bessere Abstimmung der verschiedenen Verwaltungen sorgen, aber auch Stellungnahmen zu Gesetzesvorhaben im Verkehrswesen abgeben.[75] Der Straßenbauverband erarbeitete zusammen mit der 1924 gegründeten 'Studiengesellschaft für Automobilstrassenbau' (STUFA) bis 1928 einen Vorschlag für die Gestaltung des deutschen Kraftwagenstraßennetzes, der umfangreichen Anforderungen genügen

---

[74] Zur Vielgestaltigkeit der Ausbauvorschriften für das deutsche Straßennetz vgl. etwa Ehlgötz, Einheitliche Richtlinien für den deutschen Straßenbau? In: Straßenbau und Straßenunterhaltung. Straßenbaubeilage der Vt 11 (1930), S. 83 ff. Die Forderung nach einer zentral gesteuerten Straßenbaupolitik und die Erörterung der Vor- und Nachteile der existierenden Zuständigkeitsverteilungen war insbesondere im Zusammenhang mit der Problematik der Straßenbaufinanzierung Bestandteil des verkehrspolitischen Diskurses in der Weimarer Republik. Das Reich beschränkte sich jedoch, mit mäßigem Erfolg, auf die Koordination der verschiedenen Maßnahmen einzelner Länder. Dies lief dem Gedanken einer geplanten, an (vermeintlichen) volkswirtschaftlichen Notwendigkeiten orientierten Infrastruktur- und Verkehrspolitik zuwider und förderte die Akzeptanzbereitschaft gegenüber den zentralistischen Ausbau- und Steuerungsplänen der Nationalsozialisten. Zur entsprechenden Diskussion vgl. etwa Heymann, Zentralisation und Dezentralisation im Landstraßenwesen. In: STR 20 (1930), S. 51 ff.; Platzmann, Vorschläge für eine Neuregelung des deutschen Straßenwesens. In: Straßenbau und Straßenunterhaltung. Straßenbaubeilage der VT 10 (1929), S. 752 ff.; Müller, Reichsverkehrspolitik eine volkswirtschaftliche Notwendigkeit. In: VT 11 (1930), S. 138 ff.; Reuteaux, Betrachtungen zur Verkehrspolitk in Deutschland. In: VTW 25 (1931), S. 629 ff.; Pirath, Verkehrseinheit und Verkehrspolitik. In: ZfV 11 (1933), S. 1 ff.

[75] Der ursprüngliche Name des Straßenbauverbandes lautete 'Verband der Straßenbauverwaltungen der deutschen Länder (preußischen Provinzen), vertreten durch die leitenden Baubeamten'. Geschäftsführer dieser Vereinigung blieb von Beginn bis 1933 der Leiter des Verkehrswesens in der Provinz Brandenburg, Landesbaurat Dr. Wienecke, von 1933 bis zur Auflösung 1935 Ministerialrat Dr. Speck, der in den 1920er Jahren die sächsische Straßenbaudirektion leitete und für die Verkehrszählungen von 1924/25 beziehungsweise 1928/29 verantwortlich zeichnete. Vgl. Wienecke, Entwicklungskritische Betrachtungen, 1956, S. 10 ff.; Kirchbach, Entwicklung des Straßenbaus, 1995, S. 81.

sollte. Geheimrat Otzen, Professor an der TH Hannover und Mitglied des Vorstandes der STUFA, formulierte sie auf der deren Gründungsversammlung folgendermaßen:

„Vier Forderungen machen ihre Ansprüche geltend. Schlagwortartig lauten sie: technisch ausführbar, wissenschaftlich begründet, wirtschaftlich günstig und ästhetisch befriedigend.“[76]

Bereits auf der ersten Vorstandssitzung des Straßenbauverbandes im Frühjahr 1922 wurde das Vorhaben einer Verkehrszählung thematisiert, die nach umfangreichen Vorarbeiten im Zusammenarbeit mit dem deutschen Landkreistag vom 01. Oktober 1924 bis zum 30. September 1925 erstmals, und planmäßig nach Ablauf von genau vier Jahren 1928/29 zum zweiten Mal, durchgeführt wurde. 1932 wurde eine Zwischenzählung vorgenommen, die lediglich die Fernverkehrsstraßen erfaßte.[77] Aus dem Vergleich dieser drei Zählungen ergaben sich wichtige Aufschlüsse über die Entwicklung der Straßenbelastung sowie die strukturelle Zusammensetzung und die räumliche Ausdehnung des Verkehrs. *(Tabellen 15, 16 a und 16b, 17, 18, 19a und 19b)*

1. Die Gesamtbelastung der Verkehrsstraßen nahm zwischen 1924/25 und 1928/29 deutlich zu. Besonders betroffen waren davon die Staats- und Provinzialstraßen, deren tägliche Durchschnittsbelastung sowohl hinsichtlich der Fahrzeuganzahl als auch hinsichtlich der Fahrzeuggewichte um knapp 90 Prozent, von 403 auf 756 Tonnen, stieg. Aber auch bei Kreisstraßen, die eine mengen- und gewichtsmäßige Mehrbelastung von gut 50 Prozent, von 207 auf 316 Tonnen, zu tragen hatten, zeigten sich die Auswirkungen der steigenden Motorisie-

[76] Otzen, Die Aufgaben der Studiengesellschaft für den Automobilstraßenbau. In: VT 5 (1924), S. 548; vgl. auch o. V., Schaffung von wissenschaftlichen und praktischen Straßenbau-Forschungsstellen. In: STR 16 (1926), S. 280 f.; Kirchbach, Entwicklung des Straßenbaus, 1995, S. 83.

[77] Der genaue Aufbau der beiden Verkehrszählungen stellt sich folgendermaßen dar: 1924/25 wurde der Verkehr auf ungefähr der Hälfte des deutschen Landstraßennetzes (knapp 90.000 km), dabei auf allen Staats- beziehungsweise preußischen Provinzialstraßen (gut 65.000 km) und auf einem Teil der Kreisstraßen (gut 23.000 km) an 21 auf das Jahr und die verschiedenen Wochentage verteilten Tagen und 7 Nächten gezählt. 1928/29 erhöhte sich die Zahl der erfaßten Strecken auf gut 130.000 km, wovon gut 56.000 km Staats- und Provinzialstraßen und gut 76.500 km Kreisstraßen waren. Gezählt wurde auf Teilabschnitten zwischen 5 und 10 km Länge, auf denen alle passierenden Fahrzeuge erfaßt wurden und ihr Gewicht unter Zugrundelegung von Einheitsgewichtsgruppen geschätzt wurde. Auf diese Weise war sowohl die absolute Anzahl als auch die gewichtsmäßige Belastung einzelner Strecken ermittelbar. Die Zwischenzählung auf den Fernverkehrsstraßen beschränkte sich auf den Zeitraum August/September 1932 und war deshalb nur mit den entsprechenden Daten des Jahres 1929 zu vergleichen. Vgl. Speck, Verkehrszählung auf den deutschen Staats- und Provinzialstraßen. In: STR 14 (1924), S. 146 ff.; ders., Straßenverkehr und Finanzierung des Straßenbaues. In: ZVDI 72 (1928), S. 617; Ballhof, Das Ergebnis der Straßenverkehrszählung von 1928/29. In: VTW 26 (1932), S. 277 f.

rung. Der relative Anteil einzelner Streckenabschnitte an der Gesamtbelastung war für Ausbaupläne besonders interessant. Waren noch 1924/25 gut 40 Prozent aller Straßen der Verkehrsstufe mit einer täglichen Belastung bis 200 Tonnen und kumulierte 95 Prozent derjenigen bis 800 Tonnen zuzuordnen, für die eine Oberflächenbehandlung zumindest vorübergehend als ausreichende Befestigung angesehen werden konnte, gehörten 1928/29 nur noch etwa 25 Prozent aller Straßen der Klassifikationsstufe bis 200 Tonnen und kumulierte 85 Prozent der Stufe bis 800 Tonnen an. Die letztgenannte Stufe beinhaltete 95 Prozent der Kreisstraßen. Bei den Staats- und Provinzialstraßen fielen knapp 80 Prozent in die Stufen von 200 bis 1200 Tonnen Belastung. Für das Gros der Fernverkehrsstraßen, deren gewichtsmäßige Belastung seit 1929 um etwa 20 Prozent zugenommen hatte, reichte 1932 eine Oberflächenbehandlung als bautechnische Maßnahme nicht mehr aus. Einer 800 Tonnen nicht überschreitenden täglichen Belastung waren lediglich 30 Prozent dieser Straßen ausgesetzt. Die restlichen Fernverkehrsstraßen hatten täglich ein Gewicht von bis zu 5000 Tonnen zu tragen.[78]

2. Zwischen 1924/25 und 1928/29 gewannen die motorisierten Straßenfahrzeuge einen immer größeren Anteil an der strukturellen Zusammensetzung des Straßenverkehrs. Die erste Erhebung bestätigte noch die Existenz eines gemischten Verkehrs, bei dem bespannte Fahrzeuge einen Anteil von 42 Prozent, Pkw und Krafträder einen Anteil von 25 Prozent und Lkw einen Anteil von knapp 33 Prozent an der Gesamtbelastung der Staats- und Provinzialstraßen hatten. Bezogen auf die Anzahl der jeweiligen Fahrzeugtypen machten bespannte Fahrzeuge etwa 47 Prozent, Pkw und Krafträder etwa 40 Prozent und Lkw etwa 13 Prozent des Gesamtverkehrs aus. Diese Verhältnisse verschoben sich bei der zweiten Zählung derart, daß nunmehr von einer Dominanz der Motorfahrzeuge auszugehen war. Bespannte Fahrzeuge hielten einen Anteil an der gewichtsmäßigen Belastung der Staats- und Provinzialstraßen von etwa 18 Prozent, Pkw und Krafträder einen Anteil von etwa 42 Prozent, Lkw einen Anteil von etwa 40 Prozent. Unter Zugrundelegung der Fahrzeuganzahl lauteten die entsprechenden Werte für bespannte Fahrzeuge gut 20 Prozent, für Pkw und Krafträder etwa 65 Prozent und für Lkw knapp 15 Prozent. Nicht minder deutlich waren die Verschiebungen auf den Kreisstraßen. Die relevanten Werte lauteten, bezogen auf die Anzahl der

---

[78] Vgl. Sächsische Straßen-Baudirektion, Verkehrszählung 1924/25, S. 52 ff.; dies., Verkehrszählung 1928/29, S. 168 f. und S. 174 ff. Zusammenfassende Darstellungen wichtiger Ergebnisse der Verkehrszählungen bei Ballhof, Der Verkehr auf deutschen Straßen. In: VTW 21 (1927), S. 640 f.; Eitner, Die erste allgemeine deutsche Landstraßen-Verkehrszählung, ihre Ergebnisse, Mängel, Lehren. In: STR 17 (1927), S. 312 ff.; Hoffmann, Die Ergebnisse der deutschen Verkehrszählung von 1928-29. In: VT 12 (1931), S. 189 ff.; Ballhof, Ergebnis der Straßenverkehrszählung von 1928/29, 1932, S. 277 ff.; Voss, Entwicklung der Kraftfahrzeugstraßen, 1946, S. 67 ff.; Statistisches Reichsamt (Hg.), Straßen- und Wegewesen, 1934, S. 10 ff.

Tabelle 15: Die durchschnittliche tägliche Belastung der deutschen Hauptverkehrsstraßen 1924/25 und 1928/29 im Reich

Fahrzeugart	Fahrzeuganzahl					Fahrzeuggewichte				
	absolut			vH		t			vH	
	1924/25	1928/29	Veränderung in vH	1924/25	1928/29	1924/25	1928/29	Veränderung in vH	1924/25	1928/29
a. Staats- und Provinzialstraßen										
1. Bespannte Fahrzeuge	81	66	- *18,5*	*47,1*	*20,1*	171	138	- *19,3*	*42,4*	*18,3*
2. Krafträder und Personenkraftwagen	69	214	+ *210,1*	*40,1*	*65,3*	100	316	*+216,0*	*24,8*	*41,8*
3. Lastkraftwagen und außergewöhnliche Lasten	22	48	+ *118,2*	*12,8*	*14,6*	132	302	*+128,8*	*32,8*	*39,9*
Zusammen	**172**	**328**	**+ *90,7***	***100***	***100***	**403**	**756**	**+ *87,6***	***100***	***100***
b. Kreisstraßen [1]										
1. Bespannte Fahrzeuge	75	71	- *5,3*	*74,3*	*46,7*	153	148	- *3,3*	*73,9*	*46,8*
2. Krafträder und Personenkraftwagen	21	68	+ *223,8*	*20,8*	*44,7*	26	90	*+246,2*	*12,6*	*28,5*
3. Lastkraftwagen und außergewöhnliche Lasten	5	13	+ *160,0*	*4,9*	*8,6*	28	78	*+178,6*	*13,5*	*24,7*
Zusammen	**101**	**152**	**+ *50,5***	***100***	***100***	**207**	**316**	**+ *52,7***	***100***	***100***

[1] Kreisstraßen sind hier alle Straßen, die nicht Staats- oder Provinzialstraßen oder rein städtische Straßen sind. Bei der Zählung konnten allerdings nicht alle Kreisstraßen berücksichtigt werden.

Quelle: Statistisches Reichsamt (Hg.), Straßen- und Wegewesen, 1934, S. 12.

<u>Tabelle 16 a:</u> Die durchschnittliche tägliche Belastung der deutschen Staats- und Provinzstraßen 1924/25 und 1928/29 nach Ländern: Anzahl der Fahrzeuge

Gebiet	Bespannte Fahrzeuge					Krafträder und Personenkraftwagen					Lastkraftwagen und außergewöhnliche Lasten					Zusammen		
	1924/25	1928/29	Veränderung in vH	vH des Gesamtverkehrs 1924/25	vH des Gesamtverkehrs 1928/29	1924/25	1928/29	Veränderung in vH	vH des Gesamtverkehrs 1924/25	vH des Gesamtverkehrs 1928/29	1924/25	1928/29	Veränderung in vH	vH des Gesamtverkehrs 1924/25	vH des Gesamtverkehrs 1928/29	1924/25	1928/29	Veränderung invH
a. Anzahl der Fahrzeuge																		
Preußen Mittel	87	71	*-18,4*	*47,5*	*21,7*	72	205	*+ 188,3*	*38,8*	*62,7*	25	51	*+104,0*	*13,7*	*15,6*	183	327	*+ 78,7*
Bayern	73	59	*-19,2*	*48,4*	*20,3*	60	197	*+ 228,3*	*39,7*	*67,7*	18	35	*+ 94,4*	*11,9*	*12,0*	151	281	*+ 92,7*
Sachsen	81	67	*-16,1*	*10,1*	*13,0*	98	373	*+ 280,6*	*48,5*	*71,5*	23	81	*+252,2*	*11,4*	*15,5*	202	522	*+158,4*
Württemberg	72	54	*-25,0*	*49,3*	*17,3*	56	213	*+ 280,6*	*38,4*	*68,3*	18	45	*+150,0*	*12,3*	*14,4*	146	312	*+113,7*
Baden	67	50	*-25,4*	*40,6*	*15,7*	75	216	*+ 188,0*	*45,5*	*67,7*	23	53	*+130,4*	*13,9*	*16,6*	165	319	*+ 93,3*
Thüringen	71	50	*-29,6*	*45,0*	*15,7*	74	234	*+ 216,2*	*46,8*	*73,4*	13	35	*+169,2*	*8,2*	*10,9*	158	319	*+101,9*
Hessen, Prov. Starkenburg	79	50	*-36,7*	*36,4*	*10,4*	103	354	*+ 243,7*	*47,5*	*73,8*	35	76	*+117,1*	*16,1*	*15,8*	217	480	*+121,2*
Hessen, Prov. Oberhessen	89	87	*- 2,2*	*63,1*	*27,3*	42	194	*+ 361,9*	*29,8*	*60,8*	10	38	*+280,0*	*7,1*	*11,9*	141	319	*+126,2*
Mecklenburg-Schwerin	72	65	*- 9,7*	*64,9*	*34,0*	34	110	*+ 223,5*	*30,6*	*57,6*	5	16	*+220,0*	*4,5*	*8,4*	111	191	*+ 72,1*
Oldenburg mit Birkenfeld (ohne Lübeck)	61	69	*+13,1*	*51,3*	*30,1*	48	139	*+ 189,6*	*40,3*	*60,7*	10	21	*+110,0*	*8,4*	*9,2*	119	229	*+ 92,4*
Braunschweig	81	73	*- 9,9*	*46,3*	*25,7*	52	182	*+ 250,0*	*36,1*	*64,1*	11	29	*+163,6*	*7,6*	*10,2*	144	284	*+ 97,2*
Anhalt	74	63	*-14,9*	*52,9*	*23,3*	55	175	*+ 218,2*	*39,3*	*64,8*	11	32	*+190,9*	*7,8*	*11,9*	140	270	*+ 92,9*
Bremen	188	169	*-10,1*	*49,0*	*20,4*	128	479	*+ 274,2*	*33,3*	*57,8*	68	181	*+166,2*	*17,7*	*21,8*	384	819	*+115,9*
Lippe	76	78	*+2,6*	*48,4*	*21,4*	72	251	*+ 248,6*	*45,9*	*69,0*	9	35	*+288,9*	*5,7*	*9,6*	157	364	*+131,8*
Lübeck	95	75	*-21,1*	*43,6*	*17,3*	103	285	*+ 176,6*	*47,2*	*65,7*	20	74	*+270,0*	*9,2*	*17,0*	218	434	*+199,1*
Mecklenburg-Strelitz	78	71	*- 8,8*	*63,4*	*34,6*	39	121	*+ 210,3*	*31,7*	*59,0*	6	13	*+116,7*	*4,9*	*6,4*	123	205	*+ 66,7*
Schaumburg-Lippe	103	64	*-37,9*	*52,6*	*21,3*	80	202	*+ 152,5*	*40,8*	*68,3*	13	30	*+130,8*	*6,6*	*10,1*	196	296	*+ 51,0*
Reich Mittel	**81**	**66**	***-18,5***	***47,1***	***20,1***	**69**	**214**	***+ 210,1***	***40,1***	***65,3***	**22**	**48**	***+118,2***	***12,8***	***14,6***	**172**	**328**	***+ 90,7***

Quelle: Statistisches Reichsamt (Hg.), Straßen- und Wegewesen, 1934, S. 11

<u>Tabelle 16 b:</u> Die durchschnittliche tägliche Belastung der deutschen Staats- und Provinzstraßen 1924/25 und 1928/29 nach Ländern: Gewicht

Gebiet	Bespannte Fahrzeuge					Krafträder und Personenkraftwagen					Lastkraftwagen und außergewöhnliche Lasten					Zusammen		
	1924/25	1928/29	Veränderung in vH	vH des Gesamtverkehrs		1924/25	1928/29	Veränderung in vH	vH des Gesamtverkehrs		1924/25	1928/29	Veränderung in vH	vH des Gesamtverkehrs		1924/25	1928/29	Veränderung invH
				1924/25	1928/29				1924/25	1928/29				1924/25	1928/29			
b. Gewicht in t																		
Preußen Mittel	181	147	- 18,8	*41,2*	*19,0*	105	308	*+193,3*	*23,9*	*39,9*	153	317	*+107,2*	*34,9*	*41,1*	439	772	*+75,9*
Bayern	151	121	- 19,9	*43,4*	*19,3*	85	282	*+231,8*	*24,4*	*44,9*	112	225	*+100,9*	*32,2*	*35,8*	348	628	*+80,5*
Sachsen	178	148	- 16,9	*37,5*	*12,5*	145	508	*+250,3*	*30,6*	*42,7*	151	533	*+253,0*	*31,9*	*44,8*	474	1.189	*+150,8*
Württemberg	155	112	- 27,7	*43,2*	*15,4*	84	318	*+278,6*	*23,4*	*43,7*	120	297	*+147,5*	*33,4*	*40,9*	359	727	*+102,5*
Baden	48	108	- 27,0	*40,0*	*14,2*	93	327	*+251,6*	*25,1*	*43,1*	129	324	*+151,2*	*34,9*	*42,7*	370	759	*+105,1*
Thüringen	147	103	- 29,9	*43,8*	*15,1*	108	344	*+218,5*	*32,1*	*50,4*	81	236	*+191,4*	*24,1*	*34,5*	336	683	*+103,3*
Hessen, Prov. Starkenburg	161	97	- 39,8	*30,4*	*8,6*	153	554	*+262,1*	*28,9*	*49,0*	215	479	*+122,8*	*40,7*	*42,4*	529	1.130	*+113,6*
Hessen, Prov. Oberhessen	179	170	- 5,0	*59,3*	*23,6*	62	306	*+393,5*	*20,5*	*42,5*	61	244	*+300,0*	*20,2*	*33,9*	302	720	*+138,4*
Mecklenburg-Schwerin	169	147	- 12,0	*67,1*	*35,4*	51	165	*+223,5*	*20,2*	*39,8*	32	103	*+221,9*	*12,7*	*24,8*	252	415	*+64,7*
Oldenburg mit Birkenfeld (ohne Lübeck)	121	145	+ 19,8	*50,6*	*30,4*	61	200	*+227,9*	*25,5*	*41,9*	57	132	*+313,6*	*23,9*	*27,7*	239	477	*+99,6*
Braunschweig	183	165	- 9,8	*56,1*	*26,4*	77	277	*+259,7*	*23,6*	*44,2*	66	184	*+178,8*	*20,3*	*29,4*	326	626	*+92,0*
Anhalt	171	144	- 15,8	*55,5*	*24,2*	78	244	*+212,8*	*25,3*	*40,9*	59	208	*+252,5*	*19,2*	*34,9*	308	596	*+93,5*
Bremen	411	363	- 11,7	*41,0*	*16,5*	192	742	*+286,5*	*19,2*	*33,6*	399	1.100	*+175,7*	*39,8*	*49,9*	1.002	2.205	*+120,0*
Lippe	172	183	+ 6,4	*52,9*	*23,7*	96	377	*+292,7*	*29,5*	*48,8*	57	212	*+271,9*	*17,6*	*27,5*	325	772	*+137,5*
Lübeck	173	141	- 18,5	*38,1*	*13,4*	155	437	*+181,9*	*34,1*	*41,7*	126	471	*+273,8*	*27,8*	*44,9*	454	1.049	*+131,1*
Mecklenburg-Strelitz	182	154	- 15,4	*65,7*	*36,5*	56	186	*+232,1*	*20,2*	*44,1*	39	82	*+220,3*	*14,1*	*19,4*	277	422	*+52,3*
Schaumburg-Lippe	211	135	- 36,0	*53,4*	*20,6*	106	324	*+211,5*	*26,3*	*49,4*	80	197	*+146,3*	*20,3*	*30,0*	395	656	*+66,1*
Reich Mittel	**171**	**138**	**- 19,3**	***42,4***	***18,3***	**100**	**316**	***+216,0***	***24,8***	***41,8***	**132**	**302**	***+128,8***	***32,8***	***39,9***	**403**	**756**	***+87,6***

Quelle: Statistisches Reichsamt (Hg.), Straßen- und Wegewesen, 1934, S. 11

Tabelle 17: Die durchschnittliche tägliche Belastung deutscher Kreisstraßen 1924/25 und 1928/29 nach Ländern

Gebiet	Bespannte Fahrzeuge					Krafträder und Personenkraftwagen					Lastkraftwagen und außergewöhnliche Lasten					Zusammen		
	1924/25	1928/29	Veränderung in vH	vH des Gesamtverkehrs		1924/25	1928/29	Veränderung in vH	vH des Gesamtverkehrs		1924/25	1928/29	Veränderung in vH	vH des Gesamtverkehrs		1924/25	1928/29	Veränderung in vH
				1924/25	1928/29				1924/25	1928/29				1924/25	1928/29			
a. Anzahl der Fahrzeuge																		
Preußen Mittel	75	71	- 5,3	74,9	47,9	21	66	+214,3	20,6	44,2	4	12	+200,0	4,5	7,9	100	149	+ 49,0
Baden	65	54	-16,9	60,8	32,8	30	85	+183,3	28,5	51,4	11	26	+136,4	10,7	15,8	106	165	+ 55,7
Hessen, Prov. Starkenburg	80	55	-31,3	61,1	32,5	37	85	+129,7	28,2	50,3	14	29	+107,1	10,7	17,2	131	169	+ 29,0
Reich Mittel	**75**	**71**	**- 5,3**	**74,3**	**46,7**	**21**	**68**	**+223,8**	**20,8**	**44,7**	**5**	**13**	**+160,0**	**4,9**	**8,6**	**101**	**152**	**+ 50,5**
b. Gewichte in t																		
Preußen Mittel	153	148	- 3,3	75,0	48,4	26	87	+234,6	12,4	28,3	25	71	+184,0	12,4	23,3	204	306	+ 50,0
Baden	141	117	-17,0	59,2	29,8	34	118	+247,1	14,3	26,5	63	157	+149,2	26,5	40,1	238	392	+ 64,7
Hessen, Prov. Starkenburg	157	114	-23,6	54,7	27,2	49	126	+157,1	17,1	30,2	81	179	+121,0	28,2	42,7	287	419	+ 46,0
Reich Mittel	**153**	**148**	**- 3,3**	**73,9**	**46,8**	**26**	**90**	**+246,2**	**12,6**	**28,5**	**28**	**78**	**+178,6**	**13,5**	**24,7**	**207**	**316**	**+ 52,7**

Quelle: Statistisches Reichsamt (Hg.), Straßen- und Wegewesen, 1934, S. 11

Fahrzeuge, 75 Prozent (bespannte Fahrzeuge) zu 20 Prozent (Pkw und Krafträder) zu 5 Prozent (Lkw) für 1924/25 und 46 Prozent (bespannte Fahrzeug) zu 45 Prozent (Pkw und Krafträder) zu 9 Prozent (Lkw) für 1928/29 beziehungsweise, bezogen auf die Fahrzeuggewichte, 74 Prozent (bespannte Fahrzeuge) zu 12 Prozent (Pkw und Krafträder) zu 14 Prozent (Lkw) für 1924/25 und 47 Prozent (bespannte Fahrzeuge) zu 28 Prozent (Pkw und Krafträder) zu 25 Prozent (Lkw).[79]

Tabelle 18: Die durchschnittliche tägliche Belastung der deutschen Fernverkehrsstraßen in den Monaten August/September 1929 und 1932 im Reich

Fahrzeugart	Fahrzeuganzahl					Fahrzeuggewichte				
	absolut			vH		t			vH	
	1929	1932	Veränderung in vH	1929	1932	1929	1932	Veränderung in vH	1929	1932
1. Bespannte Fahrzeuge	79	76	- 3,8	14,1	12,3	162	153	- 5,6	12,5	10,1
2. Krafträder und Personenkraftwagen	393	428	+ 8,9	70,2	69,0	578	636	+ 10,0	44,6	41,8
3. Lastkraftwagen und außergewöhnliche Lasten	88	116	+ 31,8	15,7	18,7	556	732	+ 31,6	42,9	48,1
Zusammen	560	620	+ 10,7	100	100	1.296	1.521	+ 17,4	100	100

Quelle: Statistisches Reichsamt (Hg.), Straßen- und Wegewesen, 1934, S. 12.

3. Bei dem 1924/25 vorherrschenden Verkehr handelte es sich primär um Nahverkehr, der sich in einem Radius von etwa 25-35 km um regionale Ballungszentren konzentrierte. Auf weiter entfernt liegenden Strecken nahm die Verkehrsdichte schnell ab, ein Massendurchgangsverkehr über weite Entfernungen existierte nicht. Auch 1928/29 prägte die 'Verkehrsspinne', die sich von einzelnen Zentren ausgehend in das umliegende Land ausdehnte, das Belastungsbild des deutschen Straßennetzes. Eine Tendenz zur räumlichen Ausdehnung war daran zu erkennen, daß verschiedene sektorale Knotenpunkte langsam zusammenwuchsen. Spätestens in der ersten Hälfte der 1930er Jahre zeichnete sich ab, daß der industrielle Westen über die Rheinstraßen mit Frankfurt, Mannheim,

[79] Vgl. Sächsische Straßen-Baudirektion, Verkehrszählung 1928/29, S. 174 ff. Die Zählung auf den Fernverkehrsstraßen von 1929 und 1932, deren Ergebnisse hinsichtlich der Verkehrszusammensetzung jedoch nicht repräsentativ waren, ergaben bezogen auf die Fahrzeuggewichte 1929 ein Verhältnis von 12,5 (Fuhrwerke) zu 45 (Pkw) zu 42,5 (Lkw) und 1932 ein Verhältnis von 10 (Fuhrwerke) zu 42 (Pkw) zu 48 (Lkw) Prozent. Vgl. Statistisches Reichsamt (Hg.), Straßen und Wegewesen, 1934, S. 12.

Tabelle 19 a: Die durchschnittliche tägliche Belastung der deutschen Fernverkehrsstraßen im August / September 1929 und 1932 nach Ländern: Anzahl der Fahrzeuge

Gebiet	Bespannte Fahrzeuge					Krafträder und Personenkraftwagen					Lastkraftwagen und außergewöhnliche Lasten					Zusammen		
	1929	1932	Verän-derung in vH	vH des Gesamt-verkehrs		1929	1932	Verän-derung in vH	vH des Gesamt-verkehrs		1929	1932	Verän-derung in vH	vH des Gesamt-verkehrs		1929	1932	Verän-derung invH
				1929	1923				1929	1923				1929	1923			
a. Anzahl der Fahrzeuge																		
Preußen Mittel	85	83	- *2,4*	*16,1*	*14,0*	353	389	+ *10,2*	*67,0*	*65,7*	89	120	+ *34,8*	*16,9*	*20,3*	527	592	+ *12,3*
Bayern	69	69	—	*13,9*	*12,5*	363	401	+ *10,5*	*73,2*	*72,6*	64	82	+ *28,1*	*12,9*	*14,9*	496	552	+ *11,3*
Sachsen	82	68	- *17,1*	*6,9*	*5,5*	895	920	+ *2,8*	*75,8*	*74,8*	204	242	+ *18,6*	*17,3*	*19,7*	1.181	1.230	+ *4,1*
Württemberg	65	59	- *9,2*	*11,3*	*9,6*	423	451	+ *6,6*	*73,7*	*73,1*	886	107	+ *24,4*	*15,0*	*17,3*	574	617	+ *7,5*
Baden	68	57	- *16,1*	*9,7*	*7,9*	522	536	+ *2,7*	*74,2*	*73,9*	113	132	+ *16,8*	*16,1*	*18,2*	703	725	+ *3,1*
Thüringen	57	48	- *15,8*	*9,8*	*7,9*	460	472	+ *2,6*	*78,9*	*77,8*	66	87	+ *31,8*	*11,3*	*14,3*	583	607	+ *4,1*
Hessen, Prov. Starkenburg	54	47	- *12,9*	*7,0*	*5,0*	582	709	+ *21,8*	*76,1*	*75,0*	129	189	+ *46,5*	*16,9*	*20,0*	765	945	+ *23,5*
Hessen, Prov. Oberhessen	115	134	+ *17,5*	*17,9*	*19,1*	436	462	+ *5,9*	*68,3*	*65,8*	88	106	+ *20,5*	*13,8*	*15,1*	638	702	+ *10,0*
Mecklenburg-Schwerin	69	61	- *11,6*	*18,6*	*14,6*	257	285	+ *10,9*	*69,5*	*68,4*	44	71	+ *61,4*	*11,9*	*17,0*	370	417	+ *12,7*
Oldenburg einschl. Birkenfeld und Lübeck	83	79	- *4,8*	*17,8*	*15,1*	334	353	+ *5,7*	*71,5*	*67,4*	50	92	+ *84,0*	*10,7*	*17,5*	467	524	+ *12,2*
Braunschweig	82	82	—	*16,1*	*14,8*	360	382	+ *6,1*	*70,9*	*69,0*	66	90	+ *36,4*	*13,0*	*16,2*	508	554	+ *9,1*
Anhalt	85	137	+ *61,1*	*22,4*	*26,9*	253	299	+ *18,2*	*66,6*	*58,8*	42	73	+ *71,8*	*11,0*	*14,3*	380	509	+ *33,9*
Bremen	197	193	- *2,0*	*15,1*	*11,9*	804	1.023	+ *27,2*	*61,7*	*63,0*	302	407	+ *34,8*	*23,2*	*25,1*	1.303	1.623	+ *24,6*
Lippe-Detmold	84	143	+ *70,2*	*12,1*	*14,5*	540	704	+ *30,4*	*77,7*	*71,4*	71	139	+ *95,8*	*10,2*	*14,1*	695	986	+ *41,9*
Lübeck	89	64	- *28,1*	*9,1*	*5,4*	725	930	+ *28,3*	*74,0*	*78,1*	166	196	+ *18,1*	*16,9*	*16,5*	980	1.190	+ *21,4*
Mecklenburg-Strelitz	92	83	- *9,8*	*25,8*	*20,3*	239	283	+ *18,4*	*66,9*	*69,0*	26	44	+ *69,2*	*7,3*	*10,7*	357	410	+ *14,9*
Schaumburg-Lippe	95	100	+ *5,3*	*13,9*	*11,1*	487	608	+ *24,8*	*71,1*	*67,4*	103	194	+ *88,3*	*15,0*	*21,5*	685	902	+ *31,7*
Reich Mittel	**79**	**76**	**- *3,8***	***14,1***	***12,3***	**393**	**428**	**+ *8,9***	***70,2***	***69,0***	**88**	**116**	**+ *31,8***	***15,7***	***18,7***	**560**	**620**	**+ *10,7***

Quelle: Statistisches Reichsamt (Hg.), Straßen- und Wegewesen, 1934, S. 12.

Tabelle 19 b: Die durchschnittliche tägliche Belastung der deutschen Fernverkehrsstraßen im August / September 1929 und 1932 nach Ländern: Gewicht.

Gebiet	Bespannte Fahrzeuge					Krafträder und Personenkraftwagen					Lastkraftwagen und außergewöhnliche Lasten					Zusammen		
	1929	1932	Veränderung in vH	vH des Gesamtverkehrs 1929	vH des Gesamtverkehrs 1923	1929	1932	Veränderung in vH	vH des Gesamtverkehrs 1929	vH des Gesamtverkehrs 1923	1929	1932	Veränderung in vH	vH des Gesamtverkehrs 1929	vH des Gesamtverkehrs 1923	1929	1932	Veränderung invH
b. Gewicht in t																		
Preußen Mittel	172	164	- *4,7*	*13,7*	*10,9*	527	586	+ *11,2*	*41,8*	*39,0*	561	753	+ *34,2*	*44,5*	*50,1*	1.260	1.503	+ *19,3*
Bayern	140	140	—	*13,2*	*11,3*	515	570	+ *12,6*	*48,4*	*46,2*	409	525	+ *28,3*	*38,4*	*42,5*	1.064	1.235	+ *16,1*
Sachsen	182	148	- *17,7*	*6,7*	*4,8*	1.230	1.309	+ *6,4*	*45,1*	*43,0*	1.316	1589	+ *20,7*	*48,2*	*52,2*	2.728	3.046	+ *11,7*
Württemberg	130	117	- *10,0*	*9,7*	*7,7*	633	685	+ *8,2*	*47,5*	*45,3*	570	711	+ *24,7*	*42,8*	*47,0*	1.333	1.513	+ *13,6*
Baden	145	111	- *23,4*	*8,9*	*6,3*	788	816	+ *3,6*	*48,3*	*46,7*	698	822	+ *19,2*	*42,8*	*47,0*	1.631	1.749	+ *7,3*
Thüringen	120	96	- *20,0*	*9,7*	*6,9*	668	713	+ *6,7*	*54,0*	*51,0*	449	5889	+ *31,2*	*36,3*	*42,1*	1.237	1.398	+ *13,0*
Hessen, Prov. Starkenburg	108	92	- *14,8*	*5,9*	*3,8*	903	1.094	+ *21,2*	*49,1*	*45,5*	829	1.218	+ *46,9*	*45,0*	*50,7*	1.840	2.404	+ *30,7*
Hessen, Prov. Oberhessen	243	251	+ *3,3*	*16,3*	*15,3*	668	721	+ *7,9*	*44,9*	*43,8*	577	674	+ *16,8*	*38,8*	*40,9*	1.488	1.646	+ *10,7*
Mecklenburg-Schwerin	153	133	- *13,1*	*18,5*	*13,3*	385	429	+ *11,4*	*46,5*	*42,7*	290	442	+ *52,4*	*35,0*	*44,0*	828	1.004	+ *21,2*
Oldenburg einschl. Birkenfeld und Lübeck	182	173	- *4,9*	*18,2*	*13,6*	489	532	+ *8,8*	*49,0*	*41,6*	327	573	+ *75,2*	*32,8*	*44,8*	998	1.278	+ *28,0*
Braunschweig	185	180	- *2,8*	*16,1*	*13,4*	541	585	+ *8,1*	*47,2*	*43,6*	420	576	+ *37,2*	*36,7*	*43,0*	1.146	1.341	+ *17,0*
Anhalt	217	323	+ *48,8*	*25,1*	*27,1*	366	429	+ *17,2*	*42,3*	*36,1*	282	438	+ *55,3*	*32,6*	*36,8*	865	1.190	+ *37,6*
Bremen	421	377	- *10,5*	*12,8*	*9,1*	1.190	1.571	+ *32,0*	*36,0*	*37,7*	1.692	2.218	+ *31,1*	*51,2*	*53,2*	3.303	4.166	+ *26,1*
Lippe-Detmold	197	282	+ *45,2*	*13,6*	*13,2*	820	994	+ *21,2*	*56,7*	*46,7*	429	854	+ *99,0*	*29,7*	*40,1*	1.446	2.130	+ *47,4*
Lübeck	171	125	- *26,9*	*7,2*	*4,5*	1.106	1.419	+ *28,3*	*46,6*	*51,5*	1.097	1.213	+ *10,6*	*46,2*	*44,0*	2.374	2.757	+ *16,1*
Mecklenburg-Strelitz	204	169	- *17,2*	*27,6*	*19,7*	362	420	+ *16,0*	*48,9*	*48,9*	174	270	+ *55,2*	*23,5*	*31,4*	740	859	+ *16,4*
Schaumburg-Lippe	197	206	+ *4,6*	*12,1*	*8,2*	737	979	+ *21,8*	*45,1*	*39,0*	698	1.325	+ *89,8*	*42,8*	*52,8*	1.632	2.510	+ *52,8*
Reich Mittel	**162**	**153**	- ***5,6***	***12,5***	***10,1***	**578**	**636**	+ ***10,0***	***44,6***	***41,8***	**556**	**732**	+ ***31,6***	***42,9***	***48,1***	**1.296**	**1.521**	+ ***17,4***

Quelle: Statistisches Reichsamt (Hg.), Straßen- und Wegewesen, 1934, S. 12.

Stuttgart und schließlich der Pfalz verbunden war, während sich von der Ruhr eine Verkehrslinie nach Norden über Münster, Bielefeld, Hannover, Braunschweig und von dort schließlich nach Thüringen und Sachsen erstreckte. Auch zwischen Hamburg, Lübeck und Kiel verliefen erkennbare Verkehrsadern. Diese kontinuierliche räumliche Ausdehnung des motorisierten Straßenverkehrs setzte sich fort, was nicht zuletzt durch die Steigerung der durchschnittlichen täglichen Gewichtsbelastung der Fernverkehrsstraßen um gut 17 Prozent zwischen 1929 und 1932 deutlich wurde. Die wachsende Relevanz des Fernverkehrs, der in ausgeprägter Form bis Anfang der 1930er Jahre nicht existierte, begann sich abzuzeichnen.[80] *(Abbildung 10)*

Abbildung 10: Der tägliche Verkehr auf den deutschen Fernverkehrsstraßen nach der Verkehrszählung von 1932

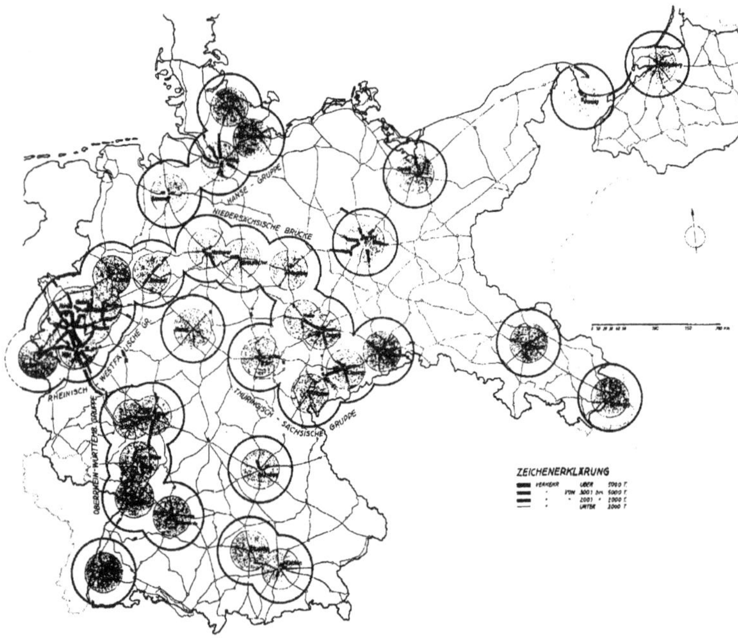

Quelle: Speck, Der Fernverkehr auf den deutschen Landstraßen. In: VT 13 (1932), S. 241.

---

[80] Vgl. Heymann, Verwaltung, 1928, S. 25 ff.; Ballhof, Ergebnis der deutschen Verkehrszählung von 1928/29, 1932, S. 280 f.; Speck, Der Fernverkehr auf den deutschen Landstraßen. In: VT 13 (1932), S. 239 ff.; Hoffmann, Der Verkehr auf den Fernverkehrsstraßen. Die Verkehrsänderungen an den Stadtgrenzen und auf dem Lande. In: Straßenbau und Straßenunterhaltung. Straßenbaubeilage der VT 13 (1932), S. 9 ff.

Abbildung 11: Karte der Durchgangsstraßen Deutschlands

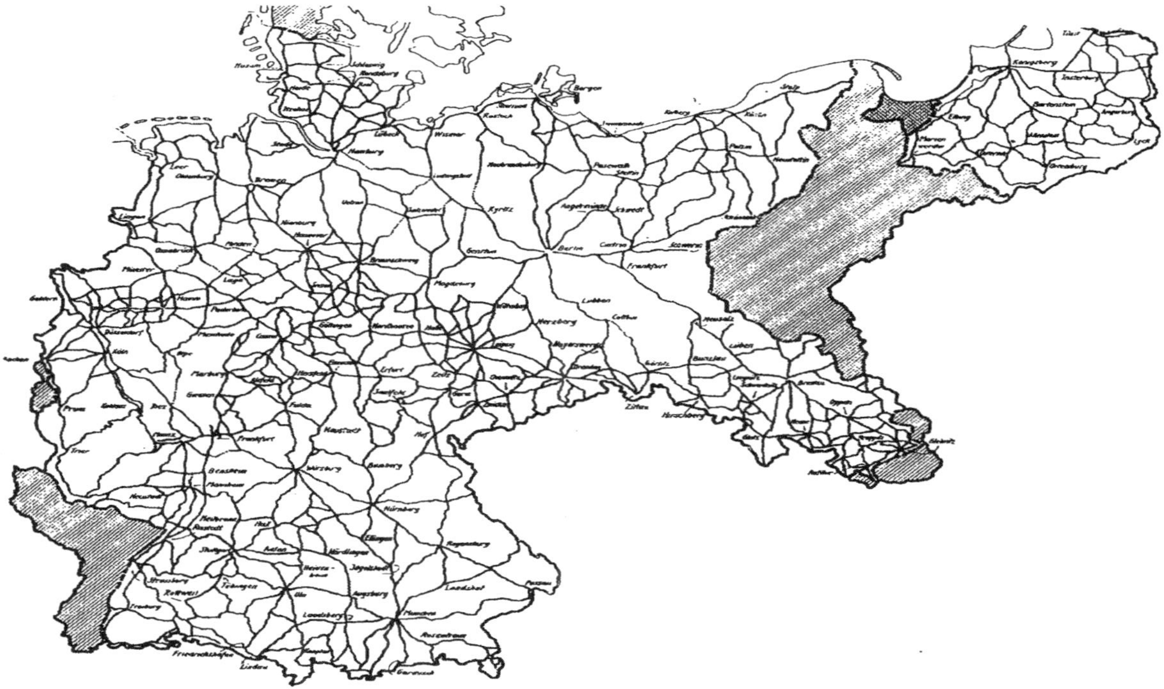

Quelle: Rappaport / Heller, Allgemeine Straßenplanung, 1928, Abb. 44.

Nach dem Stand von 1924/25 gab es entgegen den auf Augenschein beruhenden Annahmen keinen Bedarf für einen umfassenden Umbau des deutschen Straßennetzes, da kein nennenswerter Fernverkehr und lediglich eine punktuelle Überbelastung der Straßen existierte. Im Landesdurchschnitt konnte von einer signifikanten Steigerung der tonnenkilometrischen Straßenbelastung kaum die Rede sein. In Sachsen etwa, wo auf Basis der Chausseegeldeinnahmen die wechselnde Straßenbelastung ab 1840 dokumentiert werden konnte, zeigte die Verkehrskurve von 1845 bis 1924 nur einen Anstieg von gut 20 Prozent, von 400 auf 485 Millionen Tonnenkilometer.[81] Aufgrund der zeitverlagerten Auswertung und Publikation der Zählungsergebnisse, die aus bearbeitungstechnischen Gründen mit jeweils zwei- bis dreijähriger Verzögerung erfolgte, prägte dieser Erkenntnisstand die relevanten Überlegungen in der Weimarer Zeit, zumal ein weiteres Ergebnis der Zählungen war, daß die tatsächliche Verkehrsentwicklung sich im Vergleich zur Fahrzeugbestandsentwicklung unterproportional entwickelte und die laut Steuerstatistik ständig wachsenden Pkw- und Lkw-Bestände deshalb nicht unbedingt als hinreichender Grund für eine Modifikation der Auswertungsergebnisse angesehen werden konnten. Das objektiv verfügbare Zahlenmaterial gab scheinbar denjenigen Recht, die einen kostspieligen, umfassenden Ausbau des vorhandenen Straßennetzes, insbesondere die Anlage von Autobahnen, den sogenannten 'Nur-Autostraßen', ablehnten. Anderer Ansicht waren primär Vertreter des 'Vereins zur Vorbereitung der Autostraße Hamburg-Frankfurt-Basel-Mailand' (HAFRABA), die trotz der Zählungsergebnisse einem beschleunigten Bau von Autobahnen das Wort redeten, in ihren Bestrebungen aber relativ isoliert blieben. Charakteristisch für die vorherrschende Meinung war die Stellungnahme von Dr. Heymann, der als Referent des Deutschen Landkreistages fungierte:

„Hiernach steht jetzt fest, daß wir einen durchgehenden Massenverkehr in Deutschland noch gar nicht haben, sondern daß der Verkehr sich überall knotenartig anhäuft, sogar in dem dichtbesiedelten Ruhrgebiet. Es wäre daher eine Verschwendung, wenn man die Überlandstraßen, die sogenannten 'Durchgangsstraßen' oder 'Fernstraßen' ... in durchgehend gleichmäßiger Bauart anlegen wollte. ... Selbstverständlich ist das noch weitergehende Verlangen, sogenannte Nur-Autostraßen, die gegen besondere Gebühren zu befahren sind, gegenwärtig noch abzulehnen."[82]

---

[81] Vgl. Speck, Das Straßenbauproblem und die wirtschaftliche Bedeutung guter Straßen. In: VT 7 (1926), S. 202; Heymann, Verwaltung, 1928, S. 28.

[82] Heymann, Ziele einer Landstraßen-Planwirtschaft. In: VT 8 (1927), S. 40. Vgl. auch Speck, Fernverkehr auf den deutschen Landstraßen, 1932, S. 240; Vilbig, Ausbau der Straßen-Nur-Autostraßen? In: VT 8 (1927), S. 327 ff.; Salus, Die Autofernstraße. In: STR 18 (1928), S. 345 ff.; Schenck, Das deutsche Wegebauproblem. In: VT 10 (1929), S. 689; Elsen, Landstraße, 1929, S. 64 ff.; Hennig, Der Kraftwagen als Wettbewerber für die Eisenbahn. In: JNST 134 (1931), S. 97 f. Die HAFRABA konnte sich erst nach 1933, nunmehr

Abbildung 12: Vorschlag der Studiengesellschaft für Automobilstraßenbau zum Fernstraßennetz Deutschlands von 1928

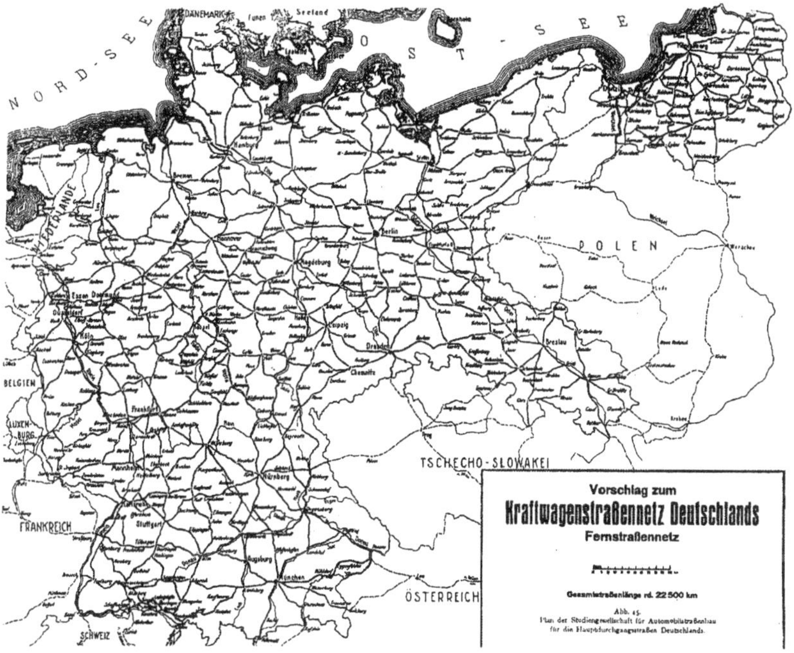

Quelle: Rappaport/Heller, Allgemeine Straßenplanung, 1928, Abb. 45.

Die vom Deutschen Straßenbauverband und der STUFA erarbeiteten Vorschläge für das zukünftige Kraftwagen-Straßennetz Deutschlands fielen entsprechend aus. Der erste, 1925 fertiggestellte Entwurf orientierte sich an dem vorhandenen Eisenbahnnetz sowie den Industrie-, Konsum-, Rohstoff- und Landwirtschaftszentren und suchte diese durch Durchgangsstraßen zu verknüpfen.[83] Er wurde in Zusammenarbeit mit den staatlichen und kommunalen Entscheidungsträgern bis Mitte 1926 zu einem Fernstraßennetz und nach Auswertung der ersten Verkehrszählung zu einem unverbindlichen Vorschlag für das 'Kraftwagen-Straßennetz Deutschlands' erweitert. Dieser Plan baute auf den vorhandenen Staats- und Provinzialstraßen auf und legte den Schwerpunkt auf deren Modernisierung. Lediglich einige schwer belastete Kreisstraßen sollten umfassend ausge-

umbenannt in 'Gesellschaft zur Vorbereitung der Reichsautobahnen e.V. (GEZUVOR), bei den politischen Entscheidungsträgern Gehör verschaffen. Vgl. Kirchbach, Entwicklung des Straßenbaus, 1995, S. 84 f.

[83] Vgl. Speck, Der vorläufige Entwurf einer Karte der Hauptdurchgangsstraßen Deutschlands. In: VT 6 (1925), S. 962 ff.

baut werden, die wenigen Neuanlagen dienten zur Umgehung von Ortskernen, als Streckenbegradigungen oder zur Vermeidung von Niveaukreuzungen mit starren Verkehrsstraßen. In kontinuierlichem Ausbau sollten schließlich 22.500 km Hauptverkehrsstraßen mit einer täglichen Belastungsfähigkeit von bis zu 600 Tonnen, 45.000 km Verkehrsstraßen erster Ordnung mit einer täglichen Belastungsfähigkeit von 200 bis 600 Tonnen und 112.500 km Straßen zweiter Ordnung mit einer Belastungsfähigkeit bis 200 Tonnen entstehen.[84]

Die straßenbauliche Realität blieb hinter diesen Vorschlägen weit zurück. *(Abbildungen 11 und 12)* Lediglich der weitgehende Verzicht auf reine Kraftwagenstraßen wurde praktiziert. Als Kraftwagenstraße wurde in der Weimarer Zeit nur die Strecke Köln-Bonn ausgeführt. Ähnliche Bestrebungen der zuständigen Provinzialverwaltungen für die Verbindungen Aachen-Köln, Köln-Düsseldorf, Leipzig-Halle oder München-Leipzig-Berlin blieben ebenso im Planungsstadium wie das Vorhaben der HAFRABA.[85] Die Tendenz zur räumlichen Ausdehnung des Verkehrs zeigte erst der Stand der Verkehrszählung von 1928/29, publiziert Anfang der 1930er Jahre, deutlich auf. Damit rückte das Problem in den Vordergrund, daß die Anlage von Autobahnen, deren Erforderlichkeit nunmehr absehbar wurde, nur dann Sinn machte, wenn sie in ein ausgebautes Landstraßennetz eingebettet werden konnten. Andernfalls war ihre Funktion ähnlich der von Eisenbahnschienen, die zwar der räumlichen Verbindung verschiedener Zentren, nicht jedoch der verkehrsmäßigen Erschließung der Regionen jenseits der Haltepunkte, dienten. Zur vollständigen Entfaltung seiner Vorteile benötigte der Lkw nunmehr beide Infrastrukturkomponenten. Da sich diese Erkenntnisse nur mit Verzögerung durchsetzten konnten, verharrten die theoretischen Anschauungen über die Notwendigkeiten des Straßenbaus bis Anfang der 1930er Jahre vielfach auf dem Stand der Mitte der 1920er Jahre festgestellten Gegebenheiten. Der Geschwindigkeit, mit der sich der Motorisierungsprozeß in dieser Zeitspanne entfaltete, konnte auf diese Weise kaum Rechnung getragen werden, besonders, wenn die praktischen straßenbaulichen Maßnahmen den theoretischen Erkenntnissen nicht genügten. Dies lag in Weimar weniger an Problemen straßenbautechnischer Natur als vielmehr an finanzierungstechnischen Schwierigkeiten.

---

[84] Vgl. Rappaport, Das Kraftwagen-Straßennetz Deutschlands. In: ZVDI 72 (1928), S. 614 ff.; Heller, Das Kraftwagenstraßennetz Deutschlands. In: Straßenbau und Straßenunterhaltung. Straßenbaubeilage der VT 9 (1928), S. 669 ff.; Rappaport/ Heller, Allgemeine Straßenplanung, 1928, S. 80 ff.; Heymann, Verwaltung, 1928, S. 76 ff.

[85] Vgl. Voigt, Verkehr II, 1965, S. 457 f.

2.2.2.2 Der Straßenbau in der Praxis. Versuchsstraßen, technische Entwicklungen und deren Finanzierbarkeit

Dem Deutschen Straßenbauverband unterstand die Aufsicht über die 1925 eingerichtete Versuchsstraße in Braunschweig. Sie orientierte sich am Vorbild der in Illinois und Pittsburg aufgebauten US-amerikanischen Experimentierstraßen und sollte zur Gewinnung möglichst realitätsnaher Daten über die technischen Wirkungen des Lastkraftwagenverkehrs auf die Straßen in möglichst kurzer Zeit dienen.[86] Auf vier nebeneinanderliegenden Spuren fuhren in Braunschweig rund um die Uhr mehrere eigens zu diesem Zweck angekaufte Heereslastwagen mit wechselnden Geschwindigkeiten und Gewichten auf Luft-, hochelastischer Gummi-, Vollgummi- und Eisenbereifung über die mit jeweils verschiedenen Straßenbelägen versehenen Hauptsektionen der Strecke, um auf diese Weise Aufschlüsse über deren unterschiedliche Abnutzung bei Dauerbelastung zu gewinnen. Neben gewöhnlicher Schotterstraßenchaussierung waren auch oberflächenbehandelte Abschnitte, Asphaltschotter, Beton, Innenteerung und Kleinpflastersektionen angelegt worden. Damit waren die wichtigsten Straßenbauweisen, die die Entwicklung der Infrastruktur bis 1933 prägten, vertreten.[87] Die wenig realitätsnahe Versuchsanordnung, so der am häufigsten ge-

[86] Ein alternatives Konzept zu den ausschließlich Versuchszwecken dienenden US-amerikanischen Erprobungsstraßen wurde in Frankreich verfolgt. Dort existierte seit 1924 bei Bry-sur-Marne als Experimentierstrecke ein 1,4 km langes Landstraßenteilstück, welches für den täglichen Verkehr freigegeben war. Wenngleich die Datengewinnung dort notwendigerweise einen größeren Zeitraum in Anspruch nahm, waren die Ergebnisse stärker an den tatsächlichen Verhältnissen orientiert als in Deutschland und Amerika. Insofern wurde in den letztgenannten Staaten der Dringlichkeit des Informationsbedarfes eine höhere Priorität eingeräumt als der Validität der Daten. Vgl. Riepert, Automobilstraßen, 1925, S. 8 ff; o. V., Automobilversuchsstraßen in Nordamerika, 1925, S. 6 ff.

[87] Der genaue Aufbau dieser Versuchsstraße wurde in der damaligen Fachpresse oftmals beschrieben. Es handelte sich um einen kreisförmig angelegten Parcours mit einer mittleren Länge von 1080 m und einer Gesamtbreite von gut 15 m. Davon entfielen 11 m auf die eigentliche Fahrbahn. Der äußere Durchmesser betrug 360 m. Diese Ringstraße war in sechs gleiche Teile zu jeweils 180 m aufgeteilt, welche wiederum in zwei bis drei Untersektionen zu 90 oder 60 m zerfielen. Hier wurden mit Gabbro-, Basalt- und Diabassteinen verschiedene Deckenausführungen beziehungsweise beim Asphaltschotter mit Bitumen- und Petrolasphalt, beim Beton durch glatt gestoßene sowie mit Asphaltfüllung versehene Querfugengestaltung und beim Innenteerungsverfahren durch Heiß- sowie Kalteinbauverfahren verschiedene Bauweisen angewandt. Die Kosten für einen Quadratmeter beliefen sich beim Kleinpflaster auf gut 24, bei der gewöhnlichen Chaussierung auf gut 14, bei der Oberflächenbehandlung auf gut 15, beim Asphaltschotter auf gut 19, beim Beton auf knapp 19, bei der Innenteerung im Heißeinbauverfahren auf gut 20, beim Kalteinbauverfahren auf gut 17 Mark. Die Baukosten der Versuchsbahn, zu denen das Reichsverkehrsministerium einen Zuschuß von 60.000 Mark gewährte, betrugen 220.000 Mark. Vgl. Nagel/Nessenius, Die Versuchsstraße des Deutschen Straßenbauverbandes bei Braunschweig zur Ermittlung der Einwirkung der Kraftwagen auf die Fahrbahn. In: Vt 7 (1926), S. 69 ff.

nannte Kritikpunkt, konnte die tatsächlichen Verhältnisse auf Deutschlands Straßen, auf denen durch wechselnde Belastungen verschiedenartiger Verkehrsträger Abnutzungen eintraten, nur ungenügend simulieren.[88] Dennoch lieferten die Anfang 1926 publizierten ersten Ergebnisse der Versuchsfahrten wichtige und vor allem schnell verfügbare Vergleichswerte über Leistungsvermögen, Instandhaltungsbedarf und Kosten der verschiedenen Deckenformen.

Die Trassierung der vorhandenen Straßen war zumeist auf die Belange des 19. Jahrhunderts ausgelegt. Soweit die jeweiligen geographischen Gegebenheiten dies zuließen, mußten bei Umbauten oder Neuanlagen, nicht zuletzt aus Sicherheitsgründen, die Linienführung und Profilierung der Strecken an die Bedürfnisse des beginnenden Automobilzeitalters angepaßt werden. So war der erhöhten Fahrgeschwindigkeit durch Begradigungen der Streckenverläufe, Erhöhungen der Krümmungshalbmesser und einen überhöhten Ausbau von Kurven, durch Fahrbahnverbreiterungen, Beseitigung von Unübersichtlichkeiten, Anlage von Ortsumgehungen und weitestgehende Ausschaltung von Plankreuzungen mit anderen Verkehrsmitteln Rechnung zu tragen. Die Abstimmng der Erfordernisse von Fuhrwerks- und Kraftwagenverkehr war dabei nicht immer unproblematisch. Waren für das überkommene Transportmittel nach außen überhöhte Straßenkreuzungen von Nachteil, begünstigten sie den Schnellverkehr mittels Lkw.[89] Die Straßenbauingenieure konnten, selbst bei gutem Willen, den Wünschen aller Verkehrsteilnehmer kaum gleichzeitig gerecht werden.

Derartige Erwägungen traten gegenüber der dringlicheren Anpassung von Belastungsfähigkeit und Haltbarkeit der Straßendecken an die erhöhten Anforderungen in den Hintergrund. Die zerstörerische Wirkung von Motorfahrzeugen auf die Straßen erfolgte auf unterschiedliche Weise durch Druck-, Schub- und Saugkräfte.[90] Die Druckbeanspruchung infolge der Übertragung des Achsdrukkes über die Bereifung der Fahrzeuge erfolgte analog den Verhältnissen beim Fuhrbetrieb, wurde jedoch durch den Einsatz schwerer Lkw mit einer Ladekapazität von bis zu fünf Tonnen und einem etwa gleich hohen Eigengewicht gegenüber den mit einer Ladefähigkeit von ein bis zwei Tonnen versehenen leichten Zweispännern nahezu verfünffacht, gegenüber den mit einer Ladefähigkeit von drei bis sechs Tonnen ausgestatteten schweren Zweispännern ungefähr verdoppelt.[91] Auf Grund der geringen Radkranzbreite von Eisen- und Vollgummireifen

---

[88] Vgl. Voss, Kraftfahrzeugstraßen, 1946, S. 55.

[89] Vgl. Schenk, Kraftwagenstraße, 1925, S. 38 ff.; Enderes, Die Straße. In: ZVDI 74 (1930), S. 1307 ff.; Eichler, Die Trassierung der Automobilstraße. In: STR 18 (1928), S. 90 ff; Parisius, Straßenkurven und Automobilverkehr. In: STR 18 (1928), S. 93 f; Neumann, Straßenbau, 1932, S. 43 ff.; Rappaport/Heller, Straßenplanung, 1928, S. 21 ff.; Bechthold et al. (Hg.), Produktivkräfte 1917/18 bis 1945, 1988, S. 312.

[90] Vgl. Riepert, Straßenbau. In: Allmers et. al. (Hg.), Automobilwesen, 1928, S. 245.

[91] Zur Ladekapazität verschiedener Fuhrwerke vgl. Schöpke, Güter-Nahverkehr, 1935, S. 33.

trat sie hier am deutlichsten in Erscheinung und konnte, wie bereits zu Anfang der 1920er Jahre die Untersuchungen des an der TH Charlottenburg lehrenden Professors Becker veranschaulichten, durch Verwendung von Luftreifen gemindert werden. Gleiches galt für die beim Anfahren und Bremsen der Fahrzeuge parallel oder horizontal zur Fahrtrichtung auftretenden Schubkräfte, deren stoßweise Belastungen in dieser Form bei Fuhrwerken nicht auftraten. Sie waren ebenso neuartig waren wie die Saugkräfte elastischer Bereifungen, die beim Abrollen entstanden und deshalb im Fahrbetrieb lockere oder bewegliche Teile insbesondere aus sandgebundenen Schotterstraßen herauslösten.[92] Es war auf diese Wirkungskräfte zurückzuführen, daß die tatsächliche Beanspruchung der deutschen Straßen bereits 1924, trotz des bis dahin relativ geringen Anstiegs der tonnenkilometrischen Belastungen, gegenüber 1909 nach zeitgenössischen Schätzungen um das Sechsfache angestiegen war. Da Gewicht, Geschwindigkeit und Bereifung der Fahrzeuge die wichtigsten Kriterien zur Beurteilung der von ihnen ausgehenden Wirkungen waren, stellten schwere, schnellfahrende Lkw mit Vollgummi- oder Eisenbereifung für das deutsche Straßennetz die größte Bedrohung dar.[93] Dieser konnte technischerseits durch verschiedene Straßenbauweisen begegnet werden. Umfangreiche Erkenntnisse über deren spezifische Vor- und Nachteile wurden erst im Laufe der 1920er Jahre gesammelt. Der experimentelle Charakter der Weimarer Rationalisierungsphase galt analog auch für den Straßenbau.

1. Kies- oder sandgebundene Schotterstraßen wurden nach den sogenannten Macadamprinzip, dessen Name auf seinen Erfinder John Loudon MacAdam zurückging, gebaut. Üblicherweise wurde in ein ausgehobenes Straßenbett als Unterbau eine Packlage von ungefähr 10 bis 25 cm aus hochkant gestellten Steinen eingefügt und anschließend mit einer Schotterdecke von ungefähr 10 cm versehen, die mit Kies oder Steinsand abzudecken und unter Zugabe von Wasser einzuschlämmen war. Diese alte Bauform war für die Anforderungen von Fuhrwerken konzipiert und genügte kaum den Erfordernissen schweren Lkw-Verkehrs. Bereits die bei den kleinen Durchmessern der Eisen- und Hartgummireifen der weitgehend ungefederten Lkw konzentriert auftretenden Druck- und Schubkräfte zerstörten diese Decken relativ zügig. Diese Schwierigkeiten konnten durch die spätere, verbindliche Einführung von Luftreifen und durch besser abgefederte Fahrzeuge abgemildert werden. Dies galt jedoch nicht für die weitaus fataleren Folgen der, bei Fuhrwerken nicht auftretenden, Saugwirkung der Antriebsräder

---

92 Vgl. Schenk, Kraftwagenstraße, 1925, S. 17 ff.; Riepert, Straßenbau. In: Allmers et al. (Hg.), Automobilwesen, 1928, S. 245 f.

93 Vgl. Speck, Das Straßenproblem und die wirtschaftliche Bedeutung guter Straßen. In: Vt 7 (1926), S. 203; Reiner, Straßenbauweisen, 1929, S. 5 f.; Nagel, Versuche über die Einwirkungen des Kraftwagens auf die Straße. In: VT 6 (1925), S. 657 ff.; Wawrziniok, Schonung der Straßen durch die Konstruktion der Kraftfahrzeuge. In: Straßenbau und Straßenunterhaltung. Straßenbaubeilage der VT 10 (1929), S. 179 ff.

von Motorfahrzeugen, die ursächlich für die bereits erwähnte 'Staubplage' waren.

Deshalb gingen die Straßenbauverantwortlichen relativ zügig dazu über, derartige Straßen mit dünnen Oberflächenschutzschichten von etwa drei Zentimetern Stärke zu versehen, die zumeist aus Teer oder Asphalt bestanden. Auf diese Weise sollte die Saugwirkung der Automobilreifen unterbunden werden. Diese Oberfläche konnte entweder in einer oder in mehreren Schichten aufgebracht, mit Split versehen und festgewalzt werden. Solange luftbereifte Lkw sie befuhren, erwiesen sich diese Straßendecken als relativ haltbar, verschlissen jedoch unter Eisen- und Hartgummireifen sehr schnell.[94] Insofern handelte es sich bei oberflächenbehandelten Decken um eine provisorische Anpassung der vorhandenen Schotterstraßen an die veränderten Belastungen, die in der Anlage relativ günstig, aber oftmals nachzubessern und nach ungefähr 5-7 Jahren vollständig zu erneuern war.[95] Oberflächenbehandelte Schotterstraßen verursachten in einer leichten Ausführung Anfangskosten von etwa 3 bis 4 Mark pro Quadratmeter und hielten einer täglichen Belastung von bis zu 500 Tonnen stand. Die Anlage mittelstarker Decken für eine tägliche Verkehrsbelastung von biszu 1000 Tonnen erforderte Aufwendungen von etwa 4 bis 6 Mark/Quadratmeter.[96] Vom Standpunkt des Straßenbauingenieurs betrachtet, handelte es sich dabei oftmals um Maßnahmen, die „ ... den zu erwartenden Zusammenbruch des deutschen Straßennetzes nicht verhindern, sondern nur um etliche Jahre hinausschieben [können]. ... Es besteht [aufgrund zu erwartender laufender Instandhaltungskosten; F. L.] die Gefahr einer ungeheuren Verschwendung von Nationalvermögen am falschen Platz."[97]

---

[94] Vgl. Adamek, Straßen, 1959, S. 213; Voss, Kraftfahrzeugstraßen, 1946, S. 57 f.; Reiner, Straßenbauweisen, 1929, S. 12 ff; Riepert, Straßenbau. In: Allmers et al. (Hg.), Automobilwesen, 1928, S. 246; Nagel, Die Bauverfahren für Landstraßen. In: ZVDI 72 (1928), S. 634 f.; Knipping, Die Befestigung und Unterhaltung der Straßen in technischer und wirtschaftlicher Hinsicht. In: STR 19 (1929), S. 3 f. und S. 17 ff.; Reiner, Der Straßenbau für den Kraftwagenverkehr. In: ZVDI 69 (1925), S. 1233; Sander, Erfahrungen mit dem Bau neuzeitlicher Straßendecken in Deutschland. In: VT 6 (1925), S. 533 f.

[95] Vgl. auch Bechthold et al. (Hg.), Produktivkräfte in Deutschland 1917/18 bis 1945, 1988, S. 311.

[96] Vgl. Nagel, Die Bauverfahren für Landstraßen. In: ZVDI 72 (1928), S. 635; Kurz, Leichte moderne Straßendecken. In: STR 20 (1930), S. 305 ff. Die Angaben von Herstellungskosten, Belastungsgrenzen und Lebensdauer der verschiedenen Decken sind nicht absolut zu setzten und dienen lediglich dem Versuch, Relationen zwischen Leistungsfähigkeit und Herstellungskosten herzustellen. Kosten und Verschleißzeiten schwankten in der Praxis, nicht zuletzt aufgrund der Vielzahl im Detail unterschiedlicher Verfahren, sehr stark.

[97] Quentell, Probleme beim neuzeitlichen Straßenbau. In: STR 16 (1926), S. 38 f.

<u>Abbildung 13:</u> Die Entwicklung des Ausbauzustandes der Staats- und Provinzialstraßen im Deutschen Reich 1913 und 1924-1933

Erhebungsjahr (Stichtag jeweils 1. April)	Kiesgebundene Schüttungen	Oberflächenschutzschichten	Mittelschwere Decken	Schwere bituminöse Decken	Noch umzubauende Pflasterdecken	Kleinpflaster	Großpflaster und Beton
	vH						
1913	88,1	0,2	0,1	0,0	3,7	4,2	3,7
1924	87,2	0,3	0,1	0,0	3,6	5,4	3,4
1925	86,4	0,4	0,1	0,0	3,6	6,1	3,4
1926	83,9	1,8	0,3	0,2	3,4	6,9	3,5
1927	77,8	6,9	0,9	0,7	2,9	7,5	3,3
1928	67,2	14,4	2,5	1,0	3,3	8,4	3,2
1929	57,2	22,4	3,7	1,3	3,2	9,0	3,2
1930	48,7	29,0	5,1	1,5	3,2	9,4	3,1
1931	40,9	34,7	6,8	1,5	3,1	9,8	3,2
1932	36,5	37,4	8,2	1,6	3,0	10,1	3,2
1933	32,1	39,3	10,3	1,7	3,0	10,4	3,2

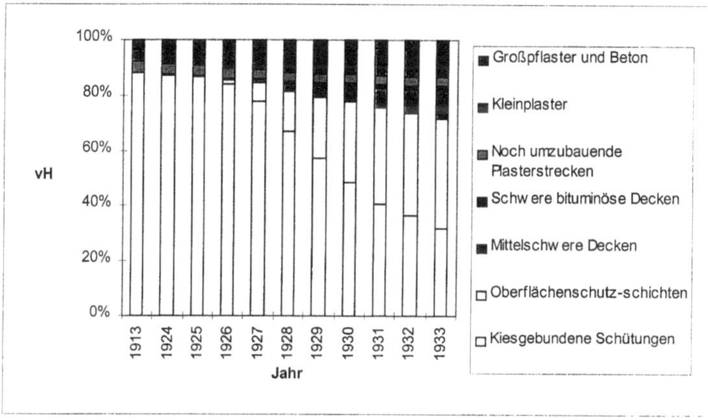

Quelle: Statistisches Reichsamt (Hg.), Straßen- und Wegewesen, 1934, S. 18.

2. Fugenlose Straßendecken in Teer-, Asphalt- oder Betonbauweise waren stärkerem Verkehr gewachsen. Das Schottergerüst des nach den Macadamprinzip gefertigten Unterbaues wurde in diesem Fall durch wasserunlösliche Bindemittel stabilisiert und es wurde so eine glatte, fugenlose Straßenoberfläche geschaffen, die weniger Angriffspunkte für die einwirkenden Kräfte bot als oberflächenbehandelte Decken. Verwendete bituminöse Bindemittel waren Asphalt, der teils aus natürlichen Ablagerungen abgebaut, teils durch Destillation von Benzin, Öl beziehungsweise Petroleum gewonnen wurde, oder Teer, der bei der

Verkokung von Steinkohle anfiel. Diese Stoffe wurden entweder in heißem Zustand unter Druck in ein vorhandenes Schottergerüst eingewalzt oder zunächst in einer Trommel mit Sand, Schotter und Splitt vermischt und anschließend heiß zu Asphaltbeton- respektive Teermakadamdecken verbaut. Bei Betonstraßen wurde Zement als Bindemittel für ein Gemisch aus Sand, Kies und Gestein verwandt und in verschiedener Stärke auf den vorbereiteten Untergrund aufgebracht. Da sich dieses Material bei Temperaturschwankungen ausdehnte oder zusammenzog, mußten in regelmäßigen Abständen Querfugen eingefügt werden.[98]

<u>Abbildung 14:</u> Der Ausbauzustand der Staats-, Provinzial- und Kreisstraßen in den deutschen Ländern im Herbst 1933

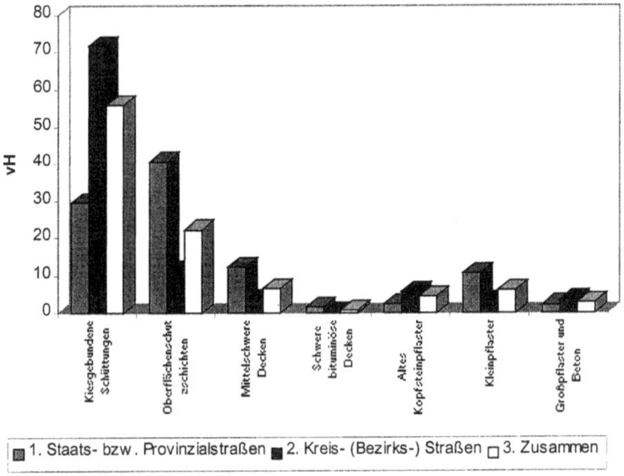

Quelle: Statistisches Reichsamt (Hg.), Straßen- und Wegewesen, 1934, S. 18.

[98] Die angesprochenen Verfahren dienen lediglich zur veranschaulichung grundlegender Bauweisen fugenloser Straßendecken. Der experimentelle Charakter der technischen Entwicklungen in der Zwischenkriegszeit fand seinen Niederschlag auch in der Vielzahl im Detail unterschiedlicher Teer- und Asphaltbauweisen im Straßenwesen. Vgl. etwa die Aufstellung von Sander, Neuere Straßenbaumethoden für Ueberlandstraßen. In: VT 6 (1925), S. 985 f.; Gamann, Bitumen und Bitumendecken. In: STR 16 (1926), S. 85 f.; Orthaus, Neue Wege im Straßenbau von Deutschland bei der Verwendung von Teer, Asphalt und Teerasphaltgemischen. In: STR 21 (1931), S. 2 ff. Zusammenfassend Riepert, Straßenbau. In: Allmers et al. (Hg.), Automobilwesen, 1928, S. 246 f.; Voss, Kraftfahrzeugstraßen, 1946, S. 58 ff. Ausführlich zu verschiedenen Verfahren Ilse, Asphaltstraßen, 1930, S. 32 ff.; Hentrich, Teerstraßen, 1927, S. 19 ff.; Kleinlogel, Betonstraßen, 1928, S. 84 ff.; Reiner, Straßenbauweisen, 1929, S. 19 ff. und S. 101 ff.; Neumann, Straßenbau, 1932, S. 213 ff.

Diese Straßendecken waren nur bedingt geeignet für gemischten Verkehr. Sie wiesen anfangs teilweise eine besonders für den Fuhrwerks-, aber auch für den Lkw-Betrieb ungünstige übermäßige Oberflächenglätte auf. Insbesondere Betonstraßen galten als ideal für schweren Verkehr luftbereifter Motorfahrzeuge. Sie erwiesen sich ebenso wie Teerstraßen als anfällig gegenüber schwerer Belastung durch eisenbereifte Lkw und beschlagene Zugpferde, die ihre Oberfläche aufreißen und beschädigen konnten. Betonstraßen boten sich deshalb weniger als Alternative für den Umbau vorhandener Landstraßen, sondern für die Neuanlage von 'Nur-Autostraßen' in Form der späteren Reichsautobahnen an. Die wenigen Streckenabschnitte, die zuvor in Deutschland gebaut wurden, waren zumeist sehr kurz und dienten primär Erprobungszwecken.[99] Die Anlage von Teer- und Asphaltdecken von etwa 5 bis 10 cm Stärke oder Betondecken von etwa 15 cm Stärke, die einer täglichen Belastung von bis zu 1500 Tonnen standhielten, verursachten Baukosten von 8 bis 10 Mark pro Quadratmeter. Sofern stärkere oder schwächere Belastungen zu erwarten waren, konnte dem innerhalb bestimmter Grenzen durch Variation der Deckenstärke Rechnung getragen werden. Wie die Ergebnisse der Dauerbelastungstests auf der Versuchsstraße in Braunschweig ergaben, waren die Instandhaltungs- und Reparaturkosten fugenloser Decken, eine technisch korrekte Ausführung vorausgesetzt, infolge geringer Abnutzung relativ niedrig.[100]

3. Besonders widerstandsfähig gegen eisenbereifte Fahrzeuge und eisenbeschlagene Zugtiere waren mit Groß- und Kleinpflaster belegte Steinpflasterstraßen. Diese seit langem bekannte Bauweise fand deshalb vor allem in Großstädten Verwendung, zumal die entsprechenden Rohstoffe in Deutschland in ausreichendem Maße vorhanden waren. Auf einem bestehenden Unterbau aus Schotter oder Beton wurden möglichst gleichmäßig behauene Hartgesteinswürfel nebst verschiedenen Füllmaterialien unter Druck verspannt und so zu einer Straßendecke gefügt. Zur Ausfüllung der Zwischenräume konnten Sand, Zementmörtel oder bituminöse Bindemittel benutzt werden. Zerstörerisch wirkten dementsprechend nicht so sehr schwere Belastungen als vielmehr luftbereifte Fahrzeuge, die diese Füllungen und damit den Halt der Decken lösten. Derartige Straßen hielten zwar Druckbelastungen von über 1500 Tonnen am Tag stand,

---

[99] Vgl. Hentrich, Teerstraßen, 1927, S. 38 f.; Kleinlogel, Betonstraßen, 1928, S. 135 ff.

[100] Vgl. ebenda, S. 133 f.; Hentrich, Teerstraßen, 1927, S. 17 f.; Nagel, Bauverfahren für Landstraßen, 1928, S. 632 ff.; Steinke, Die ersten Ergebnisse der Versuchsstraße bei Braunschweig. In: STR 16 (1926), S. 97 ff.; Nagel/Nessenius, Die ersten Versuchsergebnisse der Versuchsstraße des Deutschen Straßenbauverbandes bei Braunschweig. In: VT 7 (1926), S. 292 f.; Hentrich, Was lehrt die Braunschweiger Versuchsstraße für den Teerstraßenbau? In: STR 17 (1927), S. 468 ff.; ders., Die Ergebnisse der neuen Versuchsfolgen auf der Braunschweiger Versuchsbahn für den Teerstraßenbau. In: STR 19 (1929), S. 89 ff.; ders., Die Teerstraßendecken der Braunschweiger Versuchsbahn unter schwerem und schnellem Lastverkehr. In: STR 20 (1930), S. 270 ff.

waren aber in der Anlage sehr kostenintensiv. Der Quadratmeterpreis lag bei Kleinpflaster zwischen 10 und 15 Mark, bei Großpflaster zwischen 18 und 25 Mark.[101]

Vor dem Hintergrund der Stärken und Schwächen dieser verschiedenen Bauverfahren war der tatsächliche Ausbauzustand des deutschen Straßennetzes zu Anfang der 1930er Jahre aus technischer Sicht eine provisorische Zwischenlösung, die die anstehenden Probleme zwar kurzfristig überbrücken, aber nicht mittel- oder langfristig beheben konnte. Die Länge der Staats- und Provinzialstraßen stieg zwar beträchtlich, von gut 45.000 Kilometer (1924) auf gut 63.000 Kilometer, und trug damit dem steigenden Bedarf Rechnung, noch 1933 waren aber gut 70 Prozent dieser Straßen als kiesgebundene Schüttungen angelegt beziehungsweise mit Oberflächenschutzschichten versehen. Unter Berücksichtigung der Kreisstraßen erhöhte sich dieser Wert sogar auf knapp 80 Prozent.

Tabelle 20: Die Entwicklung der Staats- und Provinzialstraßenlängen im Deutschen Reich und in den deutschen Ländern 1913 und 1924-1933

Gebiet	1913	1924	1925	1926	1927	1928	1929	1930	1931	1932	1933
	Straßenlänge in km										
Preußen(zum Teil geschätzt)	23.500	22.900	26.800	26.800	27.400	30.400	31.000	33.700	35.000	35.400	35.700
Bayern	6.770	6.750	6.750	6.750	6.749	6.734	6.765	6.762	6.749	6.740	6.739
Sachsen	3.567	3.541	3.528	3.535	3.534	3.533	3.538	3.534	3.557	3.561	3.565
Württemberg	2.756	2.723	2.685	2.685	2.709	2.690	2.690	2.670	2.665	2.662	2.662
Baden	3.034	3.031	3.032	3.032	3.062	3.062	3.056	3.055	3.055	3.049	3.056
Thüringen	-	2.648	2.648	2.648	2.648	2.638	2.625	2.591	2.594	2.595	2.587
Hessen	—	—	—	—	5.088	5.081	5.085	5.076	5.082	5.085	5.071
Mecklenburg-Schwerin	-	-	-	-	-	-	1.691	1.701	1.700	1.700	1.699
Oldenburg	761	761	761	761	757	757	755	748	755	755	755
Braunschweig	739	739	739	739	739	739	739	739	739	739	739
Anhalt	—	—	—	—	—	—	—	—	—	—	—
Lippe	320	320	320	320	320	320	320	320	320	420	420
Mecklenburg-Strelitz	357	393	-	-	423	428	430	443	464	452	456
Schaumburg-Lippe	87	94	94	94	94	94	94	94	94	94	94
Deutsches Reich (ohne Hansestädte) (zum Teil geschätzt)	**45.800**	**45.600**	**49.500**	**49.500**	**55.200**	**58.100**	**58.800**	**61.400**	**62.800**	**63.200**	**63.500**

Quelle: Statistisches Reichsamt (Hg.), Straßen- und Wegewesen, 1934, S. 17.

[101] Vgl. Knipping, Steinstraßen, 1928, S. 7 ff.und S. 73 ff.; Neumann, Straßenbau, 1932, S. 191 ff.; Nagel, Bauverfahren für Landstraßen, 1928, S. 632; Sander, Erfahrungen mit dem Bau neuzeitlicher Straßendecken in Deutschland. In: VT 6 (1925), S. 533; Riepert, Straßenbau. In: Allmers et al. (Hg.), Automobilwesen, 1928, S. 247.

Tabelle 21: Die Ausgaben für Neubau, Umbau und Neubefestigung der Straßen und Wege in den deutschen Ländern 1927/28 bis 1931/32

Gebiet	Rechnungs-jahr	Insgesamt			Im einzelnen					
					Land bzw. Provinzen		Kreise (Bezirke)		Gemeinden	
		Mill. RM	vH der Aus-gaben 1)	je Ein-wohner in RM	Mill. RM	vH der Summe	Mill. RM	vH der Summe	Mill. RM	vH der Summe
Preußen	1927/28	401,8	*53,3*	10,52	73,1	*18,2*	82,0	*20,4*	246,0	*61,2*
	1929/30	333,5	*44,2*	8,74	43,8	*13,1*	58,7	*17,6*	229,8	*68,9*
	1931/32	134,0	*27,9*	3,51	28,0	*20,9*	34,3	*25,6*	70,8	*52,8*
Bayern	1927/28	52,6	*43,1*	7,13	23,6	*44,8*	4,4	*8,3*	24,7	*46,9*
	1929/30	51,9	*39,5*	7,03	20,3	*39,2*	8,8	*17,0*	22,8	*43,8*
	1931/32	19,8	*21,8*	2,68	6,1	*30,9*	3,1	*15,9*	10,5	*53,2*
Sachsen	1927/28	51,1	*51,5*	10,23	12,1	*23,7*	1,7	*3,4*	37,2	*72,9*
	1929/30	53,3	*50,5*	10,66	10,1	*19,0*	2,5	*4,7*	40,6	*76,3*
	1931/32	13,2	*25,3*	2,64	3,4	*26,1*	0,9	*6,8*	8,9	*67,1*
Württemb.	1927/28	23,4	*37,6*	9,08	5,7	*24,4*	2,1	*8,8*	15,7	*66,8*
	1929/30	24,9	*35,9*	9,63	4,6	*18,5*	1,6	*6,3*	19,7	*75,2*
	1931/32	12,1	*25,4*	4,70	1,7	*14,0*	1,5	*12,4*	8,9	*73,6*
Baden	1927/28	28,0	*50,0*	12,10	12,6	*44,9*	1,2	*4,4*	14,2	*50,7*
	1929/30	19,1	*37,5*	8,26	6,6	*34,8*	0,7	*3,8*	11,7	*61,4*
	1931/32	6,0	*17,1*	2,62	0,9	*14,4*	0,4	*5,9*	4,8	*79,7*
Thüringen	1927/28	15,2	*54,5*	9,45	5,8	*38,3*	0,1	*0,6*	9,3	*61,1*
	1929/30	8,7	*35,0*	5,41	3,5	*40,6*	0,1	*0,7*	5,1	*58,7*
	1931/32	1,2	*8,6*	0,73	0,0	*0,2*	0,1	*10,4*	1,0	*89,4*
Hessen	1927/28	12,6	*51,9*	9,36	4,5	*36,1*	-	-	8,0	*63,6*
	1929/30	11,8	*46,0*	8,77	6,6	*56,2*	—	—	5,2	*43,7*
	1931/32	3,7	*22,5*	2,74	1,8	*47,4*	—	—	1,9	*50,4*
Übrige Länder	1927/28	28,4	*55,1*	11,85	10,6	*37,4*	6,4	*22,4*	11,4	*40,2*
	1929/30	16,2	*37,2*	6,75	2,3	*14,5*	5,3	*32,6*	8,6	*52,9*
	1931/32	4,6	*18,0*	1,94	0,4	*8,1*	2,1	*44,3*	2,2	*47,6*
Hansestädte	1927/28	15,6	*50,4*	9,64	-	-	-	-	-	-
	1929/30	16,9	*47,9*	10,43	-	-	-	-	-	-
	1931/32	3,3	*26,1*	2,06	-	-	-	-	-	-

1) Für das Straßen- und Wegewesen.

Quelle: Statistisches Reichsamt (Hg.), Straßen- und Wegewesen, 1934, S. 33.

Der provisorische Charakter der Umbauten wird besonders an der Entwicklung des Ausbauzustandes deutlich. Kiesgebundene Schüttungen, deren Anteil am gesamten Netz der Staats- und Provinzialstraßen von knapp 90 Prozent (1924) auf gut 30 Prozent (1933) abnahm, wurden primär durch Oberflächenschutzschichten, deren Anteil von knapp 1 Prozent (1924) auf knapp 40 Prozent (1933) anstieg, sekundär von mittelschweren Decken, deren Anteil von nahezu null auf knapp 10 Prozent (1933) anstieg, ersetzt. Als Folge davon wurden die Mittel der Länder und Provinzen für den Straßenbau zu nahezu 70 Prozent für Oberflächenbehandlungen und sonstige Unterhaltungs- und Instandhaltungsmaßnahmen verwandt. Die immensen ökonomischen Aufwendungen, die sich hinter diesen Statistiken verbargen, führten viele Wegebaupflichtige an die Grenze ihrer Leistungsfähigkeit. Die Finanzierbarkeit kristallisierte sich im Zeitablauf immer deutlicher als eigentlicher Engpaßfaktor des Straßenbaues heraus. *(Abbildungen 13 und 14, Tabellen 20 und 21)*

Die Ausgaben auf dem Gebiet des Straßen- und Wegewesens stiegen in den 'Goldenen Jahren' von Weimar erheblich. Sie lagen im Rechnungsjahr 1913/14, gemessen an der durchschnittlichen Kaufkraft der Reichsmark zwischen 1926 und 1931, bei etwa 780 Millionen und bewegten sich in der Nachinflationszeit auf einem Niveau von etwa 900 Millionen bis 1,2 Milliarden, bevor sie infolge der konjunkturell begründeten Einnahmeausfälle in der Wirtschaftskrise unter das Vorkriegsniveau sanken.[102] Dem Verwaltungsaufbau und der damit verbundenen Belastungsverteilung entsprechend, trugen die Gemeinden ungefähr die Hälfte dieser Ausgabenlast, während Kreise sowie Länder und Provinzen die verbleibende Hälfte in etwa gleichmäßig unter sich aufteilten. Bezüglich der Ausgabenzusammensetzung vollzog sich in diesem Zeitraum ein grundlegender Wandel, der in allen deutschen Ländern eine gleiche Tendenz zeigte. Dominierten zu Beginn die Aufwendungen für Neu- und Umbauten gegenüber denen für reine Straßenunterhaltung, hatte sich diese Gewichtung zu Ende der Betrachtungsperiode umgekehrt. Der beschleunigte Straßenverschleiß führte im Zusammenspiel mit sinkenden Einnahmen der öffentlichen Hand dazu, daß die gemessen am Motorisierungsverlauf ohnehin ungenügenden und unterproportionalen Ausgabensteigerungen zunehmend für die Ausbesserung offenkundiger Straßenschäden anfielen. Eine aktive Infrastrukturpolitik, die auf einen kontrollierten Ausbau des Straßennetzes zielte, war infolge fehlender Finanzmittel kaum möglich. Die Diskrepanz zwischen notwendigen Ausgaben und möglichen Einnahmen war zu groß.[103] *(Tabellen 22 und 23)*

Zwischen den besonderen Einnahmen auf dem Gebiet des Straßen- und Wegewesens, zu denen vor allem zweckgebundene Steuern wie die Kraftfahrzeugsteuer oder besondere Wegesteuern, Anliegerbeiträge und andere Gebühren, Zuschüsse verschiedener Gebietskörperschaften, spezifische Rücklagen wie Straßenbau- oder Grunderwerbsfonds sowie die Inanspruchnahme von Kreditmitteln zählten, und den Ausgaben klaffte eine Lücke von ungefähr 40 Prozent, die aus allgemeinen Steuermitteln gedeckt werden mußte. Die Aufwendungen für den Straßenbau gerieten damit im Kontext der wirtschaftlichen Entwicklung in der Weimarer Republik zunehmend in Konkurrenz zu anderen Verwendungsformen. *(Tabellen 24 und 25)*

---

[102] Vgl. Statistisches Reichsamt (Hg.), Straßen- und Wegewesen, 1934, S. 24 f.

[103] Vgl. ebenda, S. 26 ff.

Tabelle 22: Die Zusammensetzung der Ausgaben auf dem Gebiet des Straßen- und Wegewesens in den deutschen Ländern 1927/28 bis 1931/32

Gebiet	Von den Ausgaben entfielen in vH auf															Ausgleich der Verrechnungs-unterschiede		
	Unterhaltung			Neubau, Umbau u. dgl.			Persönliche Ausgaben			Schuldendienst [1]			Sonstiges					
	von Straßen, Wegen und Brücken																	
	1927/28	1929/30	1931/32	1927/28	1929/30	1931/32	1927/28	1929/30	1931/32	1927/28	1929/30	1931/32	1927/28	1929/30	1931/32	1927/28	1929/30	1931/32
Preußen	36,5	38,6	42,8	53,3	44,2	27,9	3,1	3,6	5,0	5,9	12,7	24,5	2,5	2,3	2,7	- 1,3	- 1,4	- 2,9
Bayern	39,3	41,1	49,6	43,1	39,5	21,8	8,5	9,1	11,2	8,2	9,4	17,4	2,0	1,2	1,1	- 1,1	- 0,3	- 1,1
Sachsen	31,5	34,6	44,7	51,5	50,5	25,3	6,9	7,5	12,8	2,9	6,5	14,1	6,5	2,1	1,7	+ 0,7	- 1,2	+1,4
Württem-berg	45,6	45,9	49,4	37,6	35,9	25,4	12,3	11,1	13,4	4,0	7,0	10,2	1,4	0,5	1,1	- 0,9	- 0,4	+0,5
Baden	33,8	40,9	49,1	50,0	37,5	17,1	9,2	10,6	13,2	6,8	10,7	21,0	0,7	0,8	1,1	- 0,5	- 0,5	- 1,5
Thüringen	34,1	42,4	50,6	54,5	35,0	8,6	3,5	4,0	6,3	4,5	16,0	32,8	3,3	2,6	1,4	+ 0,1	+ 0,0	+0,3
Hessen	39,3	37,7	47,4	51,9	46,0	22,5	2,2	3,1	4,4	5,1	13,8	21,9	3,1	0,4	1,5	- 1,6	- 1,0	+2,3
Übrige Länder	34,9	48,9	58,5	55,1	37,2	18,0	3,8	4,6	6,7	3,7	8,8	16,7	3,0	1,3	0,4	- 0,5	- 0,8	- 0,3
Hansestädte	39,4	41,8	50,8	50,4	47,9	26,1	9,7	9,7	19,9	0,4	0,6	2,4	0,1	0,0	0,8	—	- 0,0	- 0,0

[1] Angaben nur in der Entwicklung zu vergleichen, da die Ausgaben für Schuldendienst von einzelnen Ländern nicht ganz vollständig nachgewiesen werden konnten.

Quelle: Statistisches Reichsamt (Hg.), Straßen- und Wegewesen, 1934, S. 28.

Tabelle 23: Die Ausgaben auf dem Gebiet des Straßen- und Wegewesens im Deutschen Reich 1926/27 bis 1932/33

Rechnungsjahr	Insgesamt[1]				Im einzelnen													
					Länder	Provinzen[2]	Länder und Provinzen			Kreise[3]			Gemeinden			Hansestädte[4]		
	Mill. RM	Veränderung gegen das Vorjahr in vH	vH der gesamten öffentlichen Ausgaben ohne Reich	vH der gesamten öffentlichen Ausgaben mit Reich	Mill. RM	Mill. RM	Mill. RM	Veränderung gegen das Vorjahr in vH	vH der Summe	Mill. RM	Veränderung gegen das Vorjahr in vH	vH der Summe	Mill. RM	Veränderung gegen das Vorjahr in vH	vH der Summe	Mill. RM	Veränderung gegen das Vorjahr in vH	vH der Summe
1926/27	953,8	-	9,0	5,5	113,1	139,1	252,2	-	24,1	210,1	-	20,1	560,0	-	53,6	23,1	-	2,2
1927/28	1.227,2	+ 28,7	10,5	6,5	150,4	191,1	341,5	+ 35,4	26,0	269,9	+ 28,4	20,5	671,4	+ 19,9	51,1	31,0	+ 34,5	2,4
1928/29	1.208,3	- 1,5	9,7	5,8	133,6	177,4	311,0	- 8,9	24,0	266,6	- 1,2	20,6	671,0	+ 1,4	52,6	36,8	+ 18,4	2,8
1929/30	1.241,4	+ 2,7	9,7	5,9	131,1	191,0	322,1	+ 3,6	24,2	272,2	+ 2,1	20,5	699,5	+ 2,7	52,6	35,3	- 4,1	2,7
1930/31	1.047,7	- 15,6	8,6	5,1	119,2	189,1	308,3	- 4,3	27,0	247,4	- 9,1	21,6	559,3	- 20,0	48,9	28,6	- 18,9	2,5
1931/32	774,6	- 26,1	7,5	4,6	85,0	140,5	225,6	- 26,9	26,8	187,1	- 24,4	22,2	417,0	- 25,5	49,5	12,7	- 55,4	1,5
1932/33	601,1	- 22,4	-	-	72,8	94,4	167,1	- 25,9	25,6	134,4	- 28,2	20,6	343,0	- 17,7	52,6	8,1	- 36,8	1,2

[1] Von Doppelzählungen bereinigte Ausgaben der Länder, Gemeindeverbände und Gemeinden. — [2] Einschl. der hessischen Kreise. — [3] In Bayern: Bezirke; in Sachsen: Bezirksverbände; in Württemberg: Amtskörperschaften usw. — [4] Städte, Kreise und Gemeinden.

Quelle: Statistisches Reichsamt (Hg.), Straßen- und Wegewesen, 1934, S. 25.

Tabelle 24: Die Einnahmen auf dem Gebiet des Straßen- und Wegewesens im Deutschen Reich 1927/28 bis 1931/32

Rechnungsjahr	Insgesamt [1]			Im einzelnen												
				Länder	Provinzen [2]	Länder und Provinzen			Kreise [3]			Gemeinden			Hansestädte [4]		
	Mill. RM	Veränderung gegen das Vorjahr in vH	Anteil an der Deckung der Ausgaben in vH	Mill. RM		Mill. RM	Veränderung gegen das Vorjahr in vH	vH der Summe	Mill. RM	Veränderung gegen das Vorjahr in vH	vH der Summe	Mill. RM	Veränderung gegen das Vorjahr in vH	vH der Summe	Mill. RM	Veränderung gegen das Vorjahr in vH	vH der Summe
1926/27	522,7	-	54,8	72,9	83,6	156,5	-	25,5	109,2	-	17,8	341,9	-	55,6	6,7	-	1,1
1927/28	738,9	+ 41,4	60,2	101,3	144,0	245,3	+ 56,7	29,7	156,9	+ 43,6	19,0	407,6	+ 19,2	49,4	15,8	+ 135,1	1,9
1928/29	678,0	- 8,2	56,1	81,5	117,4	198,8	- 18,9	26,0	144,7	- 7,8	18,9	401,1	- 1,6	52,5	19,5	+ 23,4	2,6
1929/30	706,2	+ 4,2	56,9	87,2	134,6	221,8	+ 11,6	27,9	152,5	+ 5,4	19,2	403,9	+ 0,7	50,9	15,7	- 19,3	2,0
1930/31	543,5	- 23,0	51,9	77,3	131,2	208,5	- 6,0	32,6	133,7	- 12,3	20,9	286,4	- 29,1	44,8	10,7	- 31,9	1,7
1931/32	395,3	- 27,3	51,0	60,0	107,7	167,7	- 19,6	36,2	104,5	- 21,8	22,6	185,5	- 35,2	40,0	5,3	- 50,4	1,2
1932/33	331,1	- 46,3	55,1	46,8	85,2	131,9	- 21,3	34,5	82,3	- 21,2	21,5	163,0	- 12,1	42,6	5,3	- 0,8	1,4

[1] Von Doppelzählungen bereinigte Einnahmen der Länder, Gemeindeverbände und Gemeinden. — [2] Einschl. der hessischen Kreise. — [3] In Bayern: Bezirke; in Sachsen: Bezirksverbände; in Württemberg: Amtskörperschaften usw. — [4] Städte, Kreise und Gemeinden.

Quelle: Statistisches Reichsamt (Hg.), Straßen- und Wegewesen, 1934, S. 29.

Tabelle 25: Die Deckung der Ausgaben für das Straßen- und Wegewesen im Deutschen Reich 1927/28 bis 1931/32

Rechnungsjahr	Von de Ausgaben waren gedeckt in vH durch					Aus allgemeinen Mitteln zu decken in vH
	Kreditmittel	Kraftfahrzeug-steuer	Anliegerbeiträge u. dgl.	Zuschüsse u. dgl. von anderen Gebietskörper-schaften	Sonstiges	
			Länder und Provinzen			
1927/28	35,7	31,6	0,6	2,5	1,4	28,2
1929/30	21,1	41,5	0,8	3,4	2,1	31,1
1931/32	14,2	51,8	0,7	5,1	2,6	25,6
			Kreise (Bezirke)			
1927/28	22,5	12,0	2,7	14,6	6,4	41,8
1929/30	17,5	16,5	1,9	12,4	6,7	44,0
1931/32	8,2	22,7	2,3	14,8	7,9	44,1
			Gemeinden			
1927/28	33,3	1,0	9,5	5,7	11,2	39,3
1929/30	27,6	2,0	11,7	6,2	10,2	42,3
1931/32	8,9	3,9	12,3	6,8	12,6	55,5
			Zusammen 1)			
1927/28	33,9	12,2	6,1	-	8,0	39,8
1929/30	25,8	15,8	7,4	-	7,9	43,1
1931/32	10,9	23,1	7,5	-	9,5	49,0

1) Einschl. Hansestädte

Quelle: Statistisches Reichsamt (Hg.), Straßen- und Wegewesen, 1934, S. 30.

Die Möglichkeit, auf Mittel des allgemeinen Steueraufkommens zurückzugreifen, war seit der zweiten Hälfte des 19. Jahrhunderts gegeben. Bereits vor dem Ersten Weltkrieg deckten diese Mittel nahezu die Hälfte der öffentlichen Ausgaben für den Straßenbau. Relativ neuen Datums war dagegen die Kreditfinanzierung, die theoretisch mit der Überlegung begründet wurde, daß außergewöhnliche Lasten für Neu- und Ausbau von Straßen analog zum daraus resultierenden Nutzen auf einen größeren Zeitraum verteilt werden sollten. Im Rechnungsjahr 1913/14 waren bereits mehr als 20 Prozent, im Rechnungsjahr 1926/27 mehr als 50 Prozent der öffentlichen Wegebauausgaben durch Kreditmittel gedeckt. Mit steigender Tilgungsbelastung aus bestehenden Verpflichtungen, sinkenden Aufwendungen für Straßenneubauten und zunehmend verfügbaren Mitteln aus Kraftfahrzeugsteuern verlor diese Finanzierungsart zwischen 1926/27 und 1932/33 jedoch an Bedeutung.[104] *(Tabelle 26, Abbildung 15)* Neben Einnahmen untergeordneter Relevanz, etwa aus Ernteerträgen von Obstbaumbepflanzungen an Chausseen oder aus Anliegerbeiträgen, Brückenzöllen und sonstigen Wegegeldern, deren Existenz in manchen Regionen aus dem frühen 19. Jahrhundert herrührte, avancierte in Weimar die Kraftfahrzeugsteuer zur wichtigsten besonderen Einnahmequelle für den Straßenbau.

[104] Vgl. ebenda, S. 29 ff.

Tabelle 26: Die Ausgaben für Verzinsung und Tilgung von Schulden auf dem Gebiet des Straßen- und Wegewesens im Deutschen Reich 1926/27 bis 1932/33

Rechnungsjahr	Insgesamt			Im einzelnen								
				Länder und Provinzen 1) 2)			Kreise (Bezirke)			Gemeinden 1)		
	Mill. RM	vH der Ausgaben 3)	Veränderung gegen das Vorjahr in vH	Mill. RM	vH der Summe	Veränderung gegen das Vorjahr in vH	Mill. RM	vH der Summe	Veränderung gegen das Vorjahr in vH	Mill. RM	vH der Summe	Veränderung gegen das Vorjahr in vH
1926/27	29,2	3,0	—	6,2	21,1	—	4,4	15,1	—	18,6	63,7	—
1927/28	67,8	5,5	+131,9	15,6	23,1	+153,5	9,9	14,5	+123,4	42,1	62,2	+126,5
1928/29	111,0	9,2	+ 63,8	23,9	21,5	+ 52,5	17,4	15,7	+ 76,9	69,5	62,6	+ 64,9
1929/30	137,0	11,0	+ 23,5	25,1	18,4	+ 5,4	23,3	17,0	+ 33,7	88,4	64,5	+ 27,1
1930/31	159,9	15,3	+ 16,7	31,4	19,7	+ 25,1	24,7	15,4	+ 5,9	103,5	64,7	+ 19,1
1931/32	165,7	21,4	+ 3,6	34,7	20,9	+ 10,4	24,5	14,8	- 0,9	106,2	64,1	+ 2,6
1932/33	125,6	20,9	- 24,2	29,4	23,4	- 15,3	20,0	15,9	- 18,1	75,8	60,4	- 18,6

1) Ohne Hansestädte. — 2) Von den Ländern konnte der auf das Straßen- und Wegewesen entfallende Schuldendienst aus technischen Gründen z.T. nicht vollständig nachgewiesen werden. — 3) Für das Straßen- und Wegewesen.

Quelle: Statistisches Reichsamt (Hg.), Straßen- und Wegewesen, 1934, S. 34.

Das Aufkommen aus dieser Zwecksteuer, die vom Reich verwaltet, jedoch ab 1924 nach Abzug von 4 Prozent Verwaltungskostenentschädigung in voller Höhe an die Länder und von dort nach verschiedenen Schlüsseln an untergeordnete Körperschaften verteilt wurde, reichte aber bei weitem nicht zur Deckung der Finanzierungslücke aus.[105] Die Konzeption der Kraftfahrzeugsteuer war in den 1920er Jahren Gegenstand heftiger Kontroversen zwischen den Wegebaupflichtigen, die eine möglichst kostendeckende und hohe Besteuerung anstrebten, und Vertretern der Automobilindustrie, die die volkswirtschaftliche Kontraproduktivität hoher Kraftfahrzeugsteuern nicht nur für ihren Industriezweig betonten. Ursprünglich im Reichsstempelgesetz von 1906 als Luxussteuer ausschließlich für Pkw und Motorräder konzipiert, belastete sie seit 1922 als Zwecksteuer für die Wegeerhaltung auch Lkw und wurde in der Zwischenkriegszeit mehrfach novelliert und deutlich erhöht, am stärksten 1926 um etwa 150 Prozent.[106] Obwohl die Erträge bis zur Wirtschaftskrise stark anstiegen und vollständig zur Finanzierung der Wegeunterhaltung verwandt wurden, konnten sie die Ausgaben nur zu 10 Prozent (1926/27) bis 25 Prozent (1932/33) decken.

---

[105] Vgl. ebenda, S. 28 f.

[106] Vgl. Wiskott, Besteuerung der Kraftfahrzeuge, 1928, S. 14 ff.; RDA e.V. (Hg.), Kraftfahrzeugsteuerfrage, 1927, S. 6 ff.

Die tatsächliche Gesetzgebung stellte insofern einen Kompromiß dar, derkeine der beiden Parteien zufriedenstellen konnte. *(Tabellen 27 und 28)*

Abbildung 15: Verteilung der Bruttoeinnahmen auf dem Gebiet des Straßen- und Wegewesens 1926/27 bis 1932/33

Rechnungs-jahr	Von den Bruttoeinnahmen entfielen in vH auf			
	Kreditmittel	Kraftfahrzeug-steuer	Anliegerbeiträge, Gebühren u. dgl.	Sonstiges
1926/27	53,6	19,2	11,5	15,7
1927/28	56,3	20,3	10,2	13,2
1928/29	49,7	25,0	12,0	13,3
1929/30	45,4	27,8	13,0	13,8
1930/31	34,1	36,9	15,4	14,6
1931/32	21,4	45,3	14,7	18,6
1932/33	19,5	48,0	13,5	19,0

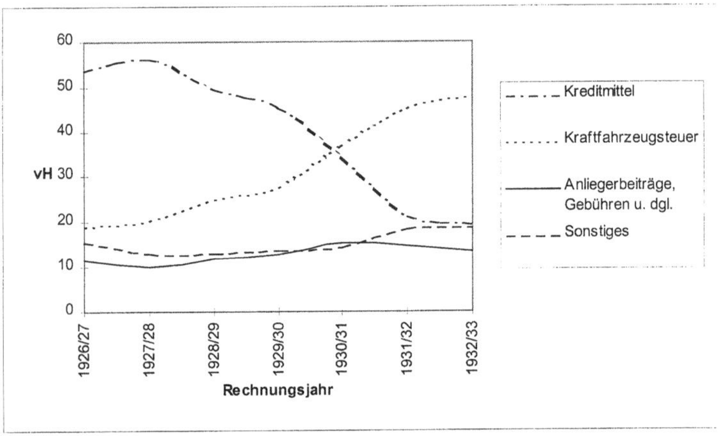

Quelle: Statistisches Reichsamt (Hg.), Straßen- und Wegewesen, 1934, S. 30.

Spätestens gegen Ende der 1920er Jahre wurde klar, daß weder die Kraftfahrzeugsteuer noch die Kreditfinanzierung, zumindest in ihrer bis dahin üblichen Form, befriedigende Finanzierungsperspektiven boten. Die straßenbaulichen Maßnahmen in der Weimarer Republik erfolgten primär als Anpassungsreaktion auf die geänderten Verkehrsverhältnisse. Dementsprechend kurz war der Zeithorizont der Finanzierungsplanung zur Deckung der tatsächlichen Aufwendungen für den Straßenbau. Bevor aber mittel- oder langfristige Finanzierungspläne zur

Schaffung eines motorisierungsgerechten Straßennetzes aufgestellt werden konnten, war die Frage nach den dabei noch zu erwartenden Kosten zu klären. Es lag in der Natur der Sache, daß die vielfältigen Versuche zur Bestimmung von Neubau-, Ausbau- und Unterhaltungsaufwendungen je nach Standpunkt des Verfassers oder des verantwortlichen Auftraggebers stark voneinander abwichen.

Tabelle 27: Die Unterverteilung der Kraftfahrzeugsteuerüberweisungen in den größeren deutschen Ländern (Stand 1934)

Land	Geltungsdauer der Verteilungs-vorschriften	Land	Provinzen	Land-kreis	Stadtkreis	Kreisan-gehörige Gemeinden	Wegebaustock
		in vH des Landesanteiles					
Preußen	1.IV.1926 bis	—	75	25		—	—
	30.VI.1927	4	72	24		—	—
	1.VII.1927 bis	4	67,2	28,8		—	—
	31.III.1929						
	ab 1.IV.1929						
Bayern	1.IV.1926 bis	[1]100	—	—	—		—
	31.III.1928	55	—	27	18		—
	ab 1.IV.1928						
Sachsen	1.IV.1926 bis 31.	50	—	45		—	5
	III.1932	40	—	50		—	10
	ab 1.IV.1932						
Württem-berg	ab 1.IV.1926	[1]100	—	—	—	—	—
Baden	ab 1.IV.1926	100	—	—	—	—	—
Thüringen	ab 1.IV.1926	[1]100	—	—	—	—	—
Hessen	ab 1.IV.1926	—	[2]100	—	—	—	—

1) Das Land leistet aus Kraftfahrzeugsteuermitteln Zuschüsse an Gemeinden (Gemeindeverbände). — 2) Ab 1. Juli 1927 verbleibt dem Lande ein vom Minister der Finanzen im Einvernehmen mit dem Minister des Innern festzustellender Betrag zu Zwecken der Unterhaltung der öffentlichen Brücken.

Quelle: Statistisches Reichsamt (Hg.), Straßen- und Wegewesen, 1934, S. 29.

Die mögliche Spannbreite bei der Feststellung der jeweils zugrundeliegenden Prämissen war aufgrund der Dynamik des Motorisierungsprozesses, der ungeklärten straßenbautechnischen Detailfragen, der statistischen Probleme oder der Unklarheit über das erwünschte und erforderliche Ausbaumaß außergewöhnlich groß und bot ausreichenden Spielraum für entsprechende Manipulationen. Verschiedenen Meinungen über das Ausmaß der in einem Zeithorizont von 5 bis 20 Jahren jährlich erforderlichen Straßenbauinvestitionen reichten von 200 Millionen bis 1 Milliarde Reichsmark, die Ansichten über die prognostizierten Gesamtkosten schwankten zwischen 2 und 9 Milliarden Reichsmark.[107] Als maß-

[107] Eine Zusammenfassung einschlägiger Berechnungen bei Rappaport/Heller, Straßenplanung, 1928, S. 78 f.; Heymann, Verwaltung, 1928, S. 87 ff.; Wiskott, Besteuerung der

geblich erwies sich schließlich die 1928 für die praktische Umsetzung der aggregierten Staatsstraßen-Bauprogramme der einzelnen Länder von Dr. Heymann aufgestellte Berechnung. Diese veranschlagte ein Kostenvolumen von etwa 6,5 Milliarden Reichsmark, von denen ungefähr 5 Milliarden auf Unterhaltungs- und 1,5 Milliarden auf reine Umbaukosten entfielen. Bei dem veranschlagten Zeithorizont von 6 Jahren erforderte die Umsetzung dieses Planes ein jährliches Leistungsvolumen von 1 Milliarde Mark. Planungsunsicherheit war ein markantes Kennzeichen auch dieser Berechnung:

"Vorausgeschickt sei jedoch, daß ... große Unterschiede denkbar sind, je nach der technischen Methode und nach den Aufwendungen, die man in die Landstraßen investieren kann. Die Zahlen können sich schon im Laufe der nächsten Zeit gewaltig ändern, infolge der Erfahrungen, die gemacht werden, insbesondere bezüglich der Lebensdauer der modernen Bauarten, oder durch eine neue Erfindung bezüglich der Deckenbefestigung. Auch die Aenderung der Bereifung und Federung der Fahrzeuge und ähnliche Momente, die aus der Entwicklung der Automobiltechnik herzuleiten sind, könnten das Bild umwerfen."[108]

Tabelle 28: Die Kraftfahrzeugsteuereinnahmen im Deutschen Reich 1926/27 bis 1932/33

Rechnungsjahr	Insgesamt			Im einzelnen								
				Länder und Provinzen 1)			Kreise (Bezirke) 1)			Gemeinden 1)		
	Mill. RM	vH der Ausgaben 2)	Veränderung gegen das Vorjahr in vH	Mill. RM	vH der Summe	Veränderung gegen das Vorjahr in vH	Mill. RM	vH der Summe	Veränderung gegen das Vorjahr in vH	Mill. RM	vH der Summe	Veränderung gegen das Vorjahr in vH
1926/27	100,4	10,5	—	75,2	74,8	—	17,0	16,9	—	6,5	6,5	—
1927/28	150,0	12,2	+49,3	107,8	71,9	+43,4	32,6	21,7	+92,0	6,9	4,6	+6,1
1928/29	169,8	14,0	+13,2	120,1	70,7	+11,4	35,5	20,9	+8,8	11,1	6,6	+61,7
1929/30	196,1	15,8	+15,5	133,6	68,1	+11,3	45,0	22,9	+26,8	13,9	7,1	+24,8
1930/31	195,2	18,6	-0,5	132,1	67,7	-1,2	44,0	22,8	-1,2	15,1	7,7	+8,3
1931/32	179,1	23,1	-8,2	116,7	65,1	-11,7	42,6	23,8	-4,2	16,3	9,1	+8,4
1932/33	158,8	26,4	-11,4	101,6	64,0	-12,9	38,4	24,2	-9,9	15,6	9,8	-4,2

1) Ohne Hansestädte. — 2) Für das Straßen- und Wegewesen.

Quelle: Statistisches Reichsamt (Hg.), Straßen- und Wegewesen, 1934, S. 36.

Dennoch baute die Denkschrift der 'Studiengesellschaft für die Finanzierung des deutschen Straßenbaus', die 1930 unter dem Eindruck der Wirtschaftskrise und einer für die Aufnahme von Straßenbauanleihen problematischen Kapitalmarktsituation erschien, auf diesem Plan auf. Unter Abzug der bis dahin erfolgten Umbauinvestitionen ging diese Denkschrift von einem verbleibenden Rest-

Kraftfahrzeuge, 1928, S. 66 ff.; Voss, Entwicklung der Kraftfahrzeugstraßen, 1946, S. 169 ff.

108 Heymann, Verwaltung, 1928, S. 91. Zum Gesamtzusammenhang vgl. ebenda, S. 91 ff.; Voss, Entwicklung der Kraftfahrzeugstraßen, 1946, S. 171 ff.

volumen von 4,5 Milliarden Reichsmark aus, von denen etwa 3,5 Milliarden als langfristige Investitionen mit einer Amortisationsdauer von über 20 Jahren eingestuft wurden, die wegen der unterentwickelten inländischen Kapitalmärkte auf innovative Weise zentral über eine eigens zu diesem Zweck zu gründende 'Deutsche Straßenbau Kredit A.G.' als Auslandsanleihen finanziert werden sollten.[109] Innovativ an diesem zuvor insbesondere von Dr. Heymann propagierten Ansatz war weniger das Finanzierungsinstrument als vielmehr dessen Einsatzzweck und der Versuch, die fehlende Kapitalmarktfähigkeit einzelner Wegebaupflichtiger durch Gründung einer Zentralstelle zu umgehen.

Obwohl die jeweiligen Wegebaupflichtigen diesbezügliche Inlandsanleihen in der zweiten Hälfte der 1920er Jahre in steigendem Maße aufgenommen hatten, war die Anleihetauglichkeit des Straßenbaus nicht unumstritten und insbesondere aus Sicht der Beratungsstelle für Auslandskredite, die die Genehmigung von Auslandsanleihen aus Amortisationsgründen vom Nachweis der Produktivität ihres Verwendungszweckes abhängig machte, nicht gegeben. Die Befürworter der Denkschrift argumentierten nicht ohne Grund, daß dieses Denken der Zeit des beginnenden 20. Jahrhunderts verhaftet blieb, als der motorisierte Straßenverkehr der Befriedigung von Luxusbedürfnissen diente, für die wirtschaftliche Entwicklung eines Landes aber von untergeordneter Bedeutung und deshalb unproduktiv war. Ihre Versuche, den wertschöpfenden Charakter von Pkw und Lkw nachzuweisen, trugen den drei Jahrzehnte später geltenden tatsächlichen ökonomischen Gegebenheiten Rechnung und verschafften sich schließlich Gehör bei den politisch Verantwortlichen:

> "Im Hauptpunkte herrscht allgemeine Übereinstimmung: Die Notwendigkeit der Beschaffung langfristigen Kapitals zur Herstellung des deutschen Landstraßennetzes kann von keiner Seite mehr geleugnet werden. Der Reichsverkehrsminister hat vor kurzem erklärt, daß er sich von der Produktivität solcher Anleihen überzeugt habe. Diese Auffassung hat auch der Reichskanzler geäußert. Bei der Konkurrenz der Anleihebegehren sollte der Straßenbau jedenfalls nicht wieder zurückstehen. Die Anforderungen z. B. der Reichsbahn und der Reichspost können nicht ohne weiteres für dringlicher gehalten werden als diejenigen des Straßenbaues. Die Landstraßen sind bei dem unaufhaltsam zunehmenden Kraftwagenverkehr als die neuen Adern der Wirtschaft zu derselben Bedeutung gelangt wie die Eisenbahnen und die elektrische Nachrichtenübermittlung. Ihre Anpassung an den Kraftwagenverkehr könnte nur unter den größten wirtschaftlichen Verlusten aufgeschoben werden."[110]

Ungelöst blieb angesichts des dezentralisierten Verwaltungsaufbaus die Frage, ob die Verwendung der Kreditmittel und damit die Gestaltung des Straßennetzes einer Zentralstelle überlassen werden sollte beziehungsweise nach welchen Kriterien die Mittel auf die dezentralen Entscheidungsträger zu verteilen waren. Die

[109] Vgl. Studiengesellschaft für die Finanzierung des deutschen Straßenbaues (Hg.), Finanzierung, 1930, S. 36 ff.; Voss, Entwicklung der Kraftfahrzeugstraßen, 1946, S. 172 ff.

[110] Heymann, Die Finanzierung des deutschen Straßenbaues. Kritische Betrachtungen zur Denkschrift der Finanzierungs-Studiengesellschaft. In: VT 11 (1930), S. 169.

vorgeschlagene Anleihefinanzierung blieb in der Weimarer Zeit aber, ebenso wie die weitreichenden Pläne zur Neugestaltung des deutschen Infrastruktur, nicht deshalb Theorie. Sie scheiterte, weil auch internationale Kapitalmärkte in der Weltwirtschaftskrise nicht zur Deckung der fehlenden Mittel herangezogen werden konnten.[111] Es blieb den Nationalsozialisten vorbehalten, die Grundsätze zentraler Planung und Finanzierung beim Bau der Reichsautobahnen umzusetzen.

[111] Zu den Vorläufern der von der Studiengesellschaft vorgeschlagenen Anleihefinanzierung und der diesbezüglichen Diskussion vgl. Heymann, Verwaltung, 1928, S. 102 ff.; ders., Straßenbauanleihen. In: VT 10 (1929), S. 183 ff.; ders., Die Finanzierung des deutschen Straßenbaues. In: VT 10 (1929), S. 783 ff.; ders., Die Finanzierung des deutschen Straßenbaues. Kritische Betrachtungen zur Denkschrift der Finanzierungs-Studiengesellschaft. In: VT 11 (1930), S. 169 ff.; ders., Wirtschaftskrise und Landstraßen. In: Straßenbau und Straßenunterhaltung. Straßenbaubeilage der VT 12 (1931), S. 187 ff.; Speck, Hauptfragen der heutigen Straßenbaupolitik. In: STR 19 (1929), S. 29 ff.; Schotte, Die Finanzierung des deutschen Straßenbaues. In: Straßenbau und Straßenunterhaltung. Straßenbaubeilage der VT 10 (1929), S. 571 ff.; Platzmann, Die Finanzierung des Straßenwesens. In: VT 11 (1930), S. 28 ff.; Loerbroks, Die Straße. Ein zeitgemäße Betrachtung. In: STR 21 (1931), S. 69 ff. und S. 87 ff.

III Technische und ökonomische Dimensionen des Lkw-Verkehrs. Einsatzfelder und Potentiale von Lastkraftwagen bis 1932

Die vielbeschworenen Ziele industrieller Rationalisierung, wie Beschleunigung der Fertigung, Reduzierung der Stückkosten und Steigerung der Produktionsziffern, waren abhängig von Veränderungen der Logistik und bedingten verschiedene Zwänge, die in dieser Form neu waren. Sollten beispielsweise fließende Fertigungsformen mit erhöhten Ausbringungsmengen und sinkenden Kapitalbindungskosten durch Abbau von Lagerbeständen in Einklang gebracht werden, so mußten beschaffungsseitig unvorhergesehene Maschinenausfälle gegebenenfalls kurzfristig durch Eiltransporte überbrückt werden, währendabsatzseitig der Vertriebsbereich auszuweiten war. Eisenbahn und Pferdefuhrwerk, die traditionellen Transportdienstleister, konnten den daraus resultierenden Bedarf an Verkehrsdienstleistungen nicht in jedem Fall decken, während der Lkw durch seine Verfügbarkeit, Flexibilität, Schnelligkeit und schließlich durch seinen Haus-zu-Haus-Verkehr für derartige Aufgabenstellungen scheinbar prädestiniert war. Welche Rationalisierungspotentiale dem Lkw dabei in den 1920er Jahren tatsächlich zukamen, muß anhand folgender Fragen geklärt werden: Wo und wie wurden Lkw eingesetzt? Wie verlief die technische Entwicklung? Welche ökonomischen Konsequenzen hatte derLkw-Einsatz? Nach Verdeutlichung der Anforderungen, die an Nutzfahrzeuge im Rahmen ihrer Einsatzfelder gestellt wurden, können auf diese Weise ihre technisch und ökonomisch determinierten Möglichkeiten und Grenzen im Kontext der Rationalisierung analysiert werden.

1 Nah-, Werks- und Handelsverkehr. Der Wirkungskreis von Lkw in der Weimarer Republik

In dem Maße, in dem die Auseinandersetzung zwischen Schiene und Straße zu Beginn der 1930er Jahre an Schärfe gewann, stieg das Bedürfnis, die diesbezügliche Diskussion auf eine objektivere Grundlage zu stellen und die bis dahin üblichen groben Schätzungen über den Umfang und die Struktur des Lkw-Güterverkehrs auf eine statistisch gesicherte Basis zurückzuführen. Bis dahin konnten verläßlich Aussagen über die Art dieses Verkehrs, über Transportvolumina, die Art und Menge transportierter Güter oder Transportradien kaum getroffen werden.[1] Was seinerzeit den gegensätzlichen Standpunkten von Lobby-

---

[1] Vgl. etwa Bormann, Ueber die Struktur des deutschen Landverkehrs. In: VtW 27 (1933), S. 459; Schöpke, Vorschläge für eine Kraftverkehrsstatistik. In: Der praktische Betriebswirt 14 (1934), S. 569 ff. Das Bedürfnis, genaueren Aufschluß über den Lkw-Güterverkehr zu erhalten, hing vor allem mit den Plänen der Nationalsozialisten zusammen, das deutsche Verkehrswesen einer umfassenden Neugestaltung zu unterziehen. Im Kontext der betont motorisierungsfreundlichen Propaganda kam dabei dem unter beschäftigungs- und rüstungspolitischen Aspekten relevanten 'Projekt Reichsautobahnen' und der gezielten Neuabstimmung von straßen- und schienengebundenem Transportverkehr eine bedeutende

isten der Kraftverkehrswirtschaft und Vertretern der Reichsbahngesellschaft zusätzliche Emotionalität verlieh, erschwert heute die quantitative Erfassung der Anfänge des Lkw-Verkehrs.

Die Ermittlung der regionalen Verteilung der Lkw zwischen 1921, dem Jahr ihrer erstmaligen Erfassung nach Kriegsende, und 1932 bereitet die geringsten Schwierigkeiten. *(Tabelle 29)* Dabei wird deutlich, daß die Fahrzeuge, entsprechend den verschiedenartigen Wirtschaftsstrukturen der Regionen, zu einem geringeren Anteil auch in Abhängigkeit von topographischen Gegebenheiten, unterschiedlich verteilt waren. Industrie- und Handelszentren mit einer verhältnismäßig hohen Bevölkerungsdichte, beispielsweise Berlin, Hamburg, Westfalen, das Rheinland, Württemberg, Sachsen, Baden, Hessen, Hessen-Nassau, Braunschweig oder Anhalt, wiesen die größten Lkw-Bestände auf. In primär agrarisch strukturierten Regionen mit einer relativ geringen Bevölkerungsdichte wie Ostpreußen, Pommern, Schleswig-Holstein, Mecklenburg, Oldenburg oder Schaumburg-Lippe liefen vergleichsweise wenige Lkw. Die Nutzfahrzeugdichte korrelierte positiv mit der nachfragerelevanten Kaufkraft der regionalen Bevölkerung und mit der Verwendungsfähigkeit der Fahrzeuge in ortsansässigen Wirtschaftsunternehmen.[2]

Ein Detailvergleich der Bestandsentwicklungen zwischen fünf repräsentativ gewählten Handels- und Industriezentren (Berlin, Hamburg, Westfalen, Rheinland, Württemberg), fünf Agrarregionen (Ostpreußen, Pommern, Schleswig-Holstein, Mecklenburg, Schaumburg-Lippe) und zwei Regionen mit einer gemischten Wirtschaftsstruktur (Schlesien, Bayern), bestätigt und ergänzt diese Ergebnisse.[3] *(Tabelle 30)* Der prozentuale Anteil der Industrie- und Handelszentren an dem ständig steigenden Gesamtbestand bewegte sich auf einem konstant hohen Niveau. Unabhängig von konjunkturellen Schwankungen waren etwa 65 Prozent der Fahrzeuge hier registriert, 1925 sogar über 70 Prozent. Der Anteil in

---

Rolle zu. Das Primat der Eisenbahn, unter dem die Verkehrspolitik der Weimarer Republik noch weitgehend gestanden hatte, sollte fortan nicht mehr gelten. Während aber genaueste Statistiken über den Güterverkehr der Reichsbahn seit langem existierten, fehlte annähernd vergleichbares Material über den Lkw, abgesehen von den aus der Steuerstatistik verfügbaren Angaben über ihre Anzahl und regionale Verteilung, völlig. Das lag, wie sich bald herausstellen sollte, einerseits an der Natur dieses Transportmittels, andererseits an der verkehrspolitischen Ausrichtung der Weimarer Republik. Vgl. Helander, Nationale Verkehrsplanung, 1937, S. 41 ff. sowie die Darstellungen von Herbst, Deutschland 1933-1945, 1996, S. 95 ff.; Radkau, Technik, 1989, S. 306 ff.

[2] In Sachsen und im Südwesten Deutschlands begünstigte das Mittelgebirge die Ausbreitung des Lkw, da dieser aufgrund seiner Steigfähigkeit in bergigen Gegenden problemloser betrieben werden konnte als Bahnen. Vgl. Voss, Kraftfahrstraßen, 1946, S. 48 f.

[3] Als Vergleichszeitraum wurde dabei mit dem Basisjahr 1921 ein Nachkriegs- und Inflationsjahr, mit 1925 ein Nachinflationsjahr, mit 1928 ein Aufschwungsjahr und mit 1931 ein Krisenjahr gewählt, um dem Konjunkturverlauf der Weimarer Wirtschaft zu folgen.

Tabelle 29: Regionale Verteilung der LKW-Bestände 1921-1932

	1921	1922	1923	1924	1925	1926	1927	1928	1929	1930	1931	1932
Ostpreußen	744	1008	1142	1103	1218	1303	1257	1584	1763	2085	2277	2106
Berlin	3324	4648	4896	4271	7684	9079	10241	12120	14766	16473	16488	15716
Brandenburg	467	867	1125	1154	1661	2225	2636	3497	4794	5806	6491	6640
Pommern	414	793	847	844	1023	1183	1357	1619	2027	2513	2662	2489
Posen-Westpreußen	44	75	93	100	111	134	133	148	211	285	293	299
Niederschlesien	1514	1969	1850	1801	2124	2442	2938	3508	4670	4389	4643	4377
Oberschlesien	434	620	489	575	609	597	747	952	1195	1396	1244	1210
Provinz Sachsen	1205	1749	2096	2387	3161	3489	3994	5135	6029	6759	7079	6874
Schleswig-Holstein	454	809	985	1169	1327	1845	2291	3306	4028	4638	5058	3971
Hannover	780	1065	1188	1489	2404	2644	3448	4226	5250	6230	6740	6491
Westfalen	1706	2897	4222	5509	8055	6200	6644	7678	9039	10266	10384	9689
Hessen-Nassau	1299	1639	1903	3134	3783	3806	3770	4831	5748	6295	6215	5636
Rheinland	5561	7381	9980	13853	16863	18767	19822	21349	23613	24681	24729	22461
Hohenzollern	21	35	43	48	39	57	77	93	115	125	137	140
Bayern	4131	5702	6518	7056	8627	9994	10930	13260	15348	16500	16579	14749
Sachsen	2943	4373	5024	5653	7291	8909	10683	14059	16404	17082	16520	15141
Würtemberg	1395	2020	2367	2531	3595	4688	5179	6143	6945	7530	7832	6799
Baden	1011	1601	1982	2191	3103	3597	4060	4930	5489	6114	6393	5544
Thüringen	551	808	947	1047	1333	1640	1951	2575	3037	3253	3203	3064
Hessen	598	864	965	1144	1578	1801	1948	2372	3044	3192	3382	3104
Hamburg	1114	1687	1698	1925	2527	3022	3583	3985	4918	5447	6015	5439
Mecklenburg-Schwerin	89	198	283	286	353	347	510	599	792	983	1031	975
Oldenburg	38	75	113	153	219	321	414	573	689	827	936	891
Braunschweig	192	273	327	372	524	621	701	916	1168	1380	1467	1373
Anhalt	72	128	158	185	278	270	337	428	534	612	576	586
Bremen	217	253	290	401	531	648	842	1147	1408	1539	1588	1471
Lippe	25	38	44	55	68	70	86	156	291	308	370	322
Lübeck	49	64	81	92	154	187	221	361	425	486	505	492
Mecklenburg Strehliz	8	32	29	36	39	43	68	86	131	148	136	134
Waldeck	14	33	33	33	52	58	52	70	-	-	-	-
Schaumburg Lippe	10	17	18	25	29	42	49	59	81	90	99	92
gesamt	**30424**	**43711**	**51736**	**60629**	**80363**	**90029**	**100969**	**121765**	**143952**	**157432**	**161072**	**148986**

Quelle: Statistisches Reichsamt (Hg.), Vierteljahresschriften zur Statistik des deutschen Reiches 30 (1921) bis 41 (1932).

den Gebieten mit einer gemischten Wirtschaftsstruktur bewegte sich auf mittlerem Niveau. Der hohe Anfangswert des Jahres 1921 von fast 30 Prozent reduzierte sich zwar bis 1925 auf gut 20 Prozent, blieb dann aber konstant. Die relative Ausstattung der Agrargebiete mit Lkw bewegte sich auf einem insgesamt niedrigen Niveau von zunächst unter 10 Prozent und entwickelte sich bis 1925 nochmals rückläufig, stieg dann aber überdurchschnittlich auf einen Anteilswert von gut 12 Prozent an, was einer Erhöhung des regionalspezifischen Ausgangswertes um nahezu 50 Prozent entsprach. Durch Berücksichtigung der relativen Veränderungen innerhalb der einzelnen Bereiche bezogen auf das Basisjahr 1921 werden diese Tendenzen besonders deutlich. *(Tabelle 31)* Die Bestände in den Industrie- und Handelszonen wuchsen in etwa proportional zum Reichsdurchschnitt und übertrafen diesen nur im Jahr 1925 signifikant. Die Bestände in den Mischregionen wuchsen unterproportional, die Bestände in den Agrarregionen jedoch, abgesehen von 1925, deutlich überproportional mit progressiven Steigerungsraten. Diese Statistiken lassen folgende Schlußfolgerungen zu:

1. In den durch Industrie- und Handelsbetriebe geprägten Wirtschaftszonen boten sich frühzeitig für Lkw Verwendungsmöglichkeiten, die von Betrieben erkannt und genutzt wurden. Mit steigender Verfügbarkeit empirischer betrieblicher Einsatzerfahrungen und technischen Verbesserungen an den Fahrzeugen wurden bekannte Einsatzfelder ausgebaut und/oder neue erschlossen. Die überproportionale Steigerung der Bestände im Jahr 1925 läßt darauf schließen, daß in diesem Zeitraum während der Inflationszeit unterlassene Investitionen in betriebliche Fuhrparks zügig nachgeholt wurden.

2. In agrarisch geprägten Wirtschaftszonen boten sich die Vorteile des Lkw-Transports entweder relativ spät an oder sie wurden spät erkannt, dann aber beschleunigt realisiert.[4] Möglicherweise hing dies mit der technischen Entwicklung des Lkw zusammen, der erst im Laufe der 1920er Jahre zu einem auch über weitere Einsatzradien verläßlichen Transportmittel wurde und deshalb zu Beginn dieses Zeitraumes in Gegenden mit einer stark dezentralisierten Wirtschafts- und Bevölkerungsstruktur nur begrenzt sinnvoll einsetzbar war.[5]

Die Möglichkeit, mit Pferden auch Feldwege zu befahren, die für Lkw unpassierbar blieben, und die größere Verwendungsbreite der Tiere in der Landwirtschaft, die sich beispielsweise bei der Feldbewirtschaftung bemerkbar machte, verschafften dem Fuhrwerk zunächst noch Vorteile, die in Gewerberegionen nicht zum Tragen kamen. Außerdem konnte der Ausfall eines Pferdes leichter

---

[4] Auch 1933 blieb die relative Zunahme des Kraftfahrzeugbestandes in Agrarregionen besonders groß. Sie betrug, bei einem Reichsdurchschnitt von 77 Prozent, etwa in Mecklenburg 175 Prozent, in West- und Ostpreußen um 110 Prozent und in Pommern 99 Prozent. Vgl. Erlenmaier, Bedeutung, 1934, S. 94 ff.

[5] Vgl. Kapitel 2 dieses Abschnittes.

ersetzt werden als der reparaturbedingte Stillstand eines Lkw, was besonders in Erntezeiten von Bedeutung war.[6] Die unterproportionale Entwicklung der Bestände im Jahr 1925 läßt darauf schließen, daß nach der Inflationszeit in Agrarregionen Investitionsmittel zur Anschaffung von Fahrzeugen fehlten. In gemischt strukturierten Wirtschaftszonen ergänzten sich die geschilderten Tendenzen, was an deren Mittelstellung bei der prozentualen Bestandsentwicklung deutlich wird.

Tabelle 30: Verteilung der Lkw-Bestände 1921-1932 auf ausgewählte Industrie- und Handelszentren, Agrarregionen und Regionen mit gemischter Wirtschaftsstruktur

	1921	%	1925	%	1928	%	1931	%
Berlin	3324	16	7684	14	12120	16	16488	17
Westfalen	1706	8	8055	15	7678	10	10384	10
Rheinland	5561	26,5	16863	31	21349	28	24729	25
Würtemberg	1395	7	3595	7	6143	8	7832	8
Hamburg	1114	5	2527	5	3985	5,5	6015	6
Summe	2620	62,5	7745	72	10255	67,5	13090	66
Ostpreußen	744	4	1218	2	1584	2	2277	2
Pommern	414	2	1023	2	1619	2	2662	3
Schleswig-Host.	454	2	1327	2	3306	4	5058	5
Mecklenburg	97	0,5	392	1	685	1	1167	1
Schaumburg-Lippe	10	0,05	29	0,05	59	0,07	99	0,001
Summe	344	8,5	798	7	1451	9	2253	11
Schlesien	1948	9	2733	5	4460	6	5887	6
Bayern	4131	20	8627	16	13260	17,5	16579	17
Summe	3040	29	5680	21	8860	23,5	11233	23
Gesamt	**20898**	**100**	**54073**	**100**	**76248**	**100**	**99177**	**100**
Reichsbestand	**30424**	**-**	**80363**	**-**	**121765**	**-**	**161072**	**-**
Anteil am Reichsbestand	**69%**	**-**	**67%**	**-**	**63%**	**-**	**62%**	**-**

Quelle: Statistisches Reichsamt (Hg.), Vierteljahresschriften zur Statistik des deutschen Reiches 30 (1921), 34 (1925), 37 (1928), 40 (1931).

Untersuchungen über Art und Umfang des Lkw-Einsatzes wurden erst relativ spät angestellt. Die diesbezüglich umfassendste Erhebung, vom Deutschen Industrie- und Handelstag (DIHT) zusammengestellt, führte 1934 derReichsautobahnen-Ausschuß (RABA) zur Vorbereitung des Autobahnbaus reichsweit durch. Sie kann lediglich punktuell durch vorher oder zeitsynchron für einzelne Bezirke von verschiedenen Industrie- und Handelskammern (IHK) vorgenom-

[6] Vgl. Merkert, Lastkraftwagenverkehr, 1926, S. 9.

mene Untersuchungen ergänzt werden.[7] Trotz der im Einzelfall relevantenerhebungstechnischen Probleme stimmen alle Auswertungen in ihren Grundtendenzen überein.[8]

Der Umfang des Kraftwagenverkehrs und die Versandweite der Güter differierten naturgemäß in Abhängigkeit von der Wirtschaftsstruktur der unterschiedlichen Wirtschaftsgebiete. Um diesem Sachverhalt und den Erfordernissen des geplanten Autobahnbaus Rechnung zu tragen, übernahm der RABA die Gebietseinteilung der 'Gesellschaft zur Vorbereitung der Reichsautobahnen (GEZUFOR)' und unterteilte das damalige Deutsche Reich in elf Sektionen. Für die Pfalz, die nach dieser Gliederung kein eigenes Sektionsgebiet war, wurde außerdem ein Sonderbericht erstellt.[9] Der RABA-Bericht gibt einen relativ detaillierten Überblick über die Art des Lkw-Verkehrs und seine regionalen Spezifika zu Beginn der 1930er Jahre. Die Angaben über die 1930 und 1933 im Werkverkehr beförderten Gütermengen lieferten daneben, obwohl sie zum Teil auf sehr groben Schätzungen beruhten, Anhaltspunkte über die volumenmäßige

---

[7] Vgl. DIHT, Umfang, 1934 sowie ders., Eisenbahn und Kraftwagen, 1930, S. 40 ff. Die auf Basis des vom RABA erhobenen Materials vom DIHT bis April 1934 zusammengestellte Studie über den Umfang des Kraftwagen-Werkverkehrs in Deutschland existiert als unveröffentlichte Maschinenschrift. Vgl. etwa RWWA 20-1279-2. Ergebnisse der IHK Studien bei Heisterberg, Frage der Struktur des Güterkraftverkehrs, 1933, S. 349 ff. Der Autor wertete die Umfrage der IHK Krefeld aus. Eine Umfrage der IHK Bochum von 1930 findet sich in WWA Dortmund, K1, Nr. 895.

[8] Die Studie des DIHT von 1934 basierte auf repräsentativen Teilerhebungen mittels Fragebögen bei Werkverkehr treibenden Firmen, die jeweils dezentral durch die ortsansässigen Industrie- und Handelskammern durchgeführt wurden. Die Rücklaufquote in den einzelnen Sektionen schwankte deutlich, in Bayern beispielsweise zwischen 20 und 70 Prozent (vgl. DIHT, Umfang, 1934, S. 22). Reiner Ortsverkehr innerhalb von Stadtgebieten und die nach der Notverordnung vom 6. Oktober 1931 konzessionierungspflichtigen Werkkraftwagen landwirtschaftlicher Betriebe blieben von vornherein außer Ansatz, Fahrzeuge von nicht im Handelsregister eingetragenen Minderkaufleuten wurden nur partiell erfaßt. Insofern sind die auf dieser Studie aufbauenden Zahlenangaben nicht absolut zu setzen, sondern im Einzelfall lediglich als fundierte Schätzungen aufzufassen, wenngleich der RABA zu dem Ergebnis kam, daß „... deren Erkenntniswert durch ihre technischen und methodischen Voraussetzungen kaum weniger gesichert ist, als es bei einer 'Total-Erhebung' der Fall wäre" (ebenda, S. 7). Zur Erhebungsproblematik vgl. auch ebenda, S. 5 ff. und Linden, Werkverkehr, 1936, S. 18 ff. Sie wird veranschaulicht durch die von befragten Firmen an die IHK Gießen zurückgesandten Originalfragebögen im HWA Darmstadt, Abt. 6, Nr. 1911. Viele Erhebungsunterlagen wurden nur teilweise ausgefüllt oder gar nicht an die zuständige IHK zurückgesendet.

[9] Die Pfalz war ursprünglich aufgeteilt auf die Sektionen III, Rhein-Main, und VI, Karlsruhe. Aufgrund ihrer geographischen Lage als Grenzland zu Frankreich und ihrer engen Wirtschaftsbeziehungen zum Saarland hielt der RABA es für wünschenswert, sie einer gesonderten Betrachtung zu unterziehen. Vgl. DIHT, Umfang, 1934, S. 3 ff. und S. 83.

Entwicklung des Lkw Nahtransportes.[10] *(Tabelle 32)* Im einzelnen kam der RABA in den verschiedenen Sektionen zu folgenden Ergebnissen:

Tabelle 31: Relatives Wachstum der Lkw-Bestände 1921-1932 innerhalb ausgewählter Industrie- und Handelszentren, Agrarregionen und Regionen mit gemischter Wirtschaftsstruktur zur Basis 1921=100

	1921	Index	1925	Index	1928	Index	1931	Index
Berlin	3324	100	7684	231	12120	365	16488	496
Westfalen	1706	100	8055	472	7678	450	10384	609
Rheinland	5561	100	16863	303	21349	383	24729	445
Würtemberg	1395	100	3595	258	6143	440	7832	561
Hamburg	1114	100	2527	227	3985	357	6015	540
Durchschnitt	2620	100	7745	298	10255	399	13090	530
Ostpreußen	744	100	1218	163	1584	212	2277	306
Pommern	414	100	1023	247	1619	391	2662	642
Schleswig-Hostein	454	100	1327	292	3306	728	5058	1114
Mecklenburg	97	100	392	404	685	706	1167	1203
Schaumburg-Lippe	10	100	29	290	59	590	99	990
Durchschnitt	344	100	798	279	1451	525	2253	851
Schlesien	1948	100	2733	140	4460	229	5887	302
Bayern	4131	100	8627	208	13260	321	16579	401
Durchschnitt	3040	100	5680	174	8860	275	11233	352
Gesamt	**20898**	**100**	**54073**	**258**	**76248**	**365**	**99177**	**475**
Reichsbestand	**30424**	**100**	**80363**	**264**	**121765**	**400**	**161072**	**529**
Anteil am Reichsbestand	**69%**	-	**67%**	-	**63%**	-	**62%**	-

Quelle: Statistisches Reichsamt (Hg.), Vierteljahresschriften zur Statistik des deutschen Reiches 30 (1921), 34 (1925), 37 (1928), 40 (1931).

[10] Die ursprüngliche Konzeption sah vor, die im Werkverkehr eingesetzten Kraftfahrzeuge und Anhänger, die beförderten Güter in Tonnen und die erbrachten tonnenkilometrischen Leistungen jeweils für 1930 und für 1933 zu erfassen. Die Feststellung der letztgenannten Werte wurde im Laufe der Erhebung aufgegeben, da die meisten Firmen die geleisteten Tonnenkilometer nicht oder nur unter unverhältnismäßig hohem Aufwand angeben konnten. Außerdem war „ ... die Erfahrung gemacht worden, dass bei der Errechnung der tonnenkilometrischen Leistung ... Fehler gemacht werden. Es erscheinen zum Teil unmöglich grosse Zahlen, weil die beförderten Tonnen mit der Summe der nach allen Orten zusammen errechneten Kilometer vervielfältigt worden sind. Auf die richtige Berechnung dieser Angaben bitten wir daher besonderes Augenmerk zu richten, da sonst sich u. U. ein völlig verzerrtes Bild ergibt"; Rundschreiben des DIHT betr. Reichsautobahnen (Umfang des Werkverkehrs) vom 28. Februar 1934 in HWA Darmstadt, Abt. 6, Nr. 1911.

1. Die Sektion 'Berlin-Ostsee' deckte die Einzugsgebiete der IHK Berlin, Frankfurt an der Oder, Rostock, Schneidmühl, Stettin, Stolp und Cottbus ab. Im Stadtbezirk von Berlin spielte der über 50 km hinausgehende Werkverkehr praktisch keine Rolle. Etwa 80 Prozent der Lkw wurden als Auslieferungsfahrzeuge im Stadtbereich, die restlichen 20 Prozent primär zur Anlieferung im Nahverkehr innerhalb der 50 km Zone benutzt. Der Verkehr in der umliegenden Provinz Brandenburg richtete sich in Stadtnähe als Richtungsverkehr, vor allem zur Lieferung von landwirtschaftlichen Erzeugnissen, auf das Wirtschaftszentrum Berlin aus. Aufnahmefähige Provinzhauptstädte wie Frankfurt an der Oderoder die pommerschen Ostseebäder waren regionale Zentren, auf die sich der regionale Verkehr ebenfalls als Richtungsverkehr über eine Entfernung von 30 bis 40 km ausrichtete beziehungsweise von denen er ausging. Im gesamten Erhebungsgebiet verlief der Transport von Bier und Treibstoffen als Flächenverkehr mit Entfernungen von zum Teil mehr als 50 km. Im Vergleich zu 1930 wurden 1933 volumenmäßig 20 Prozent mehr Güter im Werkverkehr befördert.[11]

2. Die Sektion 'Bayern' deckte die Einzugsgebiete der IHK Augsburg, Bayreuth, Coburg, München, Nürnberg, Passau, Regensburg und Würzburg ab. Aufgrund der Wirtschaftsstruktur der Region trat der ausgeprägte Werkverkehr vor allem als Flächenverkehr in Erscheinung. Brauereien lieferten ihre Produkte über eine Entfernung von 100 km und mehr an Hotels und Gaststätten. In Franken und Oberbayern, durch eine stark dezentralisierte Industriestruktur geprägte Gegenden, übertraf der Anteil der Industrie am Verkehrsaufkommen den des Handels, was auf ausgeprägten direkten Absatz, aber auch aufzwischenbetrieblichen Lieferungsverkehr schließen ließ. Im Vergleich zu 1930 trat bis 1933 keine signifikante Steigerung der volumenmäßig im Werkverkehr beförderten Güter ein.[12]

3. Die Sektion 'Rhein-Main' deckte die Einzugsgebiete der IHK Frankfurt am Main mit den Bezirksstellen Hanau, Fulda, Wetzlar, Limburg, Wiesbaden sowie der IHK Bingen, Mainz, Darmstadt, Offenbach, Worms, Friedberg, Gießen, Koblenz und Trier ab. Der Werkverkehr über 50 km hatte in dieser Region einen Anteil am Gesamtverkehr von gut 15 Prozent und verteilte sich „... je nach Lage des Bezirks und der Verflechtung mit den Nachbarbezirken meist nur auf einen beschränkten Radius um den Standort, höchstens in Ausnahme- oder Einzelfällen darüber hinaus."[13] Es handelte sich um ausgesprochenen Flächenverkehr innerhalb der Nahverkehrszone, der in Ballungsräumen wie Frankfurt durch einen auf das Konsumzentrum zielenden Richtungsverkehr, primär mit landwirtschaft-

---

[11] Vgl. DIHT, Umfang, 1934, S. 10 ff.

[12] Vgl. ebenda, S. 22 f.

[13] Ebenda, S. 26.

lichen Erzeugnissen, ergänzt wurde. Im Vergleich zu 1930 wurden 1933 volumenmäßig knapp 10 Prozent weniger Güter im Werkverkehr befördert.[14]

4. Die Sektion 'Hannover-Kassel' deckte die Einzugsgebiete der IHK Hannover, Schaumburg-Lippe, Lippe, Südhannover und Kassel ab. Der Werkverkehr auch dieser Sektion wurde primär als Flächenverkehr um den Sitz der jeweiligen Unternehmen abgewickelt. Nur gut 10 Prozent gingen über 50 km hinaus, während der restliche Fernverkehr gewerbsmäßigen Transportunternehmen übertragen wurde, „... weil sie [die Unternehmen; F. L.] bei diesem Verfahren das mit der Unterhaltung eines eigenen Wagenparks verbundene Risiko nichtbezw. nur in wesentlich beschränkterem Umfange auf sich zu nehmen brauchen."[15] Im Vergleich zu 1930 wurden 1933 volumenmäßig gut 5 Prozent mehr Güter im Werkverkehr befördert.[16]

5. Die Sektion 'Hansestädte' deckte die Einzugsgebiete der IHK Hamburg, Bremen, Lübeck, Flensburg, Kiel, Lüneburg, Emden, Wesermünde und Verden ab. Der Werkverkehr über 50 km lag in dieser Region mit einem Anteil von 45 Prozent weit über dem Reichsdurchschnitt. Dieser hohe Wert ist daraus zu erklären, daß der Einfuhrverkehr von Hafenstädten wie Hamburg zu den nächstgelegenen Wirtschaftszentren über ein dünn besiedeltes Zwischengebiet erfolgen mußte. Es handelte sich dementsprechend um einen sichstrahlenförmig von den Hafenstädten ausbreitenden Richtungsverkehr mit Ölen und Fetten, Nahrungs- und Genußmitteln, Kolonialwaren und ähnlichen Gütern, der primär die umliegenden Provinzen auf Entfernungen von 30 bis 100, zuweilen bis 150 km erreichte. Aber auch Konsumzentren wie Berlin und Münster in 300 km Entfernung wurden per Lkw beliefert. Mit dem hohen Anteil an Ferntransporten korrelierte die relativ ausgeprägte Neigung verschiedener Unternehmen, für diesen Bereich selbständige Transporteure zu engagieren. Die in der Region

---

[14] Vgl. ebenda, S. 26 ff. Bei der vergleichsweise ausführlichen Auswertung der Teilergebnisse dieser Sektion ist eine insgesamt positive Korrelation zwischen den Veränderungen transportierter Gütermengen und dem Ausmaß des Werkverkehrs über 50 km festzustellen. Steigerungen des Transportvolumens in einzelnen Bezirken gingen mit einer überproportionalen Entwicklung des den Nahverkehrsbereich überschreitenden Werkverkehrs einher, während sinkendes Transportvolumen im Regelfall mit unterproportionaler, konstantes Transportvolumen mit konstanter Entwicklung des Werkfernverkehrs korrelierte. Transportsteigerungen im Bingener Raum gingen beispielsweise mit einem Anteil des relevanten Werkverkehrs von gut 40 Prozent, Transportminderungen im Offenbacher, Mainzer oder Limburger Raum mit einem Anteil des relevanten Werkverkehrs von ungefähr 10 Prozent, konstante Absatzverhältnisse im Darmstädter und Wetzlarer Raum mit einem Anteil des relevanten Werkverkehrs von ungefähr 15 Prozent einher. Der Sektionsdurchschnittswert lag bei etwa 15 Prozent. Möglicherweise bilden diese statistisch unrepräsentativen Werte durch Lkw-Einsatz bewirkte regionale Marktanteilsverschiebungen ab.

[15] Ebenda, S. 39.

[16] Vgl. ebenda, S. 37 ff.

Tabelle 32: Umfang des Werkverkehrs 1930 und 1933 auf Basis der Studie des RABA

Sektionsbezirk	Kraftfahrzeuge						Anhänger						beförderte Güter in Hunderttsd. t		davon Verk. über 50 km vH
	1930			1933			1930			1933			1930	1933	
	bis 2 t	2-5 t	über 5 t	bis 2 t	2-5 t	über 5 t	bis 2 t	2-5 t	über 5 t	bis 2 t	2-5 t	über 5 t			
1. Berlin-Ostsee	728	622	45	894	731	58	76	372	75	98	418	127	11,67	14,03	*
2. Bayern**	400	990	49	495	867	85	100	257	87	130	278	84	19,05	19,66	-
3. Rhein-Main	415	407	31	459	658	29	55	266	12	85	234	24	11,99	11,21	15,7
4. Hannov.-Kassel	225	322	33	247	332	33	21	155	20	33	153	29		7,00	15,4
5. Hansestädte	480	444	29	502	458	33	53	314	73	64	344	95		8,32	44,99
6. Karlsruhe	688	870	31	756	822	27	252	510	40	177	470	53	12,0	11,24	19,0
7. Mitteldeutschl.	2150	2189	120	2505	2044	140	128	780	77	180	768	126	42,88	43,83	20,0
8. Ostpreußen	83	209	6	31	227	6	27	94	-	37	106	-	3,84	4,75	17,98
9. Rhein-Ruhr	1745	1754	72	1907	1639	71	96	624	73	141	626	93	36,36	34,05	15,92
10.Schlesien	532	599	52	616	594	58	66	351	57	73	349	84	14,23	13,96	13,76
11.Württemberg	425	627	51	440	626	54	68	144	8	82	157	11	17,54	18,12	29,0
Pfalz	174	2258	10	203	233	14	10	100	13	17	88	15	4,52	3,67	13,0

* Anteil liess sich wegen der besonderen Struktur des Grosstadtverkehrs in Berlin nicht feststellen.

** Bayern ausser I. u. Hk. Koburg. München nur Teilergebnis.

Quelle: DIHT, Umfang, 1934, S. 93 (modifizierte Darstellung).

angesiedelten Zigarettenfabriken Neuerburg und Reemtsma waren zum Untersuchungszeitpunkt bereits dazu übergegangen, die Union-Transport G.m.b.H. mit den Zigarettentransporten zu den Absatzgebieten zu beauftragen. In den 1920er Jahren waren diese Transporte noch mit werkseigenen Fahrzeugen vorgenommen worden. Im Vergleich zu 1930 wurden 1933 volumenmäßig 85 Prozent mehr Güter im Werkverkehr befördert.[17]

6. Die Sektion 'Karlruhe' deckte die Einzugsgebiete der IHK Karlsruhe mit den Geschäftsstellen Freiburg, Konstanz, Mannheim, Pforzheim und Schopfheim ab. Obwohl der Werkverkehr der vielen regionalen Kleinhändler und -betriebe sich nahezu ausschließlich als Flächenverkehr im Orts- undNahverkehrsbereich abspielte, lag der Anteil des Werkfernverkehrs über 50 km mit knapp 20 Prozent relativ hoch. Dies resultierte daraus, daß sich insbesondere die Elektroindustrie ihrer Lkw zur Belieferung auch entfernterer Überlandzentralen mit Spezialbauteilen bediente, so daß hier von einer Zentralisierungstendenz der Lagerhaltung ausgegangen werden konnte. Auch der Werkfernverkehr für Baden wurde im Untersuchungszeitraum auf etwa die Hälfte der Güterverkehrsleistung der Reichsbahn geschätzt. Im Vergleich zu 1930 wurden 1933 volumenmäßig etwa 8 Prozent weniger Güter im Werkverkehr befördert.[18]

7. Die Sektion 'Mitteldeutschland' deckte die Einzugsgebieten der IHK Braunschweig, Chemnitz, Dessau, Dresden, Erfurt, Gera, Halberstadt, Halle, Leipzig, Magdeburg, Nordhausen, Plauen, Sonneberg, Weimar und Zittau ab. Der Werkfernverkehr als Richtungsverkehr betrug etwa 20 Prozent des Gesamtverkehrs, während der Hauptteil des Werkverkehrs in dicht besiedelten Zonen flächendeckender Nahverkehr war. Im Vergleich zu 1930 traten bis 1933 keine signifikanten Steigerungen bei den im Werkverkehr beförderten Gütern ein.[19]

8. Die Sektion 'Ostpreußen' deckte die Einzugsgebiete der IHK Königsberg mit ihren Bezirksstellen Allenstein, Elbing, Insterburg, Königsberg und Tilsit ab. Diese Region war durch den Danziger Korridor, durch den kein nennenswerter Richtungsverkehr führte, vom Reichsgebiet abgetrennt, so daß vorwiegend Flächenverkehr innerhalb der Region mit einer Zentralisierungstendenz um größere Städte entstand. Der Werkfernverkehr spielte keine bedeutende Rolle. Auffallend war die Gewohnheit vieler werkverkehrstreibender Firmen, wahrscheinlich aufgrund der geringen Eigenauslastung in dem relativ verkehrsarmen Gebiet, Lohntransporte für andere Unternehmen zu übernehmen. Im Vergleich zu 1930 wurden 1933 volumenmäßig etwa 25 Prozent mehr Güter im Werkverkehr befördert.[20]

[17] Vgl. ebenda, S. 41 ff.

[18] Vgl. ebenda, S. 49 ff.

[19] Vgl. ebenda, S. 54 ff.

[20] Vgl. ebenda, S. 64 ff.

9. Die Sektion 'Rhein-Ruhr' deckte die Einzugsgebiete der IHK Aachen, Duisburg-Ruhrort, Düsseldorf, Essen, Gladbach-Rheydt-Neuss, Köln, Krefeld, Solingen, Wuppertal, Bielefeld, Bochum, Dortmund, Hagen, Münster und Osnabrück ab. In dem dichtbesiedelten Rhein-Ruhr Gebiet diente der Werkverkehr zu über 85 Prozent als Nahverkehr mit durchschnittlichen Versandweiten von 40 bis 50 km der räumlichen und wirtschaftlichen Vernetzung der Region. Den im Gegensatz zu den anderen Regionen hier partiell erfaßten gewerblichen Güterverkehr eingerechnet, hatte der Fernverkehr insgesamt eine durchschnittliche Versandweite von gut 80 km. Im Vergleich zu 1930 wurden 1933 volumenmäßig etwa 8 Prozent weniger Güter im Werkverkehr befördert.[21]

10. Die Sektion 'Schlesien' deckte die Einzugsgebiete der IHK Breslau, Görlitz, Hirschberg, Liegnitz, Saga, Schweidnitz und Oppeln ab. Diese Region wurde durch eine ausgeglichene Wirtschaftsstruktur geprägt, in der weder Industrie noch Handel oder Landwirtschaft dominierten. Dementsprechend handelte es sich bei dem dortigen Werkverkehr im wesentlichen um Kreis- und Flächenverkehr, der mit knapp 14 Prozent zu einem geringen Teil durch Richtungsfernverkehr nach Berlin, Leipzig-Dresden oder Westdeutschland ergänzt wurde. Der gewerbliche Güterfernverkehr bediente die Nachfrage nach Transportdienstleistungen über weite Entfernungen. Im Vergleich zu 1930 traten bis 1933 keine signifikanten Änderungen bei den im Werkverkehr beförderten Gütern ein.[22]

11. Die Sektion 'Württemberg' deckte die Einzugsgebiete der IHK Stuttgart, Calv, Heidenheim, Heilbronn, Ravensburg, Reutlingen, Rottweil und Ulm ab. Der Anteil des Werkverkehrs auf Entfernungen über 50 km machte in dieser Region, die über eine stark dezentralisierte, durch Industriebetriebe mittlerer Größe gekennzeichnete Wirtschaftsstruktur verfügte, mindestens 30 Prozent aus. Er diente als ausgesprochener Flächenverkehr der wirtschaftlichen Vernetzung der Region und wies eine ausgeprägte Tendenz zur weiteren Ausweitung der Transportradien auf. Im Vergleich zu 1930 traten bis 1933 keine signifikanten Änderungen bei den im Werkverkehr befördertem Gütern ein.[23]

12. Der Sonderbericht über die Sektion 'Pfalz' deckte das Einzugsgebiet der IHK Ludwigshafen/Rhein ab. Nur etwa 15 Prozent des Werkfernverkehrs erstreckte sich auf Entfernungen über 50 km, der Hauptteil blieb Nahverkehr sogar innerhalb der Gemeindegrenzen des jeweiligen Lkw-Standortes. Bei der Belieferung ihrer vorwiegend in Mitteldeutschland liegen Absatzgebiete bediente sich die regionale chemische und eisenverarbeitende Industrie aus Rentabilitätsgründen des gewerblichen Güterfernverkehrs. Im zwischenwerklichen Verkehr innerhalb einzelner Konzerne wurden eigene Fahrzeuge eingesetzt, was eine Zen-

[21] Vgl. ebenda, S. 68 ff.

[22] Vgl. ebenda, S. 76 ff.

[23] Vgl. ebenda, S. 80 ff.

tralisation einzelner Werkstätten und Fabrikationsbereiche ermöglichte. Der Weinhandel konnte seine Absatzgebiete durch Lkw regional ausdehnen. Im Vergleich zu 1930 wurden 1933 volumenmäßig knapp 20 Prozent weniger Güter im Werkverkehr befördert.[24]

Obwohl werkseigene Lkw partiell auch für Ferntransporte eingesetzt wurden, kam der Reichsautobahnen-Ausschuß des DIHT zu dem Schluß, daß der Umfang des über die Nahverkehrszone hinausgehenden Werkverkehrs in der Weimarer Republik weit überschätzt wurde. Anfang der 1930er Jahre erstreckten sich knapp 80 Prozent des Werkverkehrs im Deutschen Reich als Flächenverkehr auf Durchschnittsentfernungen von 30 bis 50 km, wobei zu berücksichtigen blieb, daß im Regelfall nur 8 bis 15 Prozent des Verkehrs über diesen Bereich hinausgingen.[25] Richtungs- oder Strahlungsverkehr entwickelte sich vornehmlich von und zu größeren Städten als Konsumzentren. Die bereits anfangs konstatierte überproportionale Zunahme der Lkw-Bestände in Agrarregionen deutete in diesem Zusammenhang auf eine zunehmende verkehrsmäßige Anbindung und Erschließung von Peripherien und dünner besiedelter Regionen hin. Die Abnahme des Transportvolumens in den industriell geprägten Sektoren Rhein-Ruhr, Karlsruhe und Rhein-Main zwischen 1930 und 1933 folgte der konjunkturellen Entwicklung. Im Zuge der Depression sank die Auslastung der Fahrzeugbestände, was auf eine bereits vorher erfolgte relative Ausschöpfung des Marktbedarfes an durch Lkw befriedigten Transportdienstleistungen schließen ließ. Sofern Sektionen über eine stark dezentralisierte Wirtschaftsstruktur verfügten, diente der Werkverkehr der wirtschaftlichen Vernetzung der Region beziehungsweise der innerbetrieblichen Anbindung räumlich getrennter Konzernwerke oder ausgelagerter Fertigungsstätten, wobei eine Tendenz zur Zentralisation der Lagerhaltungsfunktion bestand. Der Nahverkehrsbereich wurde hier von werkseigenen Fahrzeugen relativ häufig überschritten. Reichsweit bestand die Tendenz, Ferntransporte auf den gewerblichen Güterverkehr zu verlagern.

Diese empirisch ermittelten Werte deckten sich im wesentlichen mit den Gegebenheiten von 1933 im Einzugsbereich der IHK Krefeld, die von dem Syndikus der dortigen Kammer, Dr. Heisterberg, gesondert zusammengestellt und veröf-fentlicht wurden. Sie ergänzten die für die Sektion Rhein-Ruhr vom RABA erstellte Analyse, in die sie offenbar eingingen, da der gewerbliche Güterverkehr in Krefeld im Gegensatz zur reichsweiten Erhebung gesondert erfaßt

[24] Vgl. ebenda, S. 84 ff.

[25] Vgl. ebenda, S. 89 ff. Der relativ hohe Durchschnittswert für den Anteil des Werkfernverkehrs von 20 Prozent resultiert vornehmlich aus den Angaben für Hamburg und Bingen, die jeweils über 40 Prozent lagen, aber in den Besonderheiten der dortigen Wirtschaftsstruktur begründet waren.

Tabelle 33: Verkehrsleistungen im Werkverkehr und im gewerblichen Güterfernverkehr im Bezirk der IHK Krefeld im Jahr 1932

	Werkverkehr	Güterfernverkehr
Erfaßte Betriebe	266	135
Fahrzeugpark		
Kraftfahrzeuge	716	182
Anhänger	141	?
Ladekapazität		
der Kraftfahrzeuge	1515 t	553 t
der Anhänger	668 t	553 t*)
Durchschnittliches Ladegewicht		
der Kraftfahrzeuge	2,16 t	3,02 t
der Anhänger	4,74 t	?
Beförderte Gütermengen überhaupt	804.440 t	230.933 t
davon unter 50 km	598.200 t	230.934 t
davon über 50 km	206.240 t	3.974 t
Geleistete Tonnenkilometer	31.845.000 tkm	37.670.300 tkm
Durchschnittliche Versandweite	39,7 km	163,0 km
Jährl. Gewichtsleistung		
eines Kraftfahrzeuges	1.125 t	1.270 t
eines Fahrzeuges überhaupt (Kraftfahrzeug u. Anhänger)	945 t	635 t*)
einer Tonne Ladekapazität der Kraftfahrzeuge	508 t	408 t
einer Tonne Ladekapazität der Fahrzeuge überhaupt (Kraftfahrzeug u. Anhänger)	368 t	204 t*)
Jährl. Beförderungsleistung		
eines Kraftfahrzeuges	44.480. tkm	207.200 tkm
eines Fahrzeuges überhaupt (Kraftfahrzeug u. Anhänger)	37.776 tkm	103.6000 tkm*)
einer Tonne Ladekapazität der Kraftfahrzeuge	20.90 tkm	66.88 tkm
einer Tonne Ladekapazität der Fahrzeuge überhaupt (Kraftfahrzeug. U. Anhänger)	15.015 tkm	33.044 tkm*)

*) Unter Zugrundelegung von 1 Tonne Anhängergewicht für jede Tonne Kraftfahrzeuggewicht.

Quelle: Heisterberg, Struktur des Güterkraftverkehrs, 1933, S. 354.

und dem Werkverkehr gegenübergestellt wurde.[26] *(Tabelle 33)* Der Anteil der für den Fernverkehr konzessionierten Lkw an den erfaßten knapp 900 Fahrzeugen betrug dabei etwa 20 Prozent. Sie transportierten ungefähr 22 Prozent der beförderten Gesamtgütermenge über eine mittlere Entfernung von 163 km, wobei über die Hälfte dieser Transporte auf Entfernungen bis 200 km erfolgte.[27] *(Tabelle 34)* Im Gegensatz dazu betrug die durchschnittliche Beförderungsweite im Werkverkehr 40 km. Wenngleich hier gut 25 Prozent der Güter auf Entfernungen über 50 km befördert wurden, so blieben insgesamt 90 Prozent der Transporte im Bereich bis 80 km. *(Tabelle 35)* Gewerblicher Güterverkehr und Werkverkehr zusammen transportierten damit weniger als 30 Prozent der Güter über weitere Entfernungen als 80 km.

Tabelle 34: Stufenstatistik des Güterfernverkehrs im Bezirk der IHK Krefeld 1932

Auf eine durchschnittl. Entfernung von km	durch ------------ Unternehmer	Tonnen	Entsprechend einer Beförderungs-leistung von tkm
bis 50	8	3.974	198.700
51 - 100	60	84.569	6.342.700
101 - 150	25	46.788	5.848500
151 - 200	14	61.556	10.772.300
201 - 300	5	6.021	1.505.300
301 - 400	7	11.675	4.086.300
401 - 500	7	7.600	3.420.000
501 - 600	7	5.030	2.776.500
601 - 700	1	600	390.000
701 - 800	1	3.120	2.340.000
Insgesamt:	135	230.933	37.680.300

Quelle: Heisterberg, Struktur des Güterkraftverkehrs, 1933, S. 351.

[26] Vgl. Heisterberg, Struktur des Güterkraftverkehrs, 1933, S. 349 ff. Dr. Heisterberg war Mitglied des RABA Arbeitsausschusses und verantwortlich für die Befragungsdurchführung in seinem Bezirk. Seine Ergebnisse wurden also im Kontext der reichsweiten Befragung ermittelt und innerhalb des Sektionsbezirks IX, Rhein-Ruhr, ausgewertet. Sie wurden dort aber wesentlich weniger detailliert wiedergegeben. Vgl. DIHT, Umfang, 1934, S. 68 ff.

[27] Vgl. Heisterberg, Struktur des Güterkraftverkehrs, 1933, S. 351, der daraus den Schluß zog: „Die Untersuchung erbringt demnach auch hier den Nachweis, daß der Güterfernverkehr auf Entfernungen betrieben wird, die allein durch die Eisenbahn wirtschaftlich bedient werden können.“

<u>Tabelle 35:</u> Verteilung der Versandmengen im Werkverkehr der verschiedenen Gewerbegruppen auf einzelne Entfernungsstufen im Bezirk der IHK Krefeld im Jahr 1932

Gewerbegruppe	bis 10	11-20	21-30	31-40	41-50	51-60	61-80	81-100	101-150	151-200 und darüber	beförderte Tonnen	geleistete tkm	durchsch. Beförd.-weite in km
Gärtnerei u. Tierzucht	---	---	---	360	240	300	---	60	324	---	1.284	85.800	66,8
(Kohlengroßh.)	20.520	20.040	57.600	---	---	---	4.200	---	---	---	102.360	2.198.760	21,5
Ind. d. Steine u. Erden	83.760	5.160	15.840	17.700	35.880	4.200	1.560	---	---	---	164.100	3.718.100	22,7
Eisen- und Metallgewinnung	3.480	360	---	720	---	---	1.176	---	1.200	---	6.936	290.760	41,9
Herstell. v. Eisen-, Stahl- u. Metallwaren	360	240	840	---	---	---	1.440	---	1.080	---	3.960	263.280	66,5
Maschinen-, Apparate- u. Fahrzeugbau	480	---	360	2.400	1.560	720	---	2.100	3.000	600	11.220	875.640	78,0
Chem. Industrie	---	3.720	600	900	600	---	1.164	276	7.200	36	16.056	1.843.920	114,8
Textilindustrie	2.976	960	8.100	17.952	3.060	2.796	5.676	---	2.160	---	44.040	1.989.828	45,2
Papierindustr. u. Vervielf.	168	84	---	660	4.116	348	420	---	960	---	6.756	379.464	56,2
Lederindustrie	36	180	---	48	---	2.400	---	---	---	---	2.664	112.188	42,1
Holz- u. Schnitzstoffgew.	---	2.400	1.680	9.600	---	540	3.216	288	2160	---	19.884	964.740	48,5
Nahrungs- u. Genußmittelgew. einschl. Handel	11.268	84.960	38.784	31.692	36.672	24.216	65.784	10.344	33.084	---	341.448	17.032.824	49,9
Baugewerbe	18.720	9.000	---	5.100	1.200	600	---	---	---	---	34.620	550.260	16,1
Handelsgew. (ohne Kohlen- u. Lebensmittelhdl.)	3.120	4.248	3.060	3.888	4.260	12.060	960	---	---	---	31.596	1.223.460	38,7
Werkverkehr insg.	144.888	131.352	126.864	91.020	87.588	48.180	85.596	13.068	51.168	636	786.924	31.529.024	40,1
v.H.	18,5	16,7	16,2	11,6	11,1	6,1	10,8	1,5	6,5	1,0	100		

Quelle : Heisterberg, Struktur des Güterkraftverkehrs, 1933, S. 352/353 (modifizierte Darstellung).

Tabelle 36: Verteilung der Lastzüge auf einzelne Entfernungsstufen nach der Statistik der Laderaumverteilungsstellen der GEDEKRA im Jahr 1934

Entfernung	%	Entfernung	kum. in %
50 bis 100 km	5,2	bis 100 km	5,2
101 bis 200 km	25,3	bis 200 km	30,5
201 bis 300 km	22,7	bis 300 km	53,2
301 bis 400 km	18,0	bis 400 km	71,8
401 bis 500 km	12,3	bis 500 km	83,5
501 bis 600 km	8,3	bis 600 km	91,8
601 bis 700 km	6,1	bis 700 km	97,9
701 bis 800 km	1,5	bis 800 km	99,4
801 bis 1000 km	0,6	bis 1000 km	100,0

Quelle: Mellerowicz, Stand des gewerblichen Güterkraftverkehrs, 1935, S. 144.

Diese Gegebenheiten im Einzugsgebiet der IHK Krefeld waren keineswegs repräsentativ für das gesamte Reichsgebiet. Sie wiesen einen überdurchschnittlich hohen Fernverkehrsanteil aus.[28] Im nationalsozialistischen Deutschland waren für den gewerblichen Güterverkehr bis 1934 erst nahezu 15.000 Fahrzeuge, knapp 10 Prozent des Gesamtbestandes, registriert. Ihre Ferntransporte erstreckten sich zu ungefähr 25 Prozent auf Entfernungen zwischen 100 und 200 km, und auf Entfernungen zwischen 100 und 500 Kilometer entfielen bereits gut 80 Prozent der Transporte. Die Fahrzeuge wurden aber weiterhin ebenfalls in Nahverkehrsbereich verwendet.[29] *(Tabelle 36)* Auf deduktivem Wege gewonnene zeitgenössische Werte, nach denen 1932 sowohl der Umfang des im gewerblichen Güterkraftverkehr beförderten Transportvolumens als auch des insgesamt über 50 km hinausgehenden Güterverkehrs 25 Prozent der geschätzten 60 Millionen Tonnen Gesamttransportvolumen ausmachten, erscheinen insofern zu hoch.[30] Zumindest für das erste Drittel der 1930er Jahre ist die Annahme plausibel, daß sich etwa 80 Prozent des Lkw-Güterverkehrs, gewerbliche und werkseigene Bestände zusammengenommen, auf Entfernungen bis maximal 50 km vom Betriebs- oder Fahrzeugstandort erstreckten. Mehr als die Hälfte des darüber hinausgehenden Verkehrs endete innerhalb eines Radius von 200 km.

[28] Auch der RABA sprach in diesem Zusammenhang von „ ... namhafte[n] Gütermengen[, die] auf sehr große Entfernungen versandt wurden ...“; DIHT, Umfang, 1934, S. 69.

[29] Immerhin 4 Lastzüge legten im August 1934 bereits Transportentfernungen von bis zu 1000 km zurück. Vgl. o.V., Der gewerbliche Güterfernverkehr. In: VT 15 (1934), S. 623; Mellerowics, Stand des gewerblichen Güterkraftverkehrs, 1935, S. 143 f.

[30] Es handelt sich hierbei um die Schätzungen von Bormann, Ueber den Umfang des Güterkraftverkehrs. In: VtW 26 (1932), S. 348 ff.; ders., Ueber die Struktur des deutschen Landverkehrs. In: VtW 27 (1933), S. 459 ff. Auf das geschätzte Gesamttransportvolumen in Tonnen wird im folgenden eingegangen.

Der gewerbliche Güterkraftverkehr dürfte einen volumenmäßigen Anteil an der Tonnage des Güterkraftverkehrs von weniger als 20 Prozent gehabt haben.[31]

Für die Zeit vor 1930 existierten keine der DIHT-Studie annähernd ähnlichen Statistiken.[32] Nutzkraftwagen fanden in der Weimarer Zeit aber überwiegend in Gewerbe- und in Handelsbetrieben, also als Eigenfahrzeuge im Werkverkehr Verwendung. Der Anteil der im Transportgewerbe verfügbaren Fahrzeuge betrug zu keinem Zeitpunkt signifikant mehr als 30 Prozent des hier eingesetzten oder 10 Prozent des gesamten Bestandes und lag meist deutlich unter diesem Wert. *(Abbildung 16)* Damit korrespondierte die Entwicklung des Bestandes leichter und schneller Fahrzeugen mit einem Eigengewicht von unter zwei Tonnen und einer Transportkapazität von weniger als zwei Tonnen, die im Vergleich zu schweren Fahrzeugen mit größerer Ladekapazität im Zeitablauf deutlich zunahm.[33] *(Abbildung 17)* Diese leichten Last- und Lieferwagen fanden als Auslieferungsfahrzeuge im Nahverkehr Verwendung. Sie wurden vonkonsumnahen Betrieben, vielfach vom Einzelhandel und Handwerk, zur Verteilung kleiner Gütermengen an regionale Abnehmerkreise eingesetzt. Mittelschwere und schwere Lkw fanden sich primär in den Fuhrparks von Industrie- und Großhandelsunternehmen, welche deren Kapazitäten am ehesten ausnutzen konnten.[34] So stellten bei einer Untersuchung von 1925 aus dem Aachener Raum, die als primäres Einsatzfeld ortsansässiger Lkw den Lieferverkehr im Nahbereich ausmachte, Fahr-

---

[31] Mellerowicz schätzte, daß 1934 der gewerbliche Kraftverkehr aufgrund des von ihm bedienten Ferntransportbedarfs trotz des absolut gesehen geringen Anteils am Fahrzeugbestand etwa die Hälfte der tonnenkilometrischen Leistungen des Werkverkehrs erbrachte. Bezogen auf die transportierte Tonnage müssen diese Angaben entsprechend reduziert werde. Vgl. Mellerowics, Stand des gewerblichen Güterfernverkehrs, 1935, S. 143.

[32] Vgl. auch Teubert, Entwicklung und Aussichten, 1933, S. 11 f.

[33] Zur Entwicklung des Verhältnisses von Tragfähigkeit zu Eigengewicht bei Lkw verschiedener Gewichtsklassen vgl. Teil III, Kapitel 2.1 dieser Arbeit. Bei Fahrzeugen bis 4 Tonnen Eigengewicht blieb die Tragfähigkeit bis Anfang der 1930er Jahre unter 4 Tonnen.

[34] Vgl. Voss, Kraftfahrzeugstraßen, 1946, S. 95. Dieser Trend zu Leichtlastwagen und die damit verbundenen Verschiebungen in der Nachfragestruktur führten spätestens zu Beginn der 1930er Jahre zu Absatzproblemen der deutschen Lastkraftwagenproduzenten. Diese genossen zwar gegenüber der ausländischen Konkurrenz Wettbewerbsvorteile beim Bau von schweren Lkw, waren aber beim zu dieser Zeit noch eng mit Konstruktion und Fertigung von Personenwagen zusammenhängenden Leichtlastwagenbau im Nachteil. Die während der 1920er Jahre relativ gute Stellung der Lastwagenhersteller innerhalb der krisengeschüttelten Automobilindustrie verschlechterte sich dementsprechend im Zeitablauf. 1928 hatten US-amerikanische Firmen mit günstigen Schnellastwagen einen Anteil von 35 Prozent am relevanten Absatzmarkt. Vgl. Gebhardt, Geschichte 2a, 1994, S. 9; Wesemann, Zur Automobilausstellung. In: WD 13 (1928), S. 1926 f.; ders., Zur Lage der deutschen Automobilindustrie. In: WD 15 (1930), S. 1237; Scholz, Rationalisierung in der Lastkraftwagenindustrie. In: VT 10 (1930), S. 68; Ledermann, Fehlrationalisierung, 1933, S. 10 f.

zeuge bis 2 Tonnen Eigengewicht 685 von 1702 registrierten steuerpflichtigen Lkw.[35] Berücksichtigt man ferner den technischen Entwicklungsstand des Lkw, der bis Ende der 1920er Jahre wenig fernverkehrstauglich war[36], erscheint die Annahme plausibel, daß vor 1930 der Werkverkehr auf Entfernungen unter 50 km deutlich mehr als 80 Prozent des Gesamtverkehrs mit Nutzfahrzeugen ausgemacht haben dürfte.

Dem entsprachen die Ergebnisse der Verkehrszählungen. Bei der ersten Zählung 1924/25 wurde festgestellt, daß Pkw und Lkw zumeist innerhalb eines Radius von 25-35 km um ihren jeweiligen Standort verkehrten. Einen Massendurchgangsverkehr gab es zu dieser Zeit in Deutschland noch nicht. Bei der zweiten Zählung 1928/29 war bereits eine stärkere Frequentierung der Fernverkehrsstraßen zu konstatieren, die sich danach kontinuierlich fortsetzte.[37] Nach zeitgenössischen Angaben war 1928/29 sogar der gewerbliche Güterverkehr primär Flächenverkehr innerhalb der 50-Kilometerzone um wirtschaftliche Ballungsräume.[38] Bis 1932 hatte die tägliche Belastung der deutschen Fernverkehrsstraßen im Vergleich zu 1929 durch Lkw und andere 'außergewöhnliche Lasten' sowohl hinsichtlich der absoluten Anzahl als auch hinsichtlich des Gewichtes der Fahrzeuge um gut 30 Prozent zugenommen.[39] Es zeichnete sich ein Trend zur räumlichen Ausdehnung des Lkw-Verkehrs ab, der Nahverkehr blieb jedoch in den Weimarer Jahren der dominante Einsatzbereich dieser Fahrzeuge.

Die gegenläufige Entwicklung der Bestandszahlen im Transportgewerbe gegenüber anderen Gewerben und Handelsbetrieben im Verlauf der Weltwirtschaftskrise - hier steigende, dort fallende Nutzfahrzeugbestände - belegte darüber hinaus die bereits in der RABA Studie angedeutete zunehmende Arbeitsteilung zwischen diesen Sektoren. Während die durchschnittliche Ladefähigkeit bezogen auf den gesamten Lkw-Bestand von 2,73 Tonnen im Jahre 1928 auf 2,37 Tonnen im Jahre 1932 sank, verfügten im Güterfernverkehr zugelassene Lastkraftwagen und Zugmaschinen, die nach Einführung der Konzessionierungspflicht im Oktober 1931 erstmals gesondert erfaßt werden konnten, im gleichen Jahr über 3,3 Tonnen Ladefähigkeit. Im Nah- und Werkverkehr wurden mithin primär leichte und schnelle Transporteinheiten mit geringeren Nutzlast-

---

35 Vgl. Hamacher, Nahverkehr im Aachener Wirtschaftsgebiet. 1926, S. 80.

36 Vgl. Kapitel 2 dieses Teiles.

37 Vgl. Heymann, Verwaltung, 1928, S. 25; Hoffmann, Die Ergebnisse der 2. deutschen Verkehrszählung von 1928/29. In: VT 12 (1931), S. 190 sowie Feuchtinger, 100 Jahre Wettbewerb zwischen Eisenbahn und Landstrasse. In: TG 24 (1935), S. 107 f.

38 Vgl. Mellerowics in der Zeitschrift „Die Autobahn" vom 01. Juni 1934.

39 Vgl. Statistisches Reichsamt (Hg.), Straßen und Wegewesen, 1934, S. 12. Die statistischen Angaben basierten auf einem Vergleich der im Rahmen der Verkehrszählungen vom August/September 1929 und August/September 1932 ermittelten Werte über die tägliche Belastung der deutschen Fernverkehrsstraßen.

kapazitäten eingesetzt.[40] Der gegen Ende der Weimarer Periode langsam an Bedeutung gewinnende Güterfernverkehr mit einer Tendenz zu schwereren Fahrzeugen und höheren Nutzlasten verlagerte sich wegen der Unrentabilität werkseigener Lkw bei dieser Verwendungsart zunehmend auf gewerbsmäßige Speditions- und Transportbetriebe, die ihrerseits zum Teil selbständigeLkw-Besitzer mit den insbesondere wegen der ungesicherten Rückfrachtenunkalkulierbaren Transporten beauftragten.[41]

Abbildung 16: Verwendungszweck des Lkw-Bestandes 1922-1933

Jahr/Verwendungszweck	unter 2000 KG Eigengewicht	dienst. Zwecke der Behörden	land- und forswirtschaftliche Betriebe	Transportgewerbe	andere Gewerbe und Handelsbetriebe
1922	8491	4635	1288	5044	24253
1923	10453	4143	1946	4929	30265
1924	13921	4426	2081	6104	34097
1925	26386	5538	2230	6479	39730
1926	33208	6092	2430	6208	42091
1927	43798	5732	2185	7355	41899
1928	59510	6760	1959	10213	43323
1929	77194	7434	2057	10463	46804
1930	89713	8174	1737	10725	47083
1931	95335	8488	1661	11040	43412
1932	90306	8141	1342	11113	37123
1933	91627	8044	1480	12715	37108

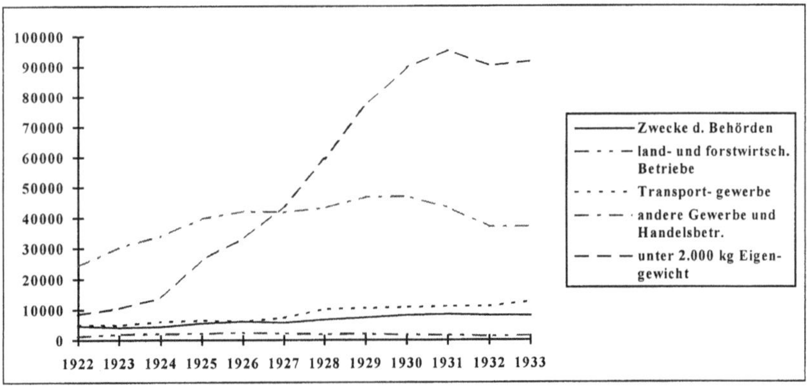

Quelle: Statistisches Reichsamt (Hg.), Vierteljahresschriften zur Statistik des Deutschen Reiches 30 (1921) bis 42 (1933).

[40] Vgl. Heisterberg, Struktur des Güterkraftverkehrs, 1933, S. 349 f.

[41] Vgl. auch DIHT, Eisenbahn und Kraftwagen, 1930, S. 40 f.

Ihr Spiegelbild findet die zunehmende Okkupation des Nahverkehrs durch die 'Straße' in der Entwicklung der aggregierten durchschnittlichen Beförderungsweite des Güterverkehrs auf der 'Schiene'. Betrug diese 1913 noch 123 km, so stieg sie bis 1925 auf 146 km und bis 1929 auf 157 km.[42] Im Jahr 1933 erhöhte sie sich auf durchschnittlich etwa 163 km. Die Werte für Eil-, Expreß- und Frachtstückguttransporte, die sich als die primären Betätigungsfelder von Lkw herausstellten, übertrafen mit 182 km diesen Mittelwert, fürnormaltarifierte Güter lagen sie mit 141 km darunter.[43] Im industriell geprägten Aachener Wirtschaftsgebiet machte der Stückgutversand im Nahverkehr per Lkw bereits 1925 ein Vielfaches der gleichzeitig bei den Güterabfertigungen der Reichsbahn erfaßten Stückguttransporte aus.[44] Zu ähnlichen Ergebnissen gelangte eine zwischen 1925 und 1929 in Nordwestsachsen durchgeführte Detailuntersuchung im Gebiet nördlich und südlich der Bahnlinie Wurzen-Dahlen-Oschatz-Risa, einem durch Land- und Forstwirtschaft geprägten Wirtschaftsraum. Während sich die Versand- und Empfangsrate ganzer Wagenladungen bei den genannten Bahnhöfen insgesamt nicht signifikant veränderte, nahmen ein- und ausgehende Fracht- und Eilgutsendungen deutlich ab und wurden von Lkw übernommen.[45] Parallel dazu war zu beobachten, daß „[d]er Fernverkehr (Personen und Güter) über mehrere hundert Kilometer ... bei der Eisenbahn geblieben [ist], die Grenze des Begriffs Nahverkehr ist durch das neue Verkehrsmittel weit hinausgeschoben worden. So kann man bei der Entfernung Leipzig-Dresden (120 km) nicht von Fernverkehr reden. (Die Leipziger Warenhäuser Althoff und Ury bedienen ihre Kunden bis Risa, 65 km ...).“[46]

---

[42] Zu berücksichtigen ist hierbei, daß die Einführung von Staffeltarifen durch die Reichsbahn diese Entwicklung begünstigte. Vgl. Teubert, Güterverkehr, 1928, S. 42 und ders., Entwicklungen und Aussichten, 1933, S. 9.

[43] Vgl. Beckert, Reichsverkehrspolitik, 1934, Anlage 3.

[44] Beispielsweise versandte im Juli 1925 im Einzugsbereich der Güterabfertigung Stolberg-Hammer ein einziges Unternehmen 18.700 kg Stückgüter per Lkw, was 178 Prozent des gleichgerichteten Bahnstückgutversandes aus dem gesamten Umkreis nach Düren entsprach. Gleichzeitig verfrachtete im Wirkungsbereich der Güterabfertigung Aachen Hauptbahnhof eine Lebensmittelgroßhandlung mittlerer Betriebsgröße 8.350 kg mittels Lkw nach Eschweiler, während von der angeführten Bahnstation insgesamt nur 21.150 kg, also die 2,5fache Menge, zu den drei Empfangsbahnhöfen Eschweilers gesandt wurden. Vgl. Hamacher, Nahverkehr im Aachener Wirtschaftsgebiet, 1926, S. 83 mit Nennung weiterer Beispiele.

[45] Vgl. Allwardt, Problem, 1933, S. 29 ff., S. 37 sowie die Karten 2 und 3.

[46] Ebenda, S. 46. Bei der im Erzgebirge angestellten Vergleichsstudie im Bahngebiet Chemnitz-Flöha-Marienberg-Reizenhein und der dortigen Nebenbahnen kam der Autor zu gleichlautenden Ergebnissen: Übernahme des Nahverkehrs durch den Lkw, Verbleib des Fernverkehrs bei der Eisenbahn. Vgl. ebenda, S. 60.

Abbildung 17: Bestand an Lkw nach Gewichtsklassen 1922-1933

EG in KG/ Jahr	1922	1923	1924	1925	1926	1927	1928	1929	1930	1931	1932	1933
bis 1000	3147	3823	4915	8486	9736	12834	15971	18015	19951	20146	19014	20390
1000 - 2000	5376	6630	9006	17900	23472	30964	43539	50170	69762	75189	71292	71237
2000 - 3000	4721	5658	6465	8625	9506	10101	13435	17093	19555	21895	22733	25179
3000 - 4000	11933	14490	16802	19649	20010	19029	18305	17746	17147	15322	12717	12855
über 4000	18534	21135	23441	25703	27305	28041	30515	31919	31017	28520	23230	22428
gesamt.	**43711**	**51736**	**60629**	**80363**	**90029**	**100969**	**121765**	**143952**	**157432**	**161072**	**148986**	**153089**

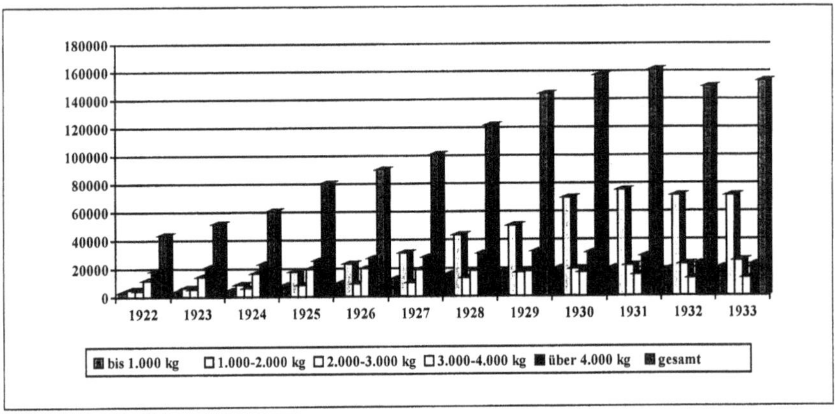

Quelle: Statistisches Reichsamt (Hg.), Vierteljahresschriften zur Statistik des Deutschen Reiches 31 (1922) bis 42 (1933).

Nicht zuletzt aufgrund diverser technischer Optimierungsmaßnahmen wurden die Räume, die durch Nutzfahrzeuge rationell erschlossen werden konnten, kontinuierlich größer. Mit dem Pferdefuhrwerk konnten Radien von etwa 30 km um Bahnhaltepunkte im Zubringerverkehr bedient werden. Galten um 1920 noch 20 bis maximal 60 km Entfernung als Grenzwerte für einen rentabilitätsorientierten Lkw-Einsatz im Stückgutverkehr, so beliefen sich die entsprechenden Entfernungen um die Mitte der 1920er Jahre auf 100 bis 120 km und Anfang der 1930er Jahre schließlich auf über 200 km.[47] Bis Mitte der 1930er Jahre konnte

[47] Auf den badischen Landstraßen wurden 1913 noch etwa 85 Prozent der Lkw im täglichen Verkehr auf Entfernungen bis 5 km eingesetzt. Zehn Jahre später legten gut 70 Prozent der Fahrzeuge täglich Strecken bis 20 km zurück, gut 40 Prozent fuhr Entfernungen zwischen 5 und 20 km. Vgl. Lepp, Straßenwesen, 1926, S. 78 sowie allgemein zur Entwicklung der Transportradien Wiedenfeld, Transportwesen, 1930, S. 43; Wolff, Zur Frage der Verwendung von Motorlastwagen. In: VtW 13 (1919), S.170; Riepert, Landstraßen und

unter Rentabilitätsgesichspunkten der Stückgutverkehr weitgehend durch Lkw bedient werden, während die Grenzlängen im Ladungsverkehr real auf 120 bis 200 km, unter Berücksichtigung der Tarifgestaltung theoretisch auf mehr als 400 km geschätzt wurden.[48]

Welche Gütermengen auf diese Art und über diese Entfernungen motorisiert auf der Straße transportiert wurden, kann auf Basis der vorhandenen Quellen nur geschätzt werden, da lediglich der Güterverkehr der Kraftfahrlinien statistisch genau erfaßt wurde. Dies gilt vor allem für Angaben über die tonnenkilometrischen Leistungen von Lkw.[49] Da diese primär im Flächen- und Kreisverkehr mit bei einer Fahrt ständig wechselnden Zuladungen und Auslastungen Verwendung fanden, erwies sich die Erhebung derartiger Werte bereits für den RABA trotz intensiver Bemühungen als unmöglich.[50] Das Führen der dazu notwendigen Sta-

---

Kraftwagen im Weltverkehr der Zukunft. In: DWZ 24 (1927), S. 529; Friedmann, Lastkraftwagen, 1926, S. 22; Rolph-Nürnberg, Milchversorgung der Großstadt, 1929, S. 9; Schmidt-Lamberg, Der Lastkraftwagen im Zechenwesen. In: KWH 4 (1929), S. 198; Jaenichen, Die Grenzen der Wirtschaftlichkeit des Krafttransportes. In: MTW 30 (1927), S. 509 ff.; Horn, Der Lastkraftwagen bei den gewerblichen Wirtschaftsgruppen. In: KuL 4 (1929), S. 275; Precht, Organisationsproblem, 1936, S. 48. Da Rentabilitätsgrenzen im Einzelfall in Abhängigkeit von verschiedenen Faktoren wie etwa der Art der transportierten Güter sowie der Kapazitätsauslastung der Fahrzeuge differierten, sind die angegebenen Werte nicht absolut zu setzten, spiegeln aber die Tendenz sinnvoll wieder.

[48] Vgl. Mellerowicz, Stand des gewerblichen Güterfernverkehrs, 1935, S. 145.

[49] Die von Hoffmann in seiner groß angelegten quantitativen Erfassung des Wachstums der deutschen Wirtschaft seit dem 19. Jahrhundert angestellten Schätzungen über den Güterverkehr auf Kraftfahrzeugen in Mrd. Tonnenkilometern von 1923 bis 1959 basieren auf repräsentativen Erhebungen der Jahre 1950 und 1952, die entsprechend den vorliegenden Bestandszahlen für Lkw auf die zuvorliegenden und folgenden Jahre umrechnet wurden; vgl. Hoffmann, Wachstum, 1965, S. 416 ff. Obwohl das Umfeld, vor allem aber die Kapazitätsauslastungen und Reichweiten der 1950 eingesetzten Fahrzeuge kaum mit denen der zwischen 1923 und 1932 verwandten Typen vergleichbar scheinen, sind die Ergebnisse nicht völlig unrealistisch, stellen aber nach der im folgenden vertretenen Auffassung die Obergrenzen der wahrscheinlichen Leistungen dar.

[50] Im HWA Darmstadt, Abt. 6, Nr. 1911 findet sich ein umfangreicher Briefwechsel zwischen dem DIHT, den mit den Erhebungen vor Ort beauftragten IHK und den befragten Firmen, in dem auf die Angabe tonnenkilometrischer Leistungen trotz der offenkundigen Problematik ihrer Feststellung gedrängt wurde. Bevor der DIHT notgedrungen auf diese Daten verzichtete, mahnte er etwa am 28. Februar 1934 in einem Schreiben an die Mitglieder: „Die Angabe der tonnenkilometrischen Leistung ... ist von besonderer Wichtigkeit, wenn auch vielleicht am schwierigsten zu beantworten; denn eine erschöpfende Antwort auf diese Frage ... ermöglicht wichtige Aufschlüsse für die Entscheidung über die Planung von Reichsautobahen." Die IHK Gießen gab diese Aufforderung per Rundschreiben vom 23. März 1934 an die befragten Firmen weiter: „ Die Frage der tonnenkilometrischen Leistung ... ist von besonderer Wichtigkeit ... . Wir bitten daher dringend, diese Angaben nachzuho-

tistiken war von den werkverkehrstreibenden Firmen entweder faktisch oder zumindest aus wirtschaftlichen Gründen kaum zu leisten.[51] Zeitgenossen schätzten die Transportleistung von Lkw in Zeitraum von 1925 bis 1932 aus diesem Grund zunächst in Tonnen und kamen dabei pauschal auf jährliche Ergebnisse zwischen 50 und 60 Millionen, von denen angeblich 5 Millionen Tonnen als neugeschaffener Verkehr anzusehen seien.[52]

Ausgehend von den Ergebnissen der ersten Verkehrszählung konnte dietonnenkilometrische Leistung für 1925 auf ungefähr 1,5 Milliarden, für 1932 auf Basis einer 50 prozentigen Auslastung der Fahrzeuge sowie einer mittleren Versandweite im Nahverkehr von 30 bis 40 km und im Überlandverkehr von 75 bis 80 km auf ungefähr 2,75 Milliarden beziffert werden, von denen 1,15 Milliarden im Verkehr über, 1,6 Milliarden im Verkehr unter 50 km Entfernung erbracht wurden.[53] Die für das Jahr 1932 gemachten Angaben können lediglichpunktuell anhand für Krefeld und Ostpreußen verfügbarer Statistiken überprüft werden. Eine gewichtete Extrapolation auf den Reichsbestand des Jahres 1932 an Lkw ergäbe eine Gesamttransportleistung von 65 bis 90 Millionen Gütertonnen oder einen Näherungswert von 75 Millionen Tonnen.[54] Für 1932 erscheint deshalb die

---

len, oder wenigstens schätzungsweise Angaben zu machen." (Hervorhebungen jeweils im Original) Diese Bemühungen blieben jedoch nutzlos.

[51] Exemplarisch für die bereits erwähnten diesbezüglichen Antworten im Kontext der RABA-Erhebung über den Umfang des Werkverkehrs war die Antwort von Benner, Krumm & Sauer, Handelsgesellschaft aus Gießen, vom 27. März 1934 an die dortige IHK: „ [D]ie [Angabe der] tonnenkilometrische[n] Leistung ist uns selbst schätzungsweise nicht möglich. Da, wie in dem Fragebogen bereits berichtet, das Auto oft an 20 und mehr Ortschaften abzuladen hat, würde die nachträgliche Errechnung der tonnenkilometrischen Leistung für die Jahre i930 und i933 (sic!), wenn sie auf Genauigkeit Anspruch machen wollte, eine wochenlange Arbeit bedeuten." (HWA Darmstadt, Abt. 6, Nr. 1911) Deshalb sind nach hier vertretener Ansicht tonnenkilometrische Daten weniger verläßlich als die ebenfalls problematischen Angaben über beförderte Gütermengen in Tonnen.

[52] Vgl. Teubert, Entwicklung und Aussichten, 1933, S. 12; ders., Güterverkehr, 1928, S. 43. Schätzungen der Reichsbahn gingen für 1925 lediglich von 20 Millionen Tonnen beziehungsweise 100 Millionen Tonnenkilometern aus, was etwa einem Zwanzigstel der im gleichen Zeitraum durch die Bahn beförderten Güter entsprochen hätte. Dieser Wert erscheint jedoch, gemessen an der Transportweiten- und Bestandsentwicklung, äußerst niedrig. Vgl. Kronheimer, Schnellgütertransport, 1927, S. 544.

[53] Vgl. Wienecke, Ausbauplan für die deutschen Hauptverkehrsstraßen. In: VT 9 (1928), S. 179; Bormann, Umfang des Güterkraftverkehrs, 1932, S. 352. Die zugrundeliegenden Annahmen über Versandweiten erscheinen dabei aufgrund der bisherigen Ausführungen dieses Kapitels, diejenigen über wahrscheinliche Auslastungsgrade aufgrund der in Kapitel 3.2 folgenden betriebswirtschaftlichen Analyse realistisch.

[54] Dabei wurden folgende Berechnungen angestellt: Jährliche Gewichtsleistung eines Kraftfahrzeuges im Werkverkehr nach Heisterberg 1125 t, im Güterfernverkehr 1270 t; bei Gewichtung Werkverkehr/Fernverkehr wie 8 zu 2 eine Durchschnittsleistung von 1154

Annahme eines Transportvolumens von mindestens 60 und maximal 75 Millionen Tonnen oder eine tonnenkilometrische Leistung zwischen 2,75 und 3,6 Milliarden plausibel. Ausgehend von diesem Basisjahr können die Beförderungsleistungen von Lkw zwischen 1921 und 1932, bezogen auf die Entwicklung der Lkw-Bestände dieser Jahre, näherungsweise berechnet werden. Die Menge der beföderten Güter stieg danach von 12 bis 15 Mio. Tonnen (1921) auf 32 bis 40 Mio. Tonnen (1925) und 65 bis 80 Mio. Tonnen (1931). *(Tabelle 37)*

Tabelle 37: Beförderungsleistungen von Lkw 1921-1932

	1921	1922	1923	1924	1925	1926	1927	1928	1929	1930	1931	1932
Tkm/ Mrd.; Hoffmann	-	-	1,0	1,2	1,6	1,8	2,1	2,6	3,1	3,5	3,6	3,5
Tkm/ Mrd.; eigene Werte	0,5 bis 0,7	0,8 bis 1,0	0,95 bis 1,2	1,1 bis 1,5	1,5 bis 1,9	1,6 bis 2,1	1,8 bis 2,4	2.2 bis 2,9	2,6 bis 3.4	2,9 bis 3,8	2,9 bis 3,9	2,7 bis 3,6
Beförd. Güter/ Mio t; eigene Werte	12 bis 15	17 bis 22	20 bis 25	24 bis 30	32 bis 40	36 bis 45	40 bis 50	49 bis 61	58 bis 72	63 bis 79	65 bis 80	60 bis 75

Quelle: Hoffmann, Wachstum, 1965, S. 417; eigene Berechnungen.

Daneben stellt sich die Frage, in welchen Gewerbezweigen der Lkw primär eingesetzt wurde und welche Güter er transportierte. Die vorhandenen Statistiken erlauben übereinstimmende Grundaussagen. Obwohl der RABA auch hier entsprechend der Wirtschaftsstruktur der einzelnen Sektionsbezirke zu anteilsmäßig differierenden Einzelergebnissen kam, wurden insgesamt die für den

t/Lkw für dieses Industrie- und Handelszentrum. In Ostpreußen sind die 1933 geleisteten 475.000 t zu beziehen auf einen Bestand laut Steuerstatistik von 2.103 Lkw; Durchschnittsleistung für dieses agrarisch geprägte Gebiet 226 t/Lkw. Bei Berücksichtigung der regionalen Verteilung der Fahrzeuge im Reichsgebiet, die sich zwischen Industrie- und Agrarregionen wie 7 zu 3 verhielt, ergibt sich damit eine Jahresdurchschnittsleistung von etwa 875 t/Lkw, bezogen auf den Reichsbestand von 148.986 Fahrzeugen eine Gesamtleistung von gut 130 Millionen Gütertonnen. Zu berücksichtigen ist die bereits erläuterte Erhebungsproblematik, die beispielsweise reinen Ortsverkehr von vornherein ausschloß, der Sachverhalt, daß in die hier verwandten Statistiken nahezu ausschließlich Angaben von werkverkehrstreibenden Firmen mit relativ guten Auslastungsgraden einflossen sowie die Feststellung, daß die Krefelder Verhältnisse im oberen Spektrum der für Industrie- und Handelszentren üblichen Verkehrsleistungen angesiedelt waren. Deshalb erschien die Korrektur des errechneten Wertes um einen Faktor zwischen 0,5 und 0,7 notwendig, woraus ein wahrscheinlicher Wert in der Spanne von 65 bis 90 Millionen oder ein ungefährer Mittelwert von 75 Millionen Gütertonnen für 1932 resultierte.

Abbildung 18: Anteile einzelner Gewerbegruppen am Kraftwagen-Werkverkehr im Sektionsbezirk Württemberg im Jahr 1933

Gewerbegruppe	Anteil der Gewerbegruppe an der Gesamtmenge in %
Handel	14,1
Bau- und Möbelindustrie	20,1
Metallindustrie	2,2
Nahrungs- und Genußmittelindustrien (Brauereien)	52,4
Lederindustrie	1,1
Chem. Industrie	2,0
Papierindustrie	2,1
Fahrzeugindustrie	0,6
Textilindustrie	5,4

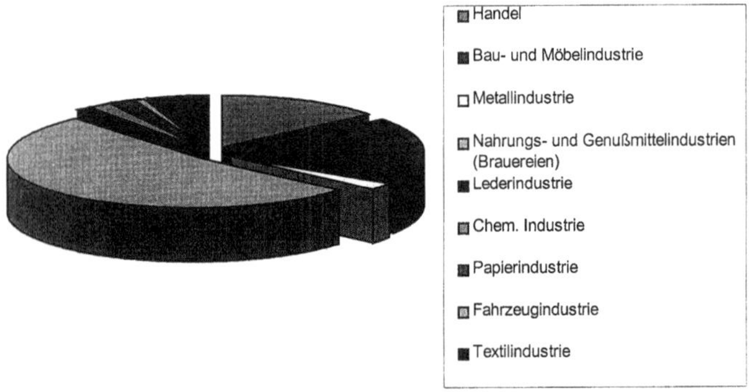

Quelle: Erlenmeier, Bedeutung, 1934, S. 89.

Einzugsbereich der IHK Krefeld geltenden Schlüsse bestätigt. Analog zu diesem Bezirk wurden sowohl in stärker industrialisierten Sektionen wie Württemberg oder agrarischen Gebieten wie Ostpreußen Nutzkraftwagen primär in Nahrungs- und Genußmittelindustrien, beispielsweise der Brauerei-, Schokoladen und Zigarettenindustrie, der Landwirtschaft sowie dem Lebensmittel- und Konsumgüterhandel eingesetzt. *(Abbildung 18)* Die Verwendungsgründe differierten im Einzelfall, waren aber grundsätzlich entweder auf Eigenarten des neuen Verkehrsträgers oder des transportierten Gutes zurückzuführen. Bei Brauereien, Handelsbetrieben und anderen verbrauchsorientierten Industrien dominierte die Möglichkeit, das Auslieferungsgebiet auszudehnen und eine größere Anzahl von Kunden direkt zu beliefern. Für die Schokoladenbranche war zusätzlich die Bruchanfälligkeit, bei der Zigarettenindustrie die Geruchsempfindlichkeit der Ware, auf die bei Eisenbahntransporten jeweils weniger Rücksicht genommen werden konnte, ausschlaggebend. Für materialorientierte Industrien wie Kohlebergbau und Baustoffproduktion erwies sich die Möglichkeit, jenseits der Bahnanschlüsse gelegene Abbaugebiete wirtschaftlich zu erschließen beziehungsweise die Rentabilität dort bereits angesiedelter Werke zu erhöhen, als vorteilhaft. Arbeitsorientierte Fertigungsbetriebe aus der Textil- und Möbelindustrie konnten einzelne Produktionsprozesse oder ganze Werke in dünner besiedelte und mit geringeren Lohn- und Bodenkosten belastete Gegenden auslagern, die regionale Produktion durch Lkw zusammenfassen und den Absatz sicherstellen. Landwirtschaftliche Betriebe, die Lkw erst relativ spät, dann aber in größerem Umfang verwendeten, profitierten von der qualitativen Verbesserung der Transportdienstleistung, die sich in der sinkenden Quote ihrer auf dem Transportwege verdorbenen Erzeugnisse niederschlug.[55]

Im Erhebungssektor der IHK Krefeld wurde die Hälfte des Transportvolumens im Werkverkehr im Nahrung- und Genußmittelgewerbe und im Bergbau bewältigt, ein weiteres Viertel entfiel auf den Handel und die Industrien der Steine und Erden. In Bochum gaben verschiedene Lebensmittel- bzw. Industriebedarfsgroßhandlungen 1930 gar einen relativen Anteil der Kraftwagentransporte am Gesamtversand von 70 bis 90 Prozent an, während im Nahverkehr des Aachener Wirtschaftsgebietes bereits 1925 mehr als 80 Prozent der Versandware im Lebensmittelgroß- und -einzelhandel per Lkw transportiert wurden.[56] Der

[55] Vgl. Erlenmaier, Bedeutung, 1934, S. 94 ff.; Héder, Konkurrenzfähigkeit, 1931, S. 16 f.; Schuhwerk, Kraftwagen, 1936, S. 12 ff.

[56] Vgl. WWA Dortmund, K1, Nr. 895; Hamacher, Nahverkehr im Aachener Wirtschaftsgebiet, 1926, S. 80 ff. stellt fest, daß neben dem Lebensmittelgroßhandel insbesondere der Kleinmetallwarenhandel und das Baugewerbe, in weitaus geringerem Umfang auch Metallgewerbe und Glasindustrie Automobile zu Transportzwecken einsetzten. Er führt in diesem Kontext (ebenda, S. 83) das Beispiel einer Aachener Kolonialwarengroßhandlung an, die 1913/14 noch 60 Prozent ihrer Waren per Eisenbahn, 39 Prozent mit fremden Fuhrwerken und 1 Prozent mit der Post, 1924/25 bereits 75 Prozent per Lkw und nur noch 10 Prozent

überwiegende Teil des Werkverkehrs fand also in absatzorientierten Konsumgüterindustrien und im konsumnahen Handelsbereich statt, auf den Bereich der Investitionsgüterindustrie entfielen jeweils nur relativ geringe Anteile. Dieser Verteilung entsprach die Gewichtung der transportierten Güter:

Abbildung 19: Anteil einzelner Gewerbegruppen am Güterfernverkehr eines Transportunternehmens im Bezirk der IHK Krefeld im Jahr 1934: Anzahl der Firmenkunden

Gewerbegruppe	Nahrungs- und Genußmittelgewerbe	Metallindustrie	Handelsgewerbe	Textilindustrie	Chemische Industrie	Holz- und Schnittzstoffgewerbe	Gärtnerei und Tierzucht	Papierindustrie	Lederindustrie	Baugewerbe	Wasser- Gas- und Elektrizitätwinnung
Anzahl der Firmen	134	35	33	12	12	11	7	6	4	2	1

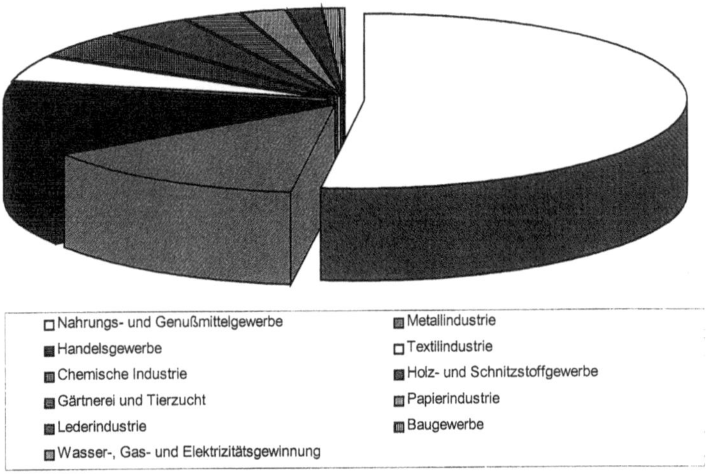

Quelle: Heisterberg, Struktur des Güterkraftverkehrs, 1933, S. 352.

per Eisenbahn und 13 Prozent mit fremden Fuhrwerken sowie 2 Prozent mit der Post versandte. Auch in der von Allwardt zwischen 1925 und 1929 in Nordwestsachsen und im Erzgebirge erhobenen, umfangreichen Beispielsammlung über Unternehmen, bei denen die Umstellung auf Lkw forciert betrieben wurde, finden sich primär Baugeschäfte, Rittergüter, Apotheken, Kolonialwaren- und Lebensmittelgroß- und -einzelhandlungen, Konsumvereine, Obst- und Gemüsehändler, Konfektionswaren- und Schuhgeschäfte, Brauereien, Lederwarenfabriken mit Direktvertrieb sowie Warenhäuser und erst in zweiter Linie Metallwerke, Spielwarenfabriken, Holzfabriken, Buchdruckereien, Papierhandlungen und Steinwerke; vgl. Allwardt, Problem, 1933, S. 75 ff. sowie zum Gesamtzusammenhang auch DIHT, Eisenbahn und Kraftwagen, 1930, S. 40.

„Im Vordergrund stehen jedoch allgemein landwirtschaftliche Erzeugnisse (Lebensmittel), Baustoffe und Bier, an zweiter Stelle Treibstoffe, Öle, Fette, Chemikalien, Holz, Kohlen, Eisen und Stahl.“[57]

Es waren primär hochwertige und leicht verderbliche Stück- und Eilguttransporte und nur partiell Massengüter, die im Werkverkehr nach einer 1934 veröffentlichten Statistik „... mit 36 v.H. in landwirtschaftlichen pflanzlichen Erzeugnissen, mit 24 v.H. in Baustoffen, mit 18 v.H. in Bier, mit 4 v.H. in Ölen und Treibstoffen, mit 4 v.H. in Kohlen, mit 3 v.H. in tierischen landwirtschaftlichen Erzeugnissen, mit 3 v.H. in Textilien, mit 2 v. H. in Eisen und Stahl, mit 2 v.H. in Chemikalien, mit 1 v.H. in Holz, mit 1 v.H. in Papier, mit 1 v.H. in Keramik und Glas und mit 1 v.H. in Verschiedenem‘[68] befördert wurden. Die Kostenvorteile der Eisenbahn beim Massenguttransport über weitere Entfernungen konnten Lkw nicht zuletzt wegen ihrer geringen Transportkapazität in den Weimarer Jahren nicht ausgleichen, und auch ihre Zeitvorteile relativierten sich mit zunehmender Entfernung des Bestimmungsortes.[59] Sofern Massengüter im Nahverkehr auf der Straße befördert wurden, handelte es sich primär um Baustoffe wie Sand, Zement, Steine oder Eisen. Dies waren schüttbare Güter, die mittels Kippvorrichtungen bequem abgeladen und direkt vom Lager zur Baustelle transportiert werden konnten.[60] In der Tendenz galt in den Weimarer Jahren die für Nordwestsachsen in einer Regionalstudie festgestellte Entwicklung:

> „Der Wagenladungsverkehr ... der Eisenbahn ist unverändert geblieben, die Leistungen im Eil- und Frachtstückgut- ... und im Milchtransport ... sind gesunken. Der Lastkraftwagenverkehr ... ist um das Doppelte bis Dreifache gestiegen.“[61]

Auf den beginnenden Lkw-Fernverkehr der 1930er Jahre waren diese Einschätzungen nicht mehr undifferenziert zu übertragen. Hier handelte es sich nach

---

[57] DIHT, Umfang, 1934, S. 90 (Hervorhebungen im Original). Deckungsgleiche Ergebnisse bei Allwardt, Problem, 1933, S. 45 (Nordwestsachsen): „Am schnellsten und ausgiebigsten ist das neue Verkehrsmittel von den Gütern in Anspruch genommen worden, die umladeempfindlich sind und solchen, die bei ausgedehnter Transportzeit ... verderben[:] ... Butter, Fischwaren, Zucker, Teigwaren und alle sogenannten Kolonialwaren ...“ sowie S. 60 (Erzgebirge): „In erster Linie sind die leicht verderblichen Lebens- und Genußmittel der Straße zugefallen.“ Vgl. auch Erlenmaier, Bedeutung, 1934, S. 91 ff.

[58] Schuhwerk, Kraftwagen, 1936, S. 224 f.

[59] Das hinderte Lkw-Enthusiasten nicht daran, „[d]ie Massentransportfähigkeiten der Lastkraftwagen und Vorschläge zu ihrer Steigerung“ (Aufsatztitel in LA 6 (1929), Heft 17, S. 7 f.) positiv zu erörtern. Hersteller wie die MAN AG lieferten 1928 einen Schwerlastwagen mit 18 Achsen und knapp 170 Tonnen Nutzlast an die Deutsche Reichsbahn. Das Fahrzeug blieb zwar, besonders unter Berücksichtigung der Straßenzustände, ein ‘Sonderfall’, dokumentierten aber die Bemühungen der Bahn, entsprechenden Abwanderungen frühzeitig vorzubeugen. Vgl. MAN AG (Hg.), Leistung und Weg, 1991, S. 24.

[60] Vgl. DIHT, Eisenbahn und Kraftwagen, 1930, S. 7 und S. 10 f.

[61] Allwardt, Problem, 1933, S. 41.

empirisch untermauerten Schätzungen in etwa jeweils zur Hälfte um Wagenladungs- und Stückgutverkehr. Tendenziell bedienten sich zuerst die Industrien, die wie die Nahrungs- und Genußmittelbranche vorher bereits einen nennenswerten Werkfernverkehr betrieben hatten, gewerblicher Transporteure. *(Abbildung 19)* Aber in der Art der dort beförderten Güter hatten sich partielle Veränderungen ergeben. Zusätzlich zu den bereits genannten Waren wurden vermehrt Maschinen und Maschinenteile sowie Elektroartikel transportiert, mithin Güter, die „... hochqualifizierte Transportleistungen verlangen."[62] Mellerowicz schloß daraus bereits 1934 für den Güterfernverkehr:

> „Der Ladungsverkehr überwiegt, wenn auch nicht sehr stark. Transportfähig ist für den Kraftverkehr jedes Gut, auch Massengut. Grenzen ziehen nur die Tarife der Reichsbahn."[63]

Untermauert wurden diese Statistiken durch die Vielzahl an Artikeln in der damaligen Fachpresse, die sich mit dem Einsatz von Nutzfahrzeugen in verschiedenen Industrien oder Unternehmen beschäftigten. Unabhängig davon, ob es um den „Südfruchttransport vom Schiff zum Kunden", den „Kraftwagen als Zubringer von landwirtschaftlichen Erzeugnissen zur Großstadt", „Das Transportproblem der Brauerei in der Großstadt" oder die Frage „Schnell- oder Schwer-Lastwagen im Braubetriebe'[64] ging, meist waren es Lebens- und Genußmittelindustrien oder Handelsbetriebe, in denen die Rationalisierungspotentiale des neuen Verkehrsträgers besonders zum Einsatz kamen und an deren Beispiel sie deshalb verdeutlicht wurden.[65] Das Resümee dieser Berichte lautete im

---

[62] Schuhwerk, Kraftwagen, 1936, S. 227. Vgl. auch Mellerowicz, Stand des gewerblichen Güterfernverkehrs, 1935, S. 144 f. Die dort gemachten statistischen Angaben wiesen das Verhältnis von Stückgut zu Ladungsgut wie 47:53 aus. Sie basierten auf dem von einer Unterorganisation der GEDEKRA, der Deutschen Krafttransportgesellschaft, an ihren Laderaumverteilungsstellen erhobenen Datenmaterial und erscheinen damit verläßlicher als die pauschalen Schätzungen des DIHT von 1930, nach der 75 Prozent des Speditionsfernverkehrs als Wagenladungsverkehr abgewickelt worden sein sollen; vgl. hierzu ders., Eisenbahn und Kraftwagen, 1930, S. 41. Zu Branchen und im Fernverkehr transportierten Gütern vgl. auch Heisterberg, Struktur des Güterkraftverkehrs, 1933, S. 351 ff.

[63] Mellerowicz, Stand des gewerblichen Güterfernverkehrs, 1935, S. 145.

[64] Titel verschiedener Aufsätze im Lastauto von 1929: LA 6 (1929), Heft 23, S. 10 ff.; Heft 8, S. 9 ff.; Heft 22, S. 14 ff.; Heft 20, S. 8 ff.

[65] Eine besondere Vorbildfunktion kam dabei offensichtlich der Brauindustrie zu, die allein 1929 im Lastauto viermal behandelt wurde. Neben den bereits genannten Artikeln in Heft 19, S. 7 ff. und Heft 26, S. 10 ff. Der Einsatz von LKW wurde durch die Eigenarten des Brauereigeschäfts - große mengen- und entfernungsmäßige Transportvolumina, breiter, flächenmäßig verteilter Kreis von kleineren Kunden, laufend anfallende Rückfrachten von Leergut - besonders gefördert. Brauereien gehörten vor dem Weltkrieg zu den ersten Lkw-Verwendern, und nicht von ungefähr waren 1927 gut 30 Prozent der Kunden von Mannesmann-Mulag in Aachen Brauereien. Vgl. Andorfer, Rationalisierung in der Brauindustrie, 1928, S. 74 f.; Liliendahl, Automobil-Transport, 1927, S. 122.

Regelfall, der Lkw sei 'schneller, elastischer und billiger' als Eisenbahn und Pferdefuhrwerk, zumindest aber, sofern das Kostenargument im Einzelfall nicht überzeugen konnte, 'flexibler und sicherer' beim Transport von leicht verderblicher oder bruchgefährdeter Ware. Diese Standardargumentation wurde von Unternehmen der Investitionsgüterbranche zuweilen um den Aspekt bereichert, der -zugegebenermaßen gering ausgeprägte- Kraftwagenverkehr diene der 'Lieferung von Ersatzstücken' oder 'eiligen Reparaturlieferungen'.[66] Möglicherweise konnten die besonderen Eigenschaften des Lkw hier dazu verwendet werden, maschinenstillstandsbedingte Kapazitätsunterauslastungen zu minimieren, eine Problematik, der infolge rationalisierungsbedingter Fixkostenprogression in den Betrieben aus betriebswirtschaftlicher Sicht eine immer größere Bedeutung zukommen mußte. Nicht umsonst war die durchschnittliche Versandweite bei der im Krefelder Raum angesiedelten Metallindustrie mit 65 km besonders hoch. Sie versandte Maschinen, Ersatzteile und Monteure in alle Richtungen Deutschlands, wobei Entfernungen von 100 bis 150 km eine wesentliche Rolle spielten.[67] Im Regelfall dürften die Überlegungen und Handlungen, die dem Übergang vom Bahn- und Pferdefuhrwerkstransport zum werkseigenen Lkw zugrunde gelegen hatten, jedoch wesentlich bodenständiger ausgefallen sein.

„An der Umstellung eines Grünwarenhändlers (Josef Iser, Zöblitz) sei die Transportentwicklung in der Lebensmittelbeschaffung kurz gezeigt: 1927 kamen alle Waren mit der Bahn als Eilfracht und wurden von einem Spediteur mittels Pferdefuhrwerk vom Bahnhof (2 km Weg, 120 m Steigung) heraufgeholt. 1928 besaß I. ein dreirädriges kleines Lieferauto, mit dem er seine Kisten und Körbe selbst vom Bahnhof holte. Seit 1929 fährt I. mit einem Lastkraftwagen in die Großmarkthalle Dresden und nach Chemnitz, tritt in persönliche geschäftliche Beziehungen mit den Großhändlern, sucht die Ware selbst aus, befördert sie in kürzester Zeit in sein Geschäft und in kleinere Geschäfte der Nachbarschaft ... . Der Lastwagen rentiert sich gut, da er außerdem mit eingebauten Polsterbänken zu Vereinsfahrten, Ausflügen usw. dient."[68]

Die Bedeutung, die dem Lkw im Kontext wirtschaftlicher Rationalisierung in der Weimarer Zeit zukommen konnte, hing dabei wesentlich von seiner technischen Leistungsfähigkeit, seiner Zuverlässigkeit und nicht zuletzt seiner Wirtschaftlichkeit ab. Diese Faktoren determinierten letztlich die Größe der Absatz- und Beschaffungsräume, die aus einzelwirtschaftlicher Sicht mit seiner Hilfe im Wettbewerb zu anderen Verkehrsmitteln rationell erschlossen werden konnten.

---

[66] Vgl. WWA Dortmund, K1, Nr. 895. Die Unternehmen stammten aus der Eisen- und Stahlbranche sowie dem Maschinen- und Apparatebau.

[67] Vgl. Heisterberg, Struktur des Güterkraftverkehrs, 1933, S. 354.

[68] Allwardt, Problem, 1933, S. 60.

2 Die konstruktive Entwicklung des Lkw. Potentiale und Restriktionen bei der forcierten technischen Optimierung eines neuen Verkehrsträgers

In den Jahren zwischen dem Ende des Ersten Weltkrieges und dem Ende der ersten deutschen Republik wurde der Lkw von einem Transportmittel mit vielfältigen technischen Mängeln, das bis dato weder im Militäreinsatz überzeugen konnte noch bei privatwirtschaftlichen Verwendern größere Resonanz erzielte, zu einem technisch leistungsfähigen und ökonomisch relevanten Verkehrsträger entwickelt.[1] Nach Gottlieb Daimlers im Jahre 1892 fehlgeschlagenem Versuch, das preußische Heeresministerium von der Notwendigkeit motorgetriebener Lastwagen für militärische Zwecke zu überzeugen, hatte die Daimler-Motoren-Gesellschaft im Jahre 1896 verschiedene, mit einem 4 PS Einzylinder- beziehungsweise 10 PS Zweizylindermotor ausgerüstete Nutzfahrzeuge mit Geschwindigkeiten zwischen drei und zwölf km/h auf den Markt gebracht, deren äußere Form augenscheinlich aus dem Kutschenbau stammte. Ihre 'Bremssysteme' waren Reibklötze auf Eisenreifen und ihre Fahrwerke bestanden im wesentlichen aus Vierkanthölzern, auf die man eine hölzerne Ladefläche montiert hatte.[2] Aus diesen technisch einfachen Anfängen entwickelte sich ein zunehmend professionalisierter Lkw-Bau. Neben nur temporär existenten Firmen wie der Mulag AG, den Oryx-Motorenwerken, der Süddeutschen Automobilfabrik oder der Hansa Automobilwerke AG, welche in der ersten Fusionswelle der noch jungen Automobilindustrie 1907 ihre wirtschaftliche Selbständigkeit verloren, beteiligten sich daran auch Unternehmen wie Benz & Co., Büssing, Opel, Dürkopp, die MAN AG und die Neue Automobilgesellschaft (NAG), die nach Kriegsende eine bedeutsame Rolle spielten.

Vor Beginn des Ersten Weltkrieges wurde die technische Entwicklung des Lkw durch die Anforderungsprofile beeinflußt, die die preußische Heeresleitung für die sogenannten Subventionslastzüge definierte. Diese mußten eine Nutzlast von 4 bis 6 Tonnen bewältigen, mit mindestens 30 bis 35 PS motorisiert sein und eine Spitzenleistung von sechzehn km/h bei Vollgummi- und zwölf km/h bei Eisenbereifung erreichen.[3] Wesentliches Auswahlkriterium war, entsprechend der vorgesehenen Verwendung, weniger die Wirtschaftlichkeit als vielmehr die Robustheit der Fahrzeuge. 1914 produzierten etwa 14 Lkw-Hersteller, und das Statistische Reichsamt ermittelte einen Bestand von gut 9.000 Nutzfahrzeugen im Deutschen Reich. Diese absolut geringe Anzahl stellte im Vergleich zu den 1907 ermittelten gut 1.200 Stück relativ gesehen eine deutliche Steigerung dar. Gängige Ausstattungsbestandteile waren zu diesem Zeitpunkt Vierzylindermotoren, Kulissenschaltungen, Kettenantriebe, Holzräder mit Vollgummibereifung, Fahr-

[1] Vgl. Borscheid, Lkw kontra Bahn, 1995, S. 23 ff.

[2] Vgl. Bühler, Nutzfahrzeuggeschichte, 1987, S. 11.

[3] Vgl. Otto, Herausbildung des Kraftfahrwesens, 1989, S. 227 ff.; o. V., Militär, 1994, S. 172.

werke aus U-Trägern mit stählernen Quertraversen, Bremsbänder aus imprägniertem Asbest, elektrische Anlasser und Carbitlampen zur Beleuchtung. Dennoch verhinderten hohe Anschaffungspreise, mangelnde Erfahrungswerte, eine konservative Grundhaltung potentieller Kunden, aber auch fehlendes Leistungsvermögen und eine aufgrund von Krieg und Rohstoffmangel gehemmte oder auf Notbehelfe angewiesene technische Weiterentwicklung der Nutzfahrzeuge, daß diese im verkehrs- und kriegswirtschaftlichen System des Deutschen Kaiserreiches eine zentrale Funktion erfüllten. Die Vorreiterfunktion beim Einsatz von Lkw kam bereits vor der Weimarer Zeit nicht Deutschland, sondern England, Frankreich und vor allem den USA zu.[4]

Seit der Weltwirtschaftskrise prägte dann die Auseinandersetzung zwischen 'Straße' und 'Schiene' die verkehrswirtschaftliche Diskussion, während Nutzfahrzeuge mit elektrischer Beleuchtung und elektrischen Anlassern, Servobremsen, Anhängern und Sechszylindermotoren mit bis zu 150 PS Leistung problemlos erhältlich waren.[5] Bereits diese Polaritäten legen es nahe, nach den in der Zwischenzeit vorgenommenen technischen Verbesserungen an Lkw zu fragen. Die spärlichen technik- oder populärhistorischen Darstellungen zu diesem Thema streifen jenen Zeitraum zumeist nur kurz. Dabei belegten die konstruktiven Entwicklungen im Lkw-Bau der 1920er Jahre, daß praxistauglicher technischer Fortschritt zumeist aus umfangreicher Detailarbeit zur sukzessiven Verbesserung erfolgreicher oder zum sukzessiven Ausmerzen erfolgloser Innovationen resultierte. Die Weimarer Zeit war eine Entwicklungsphase, in der diese Detailarbeiten zur Vervollkommnung des Lkw theoretisch erdacht und praktisch vorgenommen wurden. Gleichzeitig zeigten sich die im täglichen Betrieb auftretenden und für die jeweiligen Verwender zuweilen recht kostenträchtigen Probleme. Ökonomisch betrachtet wurden in dieser Phase Investitionen getätigt, die bis zum Ende des Jahrzehnts vielfach nur ungenügende Erträge zeitigen konnten. [6] Diese Tendenzen werden im folgenden zunächst in allgemeiner Form

---

[4] Vgl. zum Gesamtzusammenhang Kirchberg, Geschichte des Kraftfahrzeuges, 1978, S. 110 ff.; Schwarte, Technik, 1920, S. 223 und S. 235 ff.; Grundtmann, Die Bedeutung des Kraftfahrzeugs im Kriege. In: Allmers et al. (Hg.), S. 127 ff.; Mischke, Lkw gestern, 1986, S. 130 ff.; Bühler, Nutzfahrzeuggeschichte, 1987, S. 11 ff.; MAN AG (Hg.), Leistung und Weg, 1991, S. 13 ff.

[5] Vgl. Voigt, Verkehr II, 1965, S. 455 ff.; Gebhardt, Geschichte 2 a, 1994, S. 11 ff.; Bühler, Nutzfahrzeuggeschichte, 1987, S. 21 ff.

[6] Das weitgehende Desinteresse an der technischen Weiterentwicklung des Lkw in den 1920er Jahren mag an der besonderen Bedeutung liegen, die der Einführung des Dieselmotors in diesem Kontext im allgemeinen beigemessen wird. Da dieser zwar 1923/24 vorgestellt, aber erst Mitte der 1930er Jahre praxistauglich war, wird die dazwischenliegende Zeit, insbesondere in einschlägigen Unternehmensgeschichten, zumeist ausgelassen oder 'dieselzentriert' behandelt. Vgl. etwa Barthel/Lingnau, Technik, 1986, S. 79 ff., S. 87 ff. und S. 11 ff.; Eckermann, Dampfwagen, 1981, S. 97 ff. und S. 118 ff.; Bühler, Nutzfahrzeugge-

und anschließend anhand zweier Detailbeispiele untersucht. Aufgrund ihrer besonderen Relevanz für die Wirtschaftlichkeit und die gesellschaftliche Akzeptanz des Lkw wurden die Entwicklung des Dieselmotors und die Fortschritte in der Bremsentechnik gewählt.

2.1 Auf dem Weg zur konstruktiven Geschlossenheit. Grundzüge der technischen Entwicklung des Lkw bis 1932

Die auffälligsten Charakteristika der technischen Weiterentwicklung des Lkw von 1918 bis 1932 waren die Geschwindigkeit, mit der diese vorgenommen wurde, die Vielzahl der Herstellerfirmen, die sich an ihr beteiligten, und die ausgeprägte Breite und Tiefe der Angebotspalette, die aus ihrer Entwicklungs- und Fertigungsarbeit resultierte, bevor marktwirtschaftliche Selektions- und technikimmanente Konsolidierungsprozesse für einen verlangsamten Fortschritt und für eine ökonomisch sinnvolle Reduktion der Angebotsvielfalt sorgten. In den Jahren 1925/26 existierten etwa 30 Lastwagenfabriken und bis zu 90 verschiedene Lkw-Typen, und noch 1928/29 produzierten etwa 20 Werke mit einer Angebotspalette von mehr als 70 verschiedenen Typen. Davon hielten sich immerhin 17 Werke bis 1932 am Markt, die immer noch eine Produktpalette von 78 Typen bereithielten.[7] Die zu Beginn der 1930er Jahre erhältlichen Nutzfahrzeuge glichen dabei in ihrer technischen Ausführung, abgesehen von elektrischen und elektronischen Komponenten, weit eher heute üblichen Maßstäben als ihren nur zehn Jahre zuvor angebotenen Vorgängermodellen. Wenngleich dieser Prozeß aus dem Blickwinkel der Konstruktionsingenieure durchaus als Erfolg gewertet wurde, war seine ökonomische Beurteilung aus Sicht der Anbieter und Nachfrager von Nutzfahrzeugen und Transportdienstleistungen wesentlich ambivalenter. Der beschleunigte technische Fortschritt schlug sich hier in betriebswirtschaftlichen Unwägbarkeiten und erhöhten Investitionsbudgets nieder. Anläßlich der Berliner Automobilausstellung von 1931 stellte der Oberingenieur Schirz durchaus zutreffend fest:

„Es wäre sehr zu wünschen, daß wieder einmal eine kleine Ruhepause [bezogen auf die zuweilen in übertriebener Form forcierten Neuerungen im Nutzfahrzeugbau; F. L.] eintritt, die

---

schichte, 1987, S. 22 ff. und Domina, Antriebstechnik, 1987, S. 124 ff. Gerade am Beispiel des Dieselmotors können aber die im praktischen Einsatz von Lkw in der Weimarer Zeit aufgetretenen Probleme gut veranschaulicht werden. Die ausführlichste Darstellung zur technischen Entwicklung des Kraftfahrzeuges bis zur Weltwirtschaftskrise bietet bisher Kirchberg, Geschichte des Kraftfahrzeuges, 1978. Sie behandelt aber primär Personenkraftwagen und nur sekundär Lastkraftwagen.

[7] Vgl. o. V., Der Aufbau der deutschen Automobilindustrie. In: MTW 32 (1929), S. 158; RDA e. V. (Hg.), Tatsachen, 1928, S. 151; ders., Tatsachen, 1930, S. 151; ders., Tatsachen, 1933, Anhang. Die 5 Firmen Büssing-NAG, Henschel, Krupp, MAN und Mercedes-Benz deckten 1932 zusammen über die Hälfte des Angebotsvolumens ab.

dem Fabrikanten gestattet, etwa auch die finanzielle Seite seines Unternehmens auf gesunder Basis zu ordnen, wobei außerdem der technische Fortschritt, der *nicht* in einem Notzustand, sondern in angemessener Zeit entwickelt wird, doch sehr viel wertvoller erscheint."[8]

Prägende Bedeutung für alle konstruktiven Arbeiten an Lkw kam in der Zwischenkriegszeit den Bemühungen zu, das Eigengewicht der Fahrzeuge zu reduzieren und so deren Nutzlastkoeffizienten und Wirtschaftlichkeit zu verbessern.[9] Erfolge stellten sich nur sehr langsam ein. Es gelang erst in der zweiten Hälfte der 1920er Jahre, die bis dahin stetig angestiegenen Fahrgestelleigengewichte zu reduzieren, ohne gleichzeitig Abstriche in bezug auf ihre Tragfähigkeit und Haltbarkeit zu machen. Wichtige konstruktions- und materialtechnische Voraussetzungen hierfür waren der Einsatz von Temperguß oder Leichtmetallegierungen für weniger belastete Fahrzeugteile, aber auch Erfolge bei der Herstellung von Preßstahl oder dünnwandigem Stahlguß, denen aufgrund ihrer guten Festigkeitseigenschaften große Bedeutung beim Fahrgestellbau zukam.[10] Positive Ergebnisse zu einem früheren Zeitpunkt zu realisieren, wurde durch Externalitäten, in diesem Fall den schlechten Ausbau- und Gesamtzustand der deutschen Stadt-, Land- und Überlandstraßen, der eine robuste und damit schwere Bauweise erforderte, von vornherein beschränkt. Fahrzeuggewicht und Straßenzustand standen in einem wechselseitigen Abhängigkeitsverhältnis. Bedingten die schlechten Streckenverhältnisse gewichtsmäßig überhöhte Fahr- und Triebwerkskonstruktionen, sorgten diese ihrerseits für eine Beschleunigung des ausgiebig diskutierten 'Straßenverfalls'. Ein hoher Nutzlastkoeffizient war auch für Straßenbauverantwortliche von großem Interesse, konnte jedoch unter den Bedingungen der schleppenden Verbesserung des Straßenwesens in der Zwischenkriegszeit kaum erzielt werden. Er stagnierte zwischen 1918 und 1932 und erreichte erst bei schweren Fahrzeugen mit einem Eigengewicht von vier und mehr Tonnen, deren relative Verwendungshäufigkeit aber sukzessive abnahm, nahezu den ange-

---

[8] Schirz, Die Berliner Automobil-Ausstellung im Spiegel der technischen Statistik. In: ATZ 34 (1931), S. 451; Hervorhebung im Original.

[9] So auch Bechthold et al. (Hg.), Produktivkräfte in Deutschland 1917/18, 1988, S. 302 f. Der Nutzlastkoeffizient kann definiert werden als Quotient von Tragfähigkeit zu Eigengewicht eines Verkehrsträgers und damit als ein Gradmesser für die Effizienz des Gütertransportes dienen. Anzustreben ist ein hoher Nutzlastkoeffizient, der möglichst größere Werte als eins annehmen sollte. In ähnlicher Weise errechnete Emil Sax 1920 einen Verhältniswert aus Nutzgewicht und Gesamtgewicht für Lkw. Die dann maßgebliche Kennzahl von 0,5 wurde danach bei Fünftonnern erreicht und betrug für Zehntonner mit Anhänger 0,6. Vgl. Sax, Verkehrsmittel, 1920, S. 43.

[10] Ein Lkw mit einer Nutzlast von 5 Tonnen hatte beispielsweise 1913 bei einer Motorleistung von 50 PS ein Fahrgestelleigengewicht von etwa 3,4 Tonnen, welches sich bis 1928 auf etwa 4,25 Tonnen bei 60 PS Leistung erhöhte, bevor 1932 der Einbau von 110 PS Sechzylindermotoren bei einer Gewichtsreduktion auf ungefähr 3,5 Tonnen technisch möglich war. Vgl. Wallichs/Mendelson, Die konstruktive Verbesserung der Stahlgußteile an Lastkraftwagen. In: ATZ 35 (1932), S. 536 ff.

strebten Wert von eins.[11] *(Tabelle 38)* Die Verwendung von Anhängern konnte dieses Manko partiell kompensieren. Nicht umsonst maßen ihnen Zeitgenossen eine hohe Bedeutung für die Wirtschaftlichkeit bei schätzten, daß ihr Einsatz die Betriebs- und Selbstkosten der Fahrzeuge lediglich um 30 Prozent, die Leistungsfähigkeit aber um 100 Prozent erhöhte.[12] Der Anhängerbetrieb warf jedoch andere Probleme, insbesondere im Bereich der Bremstechnik, auf und wurde konstruktionstechnisch vernachlässigt.

<u>Tabelle 38:</u> Verhältnis zwischen Eigengewicht und Tragfähigkeit von Lkw im Jahr 1926

Tragfähigkeit	Eigengewicht
1000 KG	1250 KG
1500 KG	1800 KG
2000 KG	2400 KG
3000 KG	3300 KG
4000 KG	4200 KG
4500 KG	4500 KG

Quelle: Statistisches Reichsamt (Hg.), Vierteljahresschriften zur Statistik des deutschen Reiches 35 (1926), Heft IV, S. 98

Das äußere Erscheinungsbild der in der Zwischenkriegszeit gebauten Lkw wurde zunächst durch Rahmenkonstruktionen, Aufbauten, Federungselemente und Räder beziehungsweise die dadurch determinierte Gesamtanordnung und Ausführung der einzelnen Fahrzeugbestandteile geprägt. Zu Beginn der 1920er Jahre waren diese Bauteile ebensowenig wie die verfügbaren Bremssysteme geeignet, die tatsächlichen Fahrleistungen den technisch realisierbaren Motorleistungen anzupassen. Folgerichtig vollzog sich die Weiterentwicklung der verschiedenen Baugruppen des Transportsystems Lkw in der Folgezeit in ständiger Interdependenz.[13] Die ersten Lkw liefen noch mit im Heck oder in Unterflurbauweise eingebauten Motoren, hatten offen liegende, aus dem Kutschenbau übernommene Sitzgelegenheiten für ihre Fahrer und schwere Rahmen aus U-Stahl. In den 1920er Jahren setzte sich als Fertigungsmaterial im Rahmenbau gepreßtes Stahlblech anstelle des U-Stahles durch, während an der grundlegenden Konstruktionsform eines mit Längs- und Querträgern versehenen Leiterrahmens, der bereits vor dem Ersten Weltkrieg verfügbar war, grundsätzlich festgehalten wurde. Unterhalb der Längsträger angebrachte Unterzüge, die die Rahmen bis dahin zusätzlich versteifen mußten, verschwanden während dieser Zeit. Ein geschlossenes Fahrerhaus befand sich nunmehr hinter oder über dem üblicherweise

---

[11] Vgl. Voss, Kraftfahrzeugstraßen, 1946, S. 35 ff.; RDA e. V. (Hg.), Tatsachen, 1927, S. 21; ZVDI 75 (1931), S. 210.

[12] Vgl. Kes, Anforderungen der Spedition, 1926, S. 208.

[13] Vgl. auch Bechthold et al. (Hg.), Produktivkräfte 1917/18 bis 1945, 1988, S. 302 f.

vorn eingebauten Motor, der den Wagen über die Hinterachse antrieb. Geschlossene Aufbauten aus Holzgerippe mit einer Blech-Außenhaut ersetzten oder ergänzten die zuvor meist offenen Aufbauten oder Ladepritschen. Die Leiterrahmen waren über der Vorder- und vor allem der Hinterachse nunmehr zumeist stark gekröpft, um den anfangs noch schlecht oder gar nicht abgefederten Achsen Raum zum Durchschlag zu geben. Dies führte zu im Lieferdienst ungünstigen, hohen Ladekanten, so daß spätestens ab 1923 sukzessive gekröpfte Niederrahmen-Fahrgestelle in den Lkw-Bau Einzug hielten.[14]

Gelenkt wurden derartige Fahrzeuge zumeist über verschleißarme Spindellenkungen, die die zuvor üblichen Schneckenlenkungen ablösten. Wichtige Neuerungen im Bereich der Antriebs- und Lenkachsen waren die 1924/25 von der Schweinfurter Kugellager Fabrik (SKF) im Zusammenarbeit mit der bergischen Patentfabrik Wiehl (BPW) entwickelten Kegelrollenlager. Bis dahin wurden üblicherweise Gleitlager- beziehungsweise Gleithülsenachsen verwendet, deren Funktionsfähigkeit von ständig guter, an derart exponierter Stelle kaum zu gewährleistender Ölschmierung abhängig war. Sie konnten nunmehr durch Kegelrollenlagerachsen, die auch unter starker Schmutzeinwirkung weit geringerem Verschleiß ausgesetzt waren, ersetzt werden.[15] Gleichzeitig begünstigten gesetzliche Vorschriften, nach denen ein beladenes zweiachsiges Fahrzeug ab Ende 1925 betriebsfertig nicht mehr als 9 Tonnen wiegen durfte, die Einführung von dreiachsigen Fahrzeugen, für die eine ähnliche Beschränkung nicht galt. Die dritte Achse wurde dabei meist als nicht angetriebene Nachlaufachse konstruiert, die lediglich der Gewichtsentlastung der Antriebsachse diente. Wirtschaftliche Bedeutung kam Dreiachsern primär im Schwer- und damit im Ferntransport zu, der erst seit Beginn der 1930er Jahre langsam an Bedeutung gewann.[16]

---

[14] Vgl. Helling/Junker, Fahrwerk, 1987, S. 180 ff.; Kirchberg, Geschichte des Kraftwagens, 1978, S. 190 ff.; Hoepke, Aufbauten, 1987, S. 242 ff.; Seifert, Lastkraftwagen und Zugmaschinen. In: Allmers et al. (Hg.), Automobilwesen, 1928, S. 25 ff.; Franz, Rahmen und Federn als Tragelemente des Kraftwagens. In: Allmers et al. (Hg.), Automobilwesen, 1928, S. 61 ff.; Friedmann, Lastkraftwagen, 1926, S. 205 ff.; Fischer, Lastauto, 1927, S. 85 ff; o. V., Das Gestell des modernen Nutzfahrzeuges für Massenverkehr. In: LA 3 (1926), Heft 7, S. 17 ff.; Müller, Der Fahrgestellbau. In: LA 8 (1931), Heft 6, S. 21 ff.; Spindler, Das Fahrgestell des Nutzkraftwagens für den Großbetrieb. In: MTW 31 (1928), S. 239 ff.

[15] Vgl. Helling/Junker, Fahrwerk, 1987, S. 166 ff. und S. 174 ff.; Müller, Achsen und Lenkeinrichtungen. In: Allmers et al. (Hg.), Automobilwesen, 1928, S. 56 ff.; Eurich, Das Wälzlager im Kraftwagenbau. In: Allmers et al. (Hg.), Automobilwesen, 1928, S. 53 ff.; Fischer, Lastauto, 1927, S. 113 ff.

[16] Vgl. Seifert, Lastkraftwagen und Zugmaschinen. In: Allmers et al. (Hg.), Automobilwesen, 1928, S. 27 ff. sowie zur umfangreichen zeitgenössischen Diskussion etwa Haller, Die wirtschaftliche Bedeutung des schweren Dreiachsers. In: KuL 5 (1930), S. 211 ff.; ders., Fernlastzüge. Ein wirtschaftlich-technischer Rück- und Ausblick. In: Kul 6 (1931), S. 151 ff.; ders., Fernstrecken-Verkehr mit Omnibussen und Lastkraftwagen. In: LA 7 (1930), Heft

In dem Maße, in dem sich der Lkw als flexibles Eiltransportmittel für bruch- oder stoßempfindliche Konsumgüter etablierte, gewann die Frage der Abfederung von Fahrzeug und Ware, der im Militäreinsatz kaum Bedeutung beigemessen werden mußte, an Bedeutung. Zu Beginn der Weimarer Jahre waren die meisten Fahrzeuge ungefedert. Als Alternativen standen den Konstrukteuren entweder die in Amerika üblichen flachen und langen Blattfedern, die ausgeprägten Federungskomfort mit ebenso ausgeprägter Bruchanfälligkeit verbanden, oder aber harte, weil hoch und kurz geschichtete, Blattfedern, die schlechten Federungskomfort und hohe Ladungsbeanspruchung durch gute Bruchsicherheit aufwogen, zur Verfügung. Straßenzustand und konstruktives Sicherheitsdenken führten in Deutschland zunächst zur Bevorzugung der letzten Variante, bevor mit wachsender empirischer Erfahrung über tatsächlich aufgetretene Brüche die Blattfedern sukzessive länger gestaltet und damit weitere Verwendungsfelder für Lkw erschlossen werden konnten, ohne die nötige Betriebssicherheit aufzugeben.[17]

Ebenfalls der Verbesserung des Federungskomforts sowie dem Schutz von Straßen und Waren diente die Etablierung von Luftreifen im Lkw-Betrieb. Noch 1922 waren 80 Prozent der Fahrzeuge mit harten Vollgummireifen versehen, nur 17 Prozent fuhren auf neuartigen Luftreifen, die erst seit Beginn der 1920er Jahre mit Einführung des Cord-Gewebes den durch schwere Lkw hervorgerufenen Belastungen standhielten. Gefördert durch gesetzliche Vorschriften, aber auch durch ihre ökonomische Vorteilhaftigkeit im Hinblick auf das Transportgut und ihre technischen Vorzüge in Bezug auf die geringere Stoßbelastung der Fahrzeugmechanik, setzten sich Luftreifen in der zweiten Hälfte der Weimarer Jahre langsam in der Praxis durch. Gebremst wurde diese Entwicklung durch die vergleichsweise hohen Kosten, die mit der Umrüstung ganzer Wagenparks von Vollgummi- auf Luftbereifung verbunden waren und die manchen Fahrzeughalter veranlaßten, zunächst vorhandene Reifensätze abzufahren, bevor die an sich wünschenswerte Neuausrüstung vorgenommen werden konnte. Noch zu Beginn der 1930er Jahre waren nennenswerte Fahrzeugbestände ausschließlich mit hochelastischer Vollgummibereifung versehen.[18]

14, S. 15 ff.; Filehr, Konstruktionsmerkmale und weitere Entwicklung der dreiachsigen Kraftfahrzeuge. In: ATZ 34 (1931), S. 727 ff.; Rolph, Hat der schwere Zweiachser in seiner heutigen Form noch eine Zukunft? In: LA 6 (1929), Heft 18, S. 7 ff.

[17] Vgl. Helling/Junker, Fahrwerk, 1987, S. 170 ff.; Kirchberg, Geschichte des Kraftfahrzeuges, 1978, S. 200 ff.; Franz, Rahmen und Federn als Tragelemente des Kraftwagens. In: Allmers et al. (Hg.), Automobilwesen, 1928, S. 62 ff.

[18] Vgl. Thomass, Räder und Reifen, 1987, S. 221 ff.; Kirchberg, Geschichte des Kraftfahrzeuges, 1978, S. 204 ff.; Budde, Räder für Kraftfahrzeuge. In: Allmers et al. (Hg.), Automobilwesen, 1928, S. 65 ff. Die auf Schutz der Infrastruktur ausgelegte Kraftverkehrsordnung vom Dezember 1925, nach der Kraftfahrzeuge über 5,5 Tonnen Gesamtgewicht bei Ausstattung mit Luft- oder elastischen Vollgummireifen 30 km/h, solche mit gewöhnlicher Vollgummibereifung nur 25 km/h fahren durften, ließ den Lkw-Betreibern breiten Hand-

Tabelle 39: Verbreitung elektrischer Anlasser für neu zugelassene Lkw 1922-1926

Jahr	1922	1923	1924	1925	1926
Handkurbel	50 %	37 %	30 %	5,4 %	0 %
elektrische Anlasser	50 %	63 %	70 %	94,6 %	100 %

Quelle: Woisetschläger, Nutzfahrzeug-Elektrik, 1987, S. 367.

Im Verhältnis zu diesen zumeist auf dem Gebiet der Mechanik angesiedelten deutlichen Verbesserungen wurde die elektrische Ausstattung der Lkw in der Zwischenkriegszeit nur geringfügig verändert. Der technische Fortschritt beschränkte sich auf drei Ausstattungsbestandteile: Beleuchtung, Zündung und Anlasser. Mit zunehmender Fahrzeuggeschwindigkeit und Verkehrsdichte gewann eine zuverlässige Ausleuchtung der Strecke, möglichst ohne Blendung eventuell entgegenkommender Kraftwagen, an Bedeutung. Im Gegensatz zu den Verhältnissen vor dem Ersten Weltkrieg reichten dazu einfache Karbidlampen nicht mehr aus. Deshalb bürgerte sich die Ausrüstung der Wagen mit zwei getrennten Lampensätzen, einem 'weitreichenden Scheinwerfer' als Fernlicht für Überlandstrecken und einem 'kleinen Scheinwerfer', der nach polizeilicher Vorschrift als Abblendlicht bei Gegenverkehr im Stadtbereich einzusetzen war, ein. Die Zündung war im Regelfall als Hochspannungs-Magnetzündung ausgelegt, die vom Steuermechanismus des Motors über ein Zahnrad angetrieben und gleichzeitig synchronisiert wurde. Verölte Zündkerzen gehörten aufgrund der unvollständigen Kraftstoffverbrennung im Zylinderraum zur Tagesordnung. Die für den praktischen Betrieb wichtigsten Fortschritte wurden aber in der Anlassertechnik gemacht. Das kraftaufwendige Starten der hubraumstarken Motoren mittels Handkurbel, zu Beginn der Weimarer Zeit noch der Regelfall, verschwand mit der zügigen Einführung elektrischer Anlasser zunehmend aus dem Fahralltag.[19] *(Tabelle 39)*

---

lungsspielraum, wies aber gleichzeitig auf die zu erwartende verschärfte Gesetzgebung hin. Wie die Eingaben verschiedener betroffener Verbände in bezug auf das vom Reichsverkehrsministerium für den 1. Okober 1930 vorgesehene Verbot hochelastischer Vollgummibereifung für Fahrzeuge über 3 Tonnen Eigengewicht, die zu diesem Zeitpunkt mehr als 8 Jahre in Betrieb waren, belegen, wurde dieser Spielraum kaum genutzt. Wegen der hohen Anzahl potentiell betroffener Fahrzeuge beklagte sich etwa der Verband Rheinisch-Westfälischer Brauereien am 25. August 1930 bei der IHK Dortmund: „Die Vorschriften der Verordnung über den Kraftfahrzeugverkehr vom 15. Juli 1930 ... haben für die Wirtschaft geradezu verhängnisvolle Auswirkungen. ... . Wir können uns nicht vorstellen, dass sonst derartig brutale Vorschriften erlassen worden wären, die zu unabsehbaren Schwierigkeiten für zahlreiche Gewerbe führen müssen"; WWA Dortmund, K1, Nr. 893. Dort auch weitere Beispiele gleichgerichteter Eingaben.

[19] Vgl. Friedmann, Lastkraftwagen, 1926, S. 225 ff.; Albrecht, Lastwagen-Motor, 1921, S. 336 ff.; Woisetschläger, Nutzfahrzeug-Elektrik, 1987, S. 367 ff.

Diese vielfältigen technischen Neuerungen und Detailverbesserungen, die sich in der Praxis mehr oder weniger zügig durchsetzten, betrafen hauptsächlich den Gesamtaufbau des Einzelfahrzeuges. Die konstruktive Weiterentwicklung des Anhängerbaues, dem aus betriebswirtschaftlicher Sicht für die Potentialsteigerung des Transportsystems Lkw eine bedeutende Rolle zukam, blieb dahinter weit zurück. Noch um 1930 bewegten sich die gebräuchlichen Anhänger auf einem technischen Niveau, das kaum über jenem der Vorkriegszeit stand. Drehschemellenkungen, schwere Rahmen aus U-Eisen und häufige Brüche der kurzen Blattfedern waren die Regel, gut gefederte, aber trotzdem verwindungssteife, selbstspurende Anhänger aus Preßrahmenträgern mit niedrigen Ladekanten die anschaffungskostenintensive Ausnahme. Für Zugfahrzeuge, die nunmehr von Motoren mit Durchschnittsleistungen von 80 bis 120 PS statt der vormals üblichen 40 bis 60 PS angetrieben wurden, mußten derartige Konstruktionen eher zum unfallträchtigen Hindernis als zur gesamtkostensenkenden Ergänzung werden.[20] Beim Anhängerbau klafften ökonomische Notwendigkeit und technischer Fortschritt am weitesten auseinander, obwohl gerade hier konstruktive Verbesserungen, zumindest im Vergleich zu den am Fahrzeug tatsächlich realisierten, mit relativ geringem Aufwand hätten erreicht werden können.[21] Die praktische Behandlung korrespondierte dabei mit der technischen Vernachlässigung:

---

[20] Vgl. Beneke, Entwicklungstendenzen im Bau von Lastanhängern. In: MTW 32 (1929), S. 271 ff.; Holzer, Die konstruktive Entwicklung des Anhängerbaues. In: LA 6 (1929), Heft 25, S. 10 ff.; Hoepke, Anhänger, 1987, S. 278 ff. Charakteristisch für die dahinterstehende konstruktionstechnische Grundauffassung erscheint Fischer, Lastauto, 1927, S. 216: „Auf den Aufbau eines Anhängers selbst brauchen wir nicht einzugehen. Verwendung findet in der Regel ein kräftiger, aus U-Trägern gepreßter Rahmen, der, wie der Rahmen des Lastautos, vernietet wird. Auch die Federung ist normal, nur daß man sie in der Regel so einfach wie möglich ausführt, damit der Preis des Anhängers nicht zu hoch wird."

[21] Dies verwundert um so mehr, weil die wirtschaftliche Bedeutung von Anhängern besonders in technischen Fachzeitschriften früh erkannt und herausgestellt wurde. So stellte Schöder, Die Erhöhung der Wirtschaftlichkeit des Lastkraftwagenbetriebes durch Anhänger. In: LA 1 (1924), Heft 8, S. 17 fest: „Es ist keine Frage, daß die technische Entwicklung des Anhängers einer der Hauptangelpunkte war, von dem die Entwicklung der motorischen Lastenbewegung ganz allgemein und des Lastkraftwagenbetriebes im besonderen abhängig war. Die außerordentlichen Vorteile des Anhängerbetriebes ... sind auch für den Laien erkennbar. Durch Verwendung eines Anhängers kann die Transportfähigkeit eines Lastkraftwagens erheblich gesteigert werden, ohne daß der Mehrverbrauch an Betriebsstoffen wesentlich ins Gewicht fällt." Doch noch 1931 waren die offensichtlichen Vorzüge konstruktionstechnisch kaum hinreichend gewürdigt worden. Schöder, Der Anhänger-Bau muß neue Wege suchen. In: LA 8 (1931), Heft 3, S. 18, konstatierte wiederum: „Nicht zum ersten Male wird hier von der Notwendigkeit gesprochen, bei der Konstruktion von Anhängerfahrzeugen die bisher betretenen Wege zu verlassen und Fahrzeuge herzustellen, die den Bedürfnissen des modernen Schnelltransportes selbst schwerster Lasten gerecht werden. ... Der Anhänger muß endlich so gebaut werden, wie die Beanspruchungen es erfordern, denen er im Betriebe ausgesetzt ist. Es geht nicht an, ihn als 'eisernen Pferdewagen' allenfalls im

„Der Konstrukteur von Anhängern darf niemals vergessen, daß ein derartiges Fahrzeug auf wenig oder gar keine Wartung zu rechnen hat. Nichts in der Welt wird wohl so stiefmütterlich im Lastkraftwagenverkehr behandelt als der Anhänger. Es ist ja eben nur der *Anhänger.*“[22]

In der Lkw-Antriebstechnik fanden zu Beginn der 1920er Jahre ohne Ausnahme Vierzylinder-Ottomotoren Verwendung, die meist in Reihenbauweise ausgeführt waren. Sie verbanden niedrige Herstellungskosten und eine robuste Bauweise mit relativ hohen Betriebskosten, einem ruppigen Laufverhalten und einer vergleichsweise geringen spezifischen Leistungsausbeute.[23] Zu Beginn der 1920er Jahre war dies unproblematisch. Ein Aggregat mit einer potentiellen Motorleistung von 119 PS galt als „für wirtschaftlichen Betrieb unmögliche[r] Motor.“[24] Deshalb veranlaßten die Vorzüge von Vierzylindern vor dem Hintergrund des damaligen Standes der Technik sogar führende Lkw-Ingenieure wie Aders zu der Einschätzung, daß mehrzylindrige Motoren für luxuriöse Pkw-Modelle in Privathand zwar durchaus ihre Berechtigung hätten, im übrigen aber für den gewerblichen Einsatz gelte, daß „die Vierzylinderbauart technisch und wirtschaftlich für den Nutzwagen die einzig richtige ist ... .“[25]

Diese Einschätzung war bereits wenige Jahre später veraltet. Die gesetzlichen Vorschriften über Fahrzeughöchstgewichte begünstigten im Verbund mit der Notwendigkeit, insbesondere in schwerbeladene Fahrzeuge leistungsstärkere Aggregate einzubauen, den Trend zur Verwendung von Sechszylindermotoren. Nachdem entsprechende Konstruktionen anfangs aufgrund materialspezifischer Probleme, wie der mangelnden Schwingungsfestigkeit des Kurbelwellenantriebes,

---

Rahmen dieses Begriffes zu verbessern.“ Vgl. auch Kolley, Lastwagenanhänger. In: MTW 27 (1924), S. 92 ff. Möglicherweise steht diese Vernachlässigung im Zusammenhang mit dem bereits festgestellten Trend, im Lauf der 1920er Jahre primär leichte Lkw im Nahverkehrsbereich einzusetzen. Die Vorzüge von Anhängern kamen besonders beim Transport schwerer Lasten im Überlandverkehr zum Tragen.

22 Beneke, Entwicklungstendenzen im Bau von Lastanhängern, 1929, S. 275; Hervorhebung im Orginal.

23 Vgl. Seifert, Lastkraftwagen und Zugmaschinen. In: Allmers et al. (Hg.), Automobilwesen, 1928, S. 19 ff.; Albrecht, Lastwagen-Motor, 1921, S. 36 ff.; Domina, Antriebstechnik, 1987, S. 124. Zur Entwicklung der Motorentechnik bis 1932 vgl. auch Kirchberg, Geschichte des Kraftfahrzeuges, 1978, S. 146 ff. mit Schwerpunkt im Bereich von Pkw-Motoren.

24 Albrecht, Lastwagen-Motor, 1921, S. 67.

25 Aders, Stand des deutschen Lastkraftwagenbaues, 1922, S. 389. Derselbe Autor relativierte seine Ansicht bereits drei Jahre später: „Die Motoren der Lastkraftwagen sind fast ausschließlich vierzylindrig. Um größere Leistungen und dabei durch die Verwendung gleicher Zylinder- und Triebwerkteile in der Fertigung Vorteile zu erzielen, findet sich auch der Sechszylindermotor vereinzelt.“ ders., Lastkraftwagenbau in Deutschland. In: ZVDI 69 (1925), S. 457.

nicht überzeugen konnten, setzten sie sich im Zuge materialtechnischer Verbesserungen zunächst im Segment der Schwerlastwagen mit fünf und mehr Tonnen Nutzlast durch.[26] Bereits 1928 dominierten Sechszylinder hier das Feld, und auch bei leichteren Fahrzeugen konnte bei Bedarf auf Vierzylinder verzichtet werden.[27] Die höhere Leistungsausbeute von Sechszylindern, ihre geringeren Betriebskosten, vor allem aber ihr konstanter Drehmomentverlauf und ihre größere Laufruhe erwiesen sich besonders im Nah- und Stadtverkehr und beim Transport der bruch- und erschütterungsempfindlichen Waren, die den Hauptbestandteil des nutzfahrzeugspezifischen Transportvolumens ausmachten, als entscheidende Verbesserungen und glichen die höheren Herstellungskosten aus.[28] Die technische Fortschritte im Motorenbau ergaben sich nicht nur bei Dieseln aus dem Zusammenwirken mit ihrer ökonomischen Vorteilhaftigkeit.

Detailentwicklungen belegen dabei den Zwiespalt zwischen Wartungsfreundlichkeit und Wirtschaftlichkeit der Antriebsaggregate. Der Einsatz reparaturfreundlicher abnehmbarer Zylinderköpfe, die überdies aus gußtechnischen Gründen kostengünstiger herzustellen waren als aus einem Teil gefertigte Blöcke, setzte sich relativ zügig durch. Gleichzeitig blieb das Verhältnis bei der Verwendung hängender Ventile, die einen geringeren Brennstoffverbrauch ermöglichten, dafür aber eine aufwendigere, wartungsunfreundlichere Zylinderkopfkonstruktion erforderten und deren Einsätze aufgrund mangelnder Kühlung zum Festbrennen neigten, und stehender Ventile mit einem genau umgekehrten Stärken- und Schwächenprofil im gesamten Untersuchungszeitraum weitgehend ausgeglichen. Auch die Frage der sinnvollsten Kurbelwellenlagerung konnte noch keiner abschließenden Klärung zugeführt werden. Rollen- oder Kugellager waren teuer, setzten die Kurbelwelle wegen ihrer Härte großen Belastungen aus und waren im Fahrbetrieb deutlich zu hören. Sie waren robust und liefen im Gegensatz zu den weicheren und günstigeren Gleitlagern auch ohne zusätzliche Ölschmierung nicht fest. Der im warmen Motor ohnehin vorhandene Öldunst reichte zu diesem Zweck weitgehend aus, was gleichzeitig den Anforderungen der Zylinderschmierung entgegenkam. Diese sollte nur mäßig erfolgen, da andernfalls verrußte Zündkerzen und Fehlzündungen zu befürchten waren.

---

[26] Vgl. Domina, Antriebstechnik, 1987, S. 124; Fischer, Lastauto, 1927, S. 12 ff.; Sechszylinder erforderten wegen ihres höheren zylinderspezifischen Leistungsgewichts gleichzeitig harte und elastische Materiallegierungen im Kurbelwellenbau. Derartige Legierungen mußten in den 1920er Jahren entwickelt beziehungsweise an die neue Verwendungsform angepaßt werden; vgl. Houdremont, Baustähle des modernen Automobilbaues. In: Allmers et al. (Hg.), Automobilwesen, 1928, S. 162 ff.

[27] Lkw mit mehr als 5 Tonnen Nutzlast wurden zu diesem Zeitpunkt nahezu ausschließlich, solche mit 1,5 Tonnen Nutzlast immerhin zu knapp einem Drittel mit Sechzylindermotoren ausgestattet. Vgl. Seifert, Lastkraftwagen, 1928, S. 19.

[28] Vgl. Seifert, Lastkraftwagen, 1928, S. 20 f.; Wehr, Der Sechs-Zylinder-Motor im Lastwagen und Omnibusbau. In: KWH 4 (1929), S. 171 ff.

Der Trend, auch im Nutzfahrzeugbau Leistungszuwächse primär über Steigerungen der Motordrehzahl zu realisieren, begrenzte die Verwendungsfähigkeit von Kugellagern, zumal sie einer extremen Punktbelastung ausgesetzt waren und deshalb schnell ausschlagen konnten. Mit steigender Laufleistung wurden die im Fahrbetrieb auftretenden Massenkräfte und die Synchronisation der Zündabfolge zunehmend unkontrollierbar, was mit höherem Motorverschleiß und begrenzten Gesamtlaufleistungen der Aggregate einherging. Konstruktionstechnische Probleme kamen hinzu. Der Einbau von Rollen- oder Kugellagern erforderte möglichst geteilte Kurbelwellen, die umständlich und teuer zu konstruieren waren. Bei Gleitlagern traten derartige Probleme nicht auf. Sie mußten aber innerhalb enger Toleranzen gefertigt werden und setzten den gleichzeitigen Einbau einer Druckumlaufschmierung und ausgereifter Ölpumpen voraus, um ein Reißen des Ölfilms und frühzeitiges Festlaufen der Motoren zu vermeiden. Diesen Forderungen konnte in den 1920er Jahren nur schrittweise Rechnung getragen werden. Nachdem anfangs einfache Tauchbadschmierungen die Regel waren, setzten sich seit Beginn des Jahrzehnts zunächst kombinierte Tauch- und Umlaufschmierungen und mit zunehmender praktischer Verläßlichkeit schließlich letztgenanntes Verfahren durch. Das „Bestreben aller Herstellerfirmen [nach] ... Verringerung der Brennstoff- und Oelkasten (sic!) [sowie] ... leichte[r] und beschleunigte[r] Durchführung der Reparaturen ...“[29] führte oftmals zu nur teilweise befriedigenden technischen Kompromißlösungen.

Das größte Problem der Verbrennungsmotorentechnik lag in ihrem weitgehend starren Drehmoment und ihrer für einen effizienten Fahrbetrieb ungenügenden Regulierfähigkeit, die eine abgestufte Übertragung der mit ihrer Hilfe produzierten Antriebskräfte auf die Hinterachsen unumgänglich machte. Besonders rauh laufende Vierzylinder belasteten die Triebwerksteile zwischen Kupplung und Hinterachse hoch, während geschmeidigere Sechszylinder geringere Anforderungen an deren Belastungsfähigkeit stellten.[30] Dennoch war die Entwicklung der Kupplungs- und Getriebetechnik von vornherein weit eher ein notwendiges Übel als eine erwünschte technische Herausforderung, blieb „das Getriebe der Hauptnachteil des Kraftfahrzeuges“[31] und bis in die 1930er Jahre hinein ein wesent-

---

[29] Pryzygode, Die Entwicklung des Kraftomnibusses und des Lastkraftwagens. In: VT 7 (1926), S. 591. Vgl. zum Gesamtzusammenhang Fischer, Lastauto, 1927, S. 16 ff; Albrecht, Lastwagen-Motor, 1921, S. 171 ff., S. 187 ff., S. 199 ff. und S. 260 ff.; Seifert, Lastkraftwagen, 1928, S. 22; RDA e.V. (Hg.), Tatsachen, 1928, S. 153; Schirz, Technische Jahresübersicht 1929 der deutschen Kraftfahrzeugindustrie. In: ATZ 33 (1930), S. 128; ders., Die Berliner Automobil-Ausstellung, 1931, S. 455 f.

[30] Vgl. Seifert, Lastkraftwagen, 1928, S. 23.

[31] Friedmann, Lastkraftwagen, 1926, S. 31 f. Analog stellte Fischer, Lastauto, 1927, S. 61 fest: „Zwischen Motor und den angetriebenen Rädern ist heutzutage bedauerlicherweise die Verwendung eines Getriebes noch unvermeidlich. Die Elastizität eines Elektromotors oder

licher technischer Schwachpunkt desselben.[32] Noch Mitte der 1920er Jahre herrschte der getrennte Einbau von Motor und Getriebe vor, und mehr als 65 Prozent der auf der Deutschen Automobilausstellung von 1925 präsentierten Lkw waren mit seitlicher Kulissenschaltung versehen.[33] Der schnelle Verschleiß des Übersetzungsaggregates, durch mit hoher Geräuschentwicklung beim Gangwechsel einhergehende Synchronisationsprobleme, aber auch durch auf die Getriebewellen wirkende Bremsen hervorgerufen, erforderte eine leichte und vor allem separierte Zugänglichkeit beider Teile sowie die Verwendung hochfester Fertigungsmaterialien.[34]

Mit steigender Haltbarkeit setzte sich die konstruktive Verschmelzung von Motor- und Getriebeblock zu einer Einheit und die mittige Anordnung der Getriebeschaltung im Fahrerhaus durch, mit der spätestens 1929 mehr als 80 Prozent der erhältlichen Typen ausgestattet waren.[35] Bei den praxisüblichen, im Regelfall mit drei, vier oder bis zu sieben Gängen ausgestatteten Zahnradschaltgetrieben legten die Konstrukteure dabei mehr Wert auf Standfestigkeit als auf technische Finesse, wenngleich sie damit dem Streben nach Gewichtsersparnis entgegenarbeiteten.[36] Das ‘Einheitsgetriebe’, dessen Produktion die Zahnradfabrik

---

einer Dampfmaschine ist nun einmal nach dem heutigen Stand der Technik bei der Verbrennungskraftmaschine nicht zu erreichen.“

[32] Vgl., auch zum folgenden, Soden, Getriebe (und Zahnräder).-Kupplungen. In: Allmers et al. (Hg.), Automobilwesen, 1928, S. 42 ff.; Friedmann, Lastkraftwagen, 1926, S. 121 ff.; Domina, Antriebstechnik, 1987, S. 124 ff. und S. 138 ff.; Goll/Köpf, Getriebe, 1986, S. 251 ff.

[33] Vgl. Preis, Technische Statistik der deutschen Automobilausstellung 1925. In: LA 3 (1926), Heft 8, S. 22 f. und Heft 9, S. 22 f.

[34] Die im Gegensatz zu den amerikanischen Gewohnheiten stehende Bevorzugung von Leichtmetall- gegenüber Gußgehäusen im deutschen Getriebebau belegt insofern eher eine gewisse Praxisferne und eine übermäßige Bevorzugung gewichtsreduzierender Maßnahmen, wenngleich Soden, Getriebe, 1928, S. 44 die langanhaltende Diskussion deutscher Getriebekonstrukteure über die Wahl des ‘richtigen’ Gehäusematerials neutraler zusammenfaßte: „Während in Amerika das Graugußgehäuse größere Verbreitung hat, ist es in Deutschland das Leichtmetallgehäuse. Ein abschließendes Urteil darüber, welches Gehäusematerial die Geräuschbildung vermehrt oder vermindert, kann leider noch nicht gefällt werden; eine nicht zu dünne Wandstärke wirkt jedenfalls günstig (sic!).“

[35] Vgl. Schirz, Technische Jahresübersicht 1929 der deutschen Kraftfahrzeugindustrie. In: ATZ 33 (1930), S. 130.

[36] Vgl. Fischer, Lastauto, 1927, S. 60 ff. Bereits bei den 1925 auf der deutschen Automobilausstellung präsentierten Lkw dominierte die 4-Gang-Schaltung. 1927 waren mehr als 70 Prozent der Typen mit 4, gut 20 Prozent mit 3 und ungefähr 5 Prozent mit 6 Gängen ausgestattet. Bis 1929 hatte sich die 4-Gang-Schaltung vorläufig durchgesetzt, da über 80 Prozent der erhältlichen Fahrzeugvarianten mit ihr und lediglich knapp 20 Prozent mit 3 Gängen versehen waren. Vgl. Preis, Technische Statistik 1925, 1926, Heft 8, S. 22 f. und Heft 9, S. 22 f; RDA e.V. (Hg.), Tatsachen, 1927, S. 157; Schirz, Technische Jahresübersicht 1929, 1930, S. 130.

Friedrichshafen AG 1925 aufnahm und dem in der Folgezeit großer Verkaufserfolg beschieden war, wies beispielsweise ein Gehäuse aus Gußeisen statt aus Aluminium auf, verwendete aber gehärtete Zahnräder aus Chrom-Nickel-Stahl, die der 'harten' Kraftübertragung durch die damals üblichen Lamellenkupplungen standhielten.[37] Hier wurde eine pragmatische Nutzung technischer Potentiale kombiniert, indem man der Widerstandsfähigkeit des verwendeten Materials den Vorzug vor ambitionierten Lösungen gab und mit der technisch zweitbesten die unter damaligen Verhältnissen praktisch beste Lösung wählte. Solange die Versuche, Getriebe mit stufenloser Schaltung zu entwickeln, nicht von Erfolg gekrönt waren, blieb der vielfach kritisierte hohe Lärmpegel, der mit jedem Gangwechsel einherging, weiterhin ein markantes Kennzeichen des Lkw- und Omnibusbetriebes der 1920er Jahre.[38]

Zur Kraftübertragung auf die hinten liegende Antriebsachse fanden bei Personen- und leichten Nutzfahrzeugen bereits gegen Ende des Ersten Weltkrieges im wesentlichen Kardanwellen Verwendung, während bei Nutzfahrzeugen mit 4-5 Tonnen Tragvermögen noch bis Mitte des darauffolgenden Jahrzehntes Rollenketten und Zahnräder eingesetzt wurden. Noch 1919 galt ein '3t-Kardan-Lastkraftwagen' der Firma Büssing als geräuscharme, begrüßenswerte und innovative, aufgrund des schlechten Straßenzustandes und der im Fahrbetrieb zu erwartenden Belastungen aber auch als gewagte Konstruktion.[39] Für die Verwendung des Kettenantriebs sprach zu diesem Zeitpunkt primär dessen leichtes Gewicht, seine problemlose konstruktive Beherrschbarkeit und die mit seiner Verwendung einhergehende einfache Hinterachskonstruktion. An dieser Wagenachse waren außer einem Kettenkranz keine empfindlichen Bauteile anzubringen. Außerdem blieb der Kettenantrieb gegen die vor allem bei schwerer Belastung auftretende elastische Durchbiegung der Hinterachskörper, die ungefedert bis zu zwei Dritteln des Fahrzeuggesamtgewichts zu tragen hatten, relativ unempfindlich.[40]

Im Vergleich zur älteren Bauform zeichneten sich Kardanwellen grundsätzlich durch eine längere Lebensdauer, eine größere Zuverlässigkeit und einen ge-

---

[37] Vgl. Domina, Antriebstechnik, 1987, S. 140 f.

[38] Vgl. beispielsweise Sußdorf, Technische Erfahrungen bei den Kraftverkehrsgesellschaften. In: VT 9 (1928), S. 848.

[39] Vgl. Heller, Der 3 t-Kardan-Lastkraftwagen von Büssing in Braunschweig. In: ZVDI 63 (1919), S. 1161 ff.

[40] Vgl. zum Gesamtzusammenhang Faudi, Kardanwelle und Gelenke. In: Allmers et al. (Hg.), Automobilwesen, 1928, S. 49 ff.; Müller, Achsen und Lenkeinrichtungen. In: Allmers et al. (Hg.), Automobilwesen, 1928, S. 59 ff.; Fischer, Lastauto, 1927, S. 72 ff.; Albrecht, Lastwagen-Motor, 1921, S. 26 ff.; Domina, Antriebstechnik, 1987, S. 125 f. sowie Aders, Stand des deutschen Lastkrafwagenbaues, 1922, S. 443; Heller, Ausstellung, 1923, S. 978; Ritter, Der Kardanantrieb bei schweren Lastwagen. In: LA 1 (1924), S. 15.

ringeren Wartungsbedarf aus. Sie erlaubten außerdem die Realisation höherer Fahrgeschwindigkeiten. Ihre Verwendung zog aber umfassende konstruktive Änderungen an der Antriebsachse nach sich, die im Regelfall mit Kegelradübersetzung und Ausgleichsgetriebe versehen werden mußte und deren Aufbau damit komplizierter wurde. Einem Einsatz in schweren Nutzfahrzeugen standen anfangs die dort im Fahrbetrieb auftretenden Zug- und Schubkräfte entgegen. Universalgelenke, Gummipuffer und verschiedene Bauformen, die den starren Kardan mit dem notwendigen Bewegungsspiel versahen, die Antriebs- und Bremskräfte auf den Fahrzeugrahmen ablenkten und so die Antriebswellen entlasteten beziehungsweise eine korrekte Kraftübertragung gewährleisteten, dienten ebenso wie gewichtsoptimierende Konstruktionen dazu, in der Folgezeit die Vorteile des Kardanantriebes für alle Lkw-Klassen nutzbar zu machen.[41] Eine auswuchtbare Rohr-Kardanwelle, von Fritz Faudi bis 1924 entwickelt, erschloß die Vorteile dieser Kraftübertragungsform endgültig für schwere Lkw. 1925 brachten die Firmen Krupp und MAN Fünftonner mit Kardanantrieb auf den Markt.[42] Im Jahr 1930 war diese Form der Kraftübertragung zum allgemeinen konstruktiven Standard im deutschen Lastkraftwagenbau geworden.[43]

Das half, der in der Weimarer Zeit oft beschworenen Forderung nach konstruktiver Vereinheitlichung gleichartiger Bauteile gerecht zu werden. Dennoch blieb die erst in ihren Anfängen stehende allgemeingültige Normierung von Kraftfahrzeugteilen und die Neigung der meisten Produzenten, nach werkseigenen Standards eigengefertigte Teile und Baugruppen in ihre Lkw einzubauen, ein wichtiges Problem für den praktischen Nutzfahrzeugbetrieb.[44] Im Gegensatz zur Herstellung von Personenkraftwagen konnte beim Bau mittelschwerer und schwe-

---

[41] Vgl. weiterführend Albrecht, Lastwagen-Motor, 1921, S. 29 ff. und S. 38 ff.; Aders, Lastkraftwagenbau, 1925, S. 459 f.; Bussien (Hg.), Handbuch, 1931, S. 474 ff. und S. 497 ff.

[42] Vgl. Domina, Antriebstechnik, 1987, S. 138; Seherr-Thoss, Automobilindustrie, 1979, S. 134; MAN AG (Hg.), Leistung und Weg, S. 23 f.

[43] Vgl. Bussien (Hg.), Handbuch, 1931, S. 497.; Fischer, Lastauto, 1927, S. 69.

[44] Diese 'Eigenbrödelei', der 'seltsame Ehrgeiz der Fabriken, möglichst viel in eigenen Werkstätten herzustellen', war kennzeichnend für die deutsche Pkw- und Lkw-Industrie, obwohl bereits seit 1908 Normungsbestrebungen zunächst unter der Schirmherrschaft der 'Automobiltechnischen Gesellschaft', die sogenannte 'ATG-Normen' vorschlug, später durch den 1924 gegründeten 'Fachnormenauschuß der deutschen Kraftfahrzeugindustrie (FAKRA)' angestellt wurden. Sofern überhaupt Zulieferer für die Automobilindustrie arbeiteten, zeichnete sich deren Produktpalette durch eine ausgesprochene Breite aus. So fertigte etwa die Firma Bosch im Jahr 1928 noch 154 unterschiedlichen Magnetzündertypen, während nach zeitgenössischer Einschätzung eine Beschränkung auf 7 Typen möglich gewesen wäre. Zulieferer von Kolbenringen hielten zuweilen für Zylindergrößen zwischen 70 und 130 mm mehr als 3000 verschiedene Arten von Kolbenringen auf Lager, von denen etwa 300 als technisch notwendig eingeschätzt wurden. Vgl. Ledermann, Fehlrationalisierung, 1933, S. 66 ff.

rer Lkw die Gewinnschwelle bereits bei kleineren Produktions- und Absatzzahlen erreicht werden. Deshalb eignete sich dieser Teil der Automobilindustrie besonders für die Einrichtung einer Reihen- und Serienfertigung mit weitgehender vertikaler Integration der unterschiedlichen Produktionsstufen, wie sie insbesondere von den großen Anbietern wie Daimler-Benz oder Büssing praktiziert und zur Anwendung werkseigener Normen benutzt wurde.[45] Die Marktmacht dieser Hersteller reichte aus, überbetriebliche Vereinheitlichungsbestrebungen, zu denen kleinere Anbieter wie etwa Vomag oder Dürkopp gezwungen waren, für potentielle Zulieferer mangels Volumen unwirtschaftlich werden zu lassen. Auf Lastwagenmotoren, -getriebe oder -achsen spezialisierte Vorlieferanten blieben deshalb seltene Ausnahmen.[46] Der Lkw-Bau kam in den 1920er Jahren nicht über Normen für Kleinteile wie etwa Kühlerverschraubungen, Dichtungen oder Ventilteller hinaus und war von der Standardisierung ganzer Bauteile noch weit entfernt. Die fehlende Akzeptanz vorhandener Normen, deren Anwendung auf freiwilliger Basis erfolgen sollte, führte zuweilen zu der paradoxen Entwicklung, daß genormte Teile im Zukauf teurer waren als nicht genormte Artikel oder zu der Empfehlung an Speditionen, aus „Gründen der leichteren Instandsetzung ... ein Erzeugnis der am nächsten gelegenen Automobilfabrik zu wählen."[47] Charakteristisch für die vielfältigen praktischen Probleme des Lkw-Betriebes blieben die Ausführungen von Erwin Aders, der als Konstruktionschef bei der MAN Nürnberg beschäftigt war und die relevanten Aspekte aus eigener Anschauung kannte:

„Die Normalisierung der Lastkraftwagen für den Güterverkehr beginnt erst. Am 1. Januar 1927 soll sie nach einem Beschluß des Reichsverbandes der Automobilindustrie sich so weit durchgesetzt haben, daß von diesem Zeitpunkt an die durch die endgültig herausgegebenen Normenblätter für den Kraftwagenbau festgelegten Passungen, Gewinde, Schrauben usw. eingeführt sind. In den darauffolgenden Jahren wird es langsam, sicher sehr langsam, dazu kommen, daß man passende Schrauben, Muttern, Scheiben, Splinte und andere Elemente in jedem Eisenwarenladen, mindestens in jeder Ausbesserungswerkstätte, bekommt. Und zwar p a s s e n d bekommt! Es wird 10 Jahre und länger dauern, bis die bis zum 1. Januar 1927 noch in Verkehr kommenden Wagen ausgestorben sind, und dann erst kommen die großen Vorteile

---

[45] Die Daimler-Benz AG stellte noch 1934 in ihrem Lkw-Werk in Gaggenau nahezu alle Teile in Eigenfertigung her. Vgl. Bönig, Fließarbeit, 1993, S. 529 ff.

[46] Vgl. Bönig, Fließarbeit, 1993, S. 524 ff.; Aders, Normalisierung der Lastkraftwagen, 1926, S. 193; Scholz, Rationalisierung in der Lastwagenindustrie. In: VT 10 (1930), S. 71: „Während diese konstruktiven, fabrikatorischen und organisatorischen Maßnahmen nur von den größeren Fabriken ergriffen werden konnten, mußten die kleinen Werke den Weg des Teilbauverfahrens beschreiten. ... Gute Motor-, Getriebe- und Achskonstruktionen standen zwar zur Verfügung, doch blieb der Bedarf an Teilfabrikationen so gering, daß kein Wettbewerb mit der rationalisierten Großfabrikation möglich war."

[47] Kes, Anforderungen der Spedition, 1926, S. 208; vgl. auch Aders, Normalisierung der Lastkraftwagen, 1926, S. 189 ff.; Heller, Rationalisierung in der deutschen Automobilindustrie. In: DVW 4 (1930), S. 569.

der Normung recht zur Geltung. ... Wenn es heute noch vorkommen kann, daß ein Lastkraftwagen wegen eines an sich unbedeutenden Ersatzteiles, sagen wir einer Rohrverschraubung oder dergleichen, die schadhaft geworden oder in Verlust geraten ist, auf der Strecke liegen bleiben kann, so daß Aufenthalt entsteht oder gar ein Ersatzwagen gestellt werden muß, so werden doch in Zukunft in vielen Fällen Fahrer imstande sein, sich mit Hilfe irgendwo gekaufter Normteile zu helfen. Damit soll kein zu rosiges Bild von einem goldenen Zeitalter des Kraftverkehrs gemalt werden. Vorderhand spielen noch andere Umstände eine weit wichtigere Rolle, als die Anwendung der Normen; das soll nicht verkannt werden. Denn wer das Ersatzteil- oder Baustofflager einer Kraftverkehrsgesellschaft (oder im Kriege eines Armee-Kraftwagenparkes) für eine aus 5 bis 10 Wagenbauarten bestehende Fahrzeugflotte gesehen hat, der weiß, was gemeint ist: Die 'Rassenreinheit' tut not, d. h. die Ausstattung mit Wagen genau gleicher Bauart derart, daß nicht nur ganze Sätze, Vorder- und Hinterachsen, Motoren, Kühler, Wechselgetriebe, Lenkstöcke, bei eingetretenen Schadenfällen ausgewechselt und bei Reparaturen vertauscht werden können, sondern daß auch die Menge der vorrätig zu haltenden, häufig gebrauchten, weil dem Verschleiß unterworfenen, Einzelteile auf einen Bruchteil zusammenschrumpft."[48]

2.2 Die Entwicklung von Dieselmotoren für Lkw. Ein rationelles Antriebskonzept zwischen Theorie und Praxis

Während die Konstruktion und der Einsatz von 'klassischen' Verbrennungsmotoren für mobile Zwecke zu Anfang der 1920er Jahre bereits auf eine längere Tradition zurückgreifen konnten, stand die Entwicklung von Fahrzeugdieseln zu diesem Zeitpunkt nahezu am Beginn ihrer technischen Entwicklung. In den Lehrbüchern nahm die Besprechung von Dieselmotoren im Vergleich zu anderen Motorenarten nur geringen Raum ein. Julius Magg, Professor für Verbrennungskraftmaschinenbau an der TH Graz, leitete 1928 den entsprechenden Abschnitt mit der Bemerkung ein: „Die Entwicklung der Dieselmaschine zur Kraftwagenmaschine steckt trotz großer Gedankenarbeit und bedeutender Kosten, die schon an die Lösung dieser Aufgabe gewendet worden sind, noch ganz und gar in den Anfängen"[49], und auch Friedrich Sass, der spätere Chronist des deutschen Verbrennungsmotorenbaues, konnte 1930 lediglich feststellen, daß „der Dieselmotor im Kraftwagenverkehr in absehbarer Zeit noch eine ungleich wichtigere Rolle spielen wird, als es heute der Fall ist, wo wir erst Anfang der Entwicklung stehen."[50]

Ursächlich dafür war unter anderem, daß das aus heutiger Sicht für den Einsatz in Nutzkraftwagen zweifellos adäquatere und rationellere Antriebskonzept seit der Jahrhundertwende zunächst für stationäre und ortsfeste Einsatzformen entwickelt wurde, obwohl Rudolf Diesel seine Erfindung von Beginn an für uni-

---

[48] Aders, Normalisierung der Lastkraftwagen, 1926, S. 188; Hervorhebungen im Orginal.

[49] Magg, Dieselmaschinen, 1928, S. 188.

[50] Sass, Der Dieselmotor im Verkehr. In: ZVDI 74 (1930), S. 831. Vgl. auch Barthel/Lingnau, Technik, 1986, S. 87.

verselle Verwendungsformen und explizit auch zum Antrieb von Fahrzeugen vorgesehen hatte. Dieselmaschinen waren als selbstzündende Hochdruckmotoren relativ schwergewichtig. Hinzu kam die ursprünglich notwendige Form der Brennstoffzuführung und -zerstäubung durch Kompressoren. Dies war für die dominierenden ortsfesten Verwendungsformen oder zum Antrieb von Über- und Unterseebooten von untergeordneter, für den Einsatz in Nutzfahrzeugen jedoch von grundlegender Bedeutung. Erste Versuche, den Kompressorbetrieb durch Direkteinspritzungsverfahren zu ersetzen, fanden noch vor der Jahrhundertwende im Nürnberger Werk der späteren Maschinenfabrik Augsburg-Nürnberg AG statt. Sie wurden ebenso abgebrochen wie 1911 die Versuche mit dem bis dahin patentierten Vorkammerverfahren von Prosper L'Orange bei den Benz-Werken. Den relativ hohen Entwicklungskosten für einen Fahrzeugdiesel stand vor 1914 ein nur kleiner relevanter Absatzmarkt gegenüber. Entsprechend gering war das Interesse an kostspieligen Forschungsinvestitionen in diesem Bereich, an denen sich besonders Firmen wie die M.A.N., Krupp, die Gasmotoren-Fabrik Deutz, Benz & Cie, die Maybach-Motorenbau GmbH und die Daimler-Motoren Gesellschaft beteiligten.[51] Solange Kraftwagen primär sportlichen und repräsentativen Zwecken dienten, waren Einsatzmöglichkeiten für eine rationelle Wärmekraftmaschine zum Antrieb von Transportfahrzeugen kaum gegeben.[52]

Die Entwicklung von Fahrzeugdieseln startete nach dem Ende des Ersten Weltkrieges infolge des zunehmenden Interesses an rationellen und kostengünstigen Transportmitteln mit Verzögerung und wurde während der Inflationsphase im Zusammenhang mit der Verteuerung und Verknappung von Brennstoffen, die Deutschlands Abhängigkeit von internationalen Treibstoffmärkten und -importen

---

[51] Die 'Frühgeschichte' des Dieselmotors vor 1918 wurde, ganz im Gegensatz zu seiner Weiterentwicklung als Lkw-Motor in der Weimarer Republik, relativ umfangreich in der Literatur behandelt. Vgl. weiterführend Sass, Geschichte, 1962, S. 383 ff., hier besonders S. 537 f. und S. 610 ff.; Reuß, Dieselmotor, 1993, S. 13 ff.; König, Massenproduktion, 1990, S. 423 ff. sowie kritisch Knie, Diesel, 1991, S. 169 ff. Der Hinweis auf den fehlenden Absatzmarkt für Fahrzeugdiesel folgt König, Markt, 1993, S. 257. Dessen Kritik an der These von Knie, die Einstellung der angesprochenen Entwicklungsarbeiten sei primär auf Machtstrukturen und Mentalitäten des Augsburger Entwicklungsteams der späteren MAN zurückzuführen, die auf diese Weise angeblich vielversprechende ökonomische Optionen blockierten (vgl. Knie, Diesel, 1991, S. 171 ff.), erscheint auch vor dem Hintergrund der Schwierigkeiten bei der Einführung des Fahrzeugdiesels in den 1920er Jahren plausibel. Obwohl in diesem Zeitraum ein weitaus größerer potentieller Markt existierte, verkaufte beispielsweise die Daimler-Benz AG, der in diesem Bereich führende Produzent, bis 1929 lediglich 2000, bis 1935 dann 10.000 Diesellastwagen, während ein marktfähiger Einsatz in Personenkraftwagen bekanntlich noch 1936 in den Anfängen steckte. Vgl. Barthel/Lingnau, Technik, 1986, S. 112.

[52] Zur Entwicklung des Automobils vom Luxusobjekt zum Gebrauchsgegenstand, die in der Weimarer Republik keineswegs abgeschlossen war, vgl. Zatsch, Staatsmacht, 1993, S. 375 ff. sowie dies., Automobilwerbung, 1995, S. 283.

nachhaltig verdeutlichten, forciert.[53] In den ersten Nachkriegsjahren war es aufgrund einer noch aus dem Jahre 1915 stammenden Bekanntmachung, die die Zulassung von Automobilen vom Nachweis eines öffentlichen Bedürfnisses abhängig machte und gegen die unwirtschaftliche Verschwendung von Betriebsstoff gerichtet war, für Privatunternehmer zuweilen sehr schwierig, eine Zulassung für Lkw zu bekommen, selbst wenn diese nur einige Tage im Monat liefen.[54]

Nicht von ungefähr fuhr der erste Diesellastwagen der Daimler-Motoren-Gesellschaft im Jahr 1923 zunächst mit einem bereits veraltenden, dafür aber auf relativ bekannten Konstruktionsformen basierenden Kompressor-Aggregat. Drei Wochen später lief in einem Fünftonner der zukunftsträchtigere Vierzylinder-Vorkammermotor der Firma Benz, der auf der Berliner Automobilausstellung 1924 zeitgleich mit dem Direkteinspritzer der M.A.N. vorgestellt wurde.[55] Welche Bedeutung man in dieser Phase dem Bau kraftstoffsparender Motoren beimaß, veranschaulichen deutlicher als diese bekannten Erfolge die im gleichen Zeitraum vorgenommenen Versuche, Vergasermotoren mit Fremdzündung für den Schwerölbetrieb zu konstruieren oder umzurüsten. Wenngleich seinerzeit nahezu die Hälfte der produzierten Lkw-Motoren nach Herstellerangabe für die Schweröl- oder Petroleumverbrennung geeignet sein sollten, scheiterten diese Anstrengungen letztlich an der unvollständigen Verbrennung des Kraftstoffes im Brennraum und den daraus resultierenden Lagerschäden durch Verdünnung des Schmieröls. Sie zeigten damit zugleich, wie begrenzt die technischen Alternativen zu Dieselmotoren waren, die nach dem damaligen Stand der Technik mit einem Wirkungsgrad von 25 Prozent den entsprechenden Wert von Vergasermotoren, der bei 15 bis 20 Prozent lag, deutlich übertrafen.[56]

Die weitere Entwicklung verlief, nachdem die Währungsstabilisierung und die relative Sicherstellung der Brennstoffversorgung das Kraftstoffproblem zunächst

---

[53] Noch 1930 deckte die deutsche Inlandserzeugung lediglich ungefähr 30 Prozent des Bedarfs an Treibstoffen. In dem unausgebauten Händlernetz und in der Preisentwicklung auf dem bereits in der Weimarer Republik oligopolistisch strukturierten Markt für Motorenkraftstoffe sahen Zeitgenossen, besonders in der Weltwirtschaftskrise, immer wieder ein bedeutendes Hemmnis für die Motorisierung und das Wachstum der Automobilindustrie. Vgl. beispielsweise Bielitz, Zur Entwicklung des deutschen Treibstoffmarktes. In: WD 16 (1931), S. 1634 ff. mit der charakteristischen Einschätzung: „Der Zeitpunkt rascher Automobilisierung des deutschen Verkehrs fiel mit der Periode einer stark reduzierten Leistungsfähigkeit des deutschen Treibstoffhandels zusammen, der von sich aus nicht die Mittel zum großzügigen Ausbau des Tankstellennetzes aufzubringen vermochte." (Ebenda, S. 1636.)

[54] Vgl. Zatsch, Staatsmacht, 1993, S. 338 f.

[55] Vgl. o. V., Vorkammer, 1994, S. 156 f.; Lochte, Nutzfahrzeug, 1986, S. 16 f.

[56] Vgl. Bühler, Nutzfahrzeuggeschichte, 1987, S. 22; Albrecht, Lastwagen-Motor, 1921, S. 380 ff.; Heller, Schwerölbetrieb bei Kraftwagen. In: ZVDI 67 (1923), S. 233 f.; ders., Motorwagenbau, 1925, S. 62 ff.; o. V., Schweröle für Nutzfahrzeuge. In: LA 1 (1924), S. 15.

entschärft hatten, in ruhigeren Bahnen.[57] Auch deshalb fuhren bis 1929 nur ungefähr 200 Diesellastwagen auf Deutschlands Straßen, und bis 1936 waren kaum 20 Prozent des Lkw-Bestandes mit derartigen Motoren ausgestattet. Der Durchbruch der Diesel Technik im Lkw-Bau erfolgte erst in der ersten Hälfte der 1930er Jahre.[58] Im Laufe der 1920er Jahre wurde außerdem immer offensichtlicher, daß ein rentabler Einsatz von Dieselmotoren eine relativ extensive Nutzung der Fahrzeuge voraussetzte. Erst bei jährlichen Laufleistungen von mehr als 20.000 Kilometern, die im praktischen Betrieb aber kaum erreicht wurden, ergaben sich Kostenvorteile gegenüber konventionellen Verbrennungsmotoren.[59] Ökonomisch sinnvolle Verwendungsfelder der Diesel-Lkw lagen im Fernverkehr. Folgerichtig überwog bei der im ersten Halbjahr 1934 erstmals vorgenommenen getrennten Erfassung von Lkw-Neuzulassungen mit Vergaser- und Dieselmotoren erst bei Fahtzeugen mit mehr als 3 Tonnen Nutzlast der Dieselmotor. Knapp 90 Prozent der in diesen Gewichtsklassen neu zugelassenen Lkw waren mit derartigen Motoren ausgestattet.[60] Der Einsatz von Dieseln im Nah- und Werksverkehr der

---

[57] Vgl. Aders, Lastkraftwagenbau, 1925, S. 458.

[58] Vgl. Hausfelder, Die Bedeutung des Dieselmotors und seine voraussichtliche Weiterentwicklung. In: LA 6 (1929), Heft 2, S. 17; Fischer, Lastauto, 1927, S. 52; Seherr-Thoss, Automobilindustrie, 1979, S. 271 gab an, daß 1936 etwa 12 Prozent des Lkw Bestandes mit Dieselmotoren ausgestattet waren, während Schuhwerk, Kraftwagen, 1936, S. 106 für dasselbe Jahr die Zahl von 40.000 dieselgetriebenen Lkw nennt, was ungefähr 20 Prozent des damaligen Bestandes entspräche. Genauere Zahlen liegen erstmals für die in der zweiten Hälfte 1934 neu zugelassenen Lkw vor. Die im Juli des Jahres eingerichtete 'Sammelstelle für Nachrichten über Kraftfahrzeuge' beim Statistischen Reichsamt gab anhand der Kraftfahrzeugbriefe an, daß von 14.003 Neuzulassungen 10.098 mit Vergaser-, 3827 mit Diesel- und 78 mit sonstigen Motoren ausgestattet waren, wobei der Schwerpunkt der zugelassenen Diesel mit knapp 2000 Fahrzeugen bei den Gewichtsklassen von zwei bis vier Tonnen Nutzlast lag; vgl. RDA e.V. (Hg.), Tatsachen, 1935, S. 71. Vgl. auch Treue, Verkehrsmittel, 1989, S. 351; Barthel/Lingnau, Technik, 1986, S. 111 ff. Die entsprechenden Feststellungen von Bühler, Nutzfahrzeuggeschichte, 1987, nach denen bereits in der Inflationszeit „diese Bestrebungen [gemeint ist die Einrichtung von Lkw-Motoren für Schweröl- oder Petroleumbetrieb; F. L.] ... sehr bald überflüssig [wurden]: Der Dieselmotor veränderte die Antriebs-Szene" (a.a.O, S. 22), oder der „kompressorlose Dieselmotor ... Ende 1927 wegen seiner Ersparnis an Brennstoffkosten von ungefähr 80 % gegenüber dem Benzinmotor seinen Siegeszug [antrat]" (a.a.O., S. 24) und schließlich um 1933 die „technische Entwicklung ... bestimmt [war] von einer enormen Verbreitung des Dieselmotors bei Lastwagen und Omnibussen" (a.a.O., S. 28), sind deshalb falsch und unterstreichen die Problematik, von einer relativ genau zu datierenden technischen Innovation auf deren praktische Nutzung zu schließen.

[59] Vgl. exemplarisch Thiemann, Der Schwerölmotor im Nutzkraftwagen. In: ATZ 35 (1932), S. 307; Wawrziniok, Der Dieselmotor für Kraftfahrzeuge und seine Wirtschaftlichkeit. In: ATZ 33 (1930), S. 418 ff.; Friedländer, Der Leichtdiesel ist da! In: LA 9 (1932), Heft 7, S. 9. Zu den tatsächlich realisierten Laufleistungen vgl. Kapitel 3.2 dieses Teils.

[60] Vgl. RDA e.V. (Hg.), Tatsachen, 1935, S. 71; Schuhwerk, Kraftwagen, 1936, S. 107.

1920er Jahre verursachte aber neben den technischen Schwierigkeiten diverse ökonomische Probleme.[61]

Aus den grundlegenden Charakteristika der bis dato gebauten Diesel konnte nach 1918 das technische Lastenheft für die zukünftige Entwicklung von lastkraftwagentauglichen Motoren entwickelt werden.[62] Auf der 'Habenseite' standen zunächst primär die wirtschaftlichen Vorteile der rationellen Wärmekraftmaschine, denen vor und während des Ersten Weltkrieges, zumindest für den Einsatz in Nutzfahrzeugen, nur geringe Bedeutung beigemessen wurde: ein gegenüber Ottomotoren um ungefähr 30 Prozent geringerer Verbrauch von zudem weitaus kostengünstigerem Kraftstoff. (*Abbildung* 20) Daraus resultierten einerseits theoretisch mögliche Einsparungen bei den Kraftstoffkosten von bis zu 70 Prozent, während sich andererseits der Einsatzradius der Fahrzeuge um bis zu 50 Prozent erhöhte. Ferner schlug die Verbrennung von weniger feuergefährlichen Schwerölen wie beispielsweise Gasöl, Paraffinöl oder Braunkohlenteeröl positiv zu Buche, aus der theoretisch eine höhere Betriebssicherheit und eine geringere Unfallhäufigkeit resultierte. Schließlich wirkte eine gute und vollständige Verbrennung des Kraftstoffes einer Vermischung von Benzinrückständen und Schmierölen im Motor entgegen und beugte so kostspieligen Reparaturen insbesondere im Bereich der Kurbelwellenlagerung vor. Dennoch blieben Lagerschäden und die Notwendigkeit, alle 1000 Kilometer das stark verdünnte Schmieröl

---

[61] Dem widerspricht nicht die Markteinführung des ersten 'Leichtdiesels', einem 2-Tonner von Mercedes-Benz, im Jahr 1932. Sein Erscheinen folgte dem Markttrend, der den Absatz kleiner und leichter Lkw begünstigte, wurde aber sogar im nicht unbedingt überkritischen 'Lastauto' zurückhaltend beurteilt: „Welche Notwendigkeit entstand, bei dieser Sachlage [gemeint ist die Tatsache, daß ein rentabler Einsatz von Dieseln hohe Laufleistungen voraussetzte; F. L.], einen Leichtdiesel auf den Markt zu bringen? Welche Umstände mögen die Daimler-Benz-Werke veranlaßt haben, dieser überraschenden Entwicklungstendenz die Wege zu ebnen?“ Friedländer, Der Leichtdiesel ist da!, 1932, S. 10.

[62] Da die grundlegenden Arbeitsweisen und Entwicklungsrichtungen von Dieselmotoren in Nutzfahrzeugen nebst ihren spezifischen Vor- und Nachteilen in der technischen und technikhistorischen Literatur ausführlich behandelt werden, beschränkt sich das Folgende diesbezüglich auf die wichtigsten Sachverhalte. Vgl. weiterführend die neueren Darstellungen bei Eckermann, Dampfwagen, 1981, S. 121 ff.; Knie, Diesel, 1991, S. 243 ff.; Reuß, Dieselmotor, 1993, S. 70 ff. Das besondere Interesse des Vereins Deutscher Ingenieure am Dieselmotor wurde unter anderem dadurch deutlich, daß wichtige zeitgenössische Abhandlungen in den vom VDI-Verlag herausgegebenen Sonderheften gesammelt vorliegen: Dieselmaschinen I (1923), II (1926), III (1927) und IV (1929). Wichtig sind hier insbesondere Riehm, Dieselmotoren, 1925, S. 63 ff.; Reinsch, Schnelllauf, 1929, S. 63 ff.; Modersohn, Druckeinspritzung, 1927, S. 64 ff.; o. V., Verbrennungsmotoren, 1929, S. 68 ff. Außerdem Magg, Dieselmaschinen, 1928, S. 188 ff.; Sass, Dieselmotor im Verkehr, 1930, S. 830 ff.; Ricardo, Verbrennungsmotoren, 1932, S. 403 ff. Die im untersuchten Zusammenhang weitaus relevantere Frage nach der Praxistauglichkeit von Lkw-Dieseln vor 1932 behandelten diesen Schriften allenfalls am Rande. Aufschlüsse hierüber finden sich in fachpraktisch orientieren Zeitschriften.

zu wechseln, im praktischen Betrieb an der Tagesordnung, während sich gleichzeitig mit zunehmenden Fahrerfahrungen weitere dieseltypische Vorteile offenbarten. Leichteres, im Vergleich zu Ottomotoren materialschonenderes Anfahren unter Last gehörten ebenso dazu wie größere Elastizität der Motoren und vor allem die flachere Verbrauchskennlinie, die sich besonders bei den häufigen Leerfahrten oder Transporten mit wechselnder Zuladung positiv bemerkbar machte.[63]

Abbildung 20: Entwicklung der Großhandelspreise für Benzin und Gasöl 1924-1932 (in RM/für 100 l)

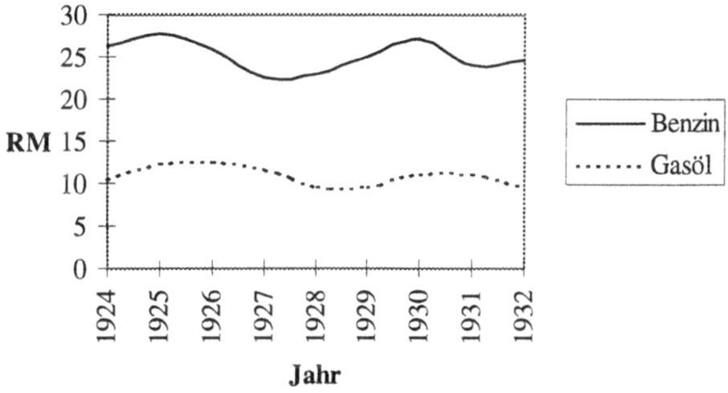

Quelle: Statistisches Reichsamt (Hg.), Vierteljahresschriften zur Statistik des deutschen Reiches 42 (1933), Heft I, S. 133.

Neben der häufig geäußerten Kritik an einer Geruchsbelästigung durch Dieselmotorenabgase, die die Verwendungsfähigkeit der Aggregate im Stadtbereich zumindest einschränkte, dominierten technische Probleme die 'Sollseite' der Dieselbilanz, deren vermeintliche Lösungen sich in der praktischen Umsetzung bis 1932 keineswegs so bewährt hatten, wie es interessierte Herstellerkreise und die diesen nahestehende, zuweilen äußerst dieselfreundliche Fachpresse gegen

---

[63] Vgl. zu den Ergebnissen empirischer Untersuchungen insbesondere Lion, Schmieröl-Verdünnung. In: KuL 4 (1929), S. 198 ff.; Langer, Fahreigenschaften von Dieselmotoren und Vergasermotoren in Nutzkraftwagen. In: ZVDI 75 (1931), S. 949 ff.; Kluge/Sanden, Vergleichsversuche an einem MAN-5-t Lastwagen, ausgerüstet mit Dieselmotor bzw. Vergasermotor. In: ATZ 35 (1932), S. 342 ff.; Castner, Dieselmotoren zum Antrieb von Lastkraftwagen. In: KuL 4 (1929), S. 83 ff.; Horiak, Entwicklungsarbeiten an schnellaufenden Fahrzeug-Dieselmotoren. In: ATZ 35 (1932), S. 568 ff; Neumann, Untersuchungen an der Dieselmaschine. In: ZVDI 71 (1927), S. 775 ff.; Reinsch, Schnellauf bei Dieselmotoren. In: ZVDI 72 (1928), S. 1371 ff.

Ende der 1920er Jahre propagierten.[64] Die vielbeachteten Prototypen der Jahre 1923/24 waren zwar wichtige technische Erfindungen auf dem Weg zum alltagstauglichen Lkw, aber in diesem Stadium der Entwicklung von einer Marktreife noch weit entfernt. Den Fahrzeugen der Firma Benz wurden intern beispielsweise Probleme beim Starten und mangelhaftes Fahrverhalten bei Bergfahrten unter Last attestiert.[65] So widerspricht bereits die geringe Verbreitung von Lkw-Dieseln in der Weimarer Zeit den in der Fachpresse anzutreffenden Feststellungen, nach denen positive Urteile über die Alltagstauglichkeit von Dieseln aufgrund bis dato vorliegender Erfahrungen durchaus möglich seien und läßt Zweifel am Wahrheitsgehalt von Firmenverlautbarungen aufkommen, nach denen „die Reparaturquote des Mercedes-Benz-Dieselmotors ... keineswegs größer [war] als bei einem normalen Vergasermotor."[66] Im Transportgewerbe tätige Unternehmer artikulierten in den Rückschau eher gegenteilige Erfahrungen: „Gegen Ende der zwanziger Jahre ... [war der] Dieselmotor noch kein zuverlässiger Motor."[67] Veranschaulicht man die technischen Problemstellungen, welche theoretisch und praktisch in der relativ kurzen Zeitspanne zwischen Inflation und Depression zu lösen waren, erscheinen derartige kritische Bemerkungen wenig überraschend.

Wegen des hohen Ausgangsgewichtes der Aggregate mußten Entwicklungsarbeiten an schnellaufenden Fahrzeugdieseln darauf zielen, umfangreiche Gewichtsreduktionen mit deutlichen Leistungssteigerungen in Einklang zu bringen und gleichzeitig für eine hohe Dauerbelastbarkeit und Alltagstauglichkeit von Motoren zu sorgen, die wegen ihrer auf Selbstzündung basierenden Arbeitsweise

---

[64] Zur Geruchsbelästigung durch Diesel vgl. etwa Buchler, Der Dieselmotor im Kraftwagen. In: Allmers et al. (Hg.), Automobilwesen, 1928, S. 39.

[65] Vgl. Reuß, Dieselmotor, 1994, S. 74.

[66] Verlautbarung der Daimler -Benz AG in: KuL 6 (1931), S. 114. Die gegensätzlichen Standpunkte und die ihnen zugrundeliegenden Interessenlagen werden sehr deutlich anhand von Stellungnahmen in unterschiedlichen Fachzeitschriften. Im Lastauto stellte Hausfelder, Bedeutung des Dieselmotors, S. 17, fest: „Über die Wartung und Bedienung ... [von Dieselmotoren kann man] heutzutage ...ein ziemlich abschließendes Urteil fällen. Nach den bisher vorgenommenen Vergleichsversuchen ... bereitet der Fahrbetrieb mit Dieselmotoren keine besonderen Schwierigkeiten ...". Realistischere Einschätzungen finden sich in weniger von Verbandsinteressen geprägten Zeitschriften wie beispielsweise bei Haller, Schweröl im Nutzfahrzeugbetrieb. In: KuL 6 (1931), S. 103: „ Freilich ist es noch lange nicht an der Zeit, den Dieselmotor in seiner heutigen Form als das Ideal eines Nutzkraftwagenmotors hinzustellen, dazu ist die Zeit seiner Entwicklung zu kurz und dazu liegen auch noch zu wenige Betriebserfahrungen vor." Demgegenüber vertrat die MAN AG noch zu Beginn der 1990er Jahre die Auffassung, daß „[d]ie Abnehmer ... diesem Motor sogleich [gemeint ist nach seiner Vorstellung 1924; F. L.] großes Vertrauen entgegen[brachten]". MAN AG (Hg.), Leistung und Weg , 1991, S. 20.

[67] Bemerkung eines Transportunternehmers aus Kaiserslautern, zitiert nach Heimes, Transportindustrie, 1978, S. 83.

zu dieser Zeit mit einem minimalen Verdichtungsverhältnis von ungefähr 12:1 doppelt so hoch wie vergleichbare Benzinmotoren verdichtet waren. Dies bedingte unter anderem den Einsatz von leichten, aber dennoch hochbelastbaren Materialien, den Verzicht auf Hochdruckkompressoren sowie die Konstruktion kleiner Motoren, deren höhere Leistungsausbeute primär durch Steigerung der Motordrehzahlen zu realisieren war. Bei der Konstruktion und der Fertigung von Dieselschnelläufern für den praktischen Lkw-Betrieb mußten viele konkurrierende Zielsetzungen miteinander vereinbart werden. Die technisch zu überwindenden Schwierigkeiten lagen dabei primär im Bereich der Brennstoffzuführung, Regelung und Verbrennung.[68]

Zunächst gelang es den Konstrukteuren, die bereits grundsätzlich bekannten alternativen Verfahren der Kraftstoffzuführung und -zerstäubung sukzessive zu verbessern, den Hochdruckkompressor aus dem Fahrzeugbetrieb zu verdrängen und das Gewicht der Motoren auf diese Weise um ungefähr 15 Prozent zu senken. Die 1926 durch Fusion der beiden Vorgängerfirmen entstandene Daimler-Benz AG favorisierte ebenso wie die Firma Deutz das technisch weniger aufwendige, dafür aber gegenüber der Direkteinspritzung verbrauchsintensivere Vorkammerverfahren. Bei dieser vor 1926 von der Firma Benz-Mannheim forcierten Entwicklungslinie wurde das Treiböl durch Drucksteigerung infolge einer Teilverbrennung in einer dem eigentlichen Brennraum vorgelagerten Kammer in diesen eingeblasen. Die wichtigste Alternative dazu bestand in dem von der M.A.N.-AG bevorzugten technisch aufwendigeren, aber ökonomisch effizienteren Direkteinspritzungsverfahren, bei welchem der Brennstoff mit hohem Druck direkt über Einspritzdüsen in den Brennraum gelangte.[69] Wenngleich diese beiden Techniken zu Anfang der 1930er Jahre den Bau von Fahrzeugdieseln beherrschten, kann daraus nicht auf eine relative Abgeschlossenheit der konstruktiven Entwicklung geschlossen werden. Die umfangreiche Detailarbeit, die vor einem problemlosen praktischen Einsatz der Motoren noch zu leisten war, zeigte sich nicht zuletzt in der großen Zahl von zwölf verschiedenen Brennraumformen, die auf der Berliner Lastwagenschau 1931 in Dieseln verschiedener Hersteller begutachtet werden konnten.[70] Außerdem belegten die verschiedenen paralellaufenden Dieselmotorenkonzepte - das bekannteste dürfte das des im Zweitaktverfahren laufenden Junkers-Gegenkolbenmotors sein, dem zu diesem Zeitpunkt eine gute Verwendungsfähigkeit als Antrieb attestiert wurde -, wie weit sogar die theoretische Entwicklung von einem einheitlichen Konsolidierungskurs

---

[68] Vgl. Albrecht, Lastwagen-Motor, 1921, S. 384 ff.; Ricardo, Verbrennungsmotoren, 1932, S. 420; Magg, Dieselmaschinen, 1928, S. 188.

[69] Vgl. Daimler-Benz AG (Hg.), Nutzfahrzeugentwicklung, 1971, S. 81 ff; o. V., Vorkammer, 1994, S. 156 f.; MAN AG (Hg.), Leistung und Weg, 1991, S. 16 ff. und S. 487 ff.; Magg, Dieselmaschinen, 1928, S. 79 ff.; Modersohn, Druckeinspritzung, 1927, S. 64 ff.

[70] Vgl. Aster, Die Lastwagenschau im Zeichen des Ölmotors. In: ATZ 34 (1931), S. 128.

entfernt war.[71] Für die Praxis bedeutete dies einen zusätzlichen Unsicherheitsfaktor, der manchen Vorbehalt gegenüber der neuen Technik verursacht und manchen Lkw-Verwender vom Kauf eines Diesels abgehalten haben dürfte.

Die dominierenden Techniken hatten außerdem spezifische Nachteile, die auch gegen Ende der zwanziger Jahre nicht schlagartig verschwanden, als verschiedene Zulieferfirmen wichtige Beiträge zur Verbesserung der Motoren leisteten. So gelang der Firma Mahle die Herstellung und Lieferung von genügend verschleißfesten Kolben oder der Bosch AG die Entwicklung und Markteinführung einer mechanischen Einspritzanlage.[72] Beim Vorkammerverfahren traten neben dem gesteigerten Verbrauch zwangsläufig erhebliche Drucksteigerungen im Zylinder auf. Beim Direkteinspritzungsverfahren ergaben sich Probleme mit verstopften Einspritzdüsen sowie der exakten Brennstoffdosierung und -verbrennung. Diese technischen Eigenheiten unterstützten in Verbindung mit der vielfach bemängelten schlechten und verschleißträchtigen Laufkultur den Zwang, im Vergleich zu Ottomotoren bei Dieseln bruchsichere und hochfeste, damit aber gleichzeitig schwere und teure, Materialien zu verwenden.[73] Die hieraus resultierende Begrenzung der technisch möglichen Gewichtsreduktion war nach Abschaffung des Kompressors lediglich von untergeordneter Bedeutung. Sie machte beispielsweise bei einem 1,5-Tonnen Mercedes Diesel Lkw lediglich 75 kg oder 1,5 Prozent der Nutzlast aus.[74] Sowohl für die steuerliche Belastung als auch für den Verschleiß der Fahrzeuge war dies von ebenso marginaler Bedeutung wie die Tatsache, daß das Verhältnis von Eigengewicht zu Leistung bei Dieselmotoren mit ungefähr 11 bis 16 kg/PS im Vergleich zu den ungefähr 5 bis 8 kg/PS bei Vergasermotoren ungleich schlechter ausfiel.[75] 1931 feierte die Fachpresse die

[71] Vgl. zum Junkers-Diesel Knie, Diesel, 1991, S. 254 ff. mit dort genannter Literatur. Exemplarisch für die positive zeitgenössische Beurteilung war Nägel, Der Dieselmotor als Kraftfahrzeugmaschine. In: ZVDI 71 (1927), S. 410: „Man darf wohl mit gutem Recht annehmen, daß auf Grund solcher Erfolge der Gegenkolbenbauart für die künftige Entwicklung des schnellaufenden Dieselmotors zum Zwecke seiner Einführung als Fahrzeugmotor für alle Arten der Verkehrsmaschinen eine richtunggebende Bedeutung zukommt."

[72] Vgl. Barthel/Lingnau, Technik, 1986, S. 111 sowie die äußerst zurückhaltende Darstellung anfänglicher Verkaufserfolge beziehungsweise -probleme bei Daimler-Benz AG. (Hg.), Nutzfahrzeug-Entwicklung, 1971, S. 84 ff. und dies., Motorisierung, 1961, S. 136 ff.

[73] Vgl. Aders, Lastkraftwagenbau, 1925, S. 458.; Wawrziniok, Der Dieselmotor für Kraftfahrzeuge und seine Wirtschaftlichkeit. In: ATZ 33 (1930), S. 417.

[74] Vgl. Lion, Verdrängt der Fahrzeug-Diesel-Motor den Vergaser-Motor? In: KuL 5 (1930), S. 153.

[75] Vgl., auch zum allgemeinen Leistungsstand beider Motorenkonzepte zu Beginn der 1930er Jahre, Thiemann, Leichtgewichts-Dieselmotoren. In: ATZ 33 (1930), S. 841 ff.; Schweitzer, Die gegenwärtigen Leistungsgrenzen von ortsbeweglichen Dieselmotoren. In: ATZ 33 (1930), S. 414 ff.; Schwerdtfeger, Entwicklung und Entwicklungsstand der Schwerölmotoren für Fahrzeuge und Flugzeuge. In: ATZ 34 (1931), S. 677 ff.; ders., Entwicklung und

Vorstellung eines 100 PS starken, 1932 die eines 140 PS leistenden M.A.N. Sechzylinder-Diesels, mit denen dieses Unternehmen seine Dominanz im Marktsegment leistungsstarker Dieselmotoren unterstrich. Damit war die noch Mitte der 1920er Jahre existierende Leistungslücke zwischen Vierzylinder-Dieseln mit ungefähr 50 und Sechszylinder-Vergasern mit über 100 PS Leistung geschlossen und ein weitgehender Ausgleich zwischen den verschiedenen Motorenkonzepten hergestellt, wenngleich sich der Trend zur Verwendung der leistungstärkeren Selbstzünder auch in den 1930er Jahren nur langsam durchsetzte.[76] Problematisch war vielmehr, daß die Anschaffungskosten von Dieseln im Regelfall um 30 Prozent über denen vergleichbarer Ottomotoren lagen, während gleichzeitig ihre Ausfallhäufigkeit und die damit verbundenen Reparaturkosten deutlich höher waren. Bei Ersatzteilpreisen, die zuweilen das drei bis vierfache der bei der Herstellung zugrundegelegten Einstandspreisen betrugen, war dies ein im Einzelfall durchaus zu berücksichtigender Faktor.[77] Nicht umsonst wurden in beispielhaften Rentabilitätsberechnungen für Nutzfahrzeuge mit Vergasermotoren fünf Prozent des Wagenpreises für Reparaturen angesetzt, bei Dieseln aber sieben Prozent.[78]

Entwicklungsstand der Leichtöl-Motoren für Fahrzeuge und Flugzeuge. In: ATZ 35 (1931), S. 348 ff. Die angegebenen Kennzahlen sind lediglich fundierte Anhaltswerte für Aggregate, die breitere praktische Verwendung fanden. So berechnet Schweitzer für Lkw-Diesel ein Verhältnis von 7-18 kg/PS, durchschnittlich 14 kg/PS, für Vergasermotoren ungefähr 6 kg/PS (ebenda, S. 414). Das Verhältnis von Eigengewicht zu Leistung schwankte im Einzelfall und wurde im Zeitablauf kontinuierlich verbessert. Es lag beispielsweise beim bereits erwähnten Junkers-Diesel, der aber ohne praktische Bedeutung blieb, mit 7,3 kg/PS ungleich besser als bei Vergleichsmotoren.

[76] Vgl. Reuß, Dieselmotor, 1993, S. 74 ff.; Bühler, Nutzfahrzeuggeschichte, 1987, S. 23 und S. 28; Gebhardt, Geschichte, Band 2 a, S. 11 ff.; LA 8 (1931), Heft 4, S. 18 f.; LA 9 (1932), Heft 8, S. 10 f. Bemerkenswerterweise verlief die Entwicklungsrichtung von Dieselmotoren hin zu mehrzylindrigen und leistungsstärkeren Motoren damit analog zu der im Vergasermotorenbau bereits vorher eingeschlagenen Konstruktionslinie, obwohl die Vorteile der Dieseltechnik insbesondere im Lkw-Betrieb weniger in der hubraumspezifischen Leistungsausbeute als vielmehr in dem höheren Drehmoment bei niedrigen Motordrehzahlen lagen. Auch dies war ein Indiz für eine ökonomisch gesehen zuweilen unrationelle, auf die Realisation des technisch Möglichen fixierte Arbeitsweise von Ingenieuren.

[77] Vgl. Schreiben Dr. Fischer, IHK Dortmund, an den Ausschuß für Kraftfahrwesen bezügl. Reparaturkosten für Kraftfahrzeuge vom 29.06.1926. In: WWA Dortmund, K1, Nr. 891.

[78] Friedländer, Was kostet das Kilometer? In: LA 7 (1930), S. 11. Bei diesen Reparatursätzen dürfte es sich allerdings um sehr optimistische Schätzungen handeln, da in der Praxis im Regelfall mit weit höheren Werten kalkuliert wurde; vgl. hierzu Kapitel 3.2 dieses Teils. Zum Gesamtzusammenhang vgl. auch Lion, Fahrzeug-Diesel-Motor, 1930, S. 153 sowie Thiemann, Schwerölmotor im Nutzkraftwagen, 1932, S. 307: „Die Verfasser begründen die höheren Sätze für Abschreibungen beim Diesel mit fehlenden Erfahrungen über ihre Lebensdauer und noch zu überwindende Kinderkrankheiten."

Im Gegensatz zu niedriger belasteten Motoren war ein Ausweichen auf technisch weniger aufwendige und damit günstigere Lösungen aber kaum möglich.[79] Bis 1932 stellte der Diesel damit keine wirkliche Alternative zum betriebskostenintensiveren Explosionsmotor dar. So kann es kaum verwundern, daß die technische Statistik der Berliner Automobil Ausstellung von 1931 für Nutzfahrzeuge 81 Vergasermotoren, aber nur 6 Dieselmotoren auswies, die zudem lediglich auf Kundenwunsch anstelle der erstgenannten Typen zum Einbau gelangten. Gleichzeitig wurde noch mit 'Universalmotoren' zum wahlweisen Betrieb mit Schweröl oder Leichtöl experimentiert. Erfahrungen im praktischen Lkw-Betrieb legten diese Konzession an potentielle Kundenwünsche durchaus nahe:

„Bei plötzlichen Schwankungen der Beanspruchung ist eine Verschlechterung der Verbrennung unvermeidlich, als deren Folge sich leicht ein unangenehmer Auspuffgeruch bemerkbar macht, von wirtschaftlichen Nachteilen abgesehen. Das alles sind Gründe, die ... den Diesellastwagen-Betrieb im Stadt-Verkehr beträchtlich erschweren. Hinzu kommt die große Empfindlichkeit der Einspritz-Organe und Kolben-Dichtungen, die dem, nicht immer rücksichtsvollen Fahrzeug-Betrieb schwer gewachsen sind und leicht zu Störungen Anlaß geben. ... Das sind die Nachteile, die, auf konstruktivem Gebiet liegend, bisher der Entwicklung des Fahrzeug-Diesels im Wege gestanden haben, und die ... bis heute eine Verdrängung des Vergasermotors, besonders des höher verdichtenden, nicht zugelassen haben."[80]

2.3 Von der mechanischen zur pneumatischen Kraftvernichtung. Lkw-Bremssysteme bis 1932

Geschwindigkeit und Flexibilität, die wesentlichen Wettbewerbsvorteile des Lkw gegenüber anderen Landverkehrsmitteln, resultierten maßgeblich aus der fortlaufenden Verbesserung und Leistungssteigerung der Motoren nebst der damit einhergehenden kontinuierlichen Geschwindigkeitserhöhung der Fahrzeuge. Gleichzeitig bedingten diese Vorzüge im Verbund mit einer zunehmenden Verkehrsdichte in den 1920er Jahren die Notwendigkeit, funktionsfähige Mechanismen zur kontrollierten Übertragung und Vernichtung der ständig gesteigerten Antriebskräfte zu entwickeln. Wenngleich in der Weimarer Zeit die öffentliche Meinung, ganz im Gegensatz zum ersten Jahrzehnt des 20. Jahrhunderts, dem wachsenden Automobilverkehr zunehmend positiver begegnete, wurden Ver-

---

[79] Am Beispiel besonders neuralgischer Punkte wie der Kurbelwellenlagerung verdeutlichte dies Aders, Lastkraftwagenbau, S. 457 f. bereits 1925: „Die Lagerung der Kurbelwelle in Kugel- oder Rollenlagern hat nur geringe Fortschritte gemacht, wohl weil sie - wenn auch betriebssicher und wirtschaftlich vorteilhaft - doch in der Herstellung sehr teuer ist. Der Wunsch, auch die Pleuellager als Wälzlager auszubilden, hat hauptsächlich für sehr schnell laufende Motoren einige Lösungen gezeitigt, ... [da] möglicherweise die erstrebte gesteigerte Betriebssicherheit für sehr hoch belastete Pleuellager (Ölmotoren) zur Anwendung von Wälzlagern führen könnte." Vgl. auch Schirz, Die Berliner Automobil-Ausstellung im Spiegel der technischen Statistik. In: ATZ 34 (1932), S. 455.

[80] Lion, Fahrzeug-Diesel-Motor, 1930, S. 153.

kehrsunfälle, besonders solche mit Verletzungs- oder Todesfolge, am Anfang der Massenmotorisierung verständlicherweise weitaus weniger stoisch zur Kenntnis genommen als heute.[81]

Neben ökonomischen Gesichtspunkten kam es daher zur Vermittlung eines positiven Bildes des neuen Verkehrsträgers in der Öffentlichkeit darauf an, die Unfallhäufigkeit der Fahrzeuge möglichst niedrig zu halten. Im Gegensatz zu Personenkraftwagen stellten dabei bei Lkw falsche und übermäßige Beladung im Zusammenspiel mit unzureichenden Bremsanlagen eine wesentliche Unfallursache dar. Zeitgenössischen, auf amtlichen Erhebungen basierenden Schätzungen zufolge waren Anfang der 1930er Jahre mehr als zwei Drittel aller auf Landstraßen verkehrenden schweren Lkw um oftmals mehr als 100 Prozent überladen.[82] Die eingesetzten Bremsanlagen mußten deshalb theoretisch nicht nur den normalen Anforderungen der Praxis genügen, sondern zusätzlich über ausreichende Sicherheitsreserven verfügen. Dies war, wie die vielfältigen Klagen über mangelnde Verkehrssicherheit von Lkw bestätigten, nach dem damaligen Stand der Technik keineswegs eine problemlos zu erfüllende Anforderung:

> „Was weiter gefordert werden muß, ist die größere Betriebssicherheit. Bedauerlicherweise hat man diesen Gesichtspunkt bis heute immer noch vernachlässigt. Das läßt die Unfallstatistik deutlich erkennen. Nach ihr nimmt die Verkehrssicherheit im Verhältnis zur Verkehrssteigerung ab. Die Erklärung ist in der ungenügenden Wirkungsweise der Bremse zu suchen. ... Die Erfahrungen bestätigen dann auch täglich, daß ... die Bremsung allein durch Hand- oder Fußbremse nicht ausreicht. Es muß gefordert werden, daß überall die Autodruckluftbremse eingeführt wird, die dem Führer die Bremsarbeit abnimmt."[83]

So ist es erklärlich, daß die zügige Entwicklung und Einführung verbesserter Bremsanlagen die konstruktive Weiterentwicklung von Lkw im Untersuchungszeitraum ebenso prägte wie die der Antriebsaggregate, wenngleich sie weniger spektakulär verlief und bereits in der zeitgenössischen technischen Literatur bedeutend geringere Beachtung fand. Die ersten Lkw-Bremsen, die über ein Hebelsystem als Reibklötze auf die Hinterräder wirkten, waren noch vom Fuhrwerks-

---

[81] Die zunehmend positivere Einstellung gegenüber dem Automobil äußerte sich in diesem Zusammenhang beispielsweise dadurch, daß seit Mitte der 1920er Jahre nicht mehr primär das Fehlverhalten von 'Automobilisten' im Verkehr staatlicherseits sanktioniert wurde, sondern durch verkehrserzieherische Maßnahmen alle Verkehrsteilnehmer zu einem abgestimmten und disziplinierten Verhalten angehalten werden sollten. Vgl. Grandke, Verkehrserziehung, 1994, S. 308 ff.; Zatsch, Eintritt des Automobils, 1992, S. 57 ff.; dies., Staatsmacht, 1993, S. 217 ff. und S. 369 ff.

[82] Vgl. Rothenburg, Das überladene Kraftfahrzeug. In: LA 8 (1931), Heft 19, S. 18 f.; Schmidt-Lamberg, Charakteristik der Unfälle mit dem Lastkraftwagen. In: KuL 5 (1930), S. 17 f.; Jurthe, Automobilunfälle, deren Ursachen, Verhütung und Behandlung. In: MTW 29 (1926), S. 532 ff.; Blum, Probleme, 1930, S. 531.

[83] Leihbrock, Der Lastkraftwagen im Dienst der privaten und öffentlichen Wirtschaft. In: DWZ 23 (1926), S. 793.

betrieb abgeleitet und bereits kurz nach der Jahrhundertwende veraltet. Seit dieser Zeit orientierten sich die Konstruktionsprinzipien der Entwicklungsingenieure im wesentlichen an den bremstechnischen Neuerungen bei Pkw. Sie mußten jedoch bald feststellen, daß die Übernahme der für Pkw tauglichen Systeme mit lediglich geänderten Abmessungen und Hebelverhältnissen für die spezifischen Anforderungen des Nutzfahrzeugbaues, vor allem die hohen und zudem ständig wechselnden Belastungen im Transportbetrieb, mittelfristig nicht ausreichend war. Seit Ende des Ersten Weltkrieges wurde deshalb nach neuen oder stark modifizierten Wegen der Kraftvernichtung gesucht.[84]

Grundlegend für die technische Entwicklung war der in der zweiten Hälfte der 1920er Jahre forciert betriebene Ersatz mechanischer Zweirad- durch mechanische, hydraulische und schließlich durch pneumatische Vierradbremsanlagen, die sich jedoch im praktischen Lkw-Betrieb bis 1932 noch nicht durchsetzen konnten.[85] Gemäß den seit 1909 geltenden gesetzlichen Vorschriften waren Lkw mit zwei voneinander unabhängigen, jeweils gleichmäßig auf die Räder der gebremsten Achse einwirkenden Bremssystemen auszustatten, von denen mindestens eines auf die Hinterräder oder auf mit diesen fest verbundene Bauteile einzuwirken hatte. Sofern diese Systeme nicht dazu ausreichten, unbeabsichtigtes Rückwärtsrollen an Steigungen zu verhindern, mußte eine zusätzliche Bremsvorrichtung installiert werden. Mitgeführte Anhänger waren ebenfalls mit einer zuverlässigen Bremse zu versehen.[86] Auf der deutschen Automobilausstellung des Jahres 1925 waren zu diesem Zweck noch mehr als 60 Prozent der bis dato durchschnittlich etwa 30 bis 40 km/h schnellen Fahrzeuge mit Zweiradbremsen in Form von mechanischen Getriebe- und Hinterradbremsen ausgestattet. Zur Abbremsung mitgeführter Anhänger war es notwendig, auf jedem Anhänger Beifahrer als Bremser zu beschäftigen.[87] Dies erhöhte nicht nur die Personalkosten. Aufgrund von kaum zu vermeidenden Abstimmungsproblemen zwischen den Motorwagenführern und Bremsern, die sich im Fahrbetrieb üblicherweise durch Klingelzeichen verständigten, kam es bei plötzlich auftretenden Gefahrensituationen vor allem im Stadtbereich oftmals zum Auffahren oder Auseinanderreißen der Züge. Da der Anhängerbetrieb infolge der mit ihm verbundenen Erhöhung der

---

[84] Vgl. Norbye, Bremsen für Schwerfahrzeuge, 1987, S. 194 f.

[85] Überblicksartige Darstellung der relevanten bremstechnischen Entwicklungen bei Norbye, Bremsen für Schwerfahrzeuge, 1987, S. 195 ff.; Seifert, Lastkraftwagen und Zugmaschinen. In: Allmers et al. (Hg.), Automobilwesen 1928, S. 22 ff. und S. 26 f.; Kollinek, Die Bremsen. In: Allmers et al. (Hg.), Automobilwesen, 1928, S. 70 ff.; Friedmann, Lastkraftwagen, 1926, S. 182 ff.

[86] Gesetz über den Verkehr mit Kraftfahrzeugen vom 03. Mai 1909, § 3, Nr. 2 und 3 und § 35.

[87] Vgl. Preis, Technische Statistik der deutschen Automobilausstellung 1925. In: LA 3 (1926), Heft 8, S. 22/23 und Heft 9, S. 22/23; Natas, Das Problem der Vierradbremse am Lkw. In: LA 3 (1926), Heft 2, S. 13 ff.; Aders, Lastkraftwagenbau, 1925, S. 462.

Ladekapazitäten ökonomisch durchaus vorteilhaft sein konnte, wurde die Entwicklung selbsttätiger Anhängerbremsen zu einer wichtigen konstruktiven Aufgabe, die in der Weimarer Zeit nur teilweise gelöst wurde. Gegen Ende der 1920er Jahre herrschte die Verwendung von Innenbacken- oder Bandbremsen vor. Allerdings verschwand das Bremshaus nebst seiner Besatzung zusehends von den Anhängern, da die Betätigung dieser Bremsen, zumeist über eine Winde im Führerhaus, dem Fahrer als zusätzliche Aufgabe übertragen wurde.[88]

Abbildung 21: Bremswege für LKW auf Riesenluftreifen im Jahr 1926

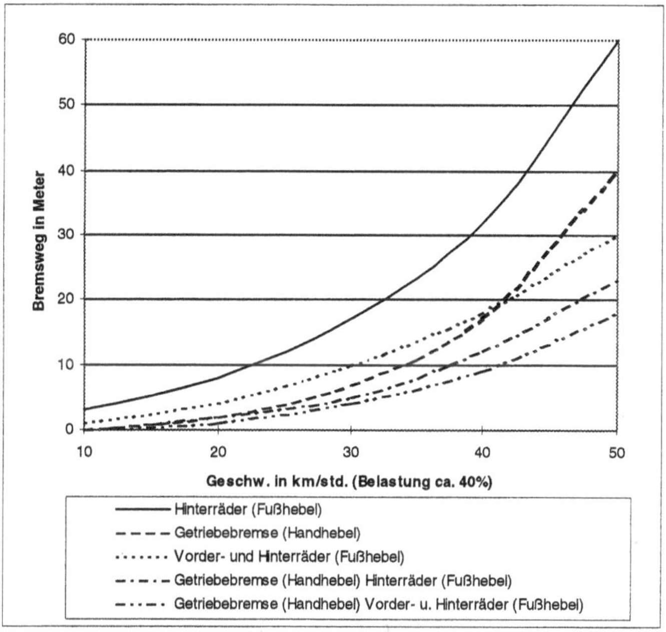

Quelle: Juhrte, Automobilunfälle, deren Ursachen, Verhütung und Behandlung. In: MTW 29 (1926), S. 534.

Üblicherweise wirkte die hand- oder fußbetätigte Innenbackenbremse, die gegen Ende der 1920er Jahre die radseitig angebrachte Außenbandbremse weitgehend verdrängt hatte, über ein System von Gestängen als Hinterradbremse. Die Bremsschuhe waren zunächst überwiegend aus Metall, später aus dem betriebssichereren und mit einer höheren Reibungsziffer ausgestatteten Asbestgewebe

[88] Vgl. Natas, Das Bremsproblem des L.K.W.-Zuges. In: LA 3 (1926), Heft 1, Seite 19 ff.; Gehr, Selbsttätige Anhängerbremsen. In: KuL 4 (1929), S. 9 ff.; Benecke, Entwicklungstendenzen im Bau von Lastanhängern. In: MTW 32 (1929), S. 275 f.

gefertigt. Im Vergleich zu den teilweise noch verwendeten Außenbackenbremsen wies diese Bauform zwar den Vorteil auf, daß sie gegen äußere Verschmutzung und Verölung relativ gut geschützt werden konnte, dennoch wurden die Grenzen ihrer Anwendbarkeit mit steigenden Nutzlasten und Geschwindigkeiten schnell deutlich. Zeitgenossen schätzten, daß die zu erzielende Bremswirkung, welche letztlich von den begrenzten körperlichen Kräften des Fahrers abhing, bei Nutzlasten von 10 Tonnen in Gefahrensituationen nicht mehr ausreichte. Insofern verzögerte das Fehlen geeigneter und praxistauglicher Bremskraftverstärker die Steigerung der Tragfähigkeit und damit die Verbesserung des Nutzlastkoeffizienten von Lkw erheblich.[89]

Diesem Problem konnten auch die gleichzeitig installierten mechanischen Getriebebremsen nicht abhelfen, obwohl sie bessere Bremswerte als Hinterradbremsen erzielten. *(Abbildung 21)* Ihr Einsatz führte aber zu hohem Materialverschleiß an den verschiedenen Antriebselementen. Da sie im allgemeinen bei ausgeschalteter Kupplung über eine auf der Getriebewelle angebrachte Bremsscheibe wirkten und auf diese Weise die bei einer Abbremsung auftretenden Kräfte direkt auf die Antriebswellen ablenkten, unterlagen vor allem die Kardangelenke einer deutlich erhöhten Abnutzung, die bei schwer beladenen und schnellen Fahrzeugen bisweilen sogar zur Zerstörung des Hinterachsantriebes führte.[90] Als Reaktion auf die daraus resultierenden Antipathien von Lkw-Benutzern gegen Getriebebremsen gingen verschiedene Hersteller dazu über, zwei gleiche Bremsbackenpaare nebeneinander an der Hinterachse zu installieren und konstruierten außerdem Motorbremsen, um die Bremswirkung zu erhöhen und von den physischen Kräften der Wagenführer insbesondere bei längeren Gefällestrecken unabhängig zu machen. Während sich 1922 erst zwei Lkw-Produzenten dieser Technik bedienten, verfügte der vielfach beschriebene 2,5-Tonner der Deutschen Lastautomobil-Fabrik A.-G., der „erste auf wissenschaftlicher Grundlage vollständig durchgebildete Schnell-Lastwagen“[91] im Jahr 1927 über eine Vorrichtung, bei der das Zurückdrehen des Gashebels über die Leerlaufstellung eine Verschiebung der Nockenwelle und Schließung der Einlaßventile bewirkte. Der Motor wurde quasi in einen Kompressor umgewandelt, was einen Verzögerungseffekt bewirkte. Die komplizierte Bedienung und die Unmöglichkeit, ein Fahrzeug auf diese Weise zügig und vollständig abzubremsen, schränkte die Verwendung derartiger Motorbremsen im Stadtbereich weitgehend ein.[92]

---

[89] Vgl. Norbye, Bremsen für Schwerfahrzeuge, 1987, S. 197; Aders, Lastkraftwagenbau, 1925, S. 462.

[90] Vgl. Friedmann, Lastkraftwagen, 1926, S. 189; Fischer, Lastauto, 1927, S. 118; Heller, Fortschritte, 1924/25, S. 713 ff.

[91] Lilliendahl, Automobil-Transport, 1927, S. 24.

[92] Vgl. Aders, Stand des deutschen Lastkraftwagenbaues, 1922, S. 446; Lilliendahl, Automobil-Transport, 1927, S. 25.

Im Grunde stellten die bisher beschriebenen Bremsverfahren lediglich stark verbesserte und modifizierte Varianten von Techniken dar, die bereits vor dem Ersten Weltkrieg in Nutzfahrzeugen zum Einsatz gekommen waren. In dieser Zeit waren Patenterteilungen und Konstruktionen von Hydraulik und Vierradbremsen in Personenkraftwagen ebenfalls vorgenommen worden.[93] Es war deshalb unmittelbar einsichtig, daß Zweiradbremsen für Lkw Mitte der 1920er Jahre sowohl aus technischer als auch aus ökonomischer Sicht veraltet waren. Ähnlich der französischen Firma Renault, die zwischen 1924 und 1926 Vierradbremsanlagen für alle Lkw ihres Sortiments einführte, stellte die deutsche Nutzfahrzeugindustrie nach anfänglichen Vorbehalten bei Neukonstruktionen auf den Einbau verschiedener Arten von Vierrad- und automatischen Anhängerbremsen um.[94] Sie sollten einerseits durch die theoretisch mögliche Halbierung des Bremsweges bei gleichen Ausgangsbedingungen eine erhöhte Sicherheit der nunmehr bis zu 60 km/h erreichenden 'Schnellastwagen', andererseits die Einsparung der Anhängerbesatzungen garantieren. Im Jahr 1928 waren von 91 verfügbaren Lkw und Omnibus-Typen bereits 72 mit Vierrad-, 6 wahlweise mit Vierrad- und nur 13 mit Zweiradbremsen ausgestatet[95], 1929 wies die Konstruktionsstatistik des RDA bei 69 Typen 60 Vierrad- und 9 Sechsradbremsen auf[96], und auf der Automobilausstellung 1931 schließlich waren von 87 Typen 68 mit Vierrad, 16 mit Sechsrad und nur 3 mit Zweiradbremsen versehen.[97] Aufwendig und wartungsintensiv blieben diese fortschrittlichen Systeme jedoch im gesamten Untersuchungszeitraum, unabhängig davon, ob sie die Realisation des erforderlichen Bremsdruckes durch Einsatz von Mechanik, Hydraulik oder Druckluft anstrebten. Darüber hinaus bleibt zu bedenken, daß die angeführten Konstruktionsstatistiken lediglich den Stand der technischen Entwicklung und nicht den Stand ihrer tatsächlichen Verbreitung wiedergaben. Bei Nutzfahrzeugen handelte es sich um relativ langlebige Investitionsgüter, deren Nutzungsdauer im Regelfall zwischen theoretisch bis zu zehn Jahren und praktisch ungefähr vier bis sechs Jahren schwankte.[98] In der Praxis dürften deshalb nicht immer die neusten Modelle

---

[93] Vgl. Fersen, Personenwagen, 1986, S. 400 ff.

[94] Vgl. Norbye, Bremsen für Schwerfahrzeuge, 1987, S. 196 f. Die Konstrukteure befürchteten anfangs nicht zu Unrecht, daß das gleichzeitige oder zeitversetzte Abbremsen von Vorder- und Hinterachse zum Schleudern und Kippen der Fahrzeuge führen könnte. Im praktischen Betrieb blieben derartige Probleme mehr oder weniger kontrollierbar; vgl. Fischer, Lastauto, 1927, S. 120 ff.

[95] Vgl. RDA e.V. (Hg.), Tatsachen, 1928, S. 126.

[96] Vgl. ders. (Hg.), Tatsachen, 1929, S. 161.

[97] Vgl. Schirz, Spiegel der technischen Statistik, 1932, S. 457.

[98] Zur angenommenene und tatsächlichen Nutzungsdauer von Lkw in den 1920er Jahren vgl. Kapitel 3.2 dieses Teils.

Verwendung gefunden haben und Anfang der 1930er Jahre noch große Teile der existierenden Fuhrparks mit veralteter Technik ausgestattet gewesen sein.

Versuche mit druckluftunterstützten Vierradbremsen führte die Berliner Knorrbremse A.-G., die diesbezüglich bereits aus dem Eisenbahnbau über umfangreiche Erfahrungen verfügte und zu Beginn der 1930er Jahre zum führenden Anbieter dieser Technik für Lkw avancierte, bereits sehr früh durch. Erste vielbeachtete Ergebnisse standen anläßlich der Deutschen Automobil-Ausstellung 1923 zur Verfügung, galten aber zu diesem Zeitpunkt allenfalls als technisch ambitionierte, aber aufgrund ihrer Kompliziertheit nicht als praxistaugliche Lösung für Nutzfahrzeuge.[99] Daran sollte sich bis in die 1930er Jahre hinein nur wenig ändern, obwohl pneumatische Servobremsen in Form von Saugluftbremsen in der Folgezeit eine gewisse Verbreitung erfuhren. Im Gegensatz zu mechanischen Anlagen waren diese Techniken grundsätzlich dazu geeignet, mittelfristig das Problem einer zentralen, gleichzeitigen und gleichmäßigen Bremsung von Wagen und Anhängern zu gewährleisten und sowohl den gesetzlichen Bestimmungen hinsichtlich des Anhängerbetriebes Folge zu leisten als auch die Einsparung der Bremser zu ermöglichen. Druckluftbremsanlagen mit integrierter Bremskraftverstärkung befanden sich um 1930 noch in der Entwicklung, und einfache Servoanlagen waren nach dem damaligen Stand der Technik im Fahrbetrieb kaum dosiert einzusetzen. Sie neigten zum Blockieren der Antriebs- und Lenkräder, was besonders im Winterbetrieb äußerst problematische Folgen zeitigte und 1929 manchen Lkw-Techniker gar zu der wenig fortschrittsoptimistischen Forderung veranlaßte: „Fort mit der Servobremse!“[100]

Weitaus verbreiteter waren deshalb technisch weniger aufwendige Systeme. In ihrer einfachsten Form, die gleichzeitig bis 1932 auch die breiteste Anwendung fand, waren dies mechanische Vierradbremsen, die das bekannte, auf Abbrem-

---

[99] Vgl. Heller, Deutsche Automobil-Ausstellung 1923. In: ZVDI 67 (1923), S. 978; Aders, Stand des deutschen Lastkraftwagenbaues, 1922, S. 446; Norbye, Bremsen für Schwerfahrzeuge, 1987, S. 199 f.

[100] Friedländer, Fort mit der Servobremse! In: LA 6 (1929), Heft 11, S. 1: „Tatsächlich hat es jedoch der Führer bei unseren modernen Servobremsanlagen gar nicht in der Hand, die Bremse so zu betätigen und den Druck so progressiv zu steigern, daß ein Blockieren vermieden wird. Durch die Servowirkung wird ihm bei leisester Pedalberührung die Herrschaft über die Bremse genommen, und eine kräftige Bremsung mit allen Folgen ist unausweichlich. Der Führer kann dieser Notlage nur durch Abheben des Fußes begegnen, wodurch dann die Rückzugsfedern in Tätigkeit treten und der Bremsvorgang unterbrochen wird.“ Vgl. zum Gesamtzusammenhang auch Kollinek, Die Druckluftbremse für Lastkraftzüge. In: MTW 27 (1924), S. 316 ff.; Günther, Druckluftbremsen für Lastkraftwagenzüge. In: VtW 19 (1925), S. 115 ff.; Castner, Druckluftbremsen für Kraftfahrzeuge. In: KuL 1 (1926), S. 34 ff.; Loewenthal, Neuzeitliche Bremsvorrichtung. In: LA 7 (1930), Heft 6, S. 15; Gehr, Selbsttätige Anhängerbremsen. In: KuL 4 (1929), S. 9 ff.; Norbye, Bremsen für Schwerfahrzeuge, 1987, S. 202; Fischer, Lastauto, 1927, S. 124 ff.

sung nur einer Achse zielende Grundprinzip auf alle Fahrzeugachsen übertrugen. Die Kraftübertragung auf die Bremsnocken der Vorder- und Hinterräder erfolgte über ein notwendigerweise erweitertes, mit großen Übersetzungen ausgestattetes und deshalb aufwendiger zu synchronisierendes System von Gestängen. Als problematisch erwies sich die für ein schleuderfreies Abbremsen der Lastzüge notwendige gleichmäßige Verteilung der Bremskraft auf alle Räder, die im täglichen Betrieb ohne umfangreiche Nach-, Einstell- und Schmierarbeiten kaum realisiert werden konnte. Vor allem war die synchronisierte Betätigung der auf beweglichen Achsschenkeln montierten Vorderradbremsen mit Hilfe dieser relativ starren Konstruktionsform nur „mit mehr oder minder befriedigendem Ergebnis“[101] zu erreichen.

Mechanische Servobremsen kamen zwar ohne große Übersetzungen aus, warfen dafür aber die bekannten Dosierungsprobleme auf. Eine deutliche Verbesserung stellten die über Öldruck arbeitenden hydraulischen Verfahren dar. Sie machten zwar das Bremsgestänge, nicht jedoch die aufwendigen Wartungsarbeiten überflüssig. Da undichte Bremszylinder oder -leitungen nicht nur, wie etwa mangelhafte Nachstellarbeiten bei mechanischen Anlagen, einen Teil-, sondern im Regelfall einen Totalausfall der Anlage zur Folge hatten, erhöhten sich außerdem die Anforderungen an das Bedienungspersonal. Der alleinige Einsatz von mechanischen Servo- oder auch Hydraulikbremsen zum Abbremsen schwerer Lastzüge erwies sich darüber hinaus als ungenügend. Noch in den 1930er Jahren fanden deshalb Druckluftbremsen primär in schweren, Öldruckbremsen in leichten Lkw Verwendung.[102]

Betrachtet man abschließend die konstruktive Verbreitung der verschiedenen Systeme, so bestätigt diese die allgemeine Tendenz der technischen Entwicklung im Nutzfahrzeugbau der 1920er Jahre. Von den erwähnten 72 Vierradbremsen des Jahres 1928 waren 57 mechanisch, 7 hydraulisch, 6 Saugluft- und 2 Druckluftbremsen, von den 60 Vierradbremsen des Jahres 1929 waren 31 mechanisch, 15 hydraulisch, 13 Saugluft- und 1 Druckluftbremsen, von den 68 Vierradbremsen des Jahres 1931 schließlich nur noch 24 mechanisch, 13 hydraulisch, aber bereits 19 Saug-, 6 Druckluft- und 6 synchrone hydraulische und Saugluftbremsen.[103] Es zeichnete sich der sukzessive Übergang zu technisch optimierten Bremsanlagen ab, deren Verwendung jedoch am Ende der Weimarer Periode noch keineswegs allgemeiner Standard war.

---

[101] Kollinek, Die Bremsen, 1928, S. 71.

[102] Vgl. Bühler, Nutzfahrzeuggeschichte, 1987, S. 29; Bussien (Hg.), Handbuch, 1931, S. 405 ff. und S. 419 ff.; Loewenthal, Neuzeitliche Bremsvorrichtungen, S. 15 ff.

[103] Vgl. RDA e.V., Tatsachen, 1928, S. 126; ders., Tatsachen, 1929, S. 161; Schirz, Spiegel der technischen Statistik, 1932, S. 457.

3 Markterweiterungen und kalkulatorische Wagnisse. Ökonomische Implikationen des Lkw-Verkehrs

Der 'Prozeß der schöpferischen Zerstörung' alter Märkte durch neue Technologien, den der Ökonom J. A. Schumpeter für die zentrale Antriebskraft der 'kapitalistischen Maschine' hielt, führte seiner Ansicht nach über die Zwischenstufe temporärer Monopolstellungen zu intensiviertem Wettbewerb in monopolistischer Konkurrenz, zu Gewinnerosion und schließlich zu verbesserter Marktversorgung und gesteigertem Wohlstand. Der Prozeß manifestierte sich nicht nur durch die wachstumsinduzierenden Wirkungen maschinentechnischer Innovationen, sondern ebenso durch Einführung und Nutzbarmachung neuartiger logistischer Möglichkeiten.[1] Elemente seines Ablaufs können in mikro- und makroökonomischer Perspektive am Beispiel des Lkw, der zentralen Innovation im Verkehrswesen des frühen 20. Jahrhunderts, verfolgt werden. Dabei wird deutlich, daß die Erschließung der in langfristiger Perspektive vorhandenen wohlfahrtssteigernden Effekte eines flexibilisierten Transportwesens in betriebswirtschaftlicher Betrachtung zunächst zu Komplexitätssteigerung führten. Verschiebungen in den Kostenstrukturen des betriebseigenen Transportwesens, deren Auswirkungen in der Zwischenkriegszeit noch unklar blieben, waren die Folge. Sie erschwerten im Einzelfall die Fundierung betrieblicher Investitionsentscheidungen über die Ausstattung werkseigener Fuhrparks mit Lkw.

3.1 Der Lkw als 'Schumpetersche Innovation'. Volkswirtschaftliche Aspekte logistischer Umstrukturierungen

Die bedeutenden Auswirkungen der Eisenbahn für die Industrialisierung des 19. Jahrhunderts sind umfassend erforscht. Mit dem durch die Bahn ermöglichten relativ schnellen und kostengünstigen Transport von Massengütern wie Rohstoffen für die Eisen- und Stahlindustrie oder von Erzeugnissen landwirtschaftlicher Großbetriebe, gingen Verschiebungen in der Versorgungs- und Wirtschaftsstruktur des Deutschen Kaiserreiches, aber auch in der Konkurrenzfähigkeit einzelner Unternehmen einher. Der Bahnanschluß wurde zu einem entscheidenden Wettbewerbsfaktor, seine Existenz oder Nichtexistenz begünstigte den relativen Aufstieg oder relativen Abstieg von Unternehmen und Wirtschaftsregionen. Der Eisenbahnverkehr bewirkte Steigerungen des Wirtschaftswachstums und Verschiebungen der Wirtschaftsstruktur.[2] Dieser Prozeß verlor seit dem Ende

---

[1] Vgl. Schumpeter, Kapitalismus, 1993, S. 137.

[2] Zur volkswirtschaftlichen und infrastrukturellen Bedeutung der Eisenbahn vgl. etwa die zeitgenössischen Arbeiten von Sax, Eisenbahnen, 1879, S. 65 ff.; Schulz, Volkswirtschaftliche Bedeutung, 1922, S. 5 ff. Neuere Darstellungen bei Treue, Eisenbahnen und Industrialisierung, 1987; Kiesewetter, Revolution, 1989, S. 248 ff.; Kroker, Wirtschaftsräume, 1993, S. 145 ff.; Voigt, Verkehr II, 1965, S. 507 ff., S. 567 ff. Mentalitätshistorische As-

des 19. Jahrhunderts zunehmend an Dynamik, die Nachfrage nach Transporten von Massengütern konnte durch das von Eisenbahn, Binnenschiffahrt und Fuhrwerken bereitgestellte Transportmittelangebot weitgehend befriedigt werden. Defizite bestanden lediglich im Bereich geringerer Nutzlasten bis 50 Tonnen und gesteigerter Transportgeschwindigkeiten im Nahverkehrsbereich.[3]

Die Ergänzung der linearen Raumerschließung mittels Schienenfahrzeugen durch motorisierte Straßenfahrzeuge, die sich besser zur Flächenbedienung eigneten und Diagonal- und Querverbindungen zwischen sektoral aufgesplitteten Wirtschaftsräumen und Märkten in zunehmender Verästelung herstellten, steigerte nicht nur die Effizienz des Richtungs- und des Flächenverkehrs. In langfristiger Perspektive gingen von der Einführung des Lkw in das Verkehrssystem neue Wachstumsimpulse und Strukturverschiebungen aus. Sein Einsatz führte zur Vernetzung und Erweiterung relevanter Märkte, zur Intensivierung von Marktbeziehungen und zu gesteigertem Wettbewerb aller Marktteilnehmer, insbesondere der Anbieter von Gütern und Dienstleistungen. Besonders betroffen waren davon in der Anfangsphase Wirtschaftszweige, die eine diskontinuierlich auftretende und periodischen Schwankungen unterworfene Nachfrage nach geringen bis mittleren Warenmengen bedienten, deren Absatz sich weiträumig auf viele Kleinabnehmer verteilte und bei denen flexible Reaktionen auf Marktveränderungen, schnelle Lieferungen sowie guter Kundendienst wichtige Wettbewerbsfaktoren waren. Es waren zunächst Groß- und Einzelhandlungen oder Nahrungs- und Genußmittelindustrien, aber auch Einkaufsgenossenschaften und Bauunternehmen, deren spezifischen Transportanforderungen die Eisenbahn nicht optimal genügen konnte. Theoretisch konnten dabei besonders kleine und hinsichtlich ihrer Kapital- und Liquiditätsausstattung eingeschränkte Betriebseinheiten vom schnelleren Warenumschlag mittels Lkw und von einer geringeren Kapitalbindung profitieren.[4]

Im Deutsche Kaiserreich verfügte die Bahn vor Beginn des Ersten Weltkrieges über ein Schienennetz mit einer Gesamtlänge von 64.000 km, erreichte aber nur 12.000 Gemeinden oder 20 Prozent aller Kommunen durch einen direkten

---

pekte der 'Industrialisierung von Raum und Zeit' durch die Eisenbahn bei Schivelbusch, Eisenbahnreise, 1989.

[3] Vgl. auch Kirchberg, Geschichte des Kraftfahrzeugs, 1978, S. 108 ff., der deshalb ebenda, S. 110 für die Zeit vor dem Ersten Weltkrieg schließt: „Eine akute Mangelerscheinung, die die Entwicklung eines völlig neuen Transportmittels ad hoc erzwungen hätte, fehlte jedenfalls." Mit den aufgezeigten fertigungsstrukturellen Wandlungen im Kontext der Weimarer Rationalisierungsperiode wurden die 'Mangelerscheinungen' dieses relativ unflexiblen Transportsystems gegenüber einer zunehmend differenzierten Transportnachfrage dann offensichtlich deutlicher.

[4] Vgl. Voigt, Verkehr II, 1965, S. 577 ff.; ders., Volkswirtschaftliche Bedeutung, 1960, S. 209 f.; Kirchberg, Geschichte des Kraftfahrzeugs, 1978, S. 118 f. und S. 338 f.

Bahnanschluß. Im Vergleich dazu waren 1930 allein in Sachsen 1486 Orte an des Kraftliniennetz abgeschlossen, während dort lediglich 799 Bahnhöfe und 232 Eisenbahnhaltepunkte existierten.[5] Diese Zahlen veranschaulichen die Raumerschließungsfunktion des Lkw, welche volkswirtschaftlich ebenso relevant wurde wie die Möglichkeit, durch seinen Einsatz den zeitlichen Abstand zwischen verschiedenen Produktions- und Konsumtionsstufen zu verkürzen. Die spezifische Art, in der Lkw die Aufgabe räumlicher und zeitlicher Gütertransformation lösten, hatte dabei weitreichende volkswirtschaftliche Auswirkungen, die zur vollen Entfaltung ihrer Wirkungskraft Jahrzehnte benötigten und in den Weimarer Jahren zumeist nur ansatzweise erkennbar wurden.[6]

In der Land-, Lebensmittel- und Genußmittelwirtschaft sowie den daran beteiligten Industrie- und Handelsbetrieben war ein wesentlicher Grund für die verstärkte Lkw-Nutzung die Möglichkeit, die wenig haltbare Ware zunächst zügig zur Weiterverarbeitung und sodann zum Kunden zu transportieren. Daraus resultierte die aus Sicht der Konsumenten, aber auch aus versorgungstechnischen und gesundheitspolitischen Gründen positiv zu bewertende Möglichkeit, nicht nur städtische Ballungsgebiete, sondern auch bis dato schlecht erschlossene und versorgte ländliche Gegenden besser als bisher mit Lebensmitteln und Konsumgütern zu beliefern. Von den Möglichkeiten des neuen Verkehrsträgers profitierten einerseits dörflich strukturierte Gegenden und Peripherien. So hatte sich die Versorgungslage im Erzgebirge durch Lkw-Einsatz im Laufe der 1920er Jahre spürbar verbessert:

> „Von der Großstadt (Chemnitz) bringen die Butterhändler, Schokoladengroßhandlungen und Konsumvereine mit eigenen Lieferwagen ihren Untervertretungen und Kunden die Ware bis ins Haus. Damit ist auch endlich der Mangel an frischem Gemüse im Erzgebirge behoben."[7]

Andererseits kamen auch Wirtschaftszentren in den Genuß besserer Versorgungsmöglichkeiten. Die zunehmende räumliche Ausdehnung des zur Versorgung einer Großstadt wie Mannheim heranzuziehenden agrarisch strukturierten Umlandes veranschaulicht dabei die Bedeutung von Geschwindigkeit, Flexibilität und Raumerschließung durch den Lkw. Die Möglichkeiten der Reichsbahn, diese Großstadt mit seinerzeit etwa 250.000 Einwohnern und einem täglichen Verbrauch von rund 80.000 Litern bedarfsgerecht und ökonomisch effizient mit dem leichtverderblichen Hauptnahrungsmittel Milch zu versorgen, erwiesen sich bereits im Zuge der Ausdehnung des relevanten Einzugsgebietes von etwa 55 km

---

[5] Vgl. Heimes, Transportindustrie, 1978, S. 51; Allwardt, Problem, 1933, S. 67.

[6] So übergeht etwa Voigt bei seiner auf ein enges Untersuchungsgebiet im Nürnberger Raum beschränkten Regionalstudie über die wirtschaftsstrukturellen Auswirkungen neuartiger Verkehrsträger für den Kraftwagenverkehrs die Zeit vor dem Zweiten Weltkrieg fast völlig, da sich relevante Verschiebungen erst nach diesem Zeitraum ergaben. Vgl. Voigt, Gestaltende Kraft der Verkehrsmittel, 1959, S. 106 ff.

[7] Allwardt, Problem, 1933, S. 60; vgl. auch DIHT, Eisenbahn und Kraftwagen, 1930, S. 6.

vor dem Ersten Weltkrieg auf eine mittlere Entfernung von 200 km im Jahr 1926 als unzureichend.[8] Die Versorgung von Großstädten mit Milch oder anderen landwirtschaftlichen Produkten avancierte deshalb früh zu einem Paradebeispiel für ein gesellschaftlich wünschenswertes und gleichzeitig wirtschaftlich sinnvolles Einsatzfeld von Lkw:

„Der Gartenlandgürtel um die Konsumzentren (Großstädte) erfuhr eine erhebliche Erweiterung. Gärtnereierzeugnisse, Obst, Frischmilch, Eier usw. werden mit dem Kraftwagen auf Entfernungen von 80-120 km schnellstens den Städten zugeführt. Eine umfangreiche Versorgung derselben mit solchen Frischerzeugnissen war erst mit der Entwicklung des Kraftverkehrs möglich. Einige landwirtschaftliche Erzeugnisse werden auf größere Entfernungen mit dem Kraftwagen befördert. Wein z.B. wird von der Pfalz nach Baden, Württemberg, München (450 km), Rheinhessen und Berlin befördert, also bis zu einer Entfernung von 700 km. Eine Versorgung Berlins mit noch unvergorenem süßem Pfälzerwein in größerem Ausmaß wäre ohne Kraftverkehr unmöglich.“[9]

Wie eine 1929 durchgeführte Umfrage bei mehreren Nahrungs-, Genuß- und Getränkefabrikationsunternehmen ergab, rechneten sich die Umstrukturierungen im Transportwesen auch unter ökonomischen Gesichtspunkten. Während durchschnittlich 2,5 pro Mille der mit der Eisenbahn transportierten Güter verdarben, waren es bei per Lkw beförderten Waren auf dem Versandweg nur etwa 1 pro Mille der Waren. Rechnete man diese Werte auf die gesamte deutsche Nahrungsmittelproduktion hoch, so hätten sich damit Einsparungen aus Qualitätserhaltung in Höhe von fast 700.000 RM ergeben, bei den Getränkeindustrien, die zu diesem Zweck bereits vorher Spezialwaggons bei der Bahn einsetzten, Einsparungen von gut 285.000 RM. In diesem Fall standen sogar den für weitere Transportstrecken zu konstatierenden höheren Beförderungskosten des Kraftfahrzeuges im Vergleich zur Eisenbahn betriebswirtschaftlich relevante Kostenreduktionsmöglichkeiten gegenüber, die in anderen Branchen nicht unbedingt

---

[8] Vgl. etwa Rolph-Nürnberg, Die Milchversorgung der Großstadt. In: LA 6 (1929), Heft 7, S. 9.; Haller, Schnelligkeit, die Grundlage des Lebensmitteltransportes. In: LA 7 (1930), Heft 23, S. 13 ff.; Horn, Der Lastkraftwagen als Transportmittel für Lebensmittel. In: LA 7 (1930), Heft 3, S. 10 f.; Schmitt, Milchversorgung der Großstädte. In: Güterumschlag, 1925, S. 235 ff. Möglicherweise trug die hier erwähnte und beklagte Gewohnheit der Reichsbahn, Milch mit Eilzügen und Personenzügen statt mit eigens hierfür bereitgestellten Schnellzügen zu transportieren, das ihrige zur Förderung des Lkw bei. Außer Ansatz bleiben bei einer derartigen Kritik jedoch die kostenmäßigen Auswirkungen der geforderten Sonderzuggestellungen. Beispiele zur Ausdehnung des Versorgungsgebietes von Großstädten durch Kraftwagentransporte auch bei Héder, Konkurrenzfähigkeit, 1931, S. 18. Voigt, Gestaltende Kraft der Verkehrsmittel, 1959, S. 106 weist für sein Untersuchungsgebiet aus dem Nürnberger Raum darauf hin, daß sich der Übergang von Transportgütern von der Schiene auf die Straße zunächst bei Milch nachweisen läßt. Das völlige Verschwinden dieses Gutes aus den entsprechenden Bahnstatistiken vollzog sich aber erst nach 1948.

[9] Erlenmaier, Bedeutung, 1934, S. 101.

gegeben waren.[10] Wenngleich sich auch im Fernverkehr mit leichtverderblichen Waren der Lkw zu einem ernstzunehmenden Konkurrenten der Reichsbahn entwickelte, bevorzugten viele Händler auch in diesem Bereich bis weit in die 1930er hinein das letztgenannte Transportmittel, zum einen wegen der hohen Stoßempfindlichkeit der Waren und aufgrund ihres mangelhaften Schutzes gegen Witterungseinflüsse beim Lkw-Transport, zum anderen aus Gewohnheit.[11]

Es waren nicht nur der vielfach kritisierte Zeitgeist, der „'Geschwindigkeitsrausch': Geschwindigkeit[, die] nicht mehr Mittel zum Zweck, sondern Selbstzweck [geworden war]: man rast, um zu rasen: 'Tempo' ist die Losung“[12], sondern auch Überlegungen organisatorischer, finanz- und vertriebstechnischer Art, die gerade in der Lebens- und Genußmittelindustrie und im Handel eine ebenso wichtige Rolle bei der Entscheidung für Lkw spielten. Aspekte wie die Senkung von Kapitalbindungskosten durch Reduktion der Lagerbestände und die Erhöhung der Warenumschlagsgeschwindigkeit, die Abstimmung von Produktion und Absatz, die Steuerung und Steigerung des Verkaufs beziehungsweise die Vergrößerung des vertriebsrelevanten Einzugsgebietes oder die Steigerung der Wettbewerbsfähigkeit durch einen verbesserten Kundendienst wurden von Praktikern explizit als Gründe für die Bevorzugung von Lkw genannt. Bierbrauereien, die mit den traditionell verwendeten Pferdefuhrwerken lediglich einen Belieferungsradius von Gaststätten im Umkreis von ungefähr 30 Kilometern erreichten, konnten diesen mittels Kraftwagen auf bis zu 80 Kilometer ausdehnen.[13] Von der handelswissenschaftlichen Theorie wurden die Konsequenzen deutlich herausgestellt. So betont W. Körtje in der Fachzeitschrift 'Die Betriebswirtschaft', der vormaligen 'Zeitschrift für Handelswissenschaft und Handelspraxis':

> „Auf Grund der in den einzelnen Branchen vorliegenden besonderen Verhältnisse gilt es, die Entscheidung darüber zu fällen, welche Aufgaben dem Kraftfahrzeug gestellt werden. ... Von

---

[10] Vgl. Horn, Lastkraftwagen und Lastkraftzug im Dienste der Güterbeförderung. In: Kul 5 (1929), S. 223; ders., Der Lastkraftwagen als Transportmittel für Lebensmittel. In: LA 7 (1930), Heft 3, S. 10 ff.; Rolph, Südfruchttransport vom Schiff zum Kunden. In: La 6 (1929), Heft 23, S. 11; Schmidt-Lamberg, Der Lastkraftwagen im Dienste der Spezialindustrien. In: KWH 4 (1929), S. 2 f.

[11] Vgl. Wegner, Wettbewerb zwischen Pferdefuhrwerk und Lastkraftwagen, 1933, S. 42.

[12] Blum, Probleme, 1930, S. 530.

[13] Vgl. DIHT, Eisenbahn und Kraftwagen, 1930, S. 40; Precht, Organisationsproblem, 1936, S. 55; Allwardt, Problem, 1933, S. 45 f., S. 58 f. und die Praxisbeispiele auf S. 75 ff.; Andorfer, Rationalisierung in der Brauindustrie, 1928, S. 78. In den Rückmeldungen an die IHK Bochum gaben 1930 immerhin zwei Firmen als Grund für den Kraftwageneinsatz die „Vergrößerung bzw. Erweiterung des Absatzgebietes“ an (WWA Dortmund, K1, Nr. 895). Eine ähnliche Umfrage der Arbeitsgemeinschaft der Industrie- und Handelskammern in der Reichswirtschaftskammer von 1936 betonte dann die umgekehrte Kausalität: die Zunahme des Werkverkehrs sei auf die Zunahme des Umsatzes zurückzuführen. Vgl. Linden, Werkverkehr, 1936, S. 57 f.

großer Bedeutung für die Gestaltung der Transportabteilung ist ferner die *Ausdehnung des Belieferungsgebietes* als Folge einer intensiveren Kundenbearbeitung und Bedienung. Die Transportaufgaben zahlreicher Handelsunternehmen sind daher auf eine *Erweiterung des räumlichen Wirkens* eingestellt. In mehr oder minder entfernten Städten und Dörfern werden Filialen errichtet, deren Versorgung mit anderen Transportmitteln als dem Kraftwagen kaum möglich ist und auch wirtschaftlich nicht auf andere Weise durchgeführt werden kann.“[14]

Die wachsende Bedeutung, die einer effizienten und flexiblen Absatzlogistik im Zuge rationalisierungsbedingter Produktionsausweitungen gerade im Konsumgüterhandel zukam, findet in derartigen Überlegungen ihren Niederschlag. Volkwirtschaftlich gesehen ging diese räumliche Vernetzung und Vergrößerung sektoral relevanter Märkte, insbesondere im Zusammenhang mit gesteigerter Mobilität auch der Nachfrager, mit erhöhter Markttransparenz und zunehmender vertikaler und horizontaler Wettbewerbsintensität innerhalb der und zwischen den Wirtschaftsstufen einher. Diese Entwicklung hatte ambivalente, zuweilen gegenläufige Folgen und entsprach nicht immer dem Ideal verbesserter Marktversorgung zu reduzierten Verkaufspreisen. So führte die verbesserte Versorgungssituation bei Frischobst und -gemüsen zu Marktanteilsverlusten der Konservenindustrie und zwang diese zu Anpassungsreaktionen. Umstellungen in der Rohstoffbeschaffung waren die qualitative, Preisnachlässe die quantitative Folge. Aus ähnlichen Gründen hatte eine theoretisch denkbare Förderung von Dezentralisationstendenzen in der deutschen Industriestruktur durch eine mittels Lkw verbesserte inner- und zwischenbetriebliche Logistik keine praktische Bedeutung.[15] Im Gegenteil: bei absatzorientierten Genußmittelindustrien wie Brauereien wurden ohnehin vorhandene Konzentrationstendenzen gesteigert. Auf Massenabsatz ausgelegte Großbrauereien dehnten infolge des erleichterten Bierversandes ihre direkt belieferten Absatzgebiete und ihren Umsatz aus, verdrängten nur regional bedeutende Kleinbrauereien vom Markt oder kauften diese auf. Von grundlegender Bedeutung war dabei die Möglichkeit der Großbrauereien, die Kapazitäten ihrer Lkw-Fuhrparks auszulasten und deren Rentabilität zu gewährleisten, während bei Kleinbrauereien der Ersatz der traditionellen ‘Bierkutscher’ durch Lieferwagen infolge von Unterauslastungen oftmals unwirtschaftlich blieb.[16] Im Gegensatz dazu konnten im Bereich materialorientierter Industrien Betriebe geringerer und mittlerer Größe ihre Wettbewerbsposition verbessern.

---

[14] Körtje, Die Wirtschaftlichkeit des Nutzkraftwagenbetriebes. In: BW 23 (1930), S. 115; Hervorhebungen im Original. Vgl. auch Liliendahl, Automobil-Transport, 1927, S. 118 ff.; Héder, Konkurrenzfähigkeit, 1931, S. 15 ff.

[15] Vgl. Kupczyk, Deutschlands Gemüse- und Konserven-Industrie. In: WD 17 (1932), S. 79; Brandt, Dezentralisation der Industrie? In: WD 11 (1926), S. 1775.

[16] Vgl. Zatsch, Brauwirtschaft Westfalens, 1987, S. 247 ff.; Hoecht, Organisation und Technik, 1929, S. 93 ff; Knoblauch, Organisation, 1920, S. 23 ff.; Frisch, Konzentration, 1934, S. 11 ff. und S. 57 ff.; Erlenmaier, Bedeutung, 1934, S. 98 f.; Andorfer, Rationalisierung der Brauindustrie, 1928, S. 76 f.

Sofern diese vor Einführung des Lkw abseits von Bahnanschlüssen positioniert waren, blieb ihr Wirkungskreis infolge komparativer Transportkostennachteile durch kombinierten Fuhrwerks- und Bahntransport auf regionale Märkte begrenzt, obwohl sie wegen des Lohngefälles zwischen Stadt und Land mit geringeren Arbeitskosten produzierten. Der durch Nutzfahrzeuge ermöglichte Anschluß an aufnahmefähigere Absatzgebiete konnte diese komparativen Produktionskostenvorteile zur Geltung bringen. In Württemberg etwa machten Steinbrüche ohne Bahnanschluß mit Aufkommen des Kraftverkehrs größeren Steinbrüchen mit Bahnanschluß Absatzgebiete und -mengen in großem Umfang streitig.[17]

Im Vergleich zur Industrie führte die Integration des Lkw in das Verkehrssystem im Handel und Gewerbe zu einer weiter gesteigerten Fühlbarkeit von Konkurrenzbeziehungen. Vor allem kleine Einzelhandlungen und Handwerksbetriebe wurden der ihnen vormals zugute gekommenen Präferenzen räumlicher und zeitlicher Natur und ihrer daraus resultierenden lokalen Monopolstellungen beraubt und einem verschärften Preiswettbewerb ausgesetzt. Sofern sich für sie die Anschaffung eigener Fahrzeuge aus Kapazitätsgründen nicht rentierte, leistete der Lkw hier nicht nur einen wichtigen Beitrag auf dem Weg zu vollkommeneren Märkten, sondern begünstigte auch den Trend zu größeren Betriebseinheiten:

> „Die Durchdringung des ganzen auch bahnfernen Gebietes durch das Kraftfahrzeug hat eine starke wirtschaftliche Belebung zur Folge. Es ist dabei leider nicht zu verhindern, daß durch die größere Beweglichkeit der mit Kraftfahrzeugen versehenen Firmen der Kundenkreis des ländlichen Handwerkers ungünstig beeinflußt wird.“[18]

In die gleiche Richtung weist eine von der Forschungsstelle für den Handel unter Leitung des Staatssekretärs Prof. Dr. Hirsch im Januar 1932 veröffentlichte Studie über die Kosten der Warenzustellung im Einzelhandel mit dem Ergebnis, daß im Zuge eines verschärften Konkurrenzkampfes insbesondere große Einzelhandlungen in Berlin dazu übergingen, durch Ausbau ihrer Versandabteilungen das vor dem Krieg übliche 'Cash-and-Carry-System' durch Hauszustellungen bei ihrer Kundschaft zu ersetzten. Während größere der hier ansässigen Modehäuser und Buchhandlungen zwischen 40 und 100 Prozent ihrer Ware auf diese Weise zustellten, konnte der daraus resultierende Wettbewerbsdruck bei kleineren Betriebseinheiten zu deutlichen Steigerungen der Zustellkosten und Schmä-

---

[17] Vgl. Erlenmaier, Bedeutung, 1934, S. 94 f.

[18] Allwardt, Problem, 1933, S. 46. Zur Illustration führt Allwardt das Beispiel zweier dörflicher Schuhmacher an, die darüber klagen, „daß großstädtische Geschäfte (z.B. Althoff-Leipzig) mit Kraftwagen die ganze Gegend abfahren und nicht nur Neuwaren liefern, sondern auch Schuhreparaturen einsammeln. Die Preise der Warenhäuser sind - wahrscheinlich infolge der Maschinenarbeit und der Massenaufträge - so billig, daß der mit der Hand arbeitende Schuhmacher nicht konkurrieren kann. Eine solche Verschiebung der Reparaturaufträge läßt sich überall feststellen.“ (ebenda, S. 82).

lerungen des Betriebsgewinnes führen.[19] Dieses Ergebnis war charakteristisch für die Geschäfts- und Marktentwicklung im deutschen Einzelhandel zwischen 1925 und 1935:

> „Die weitläufige Siedlung führte an vielen Orten zu einer vermehrten Anschaffung von Lieferwagen. Die ganze Entwicklung vollzog sich unter den anspornenden Einwirkungen gesteigerter Technik, anregungsbedürftiger Kundschaft und wachsender Konkurrenz zwischen den Fachgeschäften, Warenhäusern und Einzelhandelsgeschäften, die alle miteinander den durch Strukturwandlungen des Einzelhandels bedingten Daseinskampf kämpften und in jeder Gruppe auch interne Geltungskämpfe mit ständig neuen Reizmitteln zu bestehen suchten."[20]

Die negativen Auswirkungen der gesteigerten Konkurrenz bekamen aber nicht nur kleinere, selbständige Einzelhandelsbetriebe zu spüren. In dem Maße, in dem die Möglichkeiten des neuen Verkehrsträgers erkennbar wurden, die räumliche, zeitliche und mengenmäßige Überbrückungsfunktion zumindest partiell zu übernehmen, mehrten sich kritische Stimmen, die in diesem Zusammenhang vor den volkswirtschaftlichen Folgen einer unangemessenen Abwälzung wirtschaftlich 'schlechter' Risiken auf einen angeblich von der Ausschaltung bedrohten Großhandel warnten. Tatsächlich stagnierten die Umsätze des Großhandels in den Weimarer Jahren und blieben mit ungefähr 50 bis 60 Milliarden Reichsmark pro Jahr in etwa auf dem Vorkriegsstand, während gleichzeitig Einkaufsgenossenschaften des Handwerks und des Einzelhandels, Konsumgenossenschaften sowie die immer mehr an Bedeutung gewinnenden Kauf- und Warenhäuser durch Zusammenballung von Einkaufsmacht, aber auch durch verbesserten Kundendienst und flexiblere Liefermöglichkeiten zusätzliche Marktanteile gewannen. Der im Vergleich zum relativen Umsatzrückgang stärkere Lagerabbau von Großhandelsunternehmen belegt aber, daß auch diese Betriebe im Zuge der verschärften Preiskonkurrenz die Vorteile zeitoptimierter Beschaffung und sinkender Kapitalbindungskosten zu nutzen wußten.[21]

---

[19] Vgl. Castorp, Zur Frage der Warenzustellung im Einzelhandel. In: LA 9 (1932), Heft 6, S. 9. Zur Vermeidung der Wettbewerbsverzerrungen zwischen Groß- und Kleinbetrieben schlägt die Studie (a.a.O., S. 10) bemerkenswerterweise die „vollständige Trennung des Speditionsbetriebes von den Einzelhandelsgeschäften [und die] Zusammenfassung des Berliner Einzelhandels nach amerikanischem Muster in einer Speditionsgenossenschaft", also die zentrale Zusammenfassung absatzlogistischer Funktionen in einer gesonderten Wirtschafteinheit, vor. Aus Sicht der Einzelwirtschaft wäre dies einer Revariabilisierung von Transportkosten gleichgekommen, die primär den aufgrund fehlender Fixkostendegression benachteiligten Kleinbetrieben zugute gekommen wäre.

[20] Tiburtius, Der Deutsche Einzelhandel im Wirtschaftsverlauf und in der Wirtschaftspolitik von 1925-35. In: JfNST 142 (1935), S. 593.

[21] Dieser Trend wurde außerdem durch die auch im Großhandel im Laufe der Weimarer Jahre knapper gewordenen Kreditmittel und eingeengten Finanzierungsspielräume notwendig. Vgl. Schleifenbaum, Der Großhandel in der deutschen Wirtschaft, vornehmlich dargestellt an Hand des Enqueteberichts. In: ZfHF 26 (1932), S. 405 ff.; Redlich, Zum Problem der Risikoverteilung zwischen Industrie, Groß- und Einzelhandel. In: BW 23 (1930), S. 183 ff.

Die zunehmende räumliche Konzentration des Großhandels in Industriezentren beziehungsweise Großstädten war eine offensichtlichere Folge der Umstellung des Transportwesens auf werkseigene Lkw. Die Zentralisation etwa des Kolonialwarengroßhandels in größeren Städten resultierte nicht zuletzt daraus, daß seine zur zügigen Belieferung klein- und landstädtischer Einzelhändler vor Einführung des Lkw nötige regionale Präsenz nicht mehr erforderlich war. Ebenso wie beim Massenfilialsystem im Lebensmittelhandel wurden hier Tendenzen, die Lagerhaltung zu zentralisieren und quasi 'auf die Straße' zu verlegen, deutlich. Beim Massenfilialsystem bestimmte der Transportradius der beliefernden Nutzfahrzeuge zunehmend die räumliche Ausdehnung der Filialen um die entsprechenden Zentralläger.[22] Beispielsweise gingen im Schuh- und Ledergewerbe filialisierte Schuhhandelsketten im Laufe der 1920er Jahre im Einzelfall dazu über, ihre Filialen in einem Umkreis von bis zu 200 km nahezu ausschließlich mit Lkw zu beliefern. Der Anteil der Eisenbahntransporte am Schuhversand nahm dabei von ungefähr 85 Prozent im Jahre 1920 auf etwa 20 Prozent im Jahre 1928 ab. Bis zu einer Entfernung von 185 km wurden schließlich alle Anlieferungen durch unternehmenseigene Lkw oder Lieferwagen ausgeführt. Dabei wurden von der Zentrale 38 Städte und etwa 160 Ortschaften beliefert. Eine andere Großhandlung dieser Branche führte 1929 die deutliche Ausweitung ihres Kundenkreises primär auf den Einsatz von Lkw zurück, verdoppelte deshalb ihren Fahrzeugbestand und verlagert damit 80 Prozent ihres Transportvolumens auf Nutzfahrzeuge.[23] Die Bedeutung der räumlichen Präsenz für den Handel wurde tendenziell durch die zeitlich jederzeit verfügbare Präsenz des Lkw ersetzt.

Gleichzeitig wich die für das 19. Jahrhundert typische Trennung der Transport- und Absatzfunktion bei der Eingliederung des Lkw in das Verkehrssystem über den Werkverkehr einer neuerlichen Integration beider Funktionen innerhalb einer Wirtschaftseinheit. Ein organisiertes Straßentransportgewerbe begann sich erst in den 1930er Jahren zu entwickeln, und insbesondere Speditionsunternehmen verhielten sich in der Anschaffung von eigenen Fahrzeugen anfangs sehr zurückhaltend. Sie beschränkten sich auf die Vermittlung von Transportkapazitäten privater Einzelunternehmer. Wollten oder mußten die Industrie- und Handelsbetriebe die logistischen Vorteile des Lkw nutzen, waren sie meist zur Anschaffung eigener Fahrzeuge gezwungen. Dabei erzielten vor allem solche Handelsbetriebe Wettbewerbsvorteile, die neben der reinen Vermittlung des Güterumlaufs

---

[22] Vgl. Erlenmaier, Bedeutung, 1934, S. 102 f.

[23] Vgl. Horn, Der Lastkraftwagen bei den gewerblichen Wirtschaftsgruppen. In: KuL 4 (1929), S. 275; Lippmann, Standort, 1933, S. 85 ff. Bei den Vernehmungen der 9. Arbeitsgruppe (Handel) des Enquete-Ausschusses gab der 'Sachverständige F.E.', Vorstandsmitglied des 'Reichsverbandes deutscher Zweiggeschäftsbetriebe im Lebensmittelhandel' (vormals 'Reichsverband deutscher Filialgeschäftsbetriebe') zu Protokoll: „Das Filialgeschäft ist auf einen Kreis von etwa 100 km begrenzt, so weit, wie wir an einem Tage mit Lastkraftwagen fahren können." Enquete-Ausschuß, Massenfilialunternehmen, 1929, S. 106.

zusätzliche volkswirtschaftliche Funktionen wie die der Warenverteilung übernahmen.[24] Lkw sorgten nicht nur für Marktbelebung, Marktöffnung und gesteigerte Versorgungssicherheit, sie machten diese Märkte auch umkämpfter und schufen temporär neue Wettbewerbsvorteile und Präferenzen, die in bestimmten Bereichen Konzentrationstendenzen begünstigten und für eine Stärkung der Angebotsmacht sorgten. Mit der sukzessiven Bedeutungszunahme des gewerblichen Kraftverkehrs seit den frühen 1930er Jahren wurde derartigen Tendenzen entgegengewirkt, auch im straßengebundenen Transportwesen dem Prinzip der Arbeitsteilung wieder Geltung verschafft und rückblickend die Entwicklung der 1920er Jahre kritisch beleuchtet:

> „Es konnte sich also der Werkverkehr immerhin besser entwickeln als der gewerbliche Kraftverkehr, was eigentlich verwunderlich und für die Güte der deutschen Verkehrsorganisation kein gutes Zeichen ist. Zu Beginn des Tauschverkehrs gab es nur Werk-, also betriebseigenen Verkehr. Jeder große Kaufmann besaß seine Gespanne und seine Schiffe. Weil Spezialisierung und Arbeitsteilung aber wirtschaftlicher ist als Funktionenvereinigung, wurde die Transportfunktion allmählich aus den Industrie- und Handelsbetrieben ausgegliedert und von selbständigen Transportunternehmern übernommen. Nun, im Zeichen des Kraftwagens, wurden die Transportfunktionen von den Industrie- und Handelsbetrieben von neuem übernommen. Das ist für die übrige Verkehrsorganisation kein gutes Zeichen. Denn im allgemeinen kann ... ein Werkverkehr sich nur dort entwickeln, wo die Organisation der reinen Verkehrsbetriebe, also der Eisenbahn- und Kraftverkehrsbetriebe, teuer und schlecht ist. Der gewerbliche Kraftverkehr muß, von wenigen Einzelfällen abgesehen, in der Lage sein, die betriebliche Transportfunktion billiger und besser zu erfüllen als der Werkverkehr, der mangels Rückfracht bestenfalls eine 50%ige Auslastung erreichen kann."[25]

3.2 Der LKW als flexibles, schnelles und kostengünstiges Transportmittel? Zur betriebswirtschaftlichen Bewertung eines rationellen Verkehrsträgers

Der zügige technische Fortschritt und die damit verbundene Verbesserung des LKW zwischen 1920 und 1932 verfolgte den Zweck, die vermeintlichen oder tatsächlich vorhandenen logistischen Potentiale für die Praxis zu erschließen und nutzbar zu machen. Wie banal zuweilen die betriebswirtschaftlichen Überlegungen ausfallen konnten, die am Anfang bedeutender Umgestaltungen im Verkehrswesen und in der Infrastruktur standen, und wie differenziert und komplex, deshalb aber nicht notwendigerweise zutreffender, die entsprechenden Argumentationsmuster in der Folgezeit wurden, konnte dabei am Beispiel des Nutzkraftwagens besonders deutlich werden. Noch 1922 stellte der Lkw-Fachmann

---

[24] Vgl. Precht, Organisationsproblem, 1936, S. 20 ff.; Winterhoff, Autotransportgenossenschaften im Güterkraftverkehr. In: WD 18 (9133), S. 74 ff.; Redlich, System der Handelsfunktionen. In: Schmollers Jahrbuch für Gesetzgebung, Verwaltung und Volkswirtschaft im Deutschen Reiche 56 (1932), S. 39 ff.; ders., Der Handel in der Absatzorganisation. In: Zeitschrift für die gesamte Staatswissenschaft 93 (1932), S. 417 ff.

[25] Mellerowicz, Stand des gewerblichen Güterfernverkehrs, 1935, S. 143.

Aders, zu diesem Zeitpunkt Konstruktionschef bei der M.A.N Nürnberg, zutreffenderweise fest:

„Mangel an Futtermitteln und ihr hoher Preis, der hohe Preis der Zugtiere und die Schwierigkeiten mit den Angestellten in bezug auf die Einhaltung des Achtstundenarbeitstages haben viele Besitzer von Gespannfuhrwerken zum Gebrauch des Lastkraftwagen geführt. Auch die neuerliche Steigerung der Eisenbahnfrachten läßt die Güterbeförderung auf der Landstraße trotz der Verteuerung der Betriebsstoffe vielfach vorteilhaft erscheinen.“[26]

Die Bedeutung, die man dem Kostenfaktor im Gütertransport, bald ergänzt durch die kraftwagenimmanenten Werte Schnelligkeit, Verfügbarkeit und Flexibilität, zumaß, kommt nicht zuletzt in den Investitionen zum Ausdruck, die in die notwendigen Entwicklungsarbeiten zur technischen Verbesserung des Lkw investiert werden mußten. Gleichzeitig setzte sich, analog zur umfangreichen Literaturproduktion zum Thema Rationalisierung, eine kaum überschaubare Anzahl von mehr oder weniger wissenschaftlichen Publikationen mit der Existenz der genannten Vorzüge und ihrer Relevanz für den betrieblichen Alltag auseinander. Jenseits der Tatsache, daß eine situationsgerechte Aufteilung des betrieblichen Güteraufkommens zwischen Eisenbahn und Lkw grundsätzlich betont wurde, überwog vor allem in betriebswirtschaftlichen Abhandlungen eine positive Einschätzung des neuen Verkehrsträgers. Insbesondere die vielfach postulierte, aber für deutsche Verhältnisse kaum bewiesene positive Korrelation zwischen der Geschwindigkeit, mit der eine betriebliche Funktion ausgeführt wurde, und ihrer Kostengünstigkeit - ein Phänomen, daß bereits am Beispiel der ‘Produktionsbeschleunigung’ deutlich wurde - führte dazu, daß die betriebswirtschaftliche Sinnhaftigkeit der steigenden Verfügbarkeit des Lkw quasi vorausgesetzt und deshalb kaum kritisch hinterfragt wurde.[27] Für die Rationalisierung des Transportwesens durch den Lkw war dieser Sachverhalt deshalb besonders relevant, weil hier ein bereits von Ford betonter zentraler Punkt der Rationalisierungsproblematik berührt wurde: die positiven Folgen einer Senkung von Kapitalbindungs-

---

[26] Aders, Stand des deutschen Lastkraftwagenbaues, 1922, S. 387. Die Ähnlichkeit zum Werbeslogan der Daimler Motoren Gesellschaft von 1897 ist wohl nicht beabsichtigt, aber offensichtlich: „Ein ‘Daimler’ ist ein gutes Thier/ Zieht wie ein Ochs, du siehst’s allhier;/ Er frißt nichts, wenn im Stall er steht/ Uns sauft nur, wenn die Arbeit geht/ ... / Drum kaufe nur ein solches Thier/ Dann bist versorgt du für und für.“ Im Gegensatz zur Zeit um die Jahrhundertwende fanden derartige Überlegungen aber in der beginnenden Hochzeit der Rationalisierung eine weit größere Resonanz. Ein rationelles Transportwesen zeichnete sich nunmehr durch Kostengünstigkeit und Schnelligkeit aus, was sich nicht zuletzt in der Automobilwerbung der Zeit widerspiegelt. Diese betonte immer deutlicher die Maßgeblichkeit des Faktors Geschwindigkeit auch für den Warentransport. Vgl. auch Borscheid, Lkw kontra Bahn, 1995, S. 23; ders., Autowerbung in Deutschland, 1991, S. 91 ff.

[27] Ausnahmen finden sich primär bei eisenbahnfreundlichen Verkehrsexperten wie Blum, Professor an der TH Hannover: „Die Frage der Geschwindigkeit ist nicht etwa dadurch kurz zu erledigen, daß der Kraftwagen schnell fahren muß, weil er schnell fahren kann, sondern sie ist nach der Wirtschaftlichkeit und Sicherheit zu beurteilen.“ Blum, Probleme, 1930, S. 530.

kosten nebst den damit verbundenen Rentabilitätsverbesserungen durch sinkende Lagerbestände und entsprechend erhöhte Umschlaggeschwindigkeiten.[28] Möglicherweise war deshalb sogar der tendenziell eisenbahnfreundlichen 'Deutschen Wirtschaftszeitung', dem Publikationsorgan des DIHT, 1926 die Überlegung zu entnehmen:

„In vollem Ausmaße trägt also der Lastkraftwagenverkehr der Gegenwartslosung 'Zeit ist Geld' durch rationelle Einteilung der Verladearbeit, durch Beibehaltung gleichmäßiger Fortbewegung sowie durch Erreichung höchster Geschwindigkeit Rechnung."[29]

Die mit einer überlegenen Beförderungsgeschwindigkeit einhergehende deutlich verkürzte Beförderungsdauer des Lkw gegenüber dem Eisenbahntransport stand dabei zumindest im Nahverkehr außer Frage, obwohl die Grundgeschwindigkeit der Fahrzeuge weit unter der von Eisenbahnen lag. Sie betrug ungefähr 20 km/h, erhöhte sich bei Lieferwagen auf ungefähr 40 km/h, wurde aber durch gesetzliche Regelungen für Fahrzeuge mit über 5,5 Tonnen Gesamtgewicht auf 20 km/h, bis 5,5 Tonnen in Ortschaften auf 30 km/h, im Anhängerbetrieb innerhalb geschlossener Ortschaften auf 16 km/h beschränkt. Dieses Manko kompensierten die beim Lkw wegfallenden eisenbahntypischen Rangier-, Stillstands-, Umlade- und Zwischentransportzeiten in Verbindung mit üblicherweise kürzeren Wegstrecken, so daß die Beförderungsgeschwindigkeit des Straßentransportes sogar über weite Strecken bereits 1926 bei Eilgütern das Drei- bis Vierfache und bei Frachtgüter das Sechs- bis Siebenfache des Schienentransportes betragen konnte. Der Lkw war auf Entfernungen bis zu 300 Kilometer das schnellere Transportmittel. Da die angesprochenen Vorteile mit abnehmender Transportentfernung immer mehr an Bedeutung gewannen, erhöhte sich der Geschwindigkeitsvorteil innerhalb der Nahverkehrszone von 50 km zuweilen auf das Zehnfache.[30] Sofern die Unternehmen mit diesen Transporten externe Spediteure und

[28] Sehr pointiert zusammengefaßt bei G. Maxat: „So stößt man noch heute in der Fachpresse vielfach auf Auslassungen, als bedürfe es nur der richtigen Beschleunigung des Umschlages, also der Verkleinerung des Lagers, um schließlich die Ware umsonst zu erhalten." Maxat, Um das Umschlagproblem. In: BW 26 (1933), S. 285.

[29] Leibrock, Der Lastwagen im Dienst der privaten und öffentlichen Wirtschaft. In: DWZ 23 (1926), S. 793.

[30] Der Gütertransport von Feuerbach nach Cannstatt, seinerzeit noch getrennte Ortschaften im Großraum Stuttgart, über eine Tarifstrecke von 10 km und eine Straßenentfernung von 5 km dauerte 1926 per Bahn zwei Tage, per Lkw dreißig Minuten. Zwischen den 280 km entfernt liegenden Verkehrsknotenpunkten Leipzig und Hamburg erhöhte sich die Transportdauer bei der Bahn lediglich auf drei Tage, bei Lkw auf einen Tag - störungsfreien Betrieb vorausgesetzt. Obwohl die Reichsbahn in den folgenden Jahren vielfältige Maßnahmen zur Optimierung und Verkürzung ihrer Transportzeiten, wie beispielsweise die Erhöhung der Zuggeschwindigkeiten auf bis zu 60 km/h, die Verbesserung der Bremsanlagen oder die Rationalisierung der Rangierarbeit, ergriff, blieb der gleichfalls ständig technisch verbesserte

Fuhrunternehmer beauftragten, konnten sie zusätzlich bis zu 40 Prozent gegenüber den gültigen Eisenbahnfrachttarifen einsparen. Problematisch daran war jedoch, daß die Transportdienstleister dann im Regelfall unter ihren Selbstkosten anboten.[31]

Der praktische Beweis der theoretischen Kausalitätskette, die Geschwindigkeit und Zeitersparnis mit Kostensenkung gleichsetzte, erwies sich in der ökonomischen Wirklichkeit der Weimarer Republik aber als schwierig. Da bis zu 90 Prozent der eingesetzten Lkw werkseigene Fahrzeuge waren, wurde die Mehrzahl der durchgeführten Transporte unter anderen Kostenstrukturen durchgeführt. Mit einer gesteigerten Transportgeschwindigkeit gingen in bestimmten Branchen Einsparungsmöglichkeiten einher, was am Beispiel der Nahrungs- und Getränkeindustrien bereits erläutert wurde. Allerdings zeigt die Bestandserhöhung von Lkw von mehr als 30 Prozent im Sektor der Eisen- und Schwermetallzechen bei einer gleichzeitigen Steigerung der Förderleistung von nur gut 12 Prozent im Zeitraum vom Juli 1927 bis zum April 1928, von der in einzelnen Fällen eine Senkung der Gestehungskosten um 6 bis 9 Prozent erwartet wurde, die wachsenden Bedeutung dieser Versendungsart auch in weniger verderbliche Waren produzierenden Industriezweigen.[32] Die Wichtigkeit, die kurzfristig disponierbaren Transportkapazitäten zunehmend beigemessen wurde, verdeutlicht auch die Steigerung von Eilgüterversendungen im Jahr 1929 um 45 Prozent gegenüber dem Vorjahr bei einer gleichzeitigen Zunahme von im Reichsgebiet verkehrenden Eilzügen von lediglich 2,5 Prozent sowie die Tatsache, daß die Firma Krupp im gleichen Jahr nahezu 18 Prozent, die Lothringischen Eisen- und Stahlwerke gut und die oberschlesischen Hüttenwerke fast 15 Prozent ihrer Güterausgänge mit werkseigenen Lkw beförderten.[33] Hier im Planungsvorfeld neben Zeitersparnis und Transportflexibilisierung weitere Vorzüge, insbesondere Einsparungen und Kostendegressionen, gegenüber den konkurrierenden Versandformen nachzuweisen, bereitete zwar theoretisch kaum Schwierigkeiten. Sie aber tatsächlich auszunutzen und den Transport somit ökonomisch rationell zu gestalten,

Lkw auch ohne Reichsautobahnen innerhalb eines Radius von nahezu 300 km schneller. Vgl. Merkert, Lastkraftwagenverkehr, 1926, S. 71 ff.; Héder, Konkurrenzfähigkeit, 1931, S. 103 ff.; Erlenmaier, Bedeutung, 1934, S. 57 ff.

31 Die Angaben über Preissetzungen im Transportgewerbe basieren auf empirischen Erhebungen des DIHT, Eisenbahn und Kraftwagen, 1930, S. 41. Zum teils ruinösen Wettbewerb zwischen Spediteuren oder Frachtführern vgl. Winterhoff, Autotransportgenossenschaften im Güterkraftverkehr. In: WD 18 (1933), S. 74; Precht, Organisationsproblem, 1936, S. 75.

32 Damit wurden Mitte 1928 nach Angaben des DIHT etwa 14 Prozent aller Rohmetallieferungen vom Zechenwerk zum Verbraucher ausschließlich und weitere 52 Prozent zu großen Teilen per Lkw transportiert. Vgl. Schmidt-Lamberg, Lastkraftwagen im Zechenwesen, 1929, S. 197 f.

33 Vgl. Horn, Lastkraftwagen und Lastkraftzug im Dienste der Güterbeförderung. In: La 6 (1929), Heft 42, S. 7.

war in Analogie zu anderen Bereichen der Rationalisierung äußerst problematisch, besonders unter Berücksichtigung der Tatsache, daß die Vorteile des Lkw-Einsatzes in den Genußmittelindustrien vor allem durch die Spezifika des dortigen Leistungserstellungsprozesses entstanden.[34] Diese Ambivalenz zwischen theoretischer Analyse und faktischer Realisation stand in direktem Zusammenhang mit Problemen kostenrechnerischer Natur.

Dem Aufbau und der Ausgestaltung einer qualifizierten 'Logistikkostenrechnung' wurde sowohl in theoretischen als auch in fachpraktischen, meist durch eine Fülle von Beispielrechnungen illustrierten Abhandlungen breiteste Beachtung geschenkt.[35] Bereits die Ergebnisse der auf theoretischen, im Einzelfall zuweilen durch empirische Erhebungen abgesicherten, Annahmen basierenden Kalkulationen waren aber nicht dazu angetan, besonderes Vertrauen in ihre Verwendungsfähigkeit als betriebliches Kontroll- oder Planungsinstrument zu wecken. Obwohl im Einzelfall sehr detailliert aufgemacht, wichen die Berechnungen in ihren Ergebnissen selbst bei ungefähr gleichen Ausgangsdaten meist weit voneinander ab. *(Tabelle 40)* So kostete beispielsweise der gefahrene Kilometer um 1930, bezogen auf eine Jahresleistung von 20.000 km und einen Kleinlastwagen von 1 bis 2 Tonnen Gewicht beziehungsweise einen Schwerlastwagen von 5

[34] Darstellung dieses Sachverhaltes unter anderem bei Rolph, Südfruchttransport vom Schiff zum Kunden. In: La 6 (1929), Heft 23, S. 11: „Für den Transport der Südfrüchte ... ist der Kraftwagen das gegebene Beförderungsmittel. Sind die Förderkosten des Kraftfahrzeuges heute auch noch im allgemeinen merklich höher als bei der Eisenbahn, so ist ein Ausgleich doch wieder dadurch geschaffen, daß die Wertminderung bzw. der Verlust beim Südfruchtransport bei der unmittelbaren Beförderung mittels Kaftwagens (sic!) wesentlich geringer als beim Bahntransport ist, was eine Folge der größeren Transportgeschwindigkeit, der Verwendung von Spezialaufbauten und des Wegfalls jeglichen Umladens auf dem Weg vom Schiff zum Kunden ist.“ Kritisch anzumerken ist hierzu, daß die Abnehmer von auf Lkw transportierten Obstsendungen aus dem Hamburger Hafen noch Anfang der 1930er Jahre an ihrer Meinung festhielten, derartige Waren litten durch das 'Rütteln und Schaukeln der Kraftwagen' übermäßig und deshalb im Nahverkehr am Pferdefuhrwerkstransport festhielten. Aus Furcht vor Frostschäden, gegen die Bahnwaggons besseren Schutz boten als Lkw-Pritschen, bevorzugten gleichzeitig viele Händler als Ferntransportmittel weiterhin die Eisenbahn. Vgl. Wegner, Wettbewerb zwischen Pferdefuhrwerk und Lastkraftwagen, 1933, S. 42.

[35] Als Beispiele: Ostermann, Benzinlastkraftwagen, 1927, S. 16 ff.; Merkert, Lastkraftwagenverkehr, 1926, S. 43 ff.; Fleischfresser, Die statistischen Nachweisungen bei Verkehrsunternehmungen. In: ZfhF 14 (1920), S. 139 ff.; Kes, Betrieb und Wirtschaftlichkeit von Kraftverkehrsunternehmen. In: ZfV 1 (1922), Heft 3, S. 16 ff.; Mayer, Theorie der Selbstkostenrechnung und Preisbildung in den Verkehrsgewerben. In: ZfB 5 (1928), S. 746; Kirschke, Kontrolle, Rationalisierung, Statistik und Rentabilitätsberechnung für Lastautos, Schnellieferwagen, Elektrokarren und ähnliche Fahrzeuge. In: ZfB 5 (1928); Schöpke, Gliederung und prozentualer Anteil der einzelnen Kostenfaktoren im Lastkraftwagenbetriebe. In: AR 29 (1927), S. 51 ff.; Mann, Die Kosten des Lastwagenbetriebes. In: LA 4 (1927), Heft 7, S. 14 ff.

Tonnen Gewicht entweder 48,2 Pfennig und 91,9 Pfennig, 40 Pfennig und 60-85 Pfennig, 45 Pfennig und 81 Pfennig oder 31-36 Pfennig und 68-72 Pfennig.[36] Die Abweichungen beliefen sich damit im Einzelfall auf über 50 Prozent.

Wie relevant derartige Fehlkalkulationen für betriebliche Investitionsentscheidungen werden konnten, war aber aufgrund der Kriegserfahrungen bereits 1919 bekannt. Seinerzeit entschied sich beispielsweise ein Unternehmen der sächsischen Steinindustrie auf Basis folgender Ausgangsdaten gegen den Ersatz seines Pferdefuhrwerks durch einen Lkw: Transport von jeweils 5 Tonnen Ladung über eine Fahrstrecke von 28 km ohne Rückladung bei relativ guten Straßenverhältnissen und einer zur Verfügung stehenden Arbeitszeit von 12 Stunden. Obwohl der Lkw in dieser Zeit zwei Fahrten absolvieren und auf diese Weise täglich 280 Tonnenkilometer leisten konnte, während das Fuhrwerk nur eine Strecke und damit 140 Tonnenkilometer lief, was bei Tageskosten von 34 Mark für das Fuhrwerk einen Tonnenkilometersatz von gut 24 Pfennig, bei Tageskosten von 62 Mark für den Lkw bei diesem einen Tonnenkilometersatz von ungefähr 22 Pfennig und damit eine Einsparung von rund 10 Prozent bedeutete, erschien es aufgrund der in der Praxis zu erwartenden Ausfallzeiten des Lkw mehr als unwahrscheinlich, diese theoretischen Werte zu realisieren. Außerdem mußte hier kritisch berücksichtigt werden, daß ein Stillstand des einzigen Lkw zwangsläufig zur kurzfristigen Lahmlegung des gesamten Transportwesens geführt hätte, während ein Pferd in demselben Fall kurzfristig zu ersetzten war.[37] Auch bei kleinen Betriebseinheiten fehlte es nicht an positiven Beispielen für gelungene und rentable Transportumstellungen. Dennoch erscheint es vor diesem Hintergrund wenig verwunderlich, daß bereits zu Beginn der 1920er Jahre diverse klein- und mittelständische Firmen in ähnlich gelagerten Fällen die erfolgte Aufnahme des Lkw-Betriebes als Fehlinvestition beklagten.[38]

Noch 1933 ergaben auf tatsächlichen Betriebs- und Unterhaltungskosten basierende Kalkulationen einer Hamburger Speditionsfirma, daß im Nahverkehr das Pferdefuhrwerk bei gleichen Einsatzbedingungen wirtschaftlicher arbeitete als der

---

[36] Vgl. Körtje, Die Wirtschaftlichkeit des Nutzkraftwagenbetriebes. In: BW 23 (1930), S. 118; Kürbs, Selbstkostenermittlung und Selbstkosten bei den Landverkehrsmitteln. In: BW 25 (1932), S. 130; Schulz, Ökonomie, 1930, S. 40 sowie die Zusammenfassung verschiedener Rentabilitätsübersichten in: LA 7 (1930), Heft 30, S. 11; LA 8 (1931), Heft 11, S. 9; LA 8 (1931), Heft 15, S. 13.

[37] Vgl. Wolff, Zur Frage der Verwendung von Motorlastwagen. In: VtW 13 (1919), S. 170 ff.

[38] Als positives Beispiel aus Allwardt, Problem, 1933, S. 75: „Eine Baufirma in Dahlen, die jährlich rund eine Million Mauersteine gebraucht. ... Der Schienenweg ist 35 km lang, die Straße 13 km. Der Bahntransport dauert 2-3 Tage, der Autotransport kaum 1 Stunde; der Lastkraftwagen fährt die Strecke dreimal täglich in jeder Richtung. Durch den Eisenbahntransport entstehenden Mehrkosten von 5-7 M für 1000 Stück Mauersteine, die Firma hat jährlich also 5000-7000 M Ersparnis durch den Kraftwagentransport."

Lkw. Bei 40 Kilometern Leistung betrugen die Kosten pro Arbeitstag bei einem 10 Tonner 68,25 RM und bei einem 5 Tonner 56,37 RM, bei einem Zweispänner aber nur 41,95 RM und bei einem Einspänner 36,60 RM, ohne Berücksichtigung der geringeren Ausfallwahrscheinlichkeit des letztgenannten Transportmittels.[39] Die zu diesem Zeitpunkt statistisch nahezu gleichgewichtige Aufteilung aller auf Straßenverkehrsmittel entfallenden Transporte im Hamburger Hafen auf Lkw und Pferdefuhrwerk konnte demnach weniger auf rationelle als vielmehr auf emotionale Beweggründe zurückgeführt werden:

> „Es gibt immer einige Spediteure, die das Pferdefuhrwerk als vollkommen veraltet ansehen und nur mit Lastautos fahren, und andere, die vom Fortschritt der Technik nichts wissen wollen und am alten, wohlerprobten Pferdefuhrwerk unerschütterlich festhalten."[40]

In den Großbetrieben mit entsprechendem Fuhrpark dagegen waren die Verhältnisse wesentlich klarer, die Einsparungspotentiale deutlich höher und ihre Realisation mit weitaus geringeren Imponderabilien belastet. So rechnete die Krupp A.-G. 1925 beim Einsatz von 4-5 Tonnern im Nahverkehr ohne Anhänger mit Aufwendungen von 28 Pfennig/tkm, mit Anhänger mit Aufwendungen von 18 Pfennig/tkm. Da die Vergleichswerte für den Einsatz von Pferdefuhrwerken zu der Zeit bei 40 Pfennig/tkm lagen, ergaben sich Einsparungen zwischen 30 und mehr als 50 Prozent.[41] Eine weitestgehende Auslastung und gute infrastrukturelle Gegebenheiten vorausgesetzt, konnte sich eine partielle Umstellung im Großbetrieb rentieren, während sie im Kleinbetrieb, insbesondere bei überwiegendem Nahverkehr, ambivalente Folgen zeitigte. Theoretisch plausible Rechnungen konnten sich in der Praxis leicht als Vergleich von Unvergleichbarem erweisen, was mit den Problemen des Speditionsbetriebes vertrauten Zeitgenossen durchaus bekannt war:

---

[39] Vgl. Wegner, Wettbewerb zwischen Pferdefuhrwerk und Lastkraftwagen, 1933, S. 43. Blum hielt noch 1930 bei einem Einsatzradius bis 8 km in Flachlandstädten das Fuhrwerk für wirtschaftlicher als den Lkw; vgl. Kirchberg, Geschichte des Kraftfahrzeugs, 1978, S. 337. Die Unmöglichkeit, nicht zuletzt aufgrund der ausgeprägten regionalen Differenzierung und der daraus resultierenden Marktintransparenz, aber auch wegen unterschiedlicher Betriebsstrukturen einheitliche Tagessätze für Transportdienstleistungen festzusetzen oder zu berechnen, wird auch am Beispiel des Pferdefuhrwerks deutlich. So galten im Gegensatz zu den eben genannten Werten für die Anmietung von einspännigen Fuhrwerken mit Kutscher in Gießen 1931 Tagessätze von 9 bis 15 Mark, für Zweispänner 18 bis 25 Mark als ortsüblich. Vgl. HWA Darmstadt, Abt. 6, Nr. 1985 (Kosten für die Anmietung von Fuhrwerken).

[40] Wegner, Wettbewerb zwischen Pferdefuhrwerk und Lastkraftwagen, 1933, S. 45.

[41] Vgl. Neumann, Kraftwagen und Straßenwirtschaft. In: VtW 19 (1925), S. 99. Die Selbstkosten des Pferdefuhrwerks konnten ebensowenig exakt bestimmt werden wie die des Lkw, dürften hier allerdings relativ hoch angesetzt sein. Sie wurden etwa von van der Borght im Jahr 1912 mit 20-25 Pf./tkm angegeben. Héder geht dann Anfang der 1930er Jahre, allerdings unter Berufung auf die eben zitierte Quelle, wieder von 30-40 Pf./tkm aus. Vgl. Borght, Verkehrswesen, 1912, S. 220; Héder, Konkurrenzfähigkeit, 1931, S. 12.

„Diese Zahl 'Gesamtkosten für 1 tkm' ist es, die für den Spediteur regelmäßig die Entscheidung bringen wird, ob es für sein Unternehmen wirtschaftlich ist, Kraftwagen einzustellen. ... Wiederholt wird der Wunsch laut, es möge eine einwandfreie Wirtschaftlichkeitsrechnung für den Kraftwagenbetrieb aufgestellt werden, da mit Recht - ohne das darin ein Vorwurf enthalten sein soll - die Rentabilitätsberechnungen der Industrie als zu optimistisch bezeichnet werden. Für alle Zeiten und für alle Orte anwendbare Rentabilitätsberechnungen aufzustellen, ist aber nicht möglich, so wünschenswert dies wäre. Dazu sprechen zu verschiedene Umstände mit, von denen nur auf die Verschiedenheit der Löhne und Gehälter, die verschiedenen Bedingungen, zu denen Kapital erhältlich ist, auf die Verschiedenartigkeit des Geländes u. dergl. hingewiesen werden soll. ... Auf einen wichtigen Punkt aber sei hingewiesen. ... Ein weitverbreiteter Fehler ist der, daß die Jahresleistung zu hoch angenommen wird, der Teiler damit zu groß ist, und der tonnenkilometrische Unkostensatz sich infolgedessen zu niedrig ergibt."[42]

Mit diesem Zitat ist das Hauptproblem der Kostenrechnung angesprochen. Sie vermittelte meist ein stark geschöntes Bild der ökonomischen Realität. Hier wurde, wohl auch mangels verläßlicher empirischer Erhebungen, meist mit Auslastungsgraden von 70 bis 100 Prozent, mit jährlichen Laufleistungen von 20.000 bis 40.000 km und mit 300 bis 320 Betriebstagen pro Jahr kalkuliert, soweit diesbezügliche Angaben überhaupt Berücksichtigung fanden. Abgesehen von Ausnahmefällen beliefen sich die tatsächlich realisierten Werte aber im Regelfall auf 50 bis maximal 80 Prozent Auslastung beziehungsweise 10.000 bis maximal 20.000 km Laufleistung an etwa 240 bis 280 Betriebstagen, was angesichts der dominanten Verwendungsform der Lkw im Werkverkehr auf Entfernungen unter 50 km kaum verwundert.[43] Im Lieferdienst der Brauindustrie beispielsweise waren Stillstandszeiten von mehr als der Hälfte der täglichen Arbeitszeit nicht ungewöhnlich, während empirische Erhebungen verschiedener Großbrauereien bis 1929 für 1,5 Tonnen Schnellastwagen bei einer Durchschnittsgeschwindigkeit von 45 km/h jährliche Fahrleistungen von ungefähr 15.000 Kilometer und für 5-Tonner ohne Anhänger bei einer Durchschnittsgeschwindigkeit von 30 bis 35 km/h jährliche Fahrleistungen von ungefähr 11.000 Kilometer auswiesen, die sich

---

[42] Kes, Anforderungen der Spedition, 1926, S. 209.

[43] Vgl. Schulz, Ökonomie, 1930, S. 36 f.: „So konnte bei der Untersuchung festgestellt werden, daß der 1-1 1/2 t-Lieferwagen ... jährlich nur 18-25000 km fährt ... [der] 5 t-Wagen ... durchschnittlich 18 -20000 ... . Eine 100 %ige Ausnutzung konnte überhaupt nicht festgestellt werden, selten 75%, während das Gros der Wagen nur zu 50% oder der halben Tragfähigkeit ausgenutzt war, da in den meisten Fällen der Wagen leer zurückfahren muß. Nur bei Speditionsbetrieben wurde eine höhere Ausnutzung erzielt." Ebenso Humbert, Der Lastkraftwagen ist das Schmerzenskind. In: LA 8 (1931), Heft 23, S. 13 (16.000 bis 18.000 km Jahresleistung als 'zweifellos günstige Leistung' in einem Großhandelsbetrieb); Beneke, Konstruktionsfragen der Lastkraftwagen, 1926, S. 195; Kes, Anforderungen der Spedition, 1926, S. 208 f.; WWA Dortmund, K1, Nr. 897 (Ergebnisse einer Rundfrage der IHK Dortmund von 1924 über Anzahl und Durchschnittsleistungen von LKW bei verschiedenen Firmen ihres Einzugsbereiches).

im Anhängerbetrieb nochmals auf circa 8.000 Kilometer reduzierten.[44] Bei dem in Abhängigkeit von sinkender Auslastung und Laufzeit stark progressiven Gesamtkostenverlauf des Fahrzeugbetriebes, der sich aus dem hohen Fixkostenblock, in der Hauptsache also aus Abschreibungen, Kapitalverzinsung, Steuern, Fahrzeugversicherung und gegebenenfalls Fahrer- und Beifahrerlohn herleitete, hatten derartige Ungenauigkeiten aber entscheidenden Einfluß auf die Rentabilität der Fahrzeugparks. Noch Mitte der 1930er Jahre galt die Faustregel, daß die kostenstrukturellen Vorteile des Transportmittels Lkw, die sich in dem vergleichsweise hohen Anteil variabler Kosten an den Gesamtkosten niederschlugen, erst bei jährlichen Laufleistungen von etwa 20.000 km und mehr zum Tragen kamen.[45] Bei jährlichen Laufleistungen von weniger als 10.000 km waren Pferdefuhrwerke eine ökonomisch vorteilhafte Alternative.[46] Wenn etwa im Fuhrpark der Schultheiss-Patzenhofer Brauerei AG in Berlin um 1930 neben 105 Lkw mit Anhängern über 1000 Gespanne Verwendung fanden, war dies auch eine Reaktion darauf, daß in der Praxis der Lkw selbst in Großbetrieben nicht immer der rentablere Verkehrsträger im Nahverkehr war.[47]

Verschärft wurden diese Schwierigkeiten durch die Typenvielfalt und große Reparaturanfälligkeit der Fahrzeuge. Nach Ende des Ersten Weltkrieges war es nicht von ungefähr in diversen Unternehmen durchaus üblich, Holzmodelle aller verwendeten Lkw-Motoren anfertigen zu lassen, anhand derer im Reparaturfall das jeweils benötigte Teil in benachbarten Gießereien ausgegossen und anschließend in eigenen Werkstätten montiert wurde, sofern nicht von vornherein Ersatzmotoren für jedes Fahrzeug bereitgehalten wurden. Noch 1926 rechnete deshalb 'einer der größten deutschen Fuhrbetriebe' mit jährlichen Repara-turkosten in Höhe von 15 Prozent des Anschaffungspreises.[48] Die daraus resultierende Notwendigkeit, im Einzelfall große und kapitalintensive Ersatzteillager einzurichten sowie die Gewohnheit vieler Firmen, aufgrund hoher Fremdreparaturkosten Werkstattkapazitäten für die Wartung und Reparatur eigener Fahrzeuge

[44] Vgl. Graßmé, Der Biertransport. In: LA 6 (1929), Heft 19, S. 9; Schöpke, Das Transportproblem der Brauerei in der Großstadt. In: LA 6 (1929), Heft 22, S. 14 ff.; Hoecht, Organisation und Technik, 1929, S. 95 f.

[45] Vgl. Halter, Die Wettbewerbsfähigkeit der Lastkraftwagen mit den Eisenbahnen. In: VT 6 (1925), S. 671; Precht, Organisationsproblem, 1936, S. 70 ff.

[46] Vgl. Héder, Konkurrenzfähigkeit, 1931, S. 12.

[47] Zur Ausstattung des Fuhrparks der Schultheiss-Patzenhofer Brauerei AG vgl. Reichsernährungsministerium/Präsidium des deutschen Brauer-Bundes (Hg.), Brauindustrie, 1930, S. 257.

[48] Vgl. Wolff, Zur Frage der Verwendung, 1919, S. 266; Friedmann, Lastkraftwagen, 1926, S. 8; Benecke, Konstruktionsfragen der Lastkraftwagen, 1926, S. 196. Die Arbeitszeit für die Hauptüberholung eines 5 Tonnen-Lkw dauerte danach 22 Arbeitstage, für eine Motorenüberholung 6 Arbeitstage.

Tabelle 40: Jahresbetriebskosten und Kosten je Tonnen-Kilometer bei achtstündiger Fahrzeit (100% Auslastung) verschiedener Lkw-Klassen im Jahr 1928

		1 Motorradwagen Zahl	1 Einzelpreis M.	1 Summe M.	2 Kleintransportwagen Zahl	2 Einzelpreis M.	2 Summe M.	3 Lieferwagen Zahl	3 Einzelpreis M.	3 Summe M.	4 Leichtlastwagen Zahl	4 Einzelpreis M.	4 Summe M.
Anschaffungskosten	Motorleistung ohne Bereifung		1.350			2.350			4.250			5.900	
	Anhänger		—			—			—			—	
	Summe			1.350			2.350			4.250			5.900
	Bereifung des Motorfahrzeugs		150			200			250			600	
	Bereifung des Anhängers		—			—			—			—	
	Summe			150			200			250			600
	Anlagekapital			1.500			2.550			4.500			6.500
Leistung	Tägliche Arbeitszeit in Stunden	8			8			8			8		
	Durchschnittliche Geschwindigkeit	25			25			35			25		
	Länge des täglichen Weges in km	200			200			280			200		
	Jährliche Weglänge in km	60.000			60.000			84.000			60.000		
	Jährl. Weg in beladenem Zustand in km	30.000			30.000			42.000			30.000		
	Nutzlast in t	0,35			0,5			0,75			1,5		
	Max. Jahresleistung in t-km	10.500			15.000			31.500			45.000		
Von der Leistung unabhängige Kosten	Verzinsung des Anlagekapitals	8%	120		8%	204		8%	360		8%	520	
	Amortisation d. Kapitals (ohne Bereifung)	$33^1/_3$%	450		25%	588		20%	850		20%	1.180	
	Gehalt des Motorwagenführers		3.000			3.000			3.000			3.000	
	Gehalt des Anhängerführers		—			—			—			—	
	Versicherung	5%	68		5%	118		5%	213		5%	295	
	Kraftfahrzeugsteuer		48			72			180			252	
	Garage		240			300			480			600	
	Von der Leistung unabhängige Kosten			3.926			4.282			5.083			5.847
Von der Leistung abhängige Kosten	Brennstoffverbrauch je 100 km in Litern	5			7			12			16		
	Jährliche Brennstoffverbrauch in Litern	3.000			4.200			10.080			9.600		
	Brennstoffpreis je Liter	0,32			0,32			0,32			0,32		
	Jährliche Brennstoffkosten		960			1.344			3220			3.070	
	Ölverbrauch je 100 km in Litern	0,5			0,25			0,5			0,75		
	Jährlicher Ölverbrauch in Litern	300			150			420			450		
	Ölpreis je Liter	1,5			1,5			1,5			1,5		
	Jährliche Ölkosten		450			225			630			675	
	Jährliche Fettkosten (geschätzt)		20			30			50			75	
	Jährliche Kosten für Putzmaterial (geschätzt)		10			15			25			40	
	Lebensdauer der Motorwagenbereifung in km	15.000			15.000			20.000			20.000		
	Verbrauch an Garnituren im Jahr	4			4			4,2			3		
	Jährliche Bereifungskosten des Motorwagens		600			800			1.050			1.800	
	Lebensdauer der Anhängerbereifung in km	—			—			—			—		
	Verbrauch an Garnituren im Jahr	—			—			—			—		
	Jährliche Bereifungskosten des Anhängers		—			—			—			—	
	Jährlicher Reparaturanteil am Motorwagenpreis	20%			15%			15%			15%		
	Jährlicher Reparaturanteil am Anhängerpreis	—			—			—			—		
	Jährliche Reparaturkosten des Motorwagens		270			353			638			885	
	Jährliche Reparaturkosten des Anhängers		—			—			—			—	
	Von der Leistung abhängige Kosten			2.310			2.767			5.613			6.545
Gesamtkosten im Jahr				6.236			7.049			10.696			12.392
Von der Leistung unabhängige Kosten für 1 t-km				0,384			0,286			0,162			0,130
Von der Leistung abhängige Kosten für 1 t-km				0,220			0,185			0,178			0,146
Gesamtbetriebskosten für 1 t-km bei achtstündiger Fahrzeit				**0,604**			**0,471**			**0,340**			**0,276**

		5			6			7		
		Mittelschwerer Lastwagen			Schwerer Lastwagen			Lastwagen mit 1 Anhänger		
		Zahl	Einzelpreis M.	Summe M.	Zahl	Einzelpreis M.	Summe M.	Zahl	Einzelpreis M.	Summe M.
Anschaffungskosten	Motorleistung ohne Bereifung		12.000			14.000			14.000	
	Anhänger		—			—		1	1.600	
	Summe			12.000			14.000			15.600
	Bereifung des Motorfahrzeugs		1.700			2.000			2.000	
	Bereifung des Anhängers		—			—		1	900	
	Summe			1.700			2.000			2.900
	Anlagekapital			13.700			16.000			18.500
Leistung	Tägliche Arbeitszeit in Stunden	8			8			8		
	Durchschnittliche Geschwindigkeit	20			15			12½		
	Länge des täglichen Weges in km	160			120			100		
	Jährliche Weglänge in km	48.000			36.000			30.000		
	Jährl. Weg in beladenem Zustand in km	24.000			18.000			15.000		
	Nutzlast in t	3,0			5,0			10,0		
	Max. Jahresleistung in t-km	72.000			90.000			150.000		
Von der Leistung unabhängige Kosten	Verzinsung des Anlagekapitals	8%	1.096.2.400		8%	1.280		8%	1.480	
	Amortisation d. Kapitals (ohne Bereifung)	20%	3.000		20%	2.800		20%	3.120	
	Gehalt des Motorwagenführers		—			3.000			3.000	
	Gehalt des Anhängerführers	5%	600			—			2.400	
	Versicherung		540		5%	700		4,5%	702	
	Kraftfahrzeugsteuer		720			720			720	
	Garage			8.356		720			820	
	Von der Leistung unabhängige Kosten	20					9.220			12.242
Von der Leistung abhängige Kosten	Brennstoffverbrauch je 100 km in Litern	9.600			30			35		
	Jährliche Brennstoffverbrauch in Litern	0,32			10.800			10.500		
	Brennstoffpreis je Liter		3.070		0,32			0,32		
	Jährliche Brennstoffkosten	1,0				3.460			3.360	
	Ölverbrauch je 100 km in Litern	480			1,5			1,75		
	Jährlicher Ölverbrauch in Litern	1,5			540			525		
	Ölpreis je Liter		720		1,5			1,5		
	Jährliche Ölkosten		90			810			788	
	Jährliche Fettkosten (geschätzt)		45			120			150	
	Jährliche Kosten für Putzmaterial (geschätzt)	20.000				50			60	
	Lebensdauer der Motorwagenbereifung in km	2,4			20.000			20.000		
	Verbrauch an Garnituren im Jahr		4.080		1,8			1,5		
	Jährliche Bereifungskosten des Motorwagens	—				3.600			3.000	
	Lebensdauer der Anhängerbereifung in km	—			—			30.000		
	Verbrauch an Garnituren im Jahr		—		—			1,0		
	Jährliche Bereifungskosten des Anhängers	15%				—			900	
	Jährlicher Reparaturanteil am Motorwagenpreis	—	1.800		15%			15%		
	Jährlicher Reparaturanteil am Anhängerpreis		—		—			7½ %		
	Jährliche Reparaturkosten des Motorwagens			9.805		2.100			2.100	
	Jährliche Reparaturkosten des Anhängers			18.161		—			120	
	Von der Leistung abhängige Kosten			0,116			10.140			10.478
Gesamtkosten im Jahr				0,136			19.360			22.720
Von der Leistung unabhängige Kosten für 1 t-km				0,252			0,102			0,082
Von der Leistung abhängige Kosten für 1 t-km							0,113			0,070
Gesamtbetriebskosten für 1 t-km bei achtstündiger Fahrzeit							**0,215**			**0,152**

Quelle: Friedmann, Die Betribswirtschaftlichkeit des Lastkraftwagen. In: Allmers et al. (Hg.), Automobilwesen, 1928, S. 104.

bereitzuhalten, hielt im gesamten Untersuchungszeitraum an. Auf diese Weise konnten stillstandsbedingte Ausfallzeiten verringert werden. Gleichzeitig erschwerten es derartige Gewohnheiten, eine betriebswirtschaftlich verläßliche Vorkalkulation aufzubauen. Am Beispiel der mit dem raschen technischen Fortschritt verbundenen Abschreibungsproblematik wurden die Probleme besonders offensichtlich. Von den Herstellerfirmen wurden meist Normabschreibungssätze von zehn Prozent und damit eine technisch determinierte Lebensdauer der Fahrzeuge von zehn Jahren vorgegeben. Angesichts des zügigen technischen Fortschritts waren derartige Werte unrealistisch. Die in der Praxis verwendeten Sätze schwankten zwischen 10 und 25 Prozent, was darauf schließen ließ, daß hier mit einer ökonomisch determinierten Lebensdauer von vier bis zehn Jahren gerechnet wurde. Die wirtschaftliche Nutzungsdauer lag bei etwa fünf Jahren.[49] Eine auf angenommenen Nutzungspotentialen mit einer derartig großen Spannbreite aufbauende Kalkulation war eher eine grobe und meist falsche Schätzung als ein betriebswirtschaftlich verläßliches Steuerungsinstrument. Solange aber der Fixkostenanteil pro gefahrenem Kilometer größer als der Anteil der variablen Kosten blieb, war auch der betriebswirtschaftliche Nutzen technischer Neuerungen, etwa im Dieselmotorenbau, äußerst begrenzt. Diese Schierigkeiten waren für die Praxis deshalb besonders bedeutsam, weil die verschiedenen Kostenbestandteile in den 1920er Jahren starken Schwankungen unterworfen waren.[50]

Die betriebswirtschaftliche Notwendigkeit einer aussagefähigen Kostenkontrolle wurde dadurch erhöht. So sanken beispielsweise die Anschaffungspreise für Lkw zwischen 1924 und 1930 durchschnittlich um ungefähr 30 Prozent. Ein

---

[49] Vgl. Schulz, Ökonomie, 1930, S. 33, der auf Basis empirischer Studien eine realistisch erscheinende wirtschaftliche Nutzungsdauer von fünf bis sechs Jahren annimmt; Körtje, Wirtschaftlichkeit des Nutzkraftwagenbetriebes, 1930, S. 117 kommt, ebenfalls auf Basis zahlreicher Betriebsuntersuchungen, für schwere Lkw zu einer „Lebensleistung von 180000" und gibt für leichte Lkw „etwa 120000 als Gesamtleistung" an. Aus dieser Datenbasis folgert er eine wirtschaftliche Nutzungsdauer von 10 Jahren, was zwar den vorliegenden Angaben über Jahreslaufleistungen entspricht, aber nicht auf ein ausgeprägtes betriebswirtschaftlich-technisches Verständnis schließen läßt. Innerhalb von 10 Jahren waren die Fahrzeuge bei dem forcierten technischen Fortschritt im Nutzfahrzeugbau der 1920er Jahre auch ökonomisch gesehen veraltet. Erlenmaier, Bedeutung, 1934, S. 66 betonte noch Mitte der 1930er Jahre: „Eine weitere Schwierigkeit besteht darin, daß wir mitten in der technischen und wirtschaftlichen Entwicklung des Kraftwagens stehen, die ständige Änderungen der Transportkosten und Transportbedingungen hervorruft, welche sich beim Benutzer unmittelbar auswirken." Vgl. auch Haller, Das Abschreibungsproblem bei Kraftfahrzeugen. In: ATZ 34 (1931), S. 34 ff.

[50] Gute zeitgenössische Darstellung dieses Zusammenhanges bei Friedmann, Die Betriebswirtschaftlichkeit des Lastkraftwagens. In: Allmers et al. (Hg.), Das deutsche Automobilwesen der Gegenwart, Berlin 1928; Schöpke, Gliederung und prozentualer Anteil, 1927, S. 52; Precht, Organisationsproblem, 1936, S. 74.

Fahrzeug kostete damit, bei deutlich gesteigerter technischer Leistungsfähigkeit, knapp 35 Prozent weniger als noch 1913. Andere Kosten wie etwa Löhne und vor allem Steuern entwickelten sich in die entgegengesetzte Richtung und kompensierten diese Preisreduktionen teilweise.[51] Allein die Kraftfahrzeugsteuer erhöhte sich im angesprochenen Zeitraum mehrmals. Im Reichsstempelgesetz von 1906 ursprünglich als Luxussteuer für Pkw und Motorräder konzipiert, erfaßte sie seit 1922 als Zwecksteuer für die Wegeerhaltung auch Lkw. Als Bemessungsgrundlage diente dabei das Eigengewicht der Fahrzeuge. Die Last der wenig zuvor eingeführten Steuer erhöhte sich 1926 um zunächst etwa 150 Prozent und bis 1930 in drei Stufen um nochmals 25, 15 und 10 Prozent.[52]

Ihrer Funktion als aussagefähiges Planungs- und Kontrollinstrument kam die Kostenrechnung nur in sehr eingeschränktem Maß nach, während gleichzeitig die theoretische Wissenschaftlichkeit entsprechender Berechnungen ein übermäßiges Vertrauen in ihre praktische Relevanz nahelegte und im Einzelfall betriebswirtschaftliche Fehlentscheidungen begünstigte. Für die Praxis blieb der Nutzfahrzeugbetrieb nahezu unkalkulierbar, was an der Gewohnheit vieler Transportunternehmer deutlich wurde, unter dem Konkurrenzdruck des polypolistisch strukturierten und mit Überkapazitäten belasteten Marktes für Transportdienstleistungen ihre Frachtpreise in Anlehnung an die jeweils relevanten Eisenbahntarife zu setzten und hierauf Abschläge von bis zu 50 Prozent zu gewähren.[53]

---

[51] Vgl. Ledermann, Fehlrationalisierung, 1933, S. 124 (Indexziffern der Preise für Lastkraftwagen); Schulz, Ökonomie, 1930, S. 32 ff.

[52] Die Besteuerung von Pkw erfolgte seit 1906 auf Basis einer formelhaften Berechnung ihrer theoretischen PS-Leistung, die nach dem technischen Stand der 1920er Jahre überholt war, und orientierte sich erst seit 1927 am Hubraum. Demgegenüber wurden Lkw und Kraftomnibusse ab dem Zeitpunkt ihrer erstmaligen steuerlichen Erfassung im Jahr 1922 nach dem fahrbereiten Eigengewicht, zunächst gestaffelt in Stufen von 500 Kilogramm, belastet. Durch diese Regelung sollte das unterschiedliche Ausmaß der zerstörerischen Wirkung der Fahrzeuge auf die Straßendecken Berücksichtigung finden. Die Steuersätze betrugen seit 1924 bis zu einem Gesamtgewicht von 2 Tonnen 30 GM/500 kg und stiegen dann bis zu einem Eigengewicht von 3,5 Tonnen um 20 GM/500 kg, darüber um 10 GM/500 kg. Im Jahr 1926 erfolgte eine Neufestlegung der Stufenstaffelung. Nunmehr erhöhte sich die Steuer pro 200 kg Eigengewicht um 30 RM bis zu einem Gesamtgewicht von 2 Tonnen, darüber um 20 RM/200 kg. Ein Jahr später entfiel die Bevorzugung schwerer Fahrzeuge, so daß nunmehr 30 RM/200 kg für jede Gewichtsklasse verbindlich wurden. Diese Sätze erhöhten sich bis 1930 um zunächst 25 und dann um weitere 15 und 10 Prozent. Angesichts dieser Steigerungsraten war die heftige Kritik von Transportgewerbe, werkverkehrstreibenden Unternehmen und Automobilindustrie sowie die langanhaltende Diskussion über eine gerechte Automobilbesteuerung, die sich auf seiten der Betriebe in deutlich steigenden Kosten des Fuhrparks niederschlug, verständlich. Vgl. Zatsch, Wirkung der Steuergesetzgebung, 1995, S. 177 ff.; Wiskott, Besteuerung der Kraftfahrzeuge, 1928, S. 22 ff.; Feilchenfeld, Kraftfahrzeugbesteuerung, 1930, S. 39 ff.; Hufenbecher, Die Besteuerung der Kraftfahrzeuge in Deutschland. In: Allmers et al. (Hg.), Automobilwesen, 1928, S. 223 ff.

[53] Vg. DIHT, Eisenbahn und Kraftwagen, 1930, S. 41.

Die tiefe Kluft zwischen theoretischer und praktischer Kostenrechnung unter Wettbewerbsbedingungen belegte darüber hinaus das in Fachzeitschriften ständig wiederholte Lamento, „daß die Leistungs- und Unkostenunterlagen für den Lastkraftwagenbetrieb sehr oft nach Gefühl und Schätzung und nicht nach den tatsächlichen Zahlen errechnet werden.“[54] Für größere Unternehmen mit ausreichender Kapitaldecke und der Möglichkeit, die aufgebauten Transportkapazitäten auch auszulasten, war das relativ unproblematisch. Die Mehrzahl insbesondere der klein- und mittelständischen Handels- und Industrieunternehmen, die in der Anfangsphase seiner Verbreitung Lkw einsetzten, dürfte sich kaum ausreichend Rechenschaft über die damit zusammenhängenden Aufwendungen gegeben haben. Für diese Firmen wäre der entsprechende Fuhrpark wohl zumeist dann kostensenkend gewesen, wenn fremde Fahrzeuge aus dem Transportgewerbe eingesetzt worden wären, was aber gemäß den oben veranschaulichten Statistiken in der Regel nicht der Fall war und angesichts fehlender gewerblicher Transportkapazitäten auch nicht der Fall sein konnte.[55]

Von der Kostenseite her betrachtet bleibt es fraglich, ob betriebswirtschaftliche Rationalität entscheident für eine ‘Rationalisierung durch den Lkw’ war oder ob dieses Argument nicht als ein vorgeschobenes für absatz- und beschaffungspolitische Notwendigkeiten im Verbund mit der ’im Zuge der Zeit’ liegenden Technik- und Geschwindigkeitsbegeisterung, anzusehen ist. Die Investitionen in

---

[54] Humbert, Schmerzenskind, 1931, S. 12; vgl. auch DIHT, Eisenbahn und Kraftwagen, 1930, S. 41 sowie Friedmann, Lastkraftwagen, 1926, S. 5: „Die Bedeutung des Kraftverkehrs wird jedem bekannt sein ... . Die Berechnung der Betriebsausgaben ist jedoch ein Spezialfach, daß nicht ohne weiteres bekannt ist, das aber in den Vordergrund rücken und zuerst durchdacht werden muß, ehe man sich zum Ankauf eines Wagens entschließt. ... Ein Kraftfahrzeug ist nur dann wirtschaftlich, wenn es voll ausgenutzt werden kann.“

[55] Die Rückmeldungen der meisten Firmen auf die vom RABA erhobenen Fragen nach jährlicher Betriebsdauer, transportierten Gütermengen und tonnenkilometrischen Leistungen ihres Lkw-Werkverkehrs belegen diese These. Entsprechende Antworten fehlen oftmals entweder völlig oder werden mit ‘schätzungsweise’ oder ‘statistisch nicht erfaßt’ beantwortet. Eine Nachkalkulation wurde somit nicht vorgenommen, geschweige denn eine Vorkalkulation. Der Fall der Firma Sondermann & Bücking, Holzhandlung aus Alsfeld, dürfte exemplarisch für ähnliche Betriebe gewesen sein. Dieses Unternehmen gelangte bezüglich der angesprochenen Fragestellungen zu dem lapidaren Ergebnis: „In den Jahren 1930 und 1933 wurde wie dem Fragebogen ersichtlich (sic!) auch nur in geringem Umfange der Lastwagen benutzt. Die tonnenkilometrische Lesitung (sic!) auch nur annähernd besser anzugeben ist uns nicht möglich, wir haben das nicht festgehalten und es ist auch nicht mehr so zu ermitteln. Der Verkehr bewegte sich nach verschiedenen Richtungen in der Umgebung von Alsfeld, mit verschieden grossen Entfernungen, was im Einzelnen nicht aufgezeichnet ist, da es nicht erforderlich war, die für uns errechnete Unrentabilität weiter aufzuzeichnen.“(Schreiben der Firma Sondermann & Bücking betr. Reichsautobahnen vom 28. März 1934; HWA Darmstadt, Abt. 6, Nr. 1911). Vgl. zum Gesamtzusammenhang auch den Fragebogenrücklauf nebst beiliegenden Antwortschreiben an die IHK Gießen in HWA Darmstadt, Abt. 6, Nr. 1911.

den Aufbau von Fahrzeugparks führten zunächst lediglich zu dem Zwang, die durch gebundenes Kapital aufgebauten Kapazitäten im Transportwesen auszulasten. Die Kosten für Eisenbahnfrachten hatten aus einzelwirtschaftlicher Sicht zumindest den Vorteil, im Einzelfall variabel disponiert werden zu können. Die bereits erwähnte Umschichtung von betrieblichen zu gewerblichen Transportkapazitäten 1932/33 kann in diesem Kontext durchaus als betriebswirtschaftliche Revariabilisierung von Transportkosten angesehen werden.[56]

In diesem Zeitraum wurde auch das für den Fernverkehr besonders relevante Problem der Rückfrachten sukzessive einer Lösung zugeführt und damit die Rentabilität des gewerblichen Güterverkehrs entscheidend verbessert. Die von der im Februar 1929 gegründeten 'Gemeinschaft deutscher Kraftwagen-Spediteure' (Gedekra) eingerichtete 'Laderaumverteilungsstelle GmbH' überwachte nicht nur die Einhaltung der seit Einführung der Konzessionierungspflicht geltenden Frachtkonventionen im Fernverkehr, um Tarifunterbietungen möglichst auszuschalten, sie kümmerte sich auch um eine sinnvolle Hin- und Rücktransportkoordination für ihre 1934 etwa 350 Mitgliedsspeditionen und 2500 Lastzugbesitzer umfassende Klientel. Die 29 zu diesem Zeitpunkt über das Reichsgebiet verteilten Laderaumverteilungsstellen konnten das Rückfrachtproblem zwar nicht endgültig lösen, im Einzelfall aber für eine spürbare Verbesserung der Kapazitätsauslastungen und damit der betrieblichen Kostenstrukturen, zumindest im gewerblichen Gütertransport, sorgen. Gleichwohl mußte in die Vorteile einer erhöhten Geschwindigkeit im betrieblichen Gütertransport zunächst investiert werden. Während der Lkw auf der Vertriebsseite als Instrument zur Absatzflexibilisierung und Ausdehnung von Absatzräumen diente, engte er finanzierungsseitig gesehen Kapitaldispositionsräume ein und führte hier eher zu einer erhöhten Inflexibilität.[57] Mit einer verbesserten Fähigkeit, auf kurzfristige Markterfordernisse und -änderungen zügig zu reagieren, ging eine zumindest partielle Verschlechterung mittelfristiger, investitionsabhängiger Anpassungsspielräume einher. Diesen negativen Tendenzen konnte entgegengewirkt werden, sofern es gelang, die Vorteile des Lkw zur Einsparung von Kapitalbindungskosten und Realisation entsprechender Zinsgewinne durch sinkende Lagerbestände und steigende Umschlagsgeschwindigkeiten auszunutzen. Volkswirtschaftlich relevant konnten derartige Überlegungen in der Zwischenkriegszeit wegen des relativ geringen Anteils von Lkw-Transporten am gesamten

[56] Nicht umsonst kam der RABA 1934 zu dem Ergebnis: „In allen übrigen Fällen [d.h. sofern nicht Branchenspezifika oder Marketingaspekte dagegen sprachen; F. L.] werden die Verfrachter, *ebenso wie es in den letzten Jahren vielfach geschehen ist*, mehr und mehr dazu übergehen, *das Risiko der Unwirtschaftlichkeit* auf den gewerblichen Güterfernverkehr abzuwälzen." DIHT, Umfang, 1934, S. 91; Hervorhebungen des Verfassers.

[57] Vgl. Schuhwerk, Kraftwagen, 1936, S. 226 ff.; o. V., Der gewerbliche Güterfernverkehr. In: VT 15 (1934), S. 623.

Transportaufkommen aber noch nicht werden, und auch ihre betriebswirtschaftliche Realisation war in einem ökonomischen Umfeld, das durch die rationalisierungsbedingte Zunahme von Produktionskapazitäten bei gleichzeitiger Verengung in- und ausländischer Absatzmärkte gekennzeichnet war, kaum möglich.

Die potentielle Beschleunigung von Durchlaufzeiten sorgte statt dessen für eine strukturelle Verschiebung des Lagerrisikos von der Beschaffungs- auf die Absatzseite, da eine straffe Fertigungsorganisation zwar bessere Dispositionsmöglichkeiten für Rohstoff-, Halbfabrikats- und Fertigwarenanlieferungen, jedoch keine Gewähr für einen kontinuierlichen Fertigwarenabfluß bot.[58] Transportgeschwindigkeit war betriebswirtschaftlich gesehen keineswegs ein 'Wert an sich'. Sie war nur sinnvoll, wenn sie ihre positiven Auswirkungen auf vergrößerten Absatzmärkten auch entfalten konnte. Dies war in der Weimarer Republik (noch) nicht der Fall. Im Gegenteil: Ein durch Automobiltransport verbesserter Kundendienst verschärfte den Wettbewerbsdruck vor allem in einzelnen Handelsbereichen. So ist dem Enquetebericht über den Handel mit Obst und Gemüse, in dem Lkw bekanntlich aufgrund der Warenspezifika relativ früh Verwendung fanden, zu entnehmen, daß Umsatzrückgänge einzelner Betriebe zuweilen auf das Bestreben der Konkurrenz zurückgeführt wurden, ihre „durch Autoanschaffung erhöhten Unkosten durch starke Umsatzsteigerung wettzumachen."[59] Höhere Markttransparenz und Versorgungseffizienz, volkswirtschaftlich durchaus positiv zu werten, hatte aus betriebswirtschaftlicher Sicht ambivalente Folgen:

> Durch die Vergrößerung des Aktionsradius des Kraftfahrzeuges gegenüber dem Pferdefuhrwerk, durch die bessere Kundenbedienung im Verkehr von Haus zu Haus und durch die Einbeziehung entlegener Gebiete in das Wirtschaftsleben konnten viele Firmen ihre Absatzgebiete erweitern und die Produktion steigern. Das wird von den Lebensmittelgroßhändlern, die zum Kraftfahrzeugverkehr übergegangen sind, bestätigt, während die übrigen Lieferanten aus dem Wettbewerb ausgeschaltet sind."[60]

---

[58] Zur Relevanz dieses Zusammenhanges für die Weimarer Rationalisierungsperiode vgl. den Aufsatz von Berkenkopf, Zum Problem der Lagerhaltung. In: WD 15 (1930), S. 705 ff. mit dem Ergebnis: „Sowohl von der Produktion und dem mit ihr zum Teil eng verbundenen Handel, wie auch vom Konsum gehen heute starke Kräfte aus, die die Struktur des gesamten Wirtschaftsprozesses und damit auch der Lagerhaltung nachdrücklich beeinflussen. Eine größere Vereinheitlichung des reproduktiven Verbrauches (für Produktionsmittel) wie auch des letzten Konsums ... würde die von der industriellen Konzentration und der mit ihr vielfach Hand in Hand gehenden Standardisierung der Produktion ausgehenden Tendenzen zu einer Senkung der Lagerhaltung in der Wirtschaft verstärken. ... *Beträchtliche Möglichkeiten für eine Rationalisierung der Lagerhaltung und die Mobilisierung von Kapital sind für die Zukunft schließlich noch gegeben in der Verbesserung des Transportwesens hinsichtlich Schnelligkeit, Pünktlichkeit und Sicherheit. Die Vereinigten Staaten sind uns auch hierin immer noch ein Stück voraus.*" ebenda, S. 709 f.; Hervorhebung des Verfassers.

[59] Enquete-Ausschuß, Ladenhandel, 1929, S. 7.

[60] Allwardt, Problem, 1933, S. 45.

Die mit der Einführung des Lkw in das logistische System notwendigerweise verbundenen betriebswirtschaftlichen Aufwendungen nebst den daraus resultierenden volkswirtschaftlichen Zwängen kamen mithin unter den mikro- und makroökonomischen Bedingungen der Weimarer Wirtschaft deutlicher zum Tragen als mögliche Erlöspotentiale. Zugespitzt formuliert: Eine Investition in Lkw war in bestimmten Branchen aus absatzpolitischen und wettbewerbsstrategischen Gründen gegen Ende der 1920er Jahre nahezu zwingend erforderlich, konnte aber unter finanztechnischen und rentabilitätsorientierten Aspekten wenig erwünschte Ergebnisse haben. Eine straffe Organisation des rationalisierten, ständig um Kapazitätsauslastung bemühten Nutzfahrzeugbetriebes ersetzte zudem zunehmend die vorher üblichen informellen, auf persönlichen Kontakten zwischen Kunden und Auslieferungsfahrern basierenden Absatzstrukturen. Rationalisierung und Verbesserung des Kundendienstes bedeutete hier gleichzeitig Anonymisierung von Wirtschaftsbeziehungen:

> „Es besteht vielfach noch die Gewohnheit - übernommen aus den Zeiten der alleinigen Herrschaft des Pferdegespanns und des zu ihm gehörenden 'Bierkutschers' - daß diesem und seinem Begleiter nicht nur die Aufgabe des Auslieferns bereits bestellter Mengen obliegt, sondern daß sie auch zu einem mehr oder weniger großen Teil selbst für weiteren Absatz zu sorgen haben ... . So schwer es oft sein mag, diesen mit der Kundschaft seit langem vertrauten und auf 'Duzfuße' stehenden Leuten diese Aufgabe wegzunehmen, ... so grundfalsch ist in Wirklichkeit dieses Prinzip. Denn wenn wir noch einmal einen Blick auf die ... Abhängigkeit der Leistung der Transportmittel von der Länge der Kundenaufenthaltszeiten werfen, so ist unschwer einzuwenden, welchen Widersinn es bedeutet, die Ablieferungszeiten ... in die Länge zu ziehen. ... Dazu kommt, daß man in letzterem Falle stets die Leistungen durch Kontrollen überwachen kann, wenn diese durch Bummeligkeit der Leute unter ein gewisses Durchschnittsmaß sinken. Bei gleichzeitiger Vertretertätigkeit wird man viel schwerer einen Druck zu schnellerem Arbeiten ausüben können ... ."[61]

---

[61] Schöpke, Das Transportproblem der Brauerei, 1929, S. 16; Hervorhebungen im Orginal.

4 Zwischen technischer Entwicklung und kaufmännischer Kalkulation. Möglichkeiten und Grenzen des Lkw als Rationalisierungsinstrument

Die technische Weiterentwicklung des Lkw in den 1920er Jahren eröffnete spezifische ökonomische Chancen und Risiken. Da die Fahrzeuge verläßlicher, ausgereifter und im täglichen Betrieb kostengünstiger wurden, konnten sie einer immer breiteren Verwendung zugeführt werden. Sie ermöglichten Serviceleistungen und eröffneten Dispositionsspielräume, deren Nutzung in einigen Wirtschaftszweigen zunehmende wettbewerbsstrategische Bedeutung erlangte. Ihre Anschaffung bedingte aber auch kostenstrukturelle Verschiebungen im betrieblichen Transportwesen und ging mit einer steigenden Fixkostenbelastung einher. Diese Entwicklungen waren nicht nur für den Einsatz des Lkw zur Rationalisierung von betrieblichen Transportprozessen charakteristisch, an ihnen wurden exemplarisch generelle Spannungsfelder der Rationalisierung deutlich.

In der relativ kurzen Zeitspanne zwischen dem Ende des Ersten Weltkrieges und der Weltwirtschaftskrise wurden umfangreiche technische Verbesserungen an den Fahrzeugen vorgenommen. Diese machten aus den unkomfortablen, zumeist übermotorisierten und für Kriegszwecke entwickelten Heerestransportern, die sich nicht durch besondere Wirtschaftlichkeit auszeichneten und für eine den Marktgesetzen unterworfene private Verwendung allenfalls unter den Ausnahmebedingungen der Inflationsphase geeignet waren, mit Einschränkungen rentabel einsetzbare Nutzfahrzeuge. Dies war weniger auf singuläre Fortschritte in der Motorentechnik als vielmehr auf die sukzessive vorgenommene konstruktive und materialtechnische Optimierung und wechselseitige Anpassung aller Bauteile des Lkw zurückzuführen. Dem Übergang vom Ketten- zum Kardanantrieb, von ungefederten zu gefederten Achsen, von Vollgummi- zu Luftreifen oder von mechanischen Zweirad- zu hydraulischen Vierradbremsen wurde zwar von der interessierten Öffentlichkeit weniger Aufmerksamkeit gezollt als etwa der Einführung von Lkw-Dieseln. Dennoch war die Existenz eines kostengünstigen Antriebsaggregates, welches aufgrund diverser technischer Detailprobleme noch nicht sinnvoll einsetzbar war, für die wirtschaftliche Praxis in der Weimarer Republik weit weniger bedeutsam als jene unspektakulären Fortschritte in ihrer Gesamtheit. Es war primär auf diese zurückzuführen, daß der Professor für Betriebswirtschaftslehre Mellerowicz Mitte der 1930er Jahre feststellen konnte:

> „Der Kraftwagen ist sowohl in den Anschaffungs- als auch in den Betriebskosten von Jahr zu Jahr billiger und zugleich leistungsfähiger geworden. In der verhältnismäßig kurzen Spanne von 15 Jahren, sind die Kosten je tkm um etwa 60% gefallen. Er ist heute in der Lage, die Transportleistungen zu übernehmen und wirtschaftlich auszuführen, die auf der Schiene unwirtschaftlich sind, und mit vollem Recht können wir daher von einer Revolution im Landverkehr sprechen."[1]

---

[1] Mellerowicz, Stand des gewerblichen Güterfernverkehrs, S. 145.

Während der angesprochenen 15 Jahre konnten sich die jeweiligen technischen Neuerungen nur mit Verzögerungen durchsetzen. Auch Mitte der 1930er Jahre waren die vielfältigen Optimierungen einzelner Komponenten des Transportsystems Lkw nur selten in einem Fahrzeugtyp gleichzeitig zu finden. Steigerungen der Leistungsfähigkeit einer Baugruppe führten aber zunächst zu erhöhten Belastungen nachgelagerter Teile. So blieb beispielsweise das Getriebe ein neuralgischer Punkt der Gesamtkonstruktion, solange Leistungserhöhungen unter Beibehaltung des Vierzylinderkonzeptes realisiert wurden und gleichzeitig Getriebebremsen zur Vernichtung der gesteigerten Antriebskraft Verwendung fanden. Schlechte Straßenverhältnisse wirkten ebenso verschleißfördernd wie hohe Fahrzeuggewichte und ungenügende Federungen. Der daraus resultierende Zwiespalt zwischen Haltbarkeit, Wartungsfreundlichkeit und Wirtschaftlichkeit war in gleichem Maße prägend für die Lkw-Konstruktionen der 1920er Jahre wie der zügige technische Fortschritt. Die Potentiale des Lkw zur Rationalisierung der Beschaffungs-, Produktions- und vor allem der Absatzlogistik wurden in der Weimarer Republik durchaus erkannt. Es bedurfte jedoch trotz der bemerkenswerten technischen Fortschritte eines längeren Zeitraumes als der kurzen Zeitspanne zwischen Nachkriegsinflation und Weltwirtschaftskrise, um diese praktisch umzusetzten. Die in den 1920er Jahren eingesetzten Lkw waren nur begrenzt leistungsfähig und wenig anwenderfreundlich. Diese Nachteile kamen insbesondere im Fernverkehr zu tragen, der sich nicht nur aufgrund der unterentwickelten Infrastruktur und der für Transportunternehmer unbefriedigenden Rückfrachtproblematik langsam entwickelte.

Betriebswirtschaftlich gesehen bedingten diese Charakteristika der technischen Entwicklung das Problem, daß die Anschaffung und der Einsatz von Lkw in den Unternehmen zumeist unklare kostenstrukturelle Konsequenzen hatte. Die relevanten Investitionsentscheidungen mußten auf der Grundlage von äußerst unsicheren Datenbasen erfolgen. Daran änderten weder theoretisch komplexe noch praktisch vereinfachte Kostenberechnungen etwas. Diese konnten im Einzelfall sogar kontraproduktiv wirken, da sie eine Kontrollierbarkeit der Rationalisierung vortäuschten, die praktisch nicht unbedingt gegeben war. So herrschte beispielsweise über die Höhe der zu erwartenden Wartungs- und Reparaturaufwendungen ebenso Uneinigkeit wie über die Wahl der richtigen Abschreibungssätze. Die Vielzahl der Versuche, die Rentabilitätsgrenzen des Nutzfahrzeugbetriebes oder gar die Wettbewerbsgrenzen zu konkurrierenden Verkehrsträgern kostenrechnerisch zu bestimmen, und die Spannbreite der dabei erzielten Ergebnisse, belegten, daß es kaum möglich war, die für einen rationellen Lkw-Betrieb erforderliche Auslastung und Laufleistung zu bestimmen. Darüber hinaus blieben die in der Praxis realisierten Leistungen zumeist weit hinter den Prämissen der entsprechenden Modellrechnungen zurück. Die mit dem Aufbau werkseigener Fuhrparks einhergehende Steigerung der Fixkosten dürfte deshalb im Regelfall insbesondere in kleinen Betrieben bei unterausgelasteten Kapazitäten kaum zur prognostizierten Senkung der betrieblichen Transportkosten geführt haben. Auch für das Rationalisierungsinstrument Lkw galt bis zur Diskreditierung der Weimarer Rationalisierungsbewegung in der Wirtschaftskrise, daß das „Jonglieren mit den Gemeinkosten ... eine artistische Kunst des Wissenschaftlers [war], die bisher nur sparsame Aufmerksamkeit gefunden hat[te]... ." [2]

Als Oberziele der Rationalisierung wurden auf betrieblicher Ebene aber Kostensenkungen bei gleichzeitiger Erhöhung von Flexibilität und Produktions- oder Liefergeschwindigkeit definiert. Diese Ziele waren sowohl in der Fertigung als auch im Transportwesen zumeist nicht parallel zu realisieren. Obwohl das Denken von Theoretikern und Praktikern auch hier vom Kostenargument beherrscht wurde, eröffnete der Lkw zunächst weniger in dieser Hinsicht als vielmehr im Qualitätswettbewerb neue Chancen. Nicht von ungefähr gewann er am schnellsten in Branchen wie der Nahrungs- und Genußmittelindustrie an Bedeutung, bei denen die flexible Anpassung an Markt- beziehungsweise Nachfrageschwankungen, kurze Lieferfristen und verbesserter Kundendienst gegebenenfalls wichtigere Wettbewerbsfaktoren waren als der Preis. Gleichwohl führte das Wachstum der Fahrzeugbestände und der damit einhergehende Auslastungszwang in Verbindung mit der gleichzeitigen Erweiterung relevanter Beschaffungs- und Absatzmärkte durch die verbesserten logistischen Möglichkeiten auch in diesen Branchen zu gesteigerter Wettbewerbsintensität. In der Anfangsphase profitierten davon, wie am Beispiel der Brauindustrie deutlich wurde, insbesondere größere Betriebseinheiten. Diese verfügten einerseits über die Kapitalausstattung zur Vornahme der notwendigen Investitionen, andererseits über die Kapazitäten zur Auslastung der Lieferfahrzeuge. Sie konnten so auch in Zeiten der Stagnation ihre Absatzgebiete zu Lasten von nur regional bedeutsamen Kleinbrauereien ausdehnen. Betriebswirtschaftlich gesehen war es deshalb problematisch, daß einerseits in einigen Bereichen trotz eventueller Unrentabilität aus Wettbewerbsgründen kaum auf Lkw verzichtet werden konnte, andererseits ein Kraftverkehrsgewerbe, welches die zersplittete Nachfrage nach straßengebundem Gütertransport rentabel befriedigen und bündeln konnte, in Weimar noch nicht existierte. So kam der RABA im Jahr 1934 zu dem Ergebnis:

> „Die Erhebungen lassen weiter erkennen, dass der Werkverkehr im Hinblick auf die vorläufige weitere Entwicklung des Kraftverkehrs überhaupt wie auch auf die Notwendigkeit der heutigen Schnelligkeit des Güterumschlages sich in den nächsten Jahren zweifellos noch vermehren wird, und zwar solange, bis durch eine entsprechende Durchorganisation des gewerblichen Kraftverkehrs die Unterhaltung eigener Wagen für Zwecke des Werkverkehrs an Interesse verliert."[3]

---

[2] Brauns, Ursachen der Unrentabilität. In: ZfHH 21 (1928), S. 119.

[3] DIHT, Umfang, 1934, S. 91.

Die mangels Alternativen notwendige vorübergehende Integration von Absatz- und Transportfunktionen durch den Werkverkehr war gleichbedeutend mit einem Abbau volkswirtschaftlicher Arbeitsteilung. Die damit verbundenen Kostennachteile standen keineswegs im Einklang mit den ursprünglichen Intentionen der Rationalisierungsbewegung. Diese Integration stand einer Variabilisierung der Transportkosten entgegen, wie sie insbesondere im Umfeld der tendenziell stagnierenden deutschen Volkswirtschaft in den 1920er und frühen 1930er Jahren betriebswirtschaftlich sinnvoll gewesen wäre. Die Nutzbarmachung der ökonomischen Potentiale des Lkw, die bereits in der Anfangsphase seiner betrieblichen Verwendung erkannt wurden, sollte noch einen längeren Zeitraum in Anspruch nehmen. In der Zwischenzeit galt nicht nur für viele Unternehmen der Brauindustrie:

> „An Stelle der tierisch bewegten Fahrzeuge ist ein umfangreicher Lastwagenpark getreten, der die Betriebe finanziell stark belastet.“[4]

[4] Ganzenmüller, Braugewerbe, 1930, S. 146.

IV Fertigungstechnischer Strukturwandel und flexibilisierte Logistik zwischen Anspruch und Realität. Fazit der Untersuchung

Angesichts der krisenhaften Auswirkungen notwendiger volks- und betriebswirtschaftlicher Veränderungen in der Bundesrepublik Deutschland ist die politische und wirtschaftliche Entwicklung in der Weimarer Republik in regelmäßigen Abständen Gegenstand der öffentlichen Diskussion. Dabei beschwören sogar führende neoliberale Wirtschaftszeitungen zuweilen die „Arbeitslosigkeit [als d]as Gespenst von Weimar“[1]. Ursächlich für die den heutigen Entwicklungen zugrunde liegenden Umstrukturierungsprozesse sind nicht nur die ökonomischen Folgen der deutschen Wiedervereinigung und die neu entstehende Konkurrenz in den ehemaligen osteuropäischen Planwirtschaften, sondern vor allem die Globalisierung der Märkte, bei der sinkende Kommunikations-, Informations-, Transport- und sonstige Transaktionskosten eine entscheidende Rolle spielen. Die Auswirkungen des engen Zusammenhanges produktionsstruktureller und logistischer Wandlungen werden dadurch auch im letzten Jahrzehnt des 20. Jahrhunderts nachhaltig verdeutlicht. Nicht umsonst kommt der Lieferung ‘just-in-time’ im Rahmen neuer Fertigungskonzepte wie der ‘lean production’ eine große Bedeutung zu.[2] Die im Fordismus wegen der Unflexibilität des zeitgenössischen Verkehrssystems nur angedachte Synchronisation von Beschaffung, Produktion und Absatz avancierte im Kontext moderner Rationalisierungsstrategien wie dem Toyotismus zu einer Triebfeder der ‘zweiten Revolution in der Autoindustrie’, deren Ziel es unter anderem war, „eine riesige Gruppe von Zulieferern und Teilefabriken in eine große Maschine umzuwandeln, ähnlich Henry Fords Highland Park-Werk.“[3]

Aufgrund der Einmaligkeit historischer Abläufe ist es nicht möglich, aus dem Verlauf und den Auswirkungen der Weimarer Rationalisierungsphase Rückschlüsse auf den weiteren Fortgang der derzeitigen Entwicklung zu ziehen. Die Rahmenbedingungen und die Handlungsspielräume der jeweiligen Akteure in Wirtschaft, Gesellschaft und Politik sind völlig unterschiedlich und nicht vergleichbar. Dennoch kann das Ziel wirtschaftshistorischer Forschung auch bei Anerkennung dieser Tatsachen nicht darin bestehen, die Vergangenheit lediglich zu beschreiben und zu dokumentieren. Sie muß darüber hinaus strukturelle Zusammenhänge und Beschränkungen aufzeigen, die sich aus dem Zusammenwirken technischer, ökonomischer, politischer und gesellschaftlicher Prozesse im jeweils spezifischen historischen Kontext ergaben. In bezug auf die fertigungsstrukturellen und logistischen Wandlungen, die mit der Einführung des Lkw in

---

[1] Titelblatt der Wirtschafts-Woche Nr. 5 vom 29. Januar, 47. Jahrgang 1993.

[2] Vgl. etwa Heinen, Industriebetriebslehre, 1991, S. 606 ff.

[3] Womack/Jones/Roos, Zweite Revolution in der Autoindustrie, 1994, S. 68. Zur Entwicklung des Toyotismus vgl. auch Jürgens/Malsch/Dohse, Taylorism, 1993, S. 21 ff.

das Verkehrssystem in den 1920er Jahren einhergingen, können in diesem Zusammenhang thesenartig folgende Ergebnisse festgehalten werden:

1. Die von der älteren Forschung vertretene These, die Weimarer Rationalisierungsbewegung habe sich primär in den sie beschreibenden Publikationen abgespielt und sei allenfalls in wenigen Vorzeigeunternehmen teilweise in die Praxis umgesetzt worden, erscheint in dieser umfassenden Form nicht haltbar. Wie die bisher vorliegenden mikroökonomischen Studien belegen, wurden in verschiedenen Branchen bemerkenswerte Rationalisierungsmaßnahmen vorgenommen. Besonders unter Berücksichtigung der durch knappe Investitionspotentiale und praktische Probleme bei der Umrüstung vorhandener Anlagen eingeschränkten Handlungsspielräume konnten sich dabei bereits die in der Mehrzahl der Unternehmen dominierenden technischen Teilmodernisierungen als betriebswirtschaftliche Übermodernisierungen erweisen.

Im historischen Kontext ist die Weimarer Rationalisierungsphase vielmehr als das Bestreben zu charakterisieren, technische und betriebswirtschaftliche Fortschritte, deren Umsetzung in deutschen Betrieben durch den Ersten Weltkrieg und die darauf folgende Inflationszeit verhindert oder zumindest stark verzögert wurde, beschleunigt nachzuholen. Dadurch verschärften sich die mit einem derartigen wirtschaftlichen Strukturwandel, der gewöhnlich im Rahmen kontinuierlicher Unternehmensentwicklungen langfristig ablief, einhergehenden Krisen. Insbesondere die Umstellung vorhandener Produktionsapparate und Sortimente auf homogenisierte Massenfertigung nach US-amerikanischem Vorbild wurde den Erfordernissen der eingeschränkt aufnahmefähigen und mit einer heterogenen Nachfragestruktur ausgestatteten deutschen Absatzmärkte nicht gerecht.

Daraus resultierte das Bestreben, flexibilisierte Produktions- und Absatzkonzepte als 'deutsche Variante' der Rationalisierung zu etablieren. Dies sollte innerhalb der Betriebe beispielsweise durch Einsatz von Universalmaschinen in möglichst variabel gestalteten Fließfertigungen gewährleistet werden. Die auf Realisation der Kostenvorteile einer vereinheitlichten Massenfertigung ausgelegte und relativ unbewegliche Produktionsorganisation war jedoch eine Herstellungsform, die nur teilweise organisch auf davorliegenden Stufen aufbaute. Sie ging zwangsläufig mit betrieblichen Umstrukturierungen und volkswirtschaftlichen Reallokationen einher. Die entsprechenden Maschinenkonstruktionen können insofern als Kompromißlösungen einer Übergangszeit angesehen werden, die die marktökonomischen Auswirkungen produktionsökonomischer Umstellungen abmildern sollten.

Dies gelang aber nur partiell. Fehlende Absatzmärkte, steigender Fixkostendruck und tendenziell sinkende Anpassungsspielräume der Unternehmen an konjunkturelle Schwankungen waren die zentralen Spannungsfelder der Weimarer Rationalisierungsphase. Das Zielsystem der Rationalisierung war inkonsistent.

Die Beschleunigung und Kostenoptimierung industrieller Leistungserstellungsprozesse ließ sich nur bedingt mit der gleichzeitig angestrebten Flexibilisierung von Beschaffung, Produktion und Absatz in Einklang bringen. Dies galt auch für das Rationalisierungsinstrument des Lkw, der in der Weimarer Republik primär zur Beschleunigung und Flexibilisierung von Transportdienstleistungen, aber nur bei äußerst günstig gelagerten Betriebsbedingungen zur Kostenoptimierung beitrug.

2. Die in den 1920er Jahren beginnenden strukturellen Wandlungen in den Produktions- und Konsumtionsprozessen der deutschen Volkswirtschaft erforderten und bedingten Veränderungen in der Logistik. Dabei zeigte sich, daß die wirtschaftliche und transporttechnische Entwicklung nicht synchron verlief. Die in den Betrieben flankierend zu anderen Maßnahmen verfolgte Flexibilisierungsstrategie sollte zwischen den Betrieben beziehungsweise zwischen den produzierenden und konsumierenden Teilen der Volkswirtschaft unter anderem durch Einsatz von Lkw gewährleistet werden, die explizit als Instrument zur Rationalisierung des Transportwesens angesehen wurden. Im Kontext der wachsenden Bedeutung, die einem beschleunigten Kapitalumschlag für den Betriebserfolg beigemessen wurde, und der zunehmenden Erkenntnis, daß der Faktor Zeit ein knappes wirtschaftliches Gut darstelle, zeichnete sich in der Weimarer Zeit ein wachsender Bedarf an Verkehrsleistungen ab, die nicht nur der Ortsveränderungen von Gütern dienten, sondern den Transport gleichzeitig räumlich und zeitlich optimierten und an individuelle Nachfragewünsche anpaßten. An den entsprechenden Bemühungen der Deutschen Reichsbahn war dieser Sachverhalt ebenso abzulesen wie an dem kontinuierlichen Wachstum des Lkw-Bestandes bis 1933. Dieser steigende Bedarf begünstigte die Integration des Lkw, dessen wesentliche Kennzeichen seine freie Disponierbarkeit und seine Schnelligkeit waren, in das Verkehrssystem der Weimarer Republik.

3. Mit der Rationalisierungsfunktion des Lkw korrespondierten seine Einsatzgebiete. Nutzfahrzeuge wurden in der Weimarer Republik primär in der Distributions-, aber auch in der Beschaffungs- und Produktionslogistik eingesetzt. Sie führten dabei schwerpunktmäßig Eil- und Stückguttransporte aus. Regionale Schwerpunkte waren dementsprechend Industrie- und Handelszentren, insbesondere das Rheinisch-Westfälische Industriegebiet, aber auch die Rhein-Main-Zone, Thüringen und Sachsen sowie die lokalen Zentren Hamburg und Berlin. In agrarisch geprägten Regionen war zwar seit 1925 ein beschleunigtes Wachstum der Lkw-Bestände zu verzeichnen. Insgesamt spielten Gebiete wie Ostpreußen, Pommern oder Schleswig-Holstein jedoch eine untergeordnete Rolle bei der Ausbreitung des Lkw-Verkehrs.

In den Industrie- und Handelszentren wurden die Fahrzeuge in den 1920er Jahren zu mehr als 80 Prozent im Werkverkehr, hier im Flächenverkehr auf einer Entfernung von 30 bis 50 Kilometern eingesetzt. Ein nennenswerter Fernverkehr entwickelte sich erst seit Beginn der 1930er Jahre. Vor allem Unternehmen der Nahrungs- und Genußmittelindustrie sowie Groß- und Einzelhandlungen investierten in umfangreiche Fuhrparks. Aber auch in den Industrien der Steine und Erden und in der Chemischen Industrie, hier vor allem im Bereich der Herstellung von Glas- und Keramikwaren, wurden entsprechende Anschaffungen in nennenswertem Umfang getätigt. Begründet wurden diese Investitionen mit den Spezifika der jeweiligen Produkte, die entweder leicht verderblich oder wenig bruchfest waren und deren Transport deshalb schnell und mit möglichst wenigen Umladungen vonstatten gehen mußte, vor allem aber mit der Möglichkeit, durch Einsatz von Lkw auch kleine Gütermengen an einen breiten Kundenkreis zu liefern. Auf diese Weise konnten einerseits neue Absatzgebiete erschlossen werden, während andererseits die Möglichkeit bestand, die Lagerhaltung tendenziell ohne negative Rückwirkungen auf die Lieferfähigkeit zu zentralisieren. Der Lkw wurde damit aufgrund der Charakteristik seiner Leistungserstellung zur Lösung zentraler Spannungsfelder der Rationalisierung eingesetzt. Er diente zur Flexibilisierung des Transportwesens, zur Schaffung neuer Absatzräume und -märkte sowie zur Senkung des Fixkostendruckes durch eine Erhöhung des Kapitalumschlages, aber auch durch die Möglichkeit, Lieferengpässe, unvorhersehbare Bedarfssituationen oder Produktionsstockungen nunmehr zügiger überbrücken zu können.

4. Der Lkw war eine Innovation von grundlegender Bedeutung für die Modernisierung der Verkehrswirtschaft im 20. Jahrhundert. Seine Einführung in das Verkehrssystem der Weimarer Republik über den Werkverkehr stellte allerdings eine Involution dar. Die Reintegration von Gütertransport und Güterproduktion beziehungsweise -verteilung in Industrie- und Handelsunternehmen war gleichbedeutend mit einem Abbau volkswirtschaftlicher Arbeitsteilung, zu dem es in den 1920er Jahren jedoch keine Alternative gab.

Das Leistungsangebot der Kraftverkehrsgesellschaften im Güterverkehr, die Lkw analog zum Vorbild der Eisenbahn im Linienverkehr einsetzten, erfolgte in Verkennung der spezifischen Vorteile des neuen Verkehrsträgers. Entsprechend unwirtschaftlich arbeiteten diese nicht an den Bedürfnissen des relevanten Marktes ausgerichteten Unternehmen. Ebensowenig existierte ein mit Lkw operierendes Speditions- und Transportgewerbe zur Befriedigung des Bedarfs an unregelmäßig auftretenden Transporten. Dies lag zum Teil an den auf Schutz der Reichsbahngesellschaft abzielenden verkehrspolitischen Weichenstellungen des Reichsverkehrsministeriums, zum Teil an einer konservativen Grundeinstellung vieler Transporteure, vor allem aber an organisatorischen Problemen. Zur Vermittlung von Rückfrachten, die für die Amortisation der eingesetzten Fahrzeuge von grundlegender Bedeutung waren, bedurfte es entweder eines gewachsenen Netzes überregionaler Geschäftsverbindungen oder einer reichsweiten Organisation von Frachtvermittlern und -führern. Beides entwickelte sich in der Anfangsphase des motorisierten Straßenverkehrs nur langsam. Aus diesem Grund mußten diejenigen Industrie- und Handelsunternehmen, die die Rationalisierungspotentiale des Lkw nutzen wollten oder mußten, in der Zwischenkriegszeit die mit seinem Betrieb verbundenen wirtschaftlichen Risiken, die sich nicht nur in steigenden gesamtwirtschaftlichen, sondern oftmals auch in zunehmenden betriebswirtschaftlichen Transportkosten niederschlugen, selbst übernehmen.

5. Ein Grund für die Zurückhaltung des Transportgewerbes bei der Investition in Lkw war deren technischer Entwicklungsstand. Die zu Beginn der 1920er Jahre erhältlichen Fahrzeuge, insbesondere die in die Privatwirtschaft überführten ehemaligen Heerestransporter, entsprachen nicht den Anforderungen, die privatwirtschaftliche Anwender an sie stellten. Die Lkw waren zumeist ungefedert und ausgerüstet mit ruppig laufenden Vierzylinder-Benzinmotoren sowie getrennt davon eingebauten Getrieben, die den bei der Kraftübertragung auftretenden Belastungen kaum gewachsen waren, mit unzureichenden Bremsanlagen, deren Wirksamkeit maßgeblich von der physischen Konstitution der Fahrzeugführer abhing, mit Kettenantrieben, mit Holz-, Eisen- oder Vollgummibereifung und mit Anhängern, die im Fahrbetrieb kaum kontrolliert werden konnten. Aus diesen Unzulänglichkeiten resultierten hohe Instandhaltungs-, Wartungs- und Betriebskosten.

Ausgehend von dieser Basis wurden in der Zwischenkriegszeit umfassende Modifikationen an den Nutzfahrzeugen vorgenommen. Dabei realisierten die verantwortlichen Ingenieure in einer relativ kurzen Zeitspanne bemerkenswerte technische Fortschritte in nahezu allen relevanten Baugruppen. In der ersten Hälfte der 1930er Jahre waren laufruhige Sechzylinder-Benzin- und Dieselmotoren, relativ verschleißfeste Getriebe, die nunmehr direkt an die Antriebsaggregate angeflanscht werden konnten, leistungsfähige Bremsanlagen, Luftbereifung und selbstspurende, zentral vom Fahrzeugführer zu kontrollierende Anhänger problemlos erhältlich. Durch diese Neuerungen konnten die Anschaffungs- und Betriebskosten der Fahrzeuge deutlich gesenkt werden. Die Weimarer Zeit trug deshalb auch im Lkw-Bau Züge einer Experimentierphase, die durch parellel verfolgte Entwicklungskonzepte und durch schnelle technische Veralterung vorhandener Typen, aber auch durch unhomogene Fahrzeugkonstruktionen geprägt war. Die Modifikationen einzelner Komponenten wurden relativ isoliert voneinander vorgenommen, was durch das Fehlen allgemein verbindlicher Normen sowie durch das Bestreben der einzelnen Lkw-Produzenten, möglichst alle Komponenten in Eigenregie zu fertigen, unterstützt wurde. Im Laufe der 1920er Jahre fanden Verbesserungen an nahezu allen Einzelteilen des Lkw statt. Allerdings waren keine Fahrzeuge auf dem Markt, die mit allen Verbesserungen gleichzeitig ausgestattet waren. Außerdem stand das ökonomisch sinnvollste Antriebsaggregat, der Dieselmotor, praktisch noch nicht zur Verfügung.

Der Gebrauchswert des Transportsystems Lkw wurde jedoch durch die jeweils ausfallträchtigste beziehungsweise rückständigste Baugruppe determiniert.

Deshalb blieben die vor dem Bau der Reichsautobahnen in Betrieb genommenen Fahrzeuge wenig fernverkehrstauglich. Sie wurden primär im Nahverkehr benutzt, wobei die Erweiterung der Einsatzradien von etwa 20 bis maximal 60 Kilometer im Jahr 1920 auf über 200 Kilometer im Jahr 1930 mit den realisierten technischen Fortschritten korrespondierte. Unter den gegebenen Umständen konnten die Fahrzeuge ihre Rationalisierungspotentiale hier am sinnvollsten umsetzen. Doch auch in diesen Einsatzfeldern war ihre Verwendung, deren betriebswirtschaftliche Konsequenzen nahezu unkalkulierbar blieben, mit vielfältigen Risiken verbunden.

6. Der zügige Fortschritt im Lkw-Bau steigerte die betriebswirtschaftlichen Unwägbarkeiten, die mit der Investition in Nutzfahrzeuge einhergingen. Auch bei diesem Instrument zur Transportrationalisierung erwies sich das Zielsystem der Rationalisierung als inhomogen. Zwar gewährleisteten betriebseigene Lkw eine Beschleunigung und Flexibilisierung der zugehörigen Leistungserstellung. Es muß jedoch bezweifelt werden, daß sich damit Transportkostensenkungen in nennenswertem Ausmaß verbanden. Insbesondere bei kleinen und mittleren Betriebseinheiten dürfte eher das Gegenteil der Fall gewesen sein. Der durch Lkw erzielte Zeitgewinn mußte gegebenenfalls durch erhöhte Kosten bezahlt werden.

Ursächlich dafür war die mit der Dominanz des Werkverkehrs verbundene Steigerung der Fixkosten im betrieblichen Transportwesen. Diese wurden zum Problem, sobald die durch Ankauf der Fahrzeuge geschaffenen Kapazitäten nicht ausgelastet werden konnten. Im Gegensatz zu den durch theoretische Kostenrechnungen suggerierten Gegebenheiten dürfte dies in der Praxis der Regelfall gewesen sein. Den beispielhaften Kostenberechnungen lagen falsche Prämissen zugrunde. So wurden sowohl die Laufleistungen als auch eine wirtschaftliche Nutzungsdauer der Fahrzeuge mit überhöhten Werten angesetzt. Die entsprechenden Kalkulationen gingen zumeist davon aus, daß Lkw mehr als die 20.000 Kilometer im Jahr liefen, die als untere Grenze für eine effiziente Nutzung anzusehen waren. Dieser Wert wurde in der Praxis nur selten realisiert.

Der Aufbau einer aussagefähigen und praxisnahen Kostenrechnung wäre in den 1920er Jahren besonders wichtig gewesen, da sich die verschiedenen Kostenkomponenten des Lkw-Betriebes in diesem Zeitraum merklich veränderten. So hätte deutlich werden können, daß zunächst in die frühzeitig erkannten Potentiale des Lkw zur Optimierung von Beschaffungs-, Produktions- und Absatzprozessen zu investieren war. Die ökonomischen Gegebenheiten der Weimarer Republik ließen dabei die Amortisationsmöglichkeiten dieser Investitionen als sehr fragwürdig erscheinen. Der Einsatz der Fahrzeuge gewährleistete zwar bessere Dispositionsspielräume, aber keine Garantie für einen kontinuierlichen Warenfluß.

7. Volkswirtschaflich relevant war die Ergänzung der von schienengebundenen Transportträgern gewährleisteten linearen Raumerschließung durch den Lkw, der

sich besonders zur Bedienung des Flächenverkehrs eignete und für eine zunehmende Vernetzung sektoral aufgesplitteter Wirtschaftsräume sorgte. Dieser in der Weimarer Republik beginnende Prozeß hatte weitreichende und vielschichtige Auswirkungen, deren Folgen zumeist erst in langfristiger Perspektive offensichtlich wurden und in den 1920er Jahren nur in Ansätzen erkennbar waren.

Aus der zunehmenden Erschließung der durch die Bahn nur ungenügend bedienten Peripherien und ländlichen Gebiete resultierte eine verbesserte Versorgungssituation. Dies galt sowohl für diese dünn besiedelten Gegenden als auch für dicht besiedelte Großstädte. Die für das Wachstum dieser Städte erforderliche Ausweitung des relevanten Belieferungsgebietes wurde tendenziell durch Lkw gewährleistet, was zunächst am Beispiel der Milchzulieferungen deutlich wurde. So dehnte eine Großstadt wie Mannheim, die vor dem Ersten Weltkrieg lediglich auf die in einem Umkreis von etwa 50 Kilometern erzeugten Mengen zurückgreifen konnte, ihr relevantes Einzugsgebiet bis Mitte der 1920er Jahre auf bis zu 200 Kilometer aus.

Daraus folgte eine zunehmende Markttransparenz und Wettbewerbsintensität, die anfangs vor allem im Handel und im Gewerbe spürbar wurde. Einerseits verloren kleine Einzelhandels- und Handwerksbetriebe ihre lokalen Monopolstellungen, während andererseits eine Ausweitung von Filialsystemen stattfand. Damit gingen erste Tendenzen einher, die Läger der einzelnen Filialen 'auf die Straße' zu verlegen und sie in einem Umkreis um Zentralläger anzusiedeln, dessen Ausdehnung von der an einem Tag durch Lkw zu überbrückenden Entfernung determiniert wurde. Theoretisch profitierten vor allem kleinere, mit einer geringen Kapital- und Liquiditätsdecke versehene Betriebseinheiten von einem schnelleren Warenumschlag mittels Lkw. In der Praxis waren diese aber gegenüber größeren Unternehmen, die in der Einführungsphase weniger unter den mit einer mangelnden Auslastung der Fahrzeuge verbundenen Problemen zu leiden hatten, benachteiligt. Der zunehmende Konkurrenzdruck, welcher zu wachsender volkswirtschaftlicher Effizienz führte, konnte in diesem Fall die Vorteile, die der neue Transportträger Lkw bot, zunichte machen.

8. Für die betriebswirtschaftlichen Unwägbarkeiten und die geringe volkswirtschaftliche Bedeutung des Lkw in der Weimarer Republik waren auch die von der Verkehrspolitik gesetzten Rahmenbedingungen, die die Ausbreitung des Lkw-Verkehrs behinderten, verantwortlich. Mit der Einführung des Staatsbahnprinzips und der Einrichtung des Reichsverkehrsministeriums, welches die Bedürfnisse der Eisenbahn in den Mittelpunkt seiner Überlegungen stellte, verband sich die Option für ein an gemeinwirtschaftlichen Belangen orientiertes Verkehrssystem, in dem der Dualismus einer staatswirtschaftlich organisierten Bahn und eines privatwirtschaftlich organisierten Kraftfahrgewerbes bereits institutionalisiert war. Die Deutsche Reichsbahn Gesellschaft als Trägerin eines Teiles der Reparationslast wandte zur Begrenzung der abwanderungsbedingten Verluste von Trans-

portvolumina an den Lkw verschiedene Wettbewerbsstrategien an, deren Wirksamkeit durch entsprechend ausgerichtete Gesetze unterstützt wurde. Die Qualität der damit verbundenen Eingriffe in die freie Entfaltung des Lkw-Güterverkehrs nahm dabei im Zeitablauf in gleichem Maße zu wie die Relevanz der durch Lkw ausgeübten Konkurrenz.

Zur Kontrolle des bis Mitte der 1920er Jahre als relativ unbedeutend eingestuften Wettbewerbs durch die Kraftfahrgesellschaften wurden gesetzliche Regelungen und eine Kooperationsstrategie als ausreichend angesehen. Daraus folgte einerseits die Konzessionierungspflicht für den Betrieb von Überland-Linienverkehren, andererseits der Betriebsvertrag zwischen der DRG und der Kraftverkehr Deutschland GmbH, der die Zusammenarbeit der beiden Verkehrsträger im Sinne der Bahn regelte. In der zweiten Hälfte der 1920er Jahre verschärfte die Bahn den Preis- und Qualitätswettbewerb durch interne Rationalisierungsmaßnahmen, eine Beschleunigung der schienengebundenen Gütertransporte und Einführung von Sondertarifen, den sogenannten K-Tarifen, die die Konkurrenz in besonders abwanderungsgefährdeten Bereichen unterboten. Als in der Wirtschaftskrise das auf der Straße beförderte Transportvolumen trotzdem wuchs, sollten schließlich der Schenker-Vertrag und die in der Notverordnung vom Oktober 1931 verankerte, restriktiv ausgelegte Konzessionierungspflicht für gewerbliche Gütertransporte, die über eine Entfernung von mehr als 50 Kilometern hinausgingen, Abhilfe schaffen und den Lkw in das gemeinwirtschaftliche Verkehrssystem einbinden.

Alle Maßnahmen behinderten vor allem die Entstehung und Ausbreitung eines mit Lkw operierenden Transport- und Speditionsgewerbes, während sie gegenüber der eigentlichen, durch den Werkverkehr ausgeübten Konkurrenz wirkungslos blieben. Sie verhinderten damit die Bündelung der Lkw-spezifischen Nachfrage beziehungsweise die frühzeitige Schaffung eines adäquaten Angebotes. Die auf eine Flexibilisierung des Transportwesens abzielenden Marktkräfte konnten dadurch lediglich temporär eingedämmt werden. Innerhalb dieses Zeitraumes waren damit aber Steigerungen der volks- und betriebswirtschaftlichen Kosten des Lkw-Verkehrs verbunden.

9. Von der infrastrukturellen Entwicklung, die mit dem Tempo der Motorisierung nicht Schritt hielt, gingen ebenfalls negative Impulse auf die Ausbreitung des Lkw-Verkehrs aus. Die Trassierungen und die Befestigungen der durch die Auswirkungen des Ersten Weltkrieges in Mitleidenschaft gezogenen Straßen waren noch Mitte der 1920er Jahre auf die Belange des Pferdefuhrwerks zugeschnitten. Wenngleich die Gesamtlänge der Staats- und Provinzialstraßen von knapp 50.000 Kilometer (1925) auf gut 63.000 Kilometer (1933), also um etwa 30 Prozent, anstieg, war ihr Zustand den neuartigen Belastungen nicht gewachsen. Im Jahr 1924 waren etwa 90 Prozent dieser Straßen als kiesgebundene Schüttungen ausgeführt. Diese wurden bis 1933 etwa zur Hälfte mit Oberflächenschutzschichten versehen,

was angesichts des zunehmenden Motorisierung des Straßenverkehrs allenfalls als provisorische Zwischenlösung angesehen werden konnte. Dieser Sachverhalt blieb kennzeichnend für die reaktive Infrastrukturpolitik der Weimarer Republik, welche weniger durch einen langfristig geplanten Ausbau des Straßennetzes als vielmehr durch die Instandhaltung und kurzfristige Anpassung der vorhandenen Straßen an die veränderten Umstände geprägt war.

Ursächlich hierfür waren im wesentlichen vier Tendenzen. Erstens fehlte zu Beginn der 1920er Jahre eine valide Datenbasis als Grundlage für entsprechende Ausbaupläne. Aufschluß über die tatsächliche Belastung und Frequentierung des deutschen Straßennetzes gaben erst die Verkehrszählungen der Jahre 1924/25 und 1928/29. Aus dem Vergleich der hierbei ermittelten Ergebnisse wurde ersichtlich, daß einerseits die tägliche Belastung der Straßen erheblich zunahm, während andererseits die motorisierten Fahrzeuge im Untersuchungszeitraum einen immer größeren Anteil an der strukturellen Zusammensetzung des Verkehrs gewannen und diesen schließlich dominierten. Dies war jedoch nicht aus den Ergebnissen der ersten Verkehrszählung von 1924/25 ableitbar, die vor der Weltwirtschaftkrise die zentrale statistische Grundlage für infrastrukturelle Maßnahmen bildete. Zweitens verhinderten die zersplitteten Zuständigkeiten auf dem Gebiet des Straßen- und Wegewesens einen geplanten, an einheitlichen Richtlinien orientierten Ausbau des Straßennetzes. Da das Reich keinen Gebrauch von der ihm zustehenden einschlägigen Gesetzgebungskompetenz machte, blieben die Länder, Provinzen, Kreise und Gemeinden hierfür verantwortlich. Deren unterschiedliche Interessenlagen konnten zu keinem Zeitpunkt ausgeglichen werden. Drittens waren die Weimarer Jahre auch in bezug auf die technische Entwicklung des Straßenbaus eine Experimentierphase, in der neuartige Straßendecken zunächst entwickelt werden mußten, bevor Erfahrungen über ihre Vor- und Nachteile sowie die mit ihrer Verwendung verbundenen Kosten gesammelt werden konnten. Viertens fehlten die für den Straßenbau notwendigen Finanzierungsmittel. Obwohl die Ausgaben immer mehr für Instandhaltungsaufwendungen und kaum noch für Neubauten verwendet wurden, bewegten sie sich schließlich auf einem Niveau, daß durch die Einnahmen immer weniger abgedeckt werden konnte. Im Rechnungsjahr 1931/32 mußte schließlich knapp die Hälfte des Bedarfs aus allgemeinen Mitteln finanziert werden. Eine mögliche Lösung dieses Problems, die Finanzierung über Straßenbauanleihen, wurde in der Weimarer Republik zwar erwogen, konnte angesichts der Weltwirtschaftskrise aber nicht mehr realisiert werden.

10. Die Weimarer Rationalisierungsbestrebungen waren vielfachen Blockierungen ausgesetzt. Diese führten dazu, daß bereits die vorherrschenden technischen Teilmodernisierungen zu betriebswirtschaftlichen Übermodernisierungen werden konnten. Da die transporttechnischen Entwicklungen in den 1920er und frühen 1930er Jahren nicht den ökonomischen Erfordernissen entsprachen, galt

dieser Sachverhalt in besonderem Maße für die Rationalisierung des Transportwesens durch den Lkw. Zum einen genügte der technische Entwicklungsstand der Fahrzeuge in den Weimarer Jahren nicht den Anforderungen, die an einen effizienten Nutzfahrzeugbetrieb zu stellen waren, zum anderen konnten die kostenstrukturellen Auswirkungen der Anschaffung betriebseigener Lkw, die zudem unter schwierigen verkehrspolitischen, infrastrukturellen und ökonomischen Rahmenbedingungen stattfand, nur ungenügend erfaßt werden. Dennoch bot der Lkw unübersehbare qualitative Wettbewerbsvorteile, auf deren Nutzung in einigen Wirtschaftszweigen kaum verzichtet werden konnte. So mußte mangels realistischer Alternativen in Fahrzeuge investiert werden, die einer an betriebswirtschaftlichen Kriterien orientierten kritischen Beurteilung nicht genügten. Unter diesen Bedingungen konnten theoretisch vorhandene weitere Rationalisierungspotentiale des Lkw (noch) nicht ausgeschöpft werden. Insbesondere in kleineren und mittelgroßen Betrieben dürften sich die tatsächlich durchgeführten Modernisierungen der Fuhrparks als problematische, aber unumgängliche Investitionen erwiesen haben. Das Dilemma notwendiger, einerseits aber übermäßig beschleunigter und andererseits blockierter Rationalisierungsmaßnahmen wurde auch im betrieblichen Transportwesen deutlich.

Da bislang weder die Weimarer Rationalisierungsbewegung noch die Verkehrsgeschichte der Zwischenkriegszeit umfassend untersucht worden sind, wären diese Thesen durch weitere Forschungsarbeiten zu erhärten oder zu widerlegen. Aufgrund der ungenügenden mikroökonomischen Fundierung der bisherigen Rationalisierungsforschung sind Aufschlüsse über das Ausmaß und die Handlungsspielräume der Rationalisierung dabei primär von weiteren Branchenstudien zu erwarten, in denen auch betriebswirtschaftliche Aspekte, die bisher in der Wirtschaftsgeschichtsschreibung nur ungenügend gewürdigt wurden, Berücksichtigung finden müßten.[4] Jenseits dieser einzelwirtschaftlichen Perspektive bietet die Geschichte des Lkw-Verkehrs bis zum Ende des Zweiten Weltkrieges vielfältige Ansatzpunkte für weitere Arbeiten. Analog zur bisher in der neueren Verkehrsgeschichtsschreibung dominierenden Vorgehensweise könnte zunächst die Verkehrs- und Infrastrukturpolitik in der Weimarer Republik ein Gegentand weiterführender Analysen sein.[5] Aber auch von der Motorisierungsgeschichte einzelner Regionen, vor allem des Rheinisch-Westfälischen Industriegebietes,

---

[4] So bereits Kleinschmidt, Eisen- und Stahlindustrie, 1993, S. 10 ff.; Lippert, Flaschenglasindustrie, 1994, S. 191.

[5] Die verschiedenen Aufsatzsammlungen zur Verkehrsgeschichte des 20. Jahrhunderts decken eine vielfältige Themenbreite in notwendigerweise kurzen Darstellungen ab. Vgl. vor allem Pohl (Hg.), Einflüsse, 1988; ders. (Hg.), Traditionspflege, 1991; Niemann/Hermann (Hg.), Entwicklung der Motorisierung, 1995. Demgegenüber thematisieren die bisher vorliegenden Monographien primär verkehrspolitische Aspekte. Vgl. etwa Klenke, Verkehrspolitik, 1993 oder Südbeck, Motorisierung, 1994. In dieser Tradition steht auch die angekündigte Arbeit von Frau Heidi Rohde über die Verkehrspolitik im 'Dritten Reich'.

von der Geschichte des Straßenbaus, von der Technikgeschichte des Lkw oder von der Geschichte der tatsächlichen und wahrgenommenen Auswirkungen steigenden Motorisierung auf die Umwelt dürften wichtige Erkenntnisse über die Entwicklung des Güterverkehrs im 20. Jahrhundert, die dieser Entwicklung zugrunde liegenden Intentionen und die damit verbundenen Folgen, ausgehen.

Von besonderem Interesse erscheinen dabei die Verknüpfungen ökonomischer und logistischer Prozesse. Nicht von ungefähr geht die in den 1990er Jahren zu beobachtende zunehmende Flexibilisierung der Produktion, zu der es im globalen Wettbewerb kaum eine Alternative gibt, mit einer ebensolchen Flexibilisierung des Güterverkehrs einher. Es wäre zu prüfen, ob das wirtschaftliche Wachstum, das zur Lösung arbeitsmarkt- und sozialpolitischer Probleme unabdingbar erscheint, entgegen allen auf die Förderung des Schienenverkehrs abzielenden umwelt- und verkehrspolitischen Äußerungen nicht zwangsläufig mit der seit Jahrzehnten zu verzeichnenden Steigerung des Lkw-Güterverkehrs zusammenhängt. In diesem Fall wären die einzigen glaubhaften Alternativen zu einem „Güterverkehr, [der zu] Chaos ohne Ende [führte]"[6] entweder der Verzicht auf weitere Wohlstandssteigerungen oder grundlegend neue verkehrswirtschaftliche Konzepte.

[6] Titelblatt der Wirtschaftswoche Nr. 34 vom 19. August, 48. Jahrgang 1994.

Anlagen

Literaturverzeichnis

a) Archivalia/Ungedruckte Quellen

Hessisches Wirtschaftsarchiv Darmstadt
Abt. 6: IHK Gießen

Rheinisch-Westfälisches Wirtschaftsarchiv Köln
Abt. 20: IHK Duisburg

Westfälisches Wirtschaftsarchiv Dortmund
Bestand K1: IHK Dortmund
Bestand K2: IHK Bochum

b) Zeitgenössische Periodika und regelmäßige Veröffentlichungen

Archiv für Eisenbahnwesen
Automobil Rundschau. Zeitschrift des Mitteleuropäischen Motorwagen Vereins e.V.
Automobiltechnische Zeitschrift
Der Deutsche Volkswirt
Deutsche Wirtschaftszeitung
Glastechnische Berichte
Jahrbücher für Nationalökonomie und Statistik
Kraftomnibus und Lastkraftwagen
Der Kraftzug in Wirtschaft und Heer. Fachschrift für das gesamte Kraftfahrwesen
Das Last-Auto. Wirtschaftszeitung für den gesamten motorischen Lastwagenbetrieb
Der Motorwagen. Zeitschrift für Automobil-Industrie und Motorenbau
Sprechsaal für Keramik, Glas und verwandte Industrien
Speditions- und Schiffahrtszeitung
Statistisches Jahrbuch für das Deutsche Reich
Die Strasse
Die Strasse. Zeitschrift für den gesamten Straßen- und Wegebau
Technik und Wirtschaft
Verkehrstechnik. Zentralblatt für den gesamten Landverkehr und Straßenbau
Verkehrstechnische Woche. Zeitschrift für das gesamte Verkehrswesen
Vierteljahreshefte zur Konjunkturforschung
Vierteljahreshefte zur Statistik des Deutschen Reiches
Wirtschaft und Statistik
Wirtschaftsdienst. Weltwirtschaftliche Nachrichten
Zeitschrift für Betriebswirtschaft
Zeitschrift für Handelswissenschaftliche Forschung

Zeitschrift für Handelswissenschaft und Handelspraxis (seit 1930 umbenannt in: Die Betriebswirtschaft. Zeitschrift für Handelswissenschaft und Handelspraxis)
Zeitschrift für Verkehrswissenschaft
Zeitschrift des Vereins Deutscher Ingenieure

c) Monographien, Aufsätze und Zeitungsartikel

c.a) bis 1945

Aders, E. (Stand des deutschen Lastkraftwagenbaues, 1922): Der Stand des deutschen Lastkraftwagenbaues. In: ZVDI 66 (1922), S. 387-391 und S. 443-446.

Aders, E. (Lastkraftwagenbau, 1925): Lastkraftwagenbau in Deutschland. In: ZVDI 69 (1925), S. 457-463 und S. 589-594.

Aders, E. (Normalisierung der Lastkraftwagen, 1926): Die Normalisierung der Lastkraftwagen für den Güterverkehr. In: Güterumschlag. Sonderheft der ZVDI, Berlin 1926, S. 188-193.

Agerley, J. (Ausgestaltung der Landstraßen, 1920): Die Ausgestaltung der Landstraßen mit Rücksicht auf den Kraftwagenverkehr, Diss. Berlin 1920.

Albrecht, M. (Lastwagen-Motor, 1921): Der Lastwagen-Motor.Vierte, verbesserte und beträchtlich erweiterte Auflage, neubearbeitet von H. Augsburger, Berlin 1921.

Allmers, R. A. et. al. (Hg.) (Automobilwesen, 1928): Das deutsche Automobilwesen der Gegenwart, Berlin 1928.

Allwardt, E. (Problem, 1933): Zum Problem der verkehrsgeographischen Bedeutung des Kraftfahrzeuges, Diss. Leipzig 1933.

Amberger, C. W. (Staatsstraßennetz, 1931): Das oberfränkische Staatsstraßennetz, seine geschichtliche Entwicklung, sein Zustand und die Maßnahmen zu seiner Verbesserung und Vervollständigung, Diss. Würzburg 1931.

Andorfer, L. (Rationalisierung in der Brauindustrie, 1928): Die Rationalisierung in der Brauindustrie unter Berücksichtigung ihrer Einwirkung auf die Arbeiterschaft, Diss. Würzburg 1928.

Ballentin, A. (Entwicklung des Kraftfahrwesens, 1922): Behördlicher Einfluß auf die Entwicklung des Kraftfahrwesens, insbesondere des öffentlichen Nutzkraftwagenverkehrs in Deutschland, Diss. Tübingen 1922.

Bauer, O. (Fehlrationalisierung,1931): Rationalisierung-Fehlrationalisierung, Wien 1931.

Baumann, H. (Hg.) (Verkehrsbuch, 1931): Deutsches Verkehrsbuch, Berlin 1931.

Becker, G. (Automobilreifen, 1927): Automobilreifen, Berlin 1927.

Beckert, W. (Reichsverkehrspolitik, 1934): Reform der Reichsverkehrspolitik, Dortmund 1934.

Beneke (Konstruktionsfragen der Lastkraftwagen, 1926): Konstruktionsfragen der Lastkraftwagen für den Güterumschlagverkehr. In: Güterumschlag. Sonderheft der ZVDI, Berlin 1926, S. 194-197.

Bernet, F. (Konjunkturforschung, 1927): Konjunkturforschung und Wirtschaftsrationalisierung, Zürich 1927.

Bernhard, L. (Exportmöglichkeiten, 1924): Die Exportmöglichkeiten der deutschen Maschinenindustrie, Berlin 1924.

Betz, L. (Lastautomobile, 1927): Spezial-Lastautomobile, Berlin 1927.

Birnbaum, B. (Organisation, 1927): Organisation der Rationalisierung Amerika-Deutschland, Berlin 1927.

Blum, O. (Probleme, 1930): Probleme des Lastkraftwagenverkehrs. In: WD 15 (1930), S. 528-533.

Blum, O. (Weltverkehr, 1921): Der Weltverkehr und seine Technik im 20. Jahrhundert, Stuttgart und Berlin 1921 (2 Bände).

Bobeth, E. (Leistungsverluste, 1913): Die Leistungsverluste und die Abfederung von Kraftfahrzeugen, Berlin 1913.

Bode (Güterverkehrswirtschaft, 1926): Die Bedeutung der Technik für die Güterverkehrswirtschaft. In: Güterumschlag. Sonderheft der ZVDI, Berlin 1926, S. 15-17.

Boethke/Heger (Kraftverkehrsgesellschaften, 1925): Die Kraftverkehrsgesellschaften Deutschlands. Werden, Wesen und Bedeutung, Berlin 1925.

Borght, R. van der (Verkehrswesen, 1912): Das Verkehrswesen, 2. Auflage Leipzig 1912.

Borst, H./Hellpach, W. (Problem, 1925): Das Problem der Industriearbeit. Die Erziehung zur Arbeit, Berlin 1925.

Brady, R. A. (Movement, 1933): The Rationalisation Movement in German Industry. A Study in the Evolution of Economic Planning, Berkley 1933.

Buschmann, J. (Hg.) (Jahrbuch, 1929): Jahrbuch des Deutschen Kraftfahr- und Motorwesens, 11. Jahrg. Berlin 1929.

Bussien, R. (Hg.) (Handbuch, 1925): Automobiltechnisches Handbuch, 11. Auflage Berlin 1925.

Bussien, R. (Hg.) (Handbuch, 1928): Automobiltechnisches Handbuch, 12. Auflage Berlin 1928.

Bussien, R. (Hg.) (Handbuch, 1931): Automobiltechnisches Handbuch, 13. Auflage Berlin 1931.

Cassione, H. (Entwicklung des Straßenwesens, 1926): Die geschichtliche und technische Entwicklung des Straßenswesens in Baden 1810-1920, Diss. Karlsruhe 1925 (Selbstverlag des Verfassers).

Davis, J./Lüddecke, T. (Friede, 1928): Industrieller Friede, Leipzig 1928.

Deutsche Reichsbahn Gesellschaft (Hg.) (Reichsbahn und Kraftwagenverkehr, 1930): Reichsbahn und Kraftwagenverkehr, Berlin 1930.

Dietz, C. H. (Organisation, 1935): Die Organisation einer Speditionsunternehmung im Güterfernverkehr mit Kraftfahrzeugen, Forchheim 1935.

Dietz, R. (Friedrich Siemens, 1920): Friedrich Siemens und das Glas. In: TG 10 (1920), S. 55-65.

DIHT (Eisenbahn und Kraftwagen, 1930): Eisenbahn und Kraftwagen. Tatsachen und Gedanken zur Neugestaltung des deutschen Verkehrswesens, Berlin 1930.

DIHT (Umfang, 1934): Der Umfang des Kraftwagen-Werkverkehrs in Deutschland. Unveröffentlichte Maschinenschrift, April 1934.

DMV (Hg.) (Autoindustrie, 1928): Die deutsche Autoindustrie Anfang 1928, o.O., o. J. (1928).

DMV (Hg.) (Metallindustrie, 1933): Die Rationalisierung in der Metallindustrie, Berlin 1933.

Dorpmüller, J. (Reichsbahn, 1928): Die Rationalisierung bei der Reichsbahn. In: IHK Berlin (Hg.), Die Bedeutung der Rationalisierung für das deutsche Wirtschaftsleben, Berlin 1928, S. 266-294.

Dralle, R./Keppeler, G. (Hg.), (Glasfabrikation, 1931): Die Glasfabrikation, zweite gänzlich umgearbeitete Auflage, München und Berlin 1931.

Duvigneau, G. (Verbreitung der Fließarbeit, 1932): Untersuchungen zur Verbreitung der Fließarbeit in der deutschen Industrie. Eine wirtschaftlich-technische Studie, Diss. Breslau 1932.

Elsen, P. van (Landstraße, 1929): Die deutsche Landstraße, Diss. Köln 1929.

Enquete-Ausschuß (Ladenhandel, 1929): Ladenhandel und ambulanter Handel mit Obst und Gemüse, Berlin 1929.

Enquete-Ausschuß (Massenfilialunternehmen, 1929): Massenfilialunternehmen im Einzelhandel mit Lebensmitteln und Kolonialwaren, Berlin 1929.

Enquete-Ausschuß (Glasindustrie, 1931): Die deutsche Glasindustrie. Verhandlungen und Berichte des Unterausschusses für allgemeine Wirtschaftsstruktur, 14. Band, Berlin 1931.

Erlenmaier, A. (Bedeutung, 1934): Die Bedeutung des Kraftwagens für den Standort in Produktion und Handel. In: ZfV 12 (1934), S. 57-104.

Ermanski, J. (Taylorsystem, 1925): Wissenschaftliche Betriebsorganisation und Taylorsystem, Berlin 1925.

Feilchenfeld, W. (Hg.), (Kraftfahrzeugbesteuerung, 1930): Die Kraftfahrzeugbesteuerung in Europa unter besonderer Berücksichtigung der Betriebsstoffsteuern, Berlin 1930.

Fischer, G./Reuther, O./Mayer, L., (Güterverkehr, 1930): Der Güter- und Personenverkehr, Leipzig 1930.

Fischer, J. (Lastauto, 1927): Handbuch vom Lastauto, Berlin 1927.

Föppl, O./Strombeck, H./Ebermann, L. (Dieselmaschinen, 1929): Schnellaufende Dieselmaschinen, 4. Auflage Berlin 1929.

Ford, H. (Leben, 1923): Mein Leben und Werk, dt. Ausgabe von C. und M. Thesing, Leipzig 1923.

Ford, H. (Morgen, 1926): Das große Heute - Das größere Morgen, dt. Ausgabe von C. und M. Thesing, Leipzig 1926.

Friedmann, P. (Lastkraftwagen, 1926): Der Lastkraftwagen, Berlin 1926.

Frisch, H. (Konzentration, 1934): Die Konzentration in der Dortmunder Brauindustrie, Diss. Dortmund 1934.

Ganzenmüller, T. (Braugewerbe, 1930): Braugewerbe und Maschinenindustrie. In: Reichsernährungsministerium/Präsidium des Deutschen Brauer-Bundes (Hg.), Die deutsche Brauindustrie der Gegenwart, Mannheim 1930, S. 140-147.

Garbotz, G. (Vereinheitlichung, 1920): Vereinheitlichung in der Industrie. Die geschichtliche Entwicklung, die bisherigen Ergebnisse, die technischen und wirtschaftlichen Grundlagen, München 1920.

Giese, K. (Reichsbahnpolitik, 1928): Hauptfragen der Reichsbahnpolitik, Berlin 1928.

Gottl-Ottlilienfeld, F. v. (Wirtschaft, 1923): Wirtschaft und Technik, Tübingen 1923.

Gottl-Ottlilienfeld, F. v. (Leben, 1925): Wirtschaft als Leben, Jena 1925.

Gottl-Ottlilienfeld, F. v. (Fordismus, 1926): Fordismus? Über Industrie und Technische Vernunft, Jena 1926.

Gottl-Ottlilienfeld, F. v. (Taylor, 1926): Fordismus? Von Frederick Winslow Taylor zu Henry Ford. In: ders., Fordismus? Über Industrie und Technische Vernunft, Jena 1926, S. 1-40.

Gottl-Ottlilienfeld, F. v. (Rationalisierung, 1929): Technische, kommerzielle und volkswirtschaftliche Rationalisierung. In: ders., Vom Sinn der Rationalisierung, Jena 1929, S. 1-13.

Gottl-Ottlilienfeld, F. v. (Sinn, 1929): Vom Sinn der Rationalisierung, Jena 1929.

Gottl-Ottlilienfeld, F. v. (Läuterung, 1934): Die Läuterung des nationalökonomischen Denkens als deutsche Aufgabe, Berlin 1934.

Gottl-Ottlilienfeld, F. v. (Rationalisierung, 1937): Müssen wir die Rationalisierung ablehnen? In: Wirtschaft. Gesammelte Aufsätze, Jena 1937, S. 43-52.

Halfeld, A. (Amerika, 1927): Amerika und der Amerikanismus, Jena 1927.

Hamacher, R. (Nahverkehr im Aachener Wirtschaftsgebiet, 1926): Der Nahverkehr im Aachener Wirtschaftsgebiet. In: ZfV 4 (1926), S. 66-89.

Hanffstengel, G. v. (Förderung, 1926): Die Förderung von Massengütern, Berlin 1926.

Hanfland, C. (Fertigung, 1927): Die wirtschaftliche Fertigung von Motoren und Kraftwagen, Berlin 1927.

Hardensett, H. (Mensch, 1932): Der kapitalistische und der technische Mensch, Diss. München 1932.

Harms, B. (Hg.) (Volkswirtschaft, 1928): Strukturwandlungen der deutschen Volkswirtschaft, Berlin 1928 (2 Bände).

Héder, L. v. (Konkurrenzfähigkeit, 1931): Die Konkurrenzfähigkeit der Kraftwagen und Kraftwagenlinien gegen Eisenbahn und Kleinbahn unter besonderer Berücksichtigung der Verhältnisse in Deutschland, Diss. Berlin 1931.

Heger (Kraftverkehrsgesellschaften, 1926): Aufgaben der öffentlichen Kraftverkehrsgesellschaften Deutschlands. In: Güterumschlag. Sonderheft der ZVDI, Berlin 1926, S. 203-206.

Heisterberg (Struktur des Güterkraftverkehrs, 1933): Zur Frage der Struktur des Güterkraftverkehrs. In: VtW 27 (1933), S. 349-356.

Helander, S. (Verkehrsplanung, 1937): Nationale Verkehrsplanung, Jena 1937.

Heller, A. (Fortschritte, 1924/25): Fortschritte im Kraftwagenbau. In: ZVDI 68 (1924), S. 1281-1288 und ZVDI 69 (1925), S. 399-405; S. 509-513 und S. 713-716.

Heller, A. (Motorwagenbau, 1925): Motorwagenbau, 2., vermehrte und verbesserte Auflage, Berlin 1925.

Hellmich, W. (Taylor, 1919): Was will Taylor?, Berlin 1919.

Helm (Fragen des Umschlagverkehrs, 1926): Technische und wirtschaftliche Fragen des Umschlagverkehrs. In: Güterumschlag. Sonderheft der ZVDI, Berlin 1926, S. 7-14.

Hentrich, H. (Teerstraßen, 1927): Der neuzeitliche Straßenbau, Teil V: Teerstraßen, Halle 1927.

Heucke, A. (Verkehr, 1925): Der Verkehr mit Kraftfahrzeugen, Berlin 1925.

Heymann, D. (Verwaltung, 1928): Der neuzeitliche Straßenbau, Teil VII: Verwaltung und Wirtschaft, Halle 1928.

Hinnenthal, H. (Rationalisierungsbewegung, 1927): Die deutsche Rationalisierungsbewegung und das Reichskuratorium für Wirtschaftlichkeit, Berlin 1927.

Hoecht, A. (Organisation und Technik, 1929): Die Organisation und Technik des Bierabsatzes im Braugewerbe, Diss. München 1929.

Hoff/Kumbier/Anger (Eisenbahnwesen, 1927): Das deutsche Eisenbahnwesen der Gegenwart, Berlin 1927.

Hofmann, R., (Lastkraftwagen, 1925): Lastkraftwagen und Nutzfahrzeuge, Berlin-Charlottenburg 1925.

Huhn, E. (Bemerkungen, 1919): Kritische Bemerkungen über das Taylorsystem, Berlin 1919.

IHK Berlin (Hg.) (Bedeutung, 1928): Die Bedeutung der Rationalisierung für das deutsche Wirtschaftsleben, Berlin 1928.

Ilse, E. (Asphaltstraßen, 1930): Der neuzeitliche Straßenbau, Teil VI: Asphaltstraßen, Halle 1930.

Institut für Konjunkturforschung (Hg.) (Stand und Aussichten, 1937): Stand und Aussichten des gewerblichen Güterfernverkehrs mit Lastkraftwagen, Jena 1937.

Institut für Konjunkturforschung (Hg.) (Werkverkehr, 1939): Der Werkverkehr mit Lastkraftwagen. Umfang, Aufgaben und Voraussetzungen für seine Betätigung, Jena 1939.

Jentsch, H., (Aussichten und Aufgaben): Aussichten und Aufgaben für den deutschen Straßenbau, Berlin 1925.

Kammer für Arbeiter und Angestellte Wien (Hg.) (Arbeiterschutz, 1928): Rationalisierung, Arbeitswissenschaft und Arbeiterschutz, Wien 1928.

Kes (Anforderungen der Spedition, 1926): Anforderungen der Spedition an den Kraftwagenbetrieb. In: Güterumschlag. Sonderheft der ZVDI, Berlin 1926, S. 207-210.

Kleinlogel, A. (Betonstraßen, 1928): Der neuzeitliche Straßenbau, Teil IV: Betonstraßen, Halle 1928.

Klingenberg (Probleme des Güterumschlagverkehrs, 1926): Probleme des Güterumschlagverkehrs. In: Güterumschlag. Sonderheft der ZVDI, Berlin 1926, S. 5-6.

Knipping, F. (Steinstraßen, 1928): Der neuzeiliche Straßenbau, Teil III: Steinstraßen, Halle 1928.

Knipping, F. (Konstruktion, 1928): Der neuzeitliche Straßenbau, Teil II: Konstruktion und Ausführung, Halle 1928.

Knoblauch, H. (Organisation, 1920): Die Organisation der Deutschen Brauindustrie, Greifswald 1920.

Körner, K. (Bau, 1918): Der Bau des Dieselmotors, Berlin 1918.

Köttgen, C. (Amerika, 1925): Das wirtschaftliche Amerika, Berlin 1925.

Kronheimer, W. (Schnellgütertransport, 1927): Der Wettbewerb im Schnellgütertransport. In: WD 12 (1927), S. 543-543 und S. 706-711.

Kühnel, A., (Straßenbau, 1928): Neuzeitlicher Straßenbau, Brünn 1928.

Lang, R./Hellpach,W. (Gruppenfabrikation, 1922): Gruppenfabrikation, Berlin 1922.

Lange, K., (Maschinenbau, 1928): Rationalisierung des Maschinenbaus. In: IHK Berlin (Hg.), Die Bedeutung der Rationalisierung für das deutsche Wirtschaftsleben, Berlin 1928, S. 318-340.

Lechner, L. (Kraftfahrzeuggesetzgebung, 1931): Die Kraftfahrzeuggesetzgebung, 2. Auflage München 1931.

Ledermann, F. (Fehlrationalisierung, 1933): Fehlrationalisierung - der Irrweg der deutschen Automobilindustrie seit der Stabilisierung der Mark, Stuttgart 1933.

Lepp, E. (Straßenwesen, 1926): Das badische Straßenwesen. Abriß der Größen- und Verkehrsentwicklung, Diss. Würzburg 1926.

Liebmann, A. (Landstraßenbau, 1921): Der Landstraßenbau, Berlin und Leipzig 1921.

Liliendahl, A., (Automobil-Transport, 1927): Der Automobil-Transport, Berlin 1927.

Linden, W., (Werkverkehr, 1936): Der Werkverkehr auf Lastkraftwagen. Seine Entwicklung und Bedeutung für die gewerbliche Wirtschaft, Berlin 1936.

Lippmann, W. (Standort, 1933): Der Standort des Einzelhandels, Diss. Berlin 1933.

Lüddecke, T. (Bedrohung, 1925): Das Amerikanische Wirtschaftstempo als Bedrohung Europas, Leipzig 1925.

Lüers, H. (Rationalisierung der Brauindustrie, 1930): Die Rationalisierung der Brauindustrie. In: Reichsernährungsministerium/Präsidium des Deutschen Brauer-Bundes (Hg.), Die deutsche Brauindustrie der Gegenwart, Mannheim 1930, S. 24-28.

Lüers, H./Koch, A. (Hg.) (Angewandte Technik im Brauereigewerbe, 1926): Die angewandte Technik im Brauereigewerbe von den ältesten Zeiten bis zur Gegenwart, Köln 1926.

Mäckbach, F./Kienzle, O. (Hg.) (Fließarbeit, 1926): Fließarbeit. Beiträge zu ihrer Einführung, Berlin 1926.

Magg, J. (Dieselmaschinen, 1928): Dieselmaschinen. Grundlagen, Bauarten, Probleme, Berlin 1928.

Matschoß, C. (Zweck und Ziel, 1926): Zweck und Ziel der Güterumschlag-Verkehrswoche 1925. In: Güterumschlag. Sonderheft der ZVDI, Berlin 1926, S. 1-2.

Meibes, O. (Automobilindustrie, 1928): Die deutsche Automobilindustrie, Berlin-Friedenau 1928.

Mellerowicz, K. (Stand des gewerblichen Güterfernverkehrs, 1935): Der Stand des gewerblichen Güterfernverkehrs. In: STA 2 (1935), S. 143-145.

Merkert, E. (Lastraftwagenverkehr, 1926): Der Lastkraftwagenverkehr seit dem Kriege, insbesondere sein Wettbewerb und seine Zusammenarbeit mit den Schienenbahnen, Berlin 1926.

Modersohn, F. (Druckeinspritzumg, 1927): Druckeinspritzung oder Vorkammerverfahren. In: VDI-Verlag (Hg.), Dieselmaschinen III, Berlin 1927, S. 69-72.

Moellendorff, W. v. (Hg.) (Elementarvergleich, 1930): Volkswirtschaftlicher Elementarvergleich zwischen den Vereinigten Staaten von Amerika, Deutschland, Großbritannien, Frankreich und Italien, Berlin 1930.

Moßner, C. /Moßner, J. (Handbuch, 1928): Handbuch der internationalen Automobil-Industrie, Berlin 1928.

National Industrial Confernce Board (Rationalization, 1931): Rationalization of German Industry, New York 1931.

Neumann, E. (Straßenbau, 1927): Neuzeitlicher Straßenbau, Berlin 1927.

Nimbach, A. (Großbetrieb, 1926): Die Arbeitsintensivierung im industriellen Großbetrieb, Berlin 1926.

Nolte, E. (Kraftwagen als Verkehrsmittel, 1926): Der Kraftwagen als Verkehrsmittel unter besonderer Berücksichtigung der deutschen Kraftverkehrsverhältnisse, Diss. Köln 1926.

O. V. (Verbrennungsmotoren, 1929): Verbrennungsmotoren. In: VDI-Verlag, Dieselmaschinen IV, Berlin 1929, S. 68-74.

Ostermann, F. (Benzinlastkraftwagen, 1927): Die wirtschaftliche Bedeutung der Benzinlastkraftwagen im Vergleich mit Pferdefuhrwerk, Zugmaschine, Elektromobil und Eisenbahn, Diss. Köln 1927.

Petry, W. (Betonstraßenbau, 1927): Der Betonstraßenbau, Berlin und Leipzig 1927.

Petzold, F. (Wesen, 1933): Wesen, Möglichkeiten und Grenzen der Rationalisierung, Diss. Düsseldorf 1933.

Pflug, F. (Kraftfahrzeugverkehr, 1928): Der Kraftfahrzeugverkehr. In: Harms, B. (Hg.), Strukturwandlungen der deutschen Volkswirtschaft, Berlin 1928, Band 2, S. 250-267.

Piepenhagen, G. (Stellung des gewerblichen Kraftverkehrs, 1936): Die Stellung des gewerblichen Kraftverkehrs in der deutschen Verkehrswirtschaft, Bühl-Baden 1936.

Prachtl, G. (Fließarbeit, 1926): Von der Reihenfertigung zur Fließarbeit insbesondere im deutschen Automobilbau, Berlin 1926.

Precht, G. M. (Organisationsproblem, 1936): Das Organisationsproblem des gewerblichen Güterfernverkehrs mit Kraftfahrzeugen, Diss. Nürnberg 1936.

Probst, E./Brandt, H. (Probleme, 1928): Probleme des Betonstraßenbaues, Berlin-Charlottenburg 1928.

Rappaport, P./Heller, K. (Straßenplanung, 1928): Der neuzeitliche Straßenbau, Teil I: Allgemeine Straßenplanung, Halle 1928.

RDA e.V (Hg.) (Tatsachen, 1927 bis 1930): Tatsachen und Zahlen aus der Kraftfahrzeug-Industrie, Berlin, Jahrgänge 1927 bis 1930.

RDA e.V. (Hg.) (Tatsachen, 1931 bis 1935): Tatsachen und Zahlen aus der Kraftverkehrswirtschaft, Berlin, Jahrgänge 1931 bis 1935.

RDA e.V. (Hg.), (Festschrift, 1926): Festschrift zum 25jährigen Bestehen der Automobilindustrie, Berlin 1926.

Reichert, I. W. (Kohlenbergbau, 1928): Rationalisierung des Kohlenbergbaus sowie der Eisen- und Stahlindustrie. In: IHK Berlin (Hg.), Die Bedeutung der Rationalisierung für das deutsche Wirtschaftsleben, Berlin 1928, S. 203-227.

Reichsernährungsministerium/ Präsidium des Deutschen Brauer-Bundes (Hg.), (Brauindustrie, 1930): Die deutsche Brauindustrie der Gegenwart, Mannheim 1930.

Reichsverkehrsministerium (Hg.) (Reichsbahn, 1922): Die Reichsbahn, Berlin 1922.

Reiner, W. (Straßenbauweisen, 1929): Handbuch der neuen Straßenbauweisen, Berlin 1929.

Reinsch, A. (Schnellauf, 1929): Schnellauf bei Dieselmotoren. In: VDI-Verlag (Hg.), Dieselmaschinen IV, Berlin 1929, S. 63-67.

Ricardo, H. R. (Verbrennungsmotoren, 1932): Schnellaufende Verbrennungsmotoren, Zweite, verbesserte Auflage Berlin 1932.

Riehm, W. (Dieselmotoren, 1925): Schnellaufende Dieselmotoren für Fahrzeuge. In: VDI-Verlag (Hg.), Dieselmaschinen II, Berlin 1926, S. 63-68.

Riepert, H. (Automobilstraßen, 1925): Automobilstraßen in Amerika, Berlin 1925.

Riepert, H. (Betonstraßenbau, 1926): Betonstraßenbau in Deutschland, Berlin 1926.

Rieppel, P. (Ford-Betriebe, 1925): Ford-Betriebe und Ford-Methoden, München/ Berlin 1925.

RKW (Hg.) (Handbuch, 1930): Handbuch der Rationalisierung, 1. Auflage Berlin 1930.

RKW (Hg.) (Handbuch, 1932): Handbuch der Rationalisierung, 3. Auflage Berlin 1932.

Ruppaner, H. (Flaschenbiergeschäft, 1935): Das Flaschenbiergeschäft im Braugewerbe untersucht nach seiner Entwicklung, seiner technisch-biologischen und wirtschaftlichen Bedeutung, Diss. Konstanz 1935.

Sächsische Straßen-Baudirektion (Verkehrszählung 1924/25): Statistische Angaben über die deutsche Verkehrszählung vom 1. Oktober 1924 bis 30. September 1925, Dresden o. J.

Sächsische Straßen-Baudirektion (Verkehrszählung 1928/29): Statistische Angaben über die 2. deutsche Verkehrszählung vom 1. Oktober 1928 bis 30. September 1929, Dresden o. J.

Sarter, A./Kittel, T. (Reichsbahn-Gesellschaft, 1924): Die neue deutsche Reichsbahn-Gesellschaft. Ihr Aufbau und ihr Wirken, Berlin 1924.

Sax, E. (Eisenbahnen, 1879): Die Eisenbahnen, Wien 1879.

Sax, E. (Verkehrsmittel, 1920): Die Verkehrsmittel in Volks- und Staatswirtschaft, Berlin 1920.

Schaar, W. (Beanspruchung, 1925): Die Beanspruchung der Straßen durch die Kraftfahrzeuge, Berlin 1925.

Schalldach, E. (Urteil, 1930): Rationalisierungsmaßnahmen der Nachinflationszeit im Urteil der deutschen freien Gewerkschaften, Jena 1930.

Schenk, R. (Kraftwagenstraße, 1925): Die Kraftwagenstraße, Berlin 1925.

Schmalenbach, E. (Betriebswirtschaftslehre, 1928): Die Betriebswirtschaftslehre an der Schwelle der neuen Wirtschaftsverfassung. In: ZfhF 22 (1928), S. 241-251.

Schmalenbach, E. (Kalkulation, 1928): Buchführung und Kalkulation im Fabrikgeschäft, Leipzig 1928 (unveränderter Nachdruck aus der Deutschen Metallindustriezeitung 15. Jahrg. 1899).

Schmalenbach, E. (Selbstkostenrechnung, 1934): Selbstkostenrechnung und Preispolitik, 6. Auflage Leipzig 1934.

Schmidt, K. H. (Massenfertigung, 1927): Wirtschaftsfragen der Massenfertigung, Berlin 1927.

Scholz, W. (Güterverkehr, 1938): Der Güterverkehr mit Lastkraftwagen im Rahmen des deutschen Güterumschlages, Leipzig 1938.

Scholz, W. (Kraftfahrzeugsteuer, 1927): Die Frage der Kraftfahrzeugsteuer, Berlin 1927.

Scholz, W./Valentin, E. (Jahrbuch, 1927): Jahrbuch des Reichsverbandes der Automobil-Industrie, 3. Jahrg. Berlin 1927.

Scholz ,W./Valentin, E. (Jahrbuch, 1928): Jahrbuch des Reichsverbandes der Automobil-Industrie, 4. Jahrg. Berlin 1928.

Scholz, W./Valentin, E. (Jahrbuch, 1929): Jahrbuch des Reichsverbandes der Automobil-Industrie, 5. Jahrg. Berlin 1929.

Schöpke, M. (Güter-Nahverkehr, 1935): Pferd oder Motor im Güter-Nahverkehr, Berlin 1935.

Schulz, B. (Volkswirtschaftliche Bedeutung, 1922): Die volkswirtschaftliche Bedeutung der Eisenbahnen. Eine Studie zur Systemfrage, Jena 1922.

Schulz, H. (Ökonomie, 1930): Ökonomie des Lastkraftwagenbetriebs. In: ZfV 8 (1930), S. 30-41.

Schulze-Manitius, H. (Nahtransport, 1927): Nahtransport, Wittenberg bei Halle 1927.

Schwarte, M. (Hg.) (Technik, 1920): Die Technik im Weltkriege, Berlin 1920.

Söllheim, F. (System, 1922): Taylor-System für Deutschland. Grenzen seiner Einführung in deutsche Betriebe, München 1922.

Sombart, W. (Sozialismus, 1934): Deutscher Sozialismus, Berlin - Charlottenburg 1934.

Sombart, W. (Zähmung, 1935): Die Zähmung der Technik, Berlin 1935.

Sperling, C./Valentin, E. (Hg.) (Jahrbuch, 1925): Jahrbuch des Reichsverbandes der Automobilindustrie, Berlin 1925.

Sperling, C./Valentin, E. (Hg.) (Jahrbuch, 1926): Jahrbuch des Reichsverbandes der Automobilindustrie, 2. Jahrg. Berlin 1926.

Statistisches Reichsamt (Hg.) (Straßen- und Wegewesen, 1934): Das deutsche Straßen und Wegewesen im öffentlichen Haushalt mit einem Überblick über das Straßen- und Wegewesen im Ausland, Berlin 1934.

Stodola, A. (Weltanschauung, 1931): Gedanken zu einer Weltanschauung vom Standpunkte des Ingenieurs, Berlin 1931.

Ströhmfeld, W. (Rentabilitätsgrenzen, 1920): Rentabilitätsgrenzen zwischen Eisenbahn und Lastkraftwagenverkehr, Diss. Frankfurt 1920.

Studiengesellschaft für die Finanzierung des deutschen Straßenbaues (Hg.) (Finanzierung, 1930): Die Finanzierung des deutschen Straßenbaues, Berlin 1930.

Süberkrüb, M. (Getriebe, 1929): Fahrzeug-Getriebe, Berlin 1929.

Taylor, F. W. (Betriebsleitung, 1914): Die Betriebsleitung insbesondere der Werkstätten, dt. Ausgabe von A. Wallichs, Berlin 1914.

Taylor, F. W. (Grundsätze, 1922): Die Grundsätze wissenschaftlicher Betriebsführung, dt. autorisierte Ausgabe von Dr. Jur. R. Roesler, München und Berlin 1922.

Teubert, W. (Güterverkehr, 1928): Der Güterverkehr und seine Veränderungen in der Nachkriegszeit, Berlin 1928 (Vierteljahreshefte zur Konjunkturforschung, Sonderheft 5).

Teubert, W. (Entwicklung und Aussichten, 1933): Der Güterverkehr. Entwicklung und Aussichten, Berlin 1933 (Vierteljahreshefte zur Konjunkturforschung, Sonderheft 33).

Todt, F. (Landstraßendecken, 1932): Fehlerquellen beim Bau von Landstraßendecken aus Teer und Asphalt, Halle 1932.

Valentin, E. (Jahrbuch, 1926): Jahrbuch des deutschen Kraftfahr- und Motorwesens, Berlin 1926.

VDI-Verlag (Hg.) (Dieselmaschinen, 1923-1929): Dieselmaschinen I, Berlin1923; Dieselmaschinen II, Berlin 1926; Dieselmaschinen III, Berlin 1927; Dieselmaschinen IV, Berlin 1929.

Vogt, J. (Eisenbahnwesen, 1928): Wandlungen im deutschen Eisenbahnwesen. In: Harms, B.(Hg.), Strukturwandlungen der deutschen Volkswirtschaft, Band 2, S. 151-184.

Voigt, M. (Cigaretten-Werke der Reemtsma A. G., 1928): Musterbetriebe Deutscher Wirtschaft Band II: Die Cigaretten-Werke der Reemtsa A.G. Altona- Bahrenfeld, Hannover und Hamburg, Berlin 1928.

Waffenschmidt, W. G. (Technik, 1928): Technik und Wirtschaft, Jena 1928.

Walter, G. (Kraftwagen, 1929): Eisenbahn und Kraftwagen, Berlin 1929.

Wegner (Wettbewerb zwischen Pferdefuhrwerk und Lastkraftwagen, 1933): Wettbewerb zwischen Pferdefuhrwerk und Lastkraftwagen im Hamburger Hafen. In: ZfV 11 (1933), S. 36-46.

Wiedenfeld, K. (Transportwesen, 1930): Transportwesen, Tübingen 1930.

Winter, G. (Taylorismus, 1920): Der Taylorismus, Leipzig 1920.

Wiskott, C. (Besteuerung der Kraftfahrzeuge, 1928): Die Besteuerung der Kraftfahrzeuge und Kraftstoffe zur Schaffung eines zeitgemäßen Straßennetzes, Berlin 1928.

Wunderlich, F. (Produktivität, 1926): Produktivität, Jena 1926.

c.b) ab 1945

Adamek, R. (Straßen, 1959): Stichwort 'Straßen'. In: HDSW, Göttingen 1959, S. 213-222.

Adams, W. P. (Hg.) (Amerika, 1977): Die Vereinigten Staaten von Amerika, Frankfurt am Main 1977.

Ambrosius, G./Petzina, D./Plumpe, W. (Wirtschaftsgeschichte, 1996): Moderne Wirtschaftgeschichte. Eine Einführung für Historiker und Ökonomen, München 1996.

Balderston, T. (Origins, 1982): The Origins of Economic Instability in Germany 1924-1930. Market Forces versus Economic Policy. In: VfSW 69 (1982), S. 488-514.

Balderston, T. (German Economic Crisis, 1993): The Origins and Course of the German Economic Crisis 1923-1932, Berlin 1993.

Barth, E. (Entwicklungslinien, 1973): Entwicklungslinien der deutschen Maschinenbauindustrie von 1870 bis 1914, Berlin (Ost) 1973.

Barthel, M./Lingnau, G. (Technik, 1986): 100 Jahre Daimler-Benz. Die Technik, Mainz 1986.

Bauer, L. (Neuzeit, 1988): Geburt der Neuzeit. Vom Feudalsystem zur Marktgesellschaft, München 1988.

Bechthold, R. et. al. (Hg.) (Produktivkräfte 1917/18 bis 1945, 1988): Produktivkräfte in Deutschland 1917/18 bis 1945, Berlin (Ost) 1988 (Geschichte der Produktivkräfte in Deutschland von 1800 bis 1945, Band 3).

Benad-Wagenhoff, V. (Entstehung, 1991): Die Entstehung der Werkzeugmaschinen in der Industriellen Revolution und der deutsche Werkzeugmaschinenbau bis 1914/18. In: TG 58 (1991), S. 279-296.

Benad-Wagenhoff, V. (Umbruch, 1989): Rationalisierung vor der Rationalisierung. Der zweite Umbruch in der Fertigungstechnik 1895-1914. In: TG 56 (1989), S. 205-218.

Best, O. F./Schmitt, H. J. (Sachlichkeit, 1974): Neue Sachlichkeit. Literatur im „Dritten Reich“ und im Exil, Stuttgart 1974.

Blaich, F. (Automobilindustrie, 1973): Die 'Fehlrationalisierung' in der Deutschen Automobilindustrie 1924-1929. In: TZUG 18 (1973), S. 18-33.

Blaich, F. (Kapitalismus, 1977): 'Garantierter Kapitalismus'. Subventionspolitik und Wirtschaftsordnung in Deutschland zwischen 1925 und 1932. In: ZUG 22 (1977), S. 50-70.

Blaich, F. (Freitag, 1990): Der schwarze Freitag. Inflation und Weltwirtschaftskrise, 2. Auflage München 1990.

Boberg, J./Fichter, T./Gillen, E. (Hrsg.) (Moderne, 1984): Exerzierfeld der Moderne. Industriekultur in Berlin im 19. Jahrhundert, München 1984.

Bolenz, E. (Normung, 1987): Technische Normung zwischen 'Markt' und 'Staat'. Untersuchungen zur Funktion, Entwicklung und Organisation verbandlicher Normung in Deutschland, Bielefeld 1987.

Bönig, J. (Technik, 1980): Technik und Rationalisierung in Deutschland zur Zeit der Weimarer Republik. In: Troitzsch, U./ Wohlauf, G. (Hrsg.), Technikgeschichte, Frankfurt am Main 1980, S. 390-419.

Bönig, J. (Arbeitszeit, 1980): Technik, Rationalisierung und Arbeitszeit in der Weimarer Republik. In: TG 47 (1980), S. 303-324.

Bönig, J. (Bandarbeit, 1989): Fließarbeit und Bandarbeit in der deutschen Rationalisierung der 1920er Jahre. In: TG 56 (1989), S. 237-263.

Bönig, J. (Fließarbeit, 1993): Die Einführung von Fließbandarbeit in Deutschland bis 1933. Zur Geschichte einer Sozialinnovation, Münster/Hamburg 1993 (2 Bände).

Borchardt, K. (Zwangslagen, 1985): Zwangslagen und Handlungsspielräume in der großen Wirtschaftskrise der frühen dreißiger Jahre. Zur Revision des überlieferten Geschichtsbildes. In: Stürmer, M. (Hg.), Die Weimarer Republik. Belagerte Civitas, 2., erweiterte Auflage 1985, S. 318-339 (Erstveröffentlichung in: Bayerische Akademie der Wissenschaften 1979, S.85-132).

Born, K. E. (Beginn, 1983): Vom Beginn des ersten Weltkrieges bis zum Ende der Weimarer Republik (1914-1933). In: Institut für bankhistorische Forschung e. V. (Hg.), Deutsche Bankengeschichte Band 3, Frankfurt a. M. 1983, S. 15-146.

Borscheid, P. (Automobilwerbung in Deutschland, 1991): Automobilwerbung in Deutschland 1886-1945. In: Pohl, H. (Hg.), Traditionspflege in der Automobilindustrie, Stuttgart 1991, S. 61-103.

Borscheid, P. (Lkw kontra Bahn, 1995): Lkw kontra Bahn. Die Modernisierung des Transports durch den Lastkraftwagen in Deutschland bis 1939. In: Niemann, H./ Hermann, A., Die Entwicklung der Motorisierung im Deutschen Reich und den Nachfolgestaaten, Stuttgart 1995, S. 23-38.

Borscheid, P./Wischermann, C. (Hg.) (Bilderwelt, 1995): Bilderwelt des Alltags. Werbung in der Konsumgesellschaft des 19. und 20. Jahrhunderts, Stuttgart 1995.

Braun, H.-J. (Maschinenbau, 1983): Technologietransfer im Maschinenbau von Deutschland in die USA 1870-1939. In: TG 50 (1983), S. 238-252.

Braun, H.-J. (Maschinenbau, 1987): Der deutsche Maschinenbau in der internationalen Konkurrenz 1870-1914. In: TG 53 (1987), S. 209-220.

Braun, H.-J. (Flugzeugbau, 1990): Fertigungsprozesse im deutschen Flugzeugbau 1926 - 1945. In: TG 57 (1990), S. 111-135.

Braun, H.-J. (Automobilfertigung, 1991): Automobilfertigung in den USA und Deutschland in den 20er Jahren - ein Vergleich. In: Pohl, H. (Hg.), Traditionspflege in der Automobilindustrie, Stuttgart 1991, S. 183-200.

Braun, H.-J. (Flugzeugtechnik, 1992): Flugzeugtechnik 1914 bis 1935. Militärische und zivile Wechselwirkungen. In: TG 59 (1992), S. 341-352.

Braun, H.-J. (Ausbau technischer Systeme, 1992): Konstruktion, Destruktion und der Ausbau technischer Systeme zwischen 1914 und 1945. In: In: König, W./ Weber, W., Energiewirtschaft, Automatisierung, Information seit 1914 (Propyläen Technikgeschichte Bd. 5), Berlin 1992, S. 11-279.

Braun, H.-J. (Automobilfertigung in Deutschland, 1995): Automobilfertigung in Deutschland von den Anfängen bis zu den vierziger Jahre. In: Niemann, H./Herrmann, A. (Hg.): Die Entwicklung der Motorisierung im Deutschen Reich und den Nachfolgestaaten, Stuttgart 1995, S. 58-68.

Braun, H.-J. (Innovationen, 1995): Technische Innovationen in Krisenzeiten. Einleitung. In: TG 62 (1995), S. 281-285.

Bress, L. (Verhältnis, 1976): Das Verhältnis von Wirtschaft und Technik aus der Sicht der Wirtschaftswissenschaften. In: TG 43 (1976), S. 135-151.

Bühler, O.-P. A. (Nutzfahrzeuggeschichte, 1987): Nutzfahrzeuggeschichte international. Deutschland. In: Fersen, O. v (Hg.), Ein Jahrhundert Automobiltechnik. Nutzfahrzeuge, Düsseldorf 1987, S. 10-49.

Burchardt, L. (Wandel, 1977): Technischer Fortschritt und sozialer Wandel. Am Beispiel der Taylorismus-Rezeption. In: Treue, W. (Hg.), Deutsche Technikgeschichte, Göttingen 1977, S. 52-98.

Burghardt, U. (Mechanisierung des Ruhrbergbaus, 1995): Die Mechanisierung des Ruhrbergbaus 1890-1930, München 1995.

Burghardt, U. (Ursachen, 1990): Die Rationalisierung im Ruhrbergbau (1924-1929). Ursachen, Voraussetzungen und Ergebnisse. In: TG 57 (1990), S. 15-42.

Campbell, J. (Werkbund, 1981): Der deutsche Werkbund 1907-1934, Stuttgart 1981.

Cipolla, C. M./Borchardt, K. (Hg.) (Wirtschaftsgeschichte, 1986): Europäische Wirtschaftsgeschichte Band 5. Die europäischen Volkwirtschaften im zwanzigsten Jahrhundert, Stuttgart-New York 1986.

Crone, P. (Gesellschaft, 1992): Die vorindustrielle Gesellschaft. Eine Strukturanalyse, München 1992.

Domina, D. (Antriebstechnik, 1987): Antriebstechnik. In: Fersen, O. v (Hg.), Ein Jahrhundert Automobiltechnik. Nutzfahrzeuge, Düsseldorf 1987, S. 120-163.

Eckermann. E. (Dampfwagen, 1981): Vom Dampfwagen zum Auto. Motorisierung des Verkehrs, Reinbeck bei Hamburg 1981.

Ellerbrock, K.-P. (Nahrungs- und Genußmittelindustrie, 1993): Geschichte der deutschen Nahrungs- und Genußmittelindustrie 1750-1914, Stuttgart 1993.

Erker, P. (Verwissenschaftlichung, 1990): Die Verwissenschaftlichung der Industrie. Zur Geschichte der Industrieforschung in den europäischen und amerikanischen Elektrokonzernen 1890-1930. In: ZUG 35 (1990), S. 73-94.

Feldenkirchen, W. (Bedeutung, 1988): Die wirtschaftliche Bedeutung des Siemens-Martinverfahrens. In: TG 55 (1988), S. 301-322.

Feldenkirchen, W. (Siemens, 1988): Zur Unternehmenspolitik des Hauses Siemens in der Zwischenkriegszeit. In: ZUG 33 (1988), S. 22-57.

Feldenkirchen, W. (Siemens, 1995): Siemens 1918-1945, München 1995.

Feldmann, G. D. (Kapitalismus, 1974): Der deutsche Organisierte Kapitalismus während der Kriegs- und Inflationsjahre 1914-1923. In: Winkler, H. A. (Hg.), Organisierter Kapitalismus, Göttingen 1974, S. 150-171.

Feldmann, G. D. (Modernization, 1986): The Weimar Republik: A Problem of Modernization? In: AfS 26 (1986), S. 1-26.

Feldmann, G. D. (Weltkrieg, 1984): Vom Weltkrieg zur Weltwirtschaftskrise, Göttingen 1984.

Fersen, O. v. (Hg.) (Personenwagen, 1986): Ein Jahrhundert Automobiltechnik. Personenwagen, Düsseldorf 1986.

Fersen, O. v (Hg.) (Nutzfahrzeuge, 1987): Ein Jahrhundert Automobiltechnik. Nutzfahrzeuge, Düsseldorf 1987.

Fischer, W. (Weltwirtschaft, 1979): Die Weltwirtschaft im 20. Jahrhundert. Beharrung und Wandel. In: HZ 229 (1979), S. 54-84.

Fischer, W. (Bergbau, Industrie und Handwerk, 1976): Bergbau, Industrie und Handwerk 1914-1970. In: Aubin, H./Zorn, W. Handbuch der deutschen Wirtschafts- und Sozialgeschichte, Stuttgart 1976, S. 796-843.

Fischer, W. (Deutschland 1850-1914): Deutschland 1850-1914. In: Fischer, W./van Houtte, L./ Kellenbenz, H./ Mieck, I./Vittinghoff, F. (Hg.), Handbuch der deutschen Wirtschafts- und Sozialgeschichte, Band 5, S. 360-442.

Foreman-Peck, J. (Challenge, 1982): The American Challenge of the Twenties: Multinationals and the European Motor Industry. In: JEH 42 (1982), S. 865-881.

Freyberg, T. v. (Rationalisierung, 1989): Industrielle Rationalisierung in der Weimarer Republik. Untersucht an Beispielen aus dem Maschinenbau und der Elektroindustrie, Frankfurt/ New York 1989.

Freyberg, T. v./Siegel, T. (Industrielle Rationalisierung, 1991): Industrielle Rationalisierung unter dem Nationalsozialismus, Frankfurt/New York 1991.

Galbraith, J. K. (Wirtschaft, 1988): Die Entmythologisierung der Wirtschaft. Grundlagen ökonomischen Denkens, Wien/ Darmstadt 1988.

Gebhardt, W. H. (Geschichte, 1994): Geschichte des deutschen LKW-Baus, Augsburg 1994 (3 Bände).

Giedion, S. (Herrschaft, 1982): Die Herrschaft der Mechanisierung, Frankfurt am Main 1982.

Glaser, H. (Maschinenwelt, 1981): Maschinenwelt und Alltagsleben. Industriekultur in Deutschland vom Biedermeier bis zur Weimarer Republik, Frankfurt am Main 1981.

Gleißner, E. (Transportelastizität, 1967): Transportelastizität und wirtschaftliche Entwicklung. Ein internationaler Vergleich, Berlin 1967.

Gleitsmann, R.-J. (Interdependenz, 1980): Zur Interdependenz von technischer Entwicklung und Arbeitszeitregelung im Glashüttenwesen des 18.-19. Jahrhunderts. In: TG 47 (1980), S. 215-251.

Goldbeck, G. (Entwicklungslinien, 1976): Entwicklungslinien der Betriebstechnik. In: TG 43 (1976), S. 295-306.

Goll, S./Köpf, P. (Getriebe, 1986): Getriebe für Nutzfahrzeuge und Arbeitsmaschinen. In: VDI-Gesellschaft Fahrzeugtechnik. 100 Jahre Automobil, Düsseldorf 1986, S. 249-268.

Grandke, U. (Verkehrserziehung, 1994): Verkehrserziehung 1926-1939. In: Rielke, S. (Hg.), Beiträge zur Geschichte der Binnenschiffahrt, des Luft- und Kraftfahrzeugverkehrs, S. 299-322, Bergisch Gladbach 1994 (Schriftenreihe der Deutschen Verkehrswisssenschaftlichen Gesellschaft e.V., B 169).

Grandke, U. (Verkehrserziehung, 1995): Verkehrsregelung und Verkehrserziehung als bewußte Modernisierung: Das Vorbild Amerika. In: LTA-Forschung Heft 20/1995, S. 5-16.

Grübler, A. (Infrastruktures, 1990): The Rise and Fall of Infrastruktures. Dynamics of Evolution and Technological Change in Transport, Heidelberg 1990.

Haase, R. (Verkehrsentwicklung, 1992): Das verkehrsgeschichtliche Erbe als Element innovativer Verkehrsentwicklung. In: Rielke, S. (Hg.), Verkehrshistorischer Workshop, S. 165-176, Bergisch Gladbach 1992 (Schriftenreihe der Deutschen Verkehrswissenschaftlichen Gesellschaft e.V., B 148).

Hachtmann, R. (Industriearbeit, 1989): Industriearbeit im 'Dritten Reich'. Untersuchungen zu den Lohn- und Arbeitsbedingungen in Deutschland 1933-1945, Göttingen 1989.

Hachtmann, R. (Produktionsstrukturen, 1996): 'Die Begründer der amerikanischen Technik sind fast lauter schwäbisch-allemannische Menschen': Nazi Deutschland, der Blick auf die USA und die 'Amerikanisierung' der industriellen Produktionsstrukturen im 'Dritten Reich'. In: Lüdtke, A./Marßolek, I./Saldern, A. v., Amerikanisierung. Traum und Alptraum im Deutschland des 20. Jahrhunderts, Stuttgart 1996, S. 37-77.

Hamm, W. (Verkehr, 1980): Stichwort 'Verkehr'. In: HdWW, Bd. 8, Stuttgart/ New York 1980, S. 224-257.

Hammer, K. H. (Eisenbahn und Kraftfernverkehr, 1951): Der deutsche Eisenbahn und Kraftfernverkehr. Entwicklung und Krisen seit dem ersten Weltkrieg, Diss. Kiel 1951.

Hardach, K. (Deutschland 1914-1970, 1986): Deutschland 1914-1970. In: Cipolla/ Borchardt, Die europäischen Volkswirtschaften im 20. Jahrhundert (Europäische Witschaftsgeschichte Bd. 5), Stuttgart/ New York 1986, S. 47-99.

Hardach, K. (Wirtschaftsgeschichte Deutschlands, 1976): Wirtschaftsgeschichte Deutschlands im 20. Jahrhundert, Göttingen 1976.

Heimes, A. (Transportindustrie, 1978): Vom Saumpferd zur Transportindustrie. Weg und Bedeutung des Straßengüterverkehrs in der Geschichte, Bonn/Bad Godesberg 1978.

Heinen, E. (Industriebetriebslehre, 1991): Industriebetriebslehre. Entscheidungen im Industriebetrieb, 9., vollständig neu bearbeitete und erweiterte Auflage, Wiesbaden 1991.

Helling, J./Junker, H. (Fahrwerk, 1987): Fahrwerk und Federung. In: Fersen, O. v (Hg.), Ein Jahrhundert Automobiltechnik. Nutzfahrzeuge, Düsseldorf 1987, S. 164-193.

Henning, F. W. (Deutschland, 1987): Deutschland von 1914 bis zur Gegenwart. In: Fischer, W. et al. (Hg.), Handbuch der europäischen Wirtschafts- und Sozialgeschichte, Band 6, Stuttgart 1987, S. 416-481.

Henning, F. W. (Deutschland 1914 bis 1986, 1988): Das industrialisierte Deutschland 1914 bis 1986, 6., erg. Auflage Paderborn/ München/ Wien/ Zürich 1988.

Henning, F. W. (Deutschland, 1991): Das industrialisierte Deutschland 1914 bis 1990, 7., durchgesehene und ergänzte Auflage, Stutgart - New York 1991.

Hentschel, V. (Zahlen, 1986): Zahlen und Anmerkungen zum deutschen Außenhandel zwischen dem ersten Weltkrieg und der Weltwirtschaftskrise. In: ZUG 31 (1986), S. 95-116.

Hepp, C. (Avantgarde, 1987): Avantgarde. Moderne Kunst, Kulturkritik und Reformbewegung nach der Jahrhundertwende, München 1987.

Herbst, L. (Deutschland 1933-1945): Das nationalsozialistische Deutschland 1933-1945, Frankfurt a. M. 1996.

Hermand, J./Trommler, F. (Kultur der Weimarer Republik, 1988): Die Kultur der Weimarer Republik, Frankfurt a. M. 1988.

Hermann, R. (Automobilzeitschriften, 1994): Die ersten Automobilzeitschriften in Deutschland: Entstehung, Entwicklung und inhaltliche Orientierung. In: Rielke, S. (Hg.), Beiträge zur Geschichte der Binnenschiffahrt, des Luft- und Kraftfahrzeugverkehrs, S. 265-294, Bergisch Gladbach 1994 (Schriftenreihe der Deutschen Verkehrswisssenschaftlichen Gesellschaft e.V., B 169).

Hinrichs, P./Peter, L. (Friede, 1976): Industrieller Friede? Arbeitswissenschaft, Rationalisierung und Arbeiterbewegung in der Weimarer Republik, Köln 1976.

Hoepke, E. (Anhänger, 1987): Anhänger und Transportsysteme. In: Fersen, O. v (Hg.), Ein Jahrhundert Automobiltechnik. Nutzfahrzeuge, Düsseldorf 1987, S. 278-293.

Hoepke, E. (Aufbauten, 1987): Fahrerhaus und Aufbauten, Schwerlastfahrzeuge. In: Fersen, O. v (Hg.), Ein Jahrhundert Automobiltechnik. Nutzfahrzeuge, Düsseldorf 1987, S. 242-277.

Hoffmann, W. G. (Wachstum, 1965): Das Wachstum der deutschen Wirtschaft seit der Mitte des 19. Jahrhunderts, Berlin-Heidelberg-New York 1965.

Holtferich, C. L. (Löhne, 1984): Zu hohe Löhne in der Weimarer Republik? In: GuG 10 (1984), S. 122-141.

Homburg, H. (Anfänge, 1978): Anfänge des Taylorsystems in Deutschland vor dem Ersten Weltkrieg. In: GuG 4 (1978), S. 170-194.

Homburg, H. (Siemens-Konzern, 1991): Rationalisierung und Industriearbeit: Arbeitsmarkt, Management, Arbeiterschaft im Siemens-Konzern Berlin 1900-1939, Berlin 1991.

Huber, P. B. (Regionale Expansion, 1979): Regionale Expansion und Entleerung im Deutschland des 19. Jahrhunderts: Eine Folge der Eisenbahnentwicklung? In: Fremdling, R./Tilly, R. H. (Hg.), Industrialisierung und Raum. Studien zur regionalen Differenzierung im Deutschland des 19. Jahhunderts, Stuttgart 1979, S. 27-53.

Hughes, T. P. (Erfindung Amerikas, 1991): Die Erfindung Amerikas. Der technologische Aufstieg der USA seit 1870, München 1991.

Hundt, S. (Theoriegeschichte, 1977): Zur Theoriegeschichte der BWL, Köln 1977.

Ihde, G. B. (Transport, 1991): Transport, Verkehr, Logistik, 2., völlig überarbeitete und erweiterte Auflage, München 1991.

Jaeger, H. (Wirtschaftsordnung, 1988): Geschichte der Wirtschaftsordnung in Deutschland, Frankfurt am Main 1988.

Jeserich, K. G. A./Pohl, H./Unruh, G.-C. v. (Hg.), (Reich als Republik, 1985): Das Reich als Republik und in der Zeit des Nationalsozialismus (Deutsche Verwaltungsgeschichte Band 4), Stuttgart 1985.

Jürgens/Malsch/Dohse (Taylorism, 1993): Breaking from Taylorism. Changing forms of work in the automobile industry, Cambridge 1993.

Kellenbenz, H. (Wachstumsschwankungen, 1981): Wachstumsschwankungen. Wirtschaftliche und soziale Auswirkungen, Stuttgart 1981.

Keßler, U. (Geschichte des Managements,1995): Zur Geschichte des Management bei Krupp, Stuttgart 1995.

Kiehling, H. (Situation des Einzelhandels, 1996): Die wirtschaftliche Situation des deutschen Einzelhandels in den Jahren 1920 bis 1923. Das Beispiel des Lebensmittel- und Bekleidungseinzelhandels. In: ZUG 41 (1996), S. 1-27.

Kiesewetter, H. (Revolution, 1989): Industrielle Revolution in Deutschland 1815-1914, Frankfurt am Main 1989.

Kirchbach, K. v. (Entwicklung des Straßenbaus, 1995): Die Entwicklung des Straßenbaus und des Straßennetzes im Deutschen Reich und den Nachfolgestaaten. In: Niemann, H./ Hermann, A., Die Entwicklung der Motorisierung im Deutschen Reich und den Nachfolgestaaten, Stuttgart 1995, S. 69-96.

Kirchberg, P., (Geschichte des Kraftfahrzeugs, 1978): Das Wachstum der Produktivkräfte in der Geschichte des Kraftfahrzeugs, untersucht am Beispiel der Entwicklung der Technik des Kraftwagens in Deutschland von den Anfängen bis zur Weltwirtschaftskrise, Diss. Dresden 1978.

Kirchberg, P./Schmädicke, J. (Verkehrsgeschichte, 1992): Verkehrsgeschichte als Wissenschaftsdiziplin - Ergebnisse, Probleme, Fragestellungen. In: Rielke, S. (Hg.), Verkehrshistorischer Workshop, Bergisch Gladbach 1992, S. 43-52 (Schriftenreihe der Deutschen Verkehrswissenschaftlichen Gesellschaft e.V., B 148).

Kleinschmidt, C. (Eisen- und Stahlindustrie, 1993): Rationalisierung als Unternehmensstrategie. Die Eisen- und Stahlindustrie des Ruhrgebiets zwischen Jahrhundertwende und Weltwirtschaftskrise, Essen 1993.

Kleinschmid, C. (Wärmewirtschaft, 1995): Wärmewirtschaft, Betriebswirtschaft und wissenschaftliche Betriebsführung. Innovationen der Eisen- und Stahlindustrie nach dem Ersten Weltkrieg. In: TG 62 (1995), S. 303-315.

Kleinschmidt, C./Welskopp, T. (Reiseeindrücke deutscher Ingenieure, 1994): Amerika aus deutscher Perspektive. Reiseeindrücke deutscher Ingenieure über die Eisen- und Stahlindustrie der USA, 1900-1930. In: ZUG 39 (1994), S. 73-103.

Klemm, F. (Technik, 1983): Geschichte der Technik. Der Mensch und seine Erfindungen im Bereich des Abendlandes, Reinbeck bei Hamburg 1983.

Klenke, D. (Verkehrspolitik, 1993): Bundesdeutsche Verkehrspolitik und Motorisierung, Stuttgart 1993.

Klönne, A. (Arbeiterbewegung, 1989): Die deutsche Arbeiterbewegung, München 1989.

Kloten, N. (Gemeinwirtschaftlichkeit, 1962): Die Gemeinwirtschaftlichkeit im Verkehr. Zum Stilwandel in der Verkehrspolitik. In: ORDO 13 (1962), S. 199-232.

Knie, A. (Diesel, 1991): Diesel - Karriere einer Technik. Genese und Formierungsprozesse im Motorenbau, Diss. Berlin 1991.

Knie, A./Hard, M. (De-Konstruktionsübungen, 1993): Die Dinge gegen den Strich bürsten. De-Konstruktionsübungen am Automobil. In: TG 60 (1993), S. 224-242.

Kocka, J. (Konzeptionen, 1969): Industrielles Management: Konzeptionen und Modelle in Deutschland vor 1914. In: VfSW 56 (1969), S. 332-372.

Kocka, J. (Aufstieg, 1981): Großunternehmen und der Aufstieg des Manager - Kapitalismus im späten 19. und frühen 20. Jahrhundert: Deutschland im internationalen Vergleich. In: HZ 232 (1981), S. 39-60.

Kocka, J. (Legitimationsprobleme, 1983): Legitimationsprobleme und -strategien der Unternehmer und Manager im 19. und frühen 20. Jahrhundert. In: Pohl, H. (Hg.), Legitimation des Managements im Wandel, Wiesbaden 1983.

Kolb, E. (Republik, 1988): Die Weimarer Republik, München 1988.

König, W. (Konstruieren, 1989): Konstruieren und Fertigen im deutschen Maschinenbau unter dem Einfluß der Rationalisierungsbewegung. Ergebnisse und Thesen für eine Neuinterpretation des 'Taylorismus'. In: TG 56 (1989), S. 183-204.

König, W. (Massenproduktion, 1990): Massenproduktion und Technikkonsum. Entwicklungslinien und Triebkräfte der Technik zwischen 1880 und 1914. In: König, W./ Weber, W., Netzwerke, Stahl und Strom 1840-1914 (Propyläen Technikgeschichte Bd. 4), Berlin 1992, S. 265-552.

König, W. (Problem, 1990): Das Problem der Periodisierung und die Technikgeschichte. In: TG 57 (1990), S. 285-298.

König, W. (Konsumgesellschaft, 1993): Auf dem Weg in die Konsumgesellschaft, Tübingen 1993.

König, W. (Markt, 1993): Technik, Macht und Markt. Eine Kritik der sozialwissenschaftlichen Technikgeneseforschung. In: TG 60 (1993), S. 243-266.

Köppen, T. (Kutschenbau, 1991): Kutschenbau und Rationalisierung vom 19. bis ins 20. Jahrhundert: Die Berliner Wagenfabriken Kühlstein, Neuss und Rühe. In: TG 58 (1991), S. 15-40.

Kroker, W. (Wirtschaftsräume, 1993): Eisenbahnen, Wirtschaftsräume und Unternehmen in Deutschland bis zum Ersten Weltkrieg. In: ZUG 38 (1993), S. 145-163.

Kruedener, J. von (Sozialstaat, 1985): Die Überforderung der Weimarer Republik als Sozialstaat. In: GuG 11 (1985), S. 358-376.

Kruk, M./ Lingnau, G. (Unternehmen, 1986): 100 Jahre Daimler-Benz. Das Unternehmen, Mainz 1986.

Kruk/Potthoff/Sieben (Eugen Schmalenbach, 1984): Eugen Schmalenbach. Der Mann-Sein Werk-Die Wirkung, Stuttgart 1984.

Kugler, A. (Produktionstechnologie, 1985): Arbeitsorganisation und Produktionstechnologie der Adam Opel Werke (von 1900 bis 1929), Berlin 1985.

Kugler, A. (Werkstatt, 1987): Von der Werkstatt zum Fließband. In: GuG 13 (1987), S. 304-339.

Lackner, H. (Thema, 1992): Die technische Rationalisierung als Thema der Romanliteratur in der Zwischenkriegszeit. In: TG 59 (1992), S. 241-261.

Landes, D. S. (Prometheus, 1973): Der entfesselte Prometheus, Köln 1973.

Launer, H. (Struktrelle Wandlungen, 1953): Strukturelle Wandlungen des deutschen Braugewerbes im 20. Jahrhundert, Diss. München 1953.

Lazonick, W. (Competition, 1981): Competition, Specialization, and Industrial Decline. In: JEH 41 (1981), S. 31-38.

Lewchuk, W. A. (Role, 1984): The Role of the British Government in the Spread of Scientific Management and Fordism in the Interwar Years. In: JEH 44 (1984), S. 355-361.

Lindenlaub, D. (Anpassung der Kosten, 1981): Die Anpassung der Kosten an die Beschäftigungspolitik bei deutschen Maschinenbauunternehmen in der Weltwirtschaftskrise 1928-1932. Unternehmenshistorische Untersuchungen zu Schmalenbachs Theorie der Fixkostenentwicklungen. In: Kellenbenz, H. v. (Hg.), Wachstumsschwankungen, Stuttgart 1981, S. 273-311.

Lindenlaub, D. (Inflation, 1985): Maschinenbauunternehmen in der deutschen Inflation 1919-1923. Unternehmenshistorische Untersuchungen zu einigen Inflationstheorien, Berlin/New York 1985.

Lippert, F. (Flaschenglasindustrie, 1994): Industrielle Rationalisierung in der Weimarer Republik: die Flaschenglasindustrie. In: ZUG 39 (1994), S. 166-192.

Lippert, F. (Rationalisierungsstrategien, 1995): Rationalisierungsstrategien in der deutschen Flaschenglasindustrie. Technische und betriebswirtschaftliche Entwicklungen in der ersten Hälfte des 20. Jahrhunderts. In: ZUG 40 (1995), S. 98-109.

Lippert, F. (Ökonomische Dimensionen, 1997): Ökonomische Dimensionen des Lkw-Verkehrs in der Weimarer Republik. Zur Interdependenz von industrieller Rationalisierung und logistischer Flexibilisierung in den 1920er Jahren. In: ZUG 42 (1997), S. 185-216.

Lochte, W. (Nutzfahrzeug, 1986): Das Nutzfahrzeug, ein Produkt mit Zukunft auch für das nächste automobile Jahrhundert. In: VDI-Gesellschaft Fahrzeugtechnik. 100 Jahre Automobil, Düsseldorf 1986, S. 15-34.

Lüdtke, A./Marßolek, I./Saldern, A. v. (Hg.) (Amerikanisierung, 1996): Amerikanisierung. Traum und Alptraum im Deutschland des 20. Jahrhunderts, Stuttgart 1996.

Ludwig, K.-H. (Lösungen, 1995): Politische Lösungen für technische Innovationen 1933-1945. Eine antitechnische Mobilisierung, Ausformung und Instrumentalisierung der Technik. In: TG 62 (1995), S. 333-344.

Mai, G. (Rationalisierungsdiskurs, 1995): Politische Krise und Rationalisierungsdiskurs in den zwanziger Jahren. In: TG 62 (1995), S. 317-331.

Maier, C. S. (Modelle, 1985): Die Nicht - Determiniertheit ökonomischer Modelle. In: GuG 11 (1985), S. 275-294.

Maier, C. S. (Technokratie, 1985): Zwischen Taylorismus und Technokratie. Gesellschaftspolitik im Zeichen industrieller Rationalität in den zwanziger Jahren in Europa. In: Stürmer, M. (Hg.), Die Weimarer Republik. Belagerte Civitas, 2., erweiterte Auflage 1985, S. 188-213.

MAN AG (Hg.) (Lastwagenbau, 1955): MAN. 40 Jahre Lastwagenbau, Nürnberg 1955.

MAN AG (Hg.) (Leistung und Weg, 1991): Leistung und Weg. Zur Geschichte des MAN Nutzfahrzeugbaus, Berlin/Heidelberg/New Yorrk 1991.

Meister, R. (Depression, 1991): Die große Depression. Zwangslagen und Handlungsspielräume der Wirtschafts- und Finanzpolitik in Deutschland 1929-1932, Diss. Regensburg 1991.

Mende, M. (Einzelfertigung, 1989): Massenfertigung in der Einzelfertigung. Der Dampflokomotivenbau bei der Hanomag. In: TG 56 (1989), S. 219-236.

Mende, M. (Rolle, 1991): "Meist brauche ich nur den Kupferhammer und meine Hände zum Tüfteln...". Die tragende Rolle der Facharbeiter im deutschen Werkzeugmaschinenbau. In: TG 58 (1991), S. 315-330.

Mercedes-Benz AG. (Hg.) (Motorisierung, 1961): 75 Jahre Motorisierung des Verkehrs, Stuttgart 1961.

Mercedes-Benz AG (Hg.) (Nutzfahrzeug-Entwicklung, 1971): 75 Jahre Nutzfahrzeug- Entwicklung 1896-1971, Stuttgart 1971.

Mercedes-Benz AG (Hg.)(Benz, 1994): Benz & Cie. Zum 150. Geburtstag von Karl Benz, Stuttgart 1994

Mertens, P. (Ingenieur-Denken, 1991): Ingenieur-Wissen und Ingenieur-Denken für Betriebswirte - Aspekte der Lehre, Forschung und Hochschulpolitik. In: Heinrich, L. J. et al., Die Informationswirtschaft im Unternehmen, Linz 1991, S. 15-36.

Mischke, A. (LKW gestern, 1986): Der Lkw gestern, heute, morgen. Anpassung an die sich ändernden Anforderungen. In: VDI-Gesellschaft Fahrzeugtechnik. 100 Jahre Automobil, Düsseldorf 1986, S. 129-142.

Mommertz, K. H. (Bohren, 1981): Bohren, Drehen und Fräsen. Geschichte der Werkzeugmaschinen, Reinbeck bei Hamburg 1981.

Mommsen, H./Petzina, D./Weisbrod, B. (Hg.) (System, 1974): Industrielles System und politische Entwicklung in der Weimarer Republik, Düsseldorf 1974.

Niederich, N. (Stuttgarter Nahverkehr, 1995): Expansion und Modernisierung. Stuttgarter Nahverkehr von 1919 bis 1934. In: LTA-Forschung Heft 20/1995, S. 17-28.

Niemann, H.-W. (Beurteilung, 1979): Die Beurteilung und Darstellung der modernen Technik in deutschen Romanen des 19. und 20. Jahrhunderts. In: TG 46 (1979), S. 306-320.

Niemann, H. (Einführung, 1994): Einführung. In: Rielke, S. (Hg.), Beiträge zur Geschichte der Binnenschiffahrt, des Luft- und Kraftfahrzeugverkehrs, S. 262-264, Bergisch Gladbach 1994 (Schriftenreihe der Deutschen Verkehrswisssenschaftlichen Gesellschaft e.V., B 169).

Niemann, H./Hermann, A. (Entwicklung der Motorisierung, 1995): Die Entwicklung der Motorisierung im Deutschen Reich und den Nachfolgestaaten, Stuttgart 1995.

Noble, D. F. (Beziehungen, 1986): Maschinenstürmer oder Die komplizierten Beziehungen der Menschen zu ihren Maschinen, Berlin 1986.

Norbye, J. P. (Bremsen, 1987): Bremsen für Schwerfahrzeuge. In: Fersen, O. v (Hg.), Ein Jahrhundert Automobiltechnik. Nutzfahrzeuge, Düsseldorf 1987, S. 194-213.

O. V. (Vorkammer, 1994): Eine Vorkammer macht dem Diesel Beine. In: Mercedes Benz AG (Hg.), Benz & Cie. Zum 150. Geburtstag von Karl Benz, Stuttgart 1994, S. 147-157.

Otto, H. (Herausbildung des Kraftfahrwesen, 1989): Die Herausbildung des Kraftfahrwesens im deutschen Heer bis 1914. In: MG 28 (1989), S. 227-236.

Parker, R. A. C. (Europa 1918-1945, 1967): Das zwanzigste Jahrhundert I. Europa 1918-1945, Frankfurt am Main 1967.

Paulinyi, A. (Massenproduktion, 1989): Massenproduktion und Rationalisierung. In: TG 56 (1989), S. 173-181.

Paulinyi, A. (Bedeutung, 1991): Bemerkungen zu Bedeutung, Begriff und industrieller Vorgeschichte der Werkzeugmaschinen. In: TG 58 (1991), S. 263-277.

Petermann, T. (Zivilisation, 1984): Technik und menschliche Zivilisation, Köln 1984.

Peters, J.-H. (Unternehmerische Reaktionen, 1995): Ein Imperium schlägt zurück. Unternehmerische Reaktionen der Deutschen Reichsbahn-Gesellschaft (DRG) auf die zunehmende Konkurrenz des Straßenverkehrs in der Zeit von 1924/25 bis 1933. In: LTA-Forschung Heft 20/1995, S. 29-41.

Petzina, D. (Zwischenkriegszeit, 1977): Die deutsche Wirtschaft in der Zwischenkriegszeit, Wiesbaden 1977.

Petzina, D. (Monopolfrage, 1980): Gewerkschaften und Monopolfrage vor und während der Weimarer Republik. In: AfS 20 (1980), S. 195-217.

Petzold, H. (Technologie, 1987): Zur Entstehung der elektronischen Technologie in Deutschland und den USA. In: GuG 13 (1987), S. 340-367.

Peukert, D. J. K. (Republik, 1987): Die Weimarer Republik. Krisenjahre der klassischen Moderne, Frankfurt am Main 1987.

Pfohl, H. C. (Logistiksysteme, 1990): Logistiksysteme, 4., erweiterte und korrigierte Auflage, Berlin/ Heidelberg/ New York 1990.

Piore, M. J./Sabel, C. F. (Massenproduktion, 1989): Das Ende der Massenproduktion, Frankfurt a. M. 1989.

Plumpe, W. (Unternehmen, 1996): Unternehmen. In: Ambrosius, G./Petzina, D./Plumpe, W., Moderne Wirtschaftsgeschichte. Eine Einführung für Historiker und Ökonomen, München 1996, S. 47-66.

Pohl, H. (Konzentration,1978): Die Konzentration in der deutschen Wirtschat vom ausgehenden 19. Jahrhundert bis 1945. In: Pohl, H./Treue,W., Die Konzentration in der deutschen Wirtschaft seit dem 19. Jahrhundert, S. 4-44.

Pohl, H. (Leitung, 1981): Zur Geschichte von Organisation und Leitung deutscher Großunternehmen seit dem 19. Jahrhundert. In: ZUG 26 (1981), S. 143-178.

Pohl, H. (Hg.) (Einflüsse, 1988): Die Einflüsse der Motorisierung auf das Verkehrswesen 1886-1986, Stuttgart 1988.

Pohl, H. (Hg.) (Bedeutung der Kommunikation, 1989): Die Bedeutung der Kommunikation für Wirtschaft und Gesellschaft, Stuttgart 1989.

Pohl, H. (Hg.) (Traditionspflege, 1991): Traditionspflege in der Automobilindustrie, Stuttgart 1991.

Prinzing, M. (Streik, 1989): Der Streik bei Bosch im Jahre 1913, Stuttgart 1989.

Pursell, C. (Technik, 1991): Technik und politische Verfassung im 20. Jahrhundert. In: TG 58 (1991), S. 41-50.

Radkau, J. (Technik, 1989): Technik in Deutschland. Vom 18. Jahrhundert bis zur Gegenwart, Frankfurt a. M. 1989.

Rammert, W. (Technikgenese, 1988): Technikgenese. Ein Überblick über Studien zum Entstehungskontext neuer Techniken, Bielefeld 1988.

Rammert, W. (Technisierung, 1989): Technisierung und Medien in Sozialsystemen - Annäherungen an eine soziologische Theorie der Technik. In: Weingart, P. (Hg.), Technik als sozialer Prozess, Frankfurt a. M. 1989, S. 128-173.

Rasch, M. (Rosin, 1989): Paul Rosin - Ingenieur, Hochschullehrer und Rationalisierungsfachmann. Beiträge zur Wirtschafts-, Technik- und Unternehmensgeschichte der 1920er und 1930er Jahre anhand seines Nachlasses. In: TG 56 (1989), S. 101-132.

Reinhardt, D. (Reklame, 1993): Von der Reklame zum Marketing. Geschichte der Wirtschaftswerbung in Deutschland, Berlin 1993.

Reuß, H.-J. (Dieselmotor, 1993): Hundert Jahre Dieselmotor. Idee, Patente, Lizenzen, Verbreitung, Stuttgart 1993.

Ritschl, A. (Löhne, 1990): Zu hohe Löhne in der Weimarer Republik? In: GuG 16 (1990), S. 375-402.

Röseler, K. (Unternehmer, 1968): Unternehmer in der Weimarer Republik. In: TZUG, 13 (1968), S. 217-240.

Rosenberg, N. (Fortschritt, 1975): Technischer Fortschritt in der Werkzeugmaschinenindustrie 1840-1910. In: Hausen, K./ Rürup, R. (Hg.): Moderne Technikgeschichte, Gütersloh 1975, S. 216-242.

Rotella, E. J. (Office, 1981): The Transformation of the Amerikan Office: Changes in Employment and Technology. In: JEH 41 (1981), S. 51-57.

Ruby J. (Massenfertigung, 1995): Maschinen für die Massenfertigung. Die Entwicklung der Drehautomaten bis zum Ende des Ersten Weltkrieges, Stuttgart 1995.

Ruby, J. (Drehmaschine, 1991): Der Weg von der Drehmaschine zum Drehautomaten im deutschen Werkzeugmaschinenbau. In: TG 58 (1991), S. 297-314.

Saldern, A. v. (Amerikanisierung der deutschen Kultur, 1996): Überfremdungsängste. Gegen die Amerikanisierung der deutschen Kultur in den zwanziger Jahren. In: Lüdtke, A./Marßolek, I./Saldern, A. v. (Hg.), Amerikanisierung. Traum und Alptraum im Deutschland des 20. Jahrhunderts, Stuttgart 1996, S. 213-244.

Salzwedel, J. (Aufgaben des Reichsverkehrsministeriums, 1985): Die Aufgaben des Reichsverkehrsministeriums. In: Jeserich/K. G. A./Pohl, H./Unruh, G.-C. von (Hg.), Das Reich als Republik und in der Zeit des Nationalsozialismus (Deutsche Verwaltungsgeschichte Band 4), Stuttgart 1985, S. 260-272.

Sass, F. (Geschichte, 1962): Geschichte des deutschen Verbrennungsmotorenbaues. Von 1860 bis 1918, Berlin/Göttingen/Heidelberg 1962.

Schivelbusch, W. (Eisenbahnreise, 1989): Geschichte der Eisenbahnreise. Zur Industrialisierung von Raum und Zeit im 19. Jahrhundert, Frankfurt a. M. 1989.

Schmidt, D. (Massenhafte Produktion, 1993): Massenhafte Produktion? Produkte, Produktion und Beschäftigte im Stammwerk von Siemens vor 1914, Münster 1993.

Schmitz, E. (Straßenverkehrsstatistik, 1959): Stichwort 'Straßenverkehrsstatistik'. In: HDSW, Göttingen 1959, S. 222-226.

Schönhoven, K. (Radikalismus, 1989): Reformismus und Radikalismus. Gespaltene Arbeiterbewegung im Weimarer Sozialstaat, München 1989.

Schröter, H. G. (Auslandsinvestitionen, 1990): Die Auslandsinvestitionen der deutschen chemischen Industrie 1870 bis 1930. In: ZUG 35 (1990), S. 1-22.

Schröter, V. (Weltmarkt, 1984): Die deutsche Industrie auf dem Weltmarkt 1929 bis 1933, Frankfurt a. M. 1984.

Schüller, A. (Erfindergeist, 1990): Erfindergeist und Technikkritik. Der Beitrag Amerikas zur Modernisierung und die Technikdebatte seit 1900, Stuttgart 1990.

Schumpeter, J. A. (Kapitalismus, 1993): Kapitalismus, Sozialismus und Demokratie, 7. Auflage Tübingen/Basel 1993.

Schütz, E. (Romane, 1986): Romane der Weimarer Republik, München 1986.

Seherr-Thoss, H. C. Graf v. (Automobilindustrie, 1979): Die deutsche Automobilindustrie, Stuttgart 1979.

Seidenfus, H. S. (Eisenbahnwesen, 1985): Eisenbahnwesen. In: Jeserich/K. G. A./Pohl, H./Unruh, G.-C. von (Hg.), Das Reich als Republik und in der Zeit des Nationalsozialismus (Deutsche Verwaltungsgeschichte Band 4), Stuttgart 1985, S. 273-296.

Siegrist, H. (Familienbetrieb, 1981): Vom Familienbetrieb zum Managerunternehmen, Göttingen 1981.

Siegrist, H. (Großunternehmen, 1980): Deutsche Großunternehmen vom späten 19. Jahrhundert bis zur Weimarer Republik. In: GuG 6 (1980), S. 60-102.

Silberschmidt, M. (Entwicklung, 1958): Amerikas industrielle Entwicklung, Bern 1958.

Spoerer, M. (Tafelglasindustrie, 1993): Der Konzentrationsprozess in der deutschen Tafelglasindustrie 1925 bis 1932. Eine Fallstudie über den Einfluß des technischen Fortschritts auf Marktstruktur und Marktergebnis. In: ZUG 38 (1993), S. 73-113.

Staehle, W. H. (Management, 1991): Management. Eine verhaltenswissenschaftliche Perspektive, 6., überarbeitete Auflage München 1991.

Stahlmann, M. (Management, 1992): Management, Modernisierungs- und Arbeitspolitik bei der Daimler-Benz AG und ihren Vorläuferunternehmen von der Jahrhundertwende bis zum Zweiten Weltkrieg. In: ZUG 37 (1992), S.147-180.

Stahlmann, M. (Autoindustrie, 1993): Die Erste Revolution in der Autoindustrie - Management und Arbeitspolitik von 1900-1940, Frankfurt a.M./New York 1993.

Stahlmann, M. (Werkstatt, 1994): Von der Werkstatt zur Lean-Produktion. Arbeitmanagemet und Arbeitsbeziehungen im sozialen Wandel. In: ZUG 39 (1994), S. 217-243.

Stahlmann, M.(Arbeitspolitik, 1995): Management und Arbeitspolitik im industriellen Wandel. Die Daimler-Benz AG und ihre Vorläuferunternehmen. In: Niemann, H./Herrmann, A. (Hg.): Die Entwicklung der Motorisierung im Deutschen Reich und den Nachfolgestaaten, Stuttgart 1995, S. 195-228.

Stahlschmidt, R. (Quellen, 1977): Quellen und Fragestellungen einer deutschen Technikgeschichte des frühen 20. Jahrhunderts bis 1945 (Studien zur Naturwissenschaft, Technik und Wirtschaft Band 8), Göttingen 1977.

Stahlschmidt, R. (Erforschung technischer Entwicklung, 1991): Unternehmensgeschichtliche Quellen zur Erforschung technischer Entwicklung. Wunsch und Wirklichkeit. In: AuW 24 (1991), S. 9-17.

Steinisch, I./Tenfelde, K. (Anpassung, 1988): Technischer Wandel und soziale Anpassung in der deutschen Schwerindustrie während des 19. und 20. Jahrhunderts. In: AfS 28 (1988), S. 27-74.

Stollberg, G. (Rationalisierungsdebatte, 1981): Die Rationalisierungsdebatte 1908-1933. Freie Gewerkschaften zwischen Mitwirkung und Gegenwehr, Frankfurt am Main 1981.

Südbeck, T. (Motorisierung, 1994): Motorisierung, Verkehrsentwicklung und Verkehrspolitik in der Bundesrepublik Deutschland der 1950er Jahre, Stuttgart 1994.

Teuteberg, H.-J. (Bedeutung und Methodik, 1992): Zur Bedeutung und Methodik verkehrsgeschichtlicher Forschung. In: Rielke, S. (Hg.), Verkehrshistorischer Workshop, Bergisch Gladbach 1992, S. 3-42 (Schriftenreihe der Deutschen Verkehrswissenschaftlichen Gesellschaft e.V., B 148).

Teuteberg, H.-J. (Verkehrsgeschichte, 1994): Entwicklung, Methoden und Aufgaben der Verkehrsgeschichte. In: JfW 1994/1, S. 173-194.

Thomass, H. (Räder und Reifen, 1987): Räder und Reifen rollender Lasten. In: Fersen, O. v (Hg.), Ein Jahrhundert Automobiltechnik. Nutzfahrzeuge, Düsseldorf 1987, S. 214-241.

Thompson, E. P. (Zeit, 1973): Zeit, Arbeitsdiziplin und Industriekapitalismus. In: Braun, R./ Fischer, W./ Großkreutz, H. u. a., Gesellschaft in der industriellen Revolution, Köln 1973, S. 81-112.

Tilly, R. (Probleme, 1985): Einleitung: Probleme und Möglichkeiten einer quantitativen vergleichenden Unternehmensgeschichte. In: ders. (Hg.), Beiträge zur quantitativen vergleichenden Unternehmensgeschichte, Stuttgart 1985, S. 9-21.

Tilly, R. (Bemerkungen, 1994): Einige Bemerkungen zur theoretischen Basis der modernen Wirtschaftsgeschichte. In: JfW 1994/1, S. 131-149.

Treue, W. (Lastträger, 1956): Vom Lastträger zum Fernlastzug, München 1956.

Treue, W. (Achse, 1965): Achse, Rad und Wagen - Fünftausend Jahre Kultur und Technikgeschichte, München 1965.

Treue, W. (Berufsgeschichte, 1978): Zur Gesellschafts- und Berufsgeschichte des deutschen Ingenieurs. In: TG 45 (1978), S. 27-36.

Treue, W. (Eisenbahnen und Industrialisierung, 1987): Eisenbahnen und Industrialisierung. Ein Beitrag zur preußischen Wirtschafts- und Technikgeschichte im 19. Jahrhundert, Dortmund 1987.

Treue, W. (Verkehrsmittel, 1989): Neue Verkehrsmittel im 19. und 20. Jahrhundert. In: Pohl, H. (Hg.), Die Bedeutung der Kommunikation für Wirtschaft und Gesellschaft, Stuttgart 1989, S. 321-357.

Trischler, H. (Führerideal, 1990): Führerideal und die Formierung faschistischer Bewegungen. Industrielle Vorgesetztenschulung in den USA, Großbritannien, der Schweiz, Deutschland und Österreich im Vergleich. In: HZ 251 (1990), S. 45-88.

Troitzsch, U. (Funktion, 1976): Die historische Funktion der Technik aus der Sicht der Geschichtswissenschaften. In: TG 43 (1976), S. 93-101.

Troitzsch, U. (Technologietransfer, 1983): Technologietransfer im 19. und 20. Jahrhundert. In: TG 50 (1983), S. 177-180.

Ullmann, H.-P. (Wirtschaftsverbände, 1990): Wirtschaftsverbände in Deutschland. In: ZUG 35 (1990), S. 95-115.

van der Loo, H./ van Reijen, W. (Modernisierung, 1992): Modernisierung. Projekt und Paradox, München 1992.

van der Pot, J. H. J. (Bewertung, 1985): Die Bewertung des technischen Fortschritts. Eine systematische Übersicht der Theorien, Assen/ Maastricht 1985 (2 Bände).

Viefhaus, E. (Ingenieure, 1981): Ingenieure in der Weimarer Republik: Bildungs-, Berufs- und Gesellschaftspolitik 1918-1933. In: Ludwig, K. H. (Hg.), Technik, Ingenieure und Gesellschaft. Geschichte des Vereins Deutscher Ingenieure 1856-1981, Düsseldorf 1981, S. 289-346.

Voigt, F. (Gestaltende Kraft der Verkehrsmittel, 1959): Die gestaltende Kraft der Verkehrsmittel in wirtschaftlichen Wachstumsprozessen, Bielefeld 1959.

Voigt, F. (Volkswirtschaftliche Bedeutung, 1960): Die volkswirtschaftliche Bedeutung des Verkehrssystems, Berlin 1960.

Voigt, F. (Verkehr I, 1973): Verkehr. Die Theorie der Verkehrswirtschaft, Berlin 1973 (2 Bände).

Voigt, F. (Verkehr II, 1965): Verkehr. Die Entwicklung des Verkehrssystems, Berlin 1965 (2 Bände).

Voss, H. (Kraftfahrzeugstraßen, 1946): Die Entwicklung der Kraftfahrzeugstraßen in Deutschland, Diss. Köln 1946.

Warnecke, H.-J. (Fraktale Fabrik, 1996): Die Fraktale Fabrik. Revolution der Unternehmenskultur, Reinbeck bei Hambung 1996.

Webb, S. B. (Supply, 1984): The Supply of Money and Reichsbank Financing of Government and Corporate Debt in Germany, 1919-1923. In: JEH 44 (1984), S. 499-507.

Webb, S. B. (Tariffs, 1980): Tariffs, Cartels, Technology, and Growth in the German Steel Industry 1897 to 1914. In: JEH 40 (1980), S. 309-329.

Wehler, H. U. (Aufstieg, 1974): Der Aufstieg des Organisierten Kapitalismus und Interventionstaates in Deutschland. In: Winkler, H. A. (Hg.), Organisierter Kapitalismus, Göttingen 1974, S. 36-57.

Wehler, H. U. (Hg.) (Geschichte, 1973): Geschichte und Ökonomie, Köln 1973.

Wehler, H. U. (Modernisierungstheorie, 1975): Modernisierungstheorie und Geschichte, Göttingen 1975.

Wehler, H. U. (Ökonomie, 1973): Geschichte und Ökonomie. In: Geschichte als Historische Sozialwissenschaft, Frankfurt am Main 1973, S. 45-84.

Weingart, P. (Hg.) (Technik, 1989): Technik als sozialer Prozess, Frankfurt a. M. 1989.

Weingart, P. (Einleitung, 1989): Einleitung. In: ders. (Hg.), Technik als sozialer Prozess, Frankfurt a. M. 1989, S. 8-14.

Wellner, G. (Arbeit, 1981): Industriearbeiterinnen in der Weimarer Republik: Arbeitsmarkt, Arbeit und Privatleben 1919-1933. In: GuG 7 (1981), S. 534-554.

Welskopp, T. (Hüttenwerk, 1994): Arbeit und Macht im Hüttenwerk. Arbeits- und industrielle Beziehungen in der deutschen und amerikanischen Eisen- und Stahlindustrie von den 1860er bis zu den 1930er Jahren, Bonn 1994.

Wendel, G. (Hg.) (Wissenschaft, 1984): Wissenschaft und Gesellschaft 1917-1945, Berlin (Ost) 1984.

Wengenroth, U. (Austauschprozess, 1983): Technologietransfer als multilateraler Austauschprozess. Die Entstehung der modernen Stahlwerkskonzeption im späten 19. Jahrhundert. In: TG 50 (1983), S. 224-237.

Westphalen, R. Graf v. (Technik, 1984): Geschichte der Technik. Geisteswissenschaftliche Voraussetzungen, Köln 1984.

Wienecke, C. (Entwicklungskritische Betrachtung, 1956): Entwicklungskritische Betrachtung des deutschen Straßenwesens in den Jahren 1871-1945, Bielefeld 1956.

Willeke, S. (Technokratiebewegung, 1995): Die Technokratiebewegung in Deutschland zwischen den Weltkriegen. In: TG 62 (1995), S. 221-246.

Winkler, H. A. (Katastrophe, 1987): Der Weg in die Katastrophe. Arbeiter und Arbeiterbewegung in der Weimarer Republik 1930-1933, Berlin/Bonn 1987.

Wittmann, K. (Drehbank, 1960): Die Entwicklung der Drehbank bis zum Jahre 1939, 2. Auflage Düsseldorf 1960.

Woisetschläger, E. (Nutzfahrzeug-Elektrik, 1987): Nutzfahrzeug-Elektrik im Wandel der Zeit. In: Fersen, O. v (Hg.), Ein Jahrhundert Automobiltechnik. Nutzfahrzeuge, Düsseldorf 1987, 363-377.

Wölker, T. (Entstehung und Entwicklung, 1992): Entstehung und Entwicklung des deutschen Normenausschusses 1917 bis 1925, Köln 1992.

Wölker, T. (Ingenieure, 1994): Ingenieure zwischen beruflicher Selbstbehauptung und politischer Vereinnahmung: der Deutsche Normenausschuß im dritten Reich. In: TG 61 (1994), S. 239-268.

Womack, J. P./Jones, D. T./ Roos, D. (Zweite Revolution in der Autoindustrie, 1994): Die zweite Revolution in der Autoindustrie. Konsequenzen aus der weltweiten Studie des Massachusetts Institute of Technology, 8., durchgesehene Auflage Frankfurt/New York 1994.

Wulf, P. (Vorstellungen, 1987): Die Vorstellungen der deutschen Industrie zur Neuordnung der Wirtschaft nach dem 1. Weltkrieg. In: ZUG 32 (1987), S. 23-42.

Wupper-Tewes, H. (Normalisierung, 1995): Rationalisierung als Normalisierung. Betriebswissenschaft und betriebliche Leistungspolitik in der Weimarer Republik, Münster 1995.

Zachmann, K. (Wirkungsgrad, 1995): Wirkungsgrad contra Wertgrad. Zur Entstehung des Konflikts zwischen der technischen und der ökonomischen Auffassung vom Wirtschaften. In: TG 62 (1995), S. 103-131.

Zatsch, A. (Brauwirtschaft Westfalens, 1987): Die Brauwirtschaft Westfalens - ein Wegbereiter modernen Getränkekonsums. In: Teuteberg, H. J. (Hg.), Durchbruch zum modernen Massenkonsum, Münster 1987, S. 237-275.

Zatsch, A. (Eintritt des Automobils, 1992): Eintritt des Automobils in den Straßenverkehr: gesellschaftliche Konflikte und staatliche Vermittlungsversuche. In: Rielke, S. (Hg.),

Verkehrshistorischer Workshop, S. 53-79, Bergisch Gladbach 1992 (Schriftenreihe der Deutschen Verkehrswissenschaftlichen Gesellschaft e.V., B 148).

Zatsch, A. (Staatsmacht, 1993): Staatsmacht und Motorisierung am Morgen des Automobilzeitalters, Konstanz 1993.

Zatsch, A. (Automobilwerbung, 1995): Reich, schnell, mobil. Automobilwerbung zu Beginn des 20. Jahrhunderts. In: Borscheid, P./ Wischermann, C. (Hg.): Bilderwelt des Alltags. Werbung in der Konsumgesellschaft des 19. und 20. Jahrhunderts, Stuttgart 1995, S. 282-293.

Zatsch, A. (Wirkung der Steuergesetzgebung, 1995): Allen Fehlzündungen zum Trotz. Die Wirkung der Steuergesetzgebung auf die Verbreitung des Automobils (bis 1933). In: Niemann, H./ Hermann, A., Die Entwicklung der Motorisierung im Deutschen Reich und den Nachfolgestaaten, Stuttgart 1995, S. 169-183.

Ziebura, G. (Weltwirtschaft, 1984): Weltwirtschaft und Weltpolitik 1922/24-1931, Frankfurt am Main 1984.

Zollitsch, W. (Arbeiter, 1980): Arbeiter zwischen Weltwirtschaftskrise und Nationalsozialismus. Ein Beitrag zur Sozialgeschichte der Jahre 1928 bis 1936, Göttingen 1980.

Zunkel, F. (Bedeutung des Gemeinwirtschaftsgedankens, 1979): Die Bedeutung des Gemeinwirtschaftsgedankens für die technisch-wissenschaftliche Gemeinschaftsarbeit im und nach dem Ersten Weltkrieg. In: TG 46 (1979), S. 212-226.

Kolibri 360 GmbH
Ferdinand-Jühlke-Straße 7
99095 Erfurt, Deutschland
produktsicherheit@kolibri360.de

Druck:
CPI Druckdienstleistungen GmbH
im Auftrag der
Kolibri 360 GmbH
Ferdinand-Jühlke-Str. 7
99095 Erfurt